高等职业教育数字媒体专业新形态教材

数字影视后期制作项目式教程（微课版）

主　编　尹敬齐

副主编　曾　琦　都永昌　范国锋　郑雄飞

中国水利水电出版社
www.waterpub.com.cn
·北京·

内 容 提 要

本书是高职高专广播影视节目制作、数字媒体应用技术、虚拟现实应用技术等专业的项目化教学改革教材，注重“教、学、做”，以“制作”为主旨，以“够用”为度，理论联系实践，以项目为导向，以任务驱动模式组织教学，工学结合，精讲多动，注重提高学生的动手能力和创新能力，全书共分4个项目：MV和卡拉OK的编辑、电子相册的编辑、电视栏目剧的编辑、电视纪录片的编辑。

本书可作为高职高专广播影视等相关专业的教材，也可供从事影视制作相关工作的技术人员参考。

本书提供电子课件、素材和效果等资源，读者可以从中国水利水电出版社网站（www.waterpub.com.cn）或万水书苑网站（www.wsbookshow.com）免费下载。

数字影视后期制作项目式教程 ： 微课版 / 尹敬齐主编. -- 北京 ： 中国水利水电出版社, 2021.10
高等职业教育数字媒体专业新形态教材
ISBN 978-7-5226-0023-9

Ⅰ. ①数… Ⅱ. ①尹… Ⅲ. ①电影－后期制作(节目)－视频编辑软件－高等职业教育－教材②电视－后期制作(节目)－视频编辑软件－高等职业教育－教材 Ⅳ. ①J932-39

中国版本图书馆CIP数据核字(2021)第199931号

策划编辑：周益丹　责任编辑：高　辉　加工编辑：黄卓群　封面设计：李　佳

书　　名	高等职业教育数字媒体专业新形态教材 **数字影视后期制作项目式教程（微课版）** SHUZI YINGSHI HOUQI ZHIZUO XIANGMUSHI JIAOCHENG (WEIKE BAN)
作　　者	主　编　尹敬齐 副主编　曾　琦　都永昌　范国锋　郑雄飞
出版发行	中国水利水电出版社 （北京市海淀区玉渊潭南路1号D座 100038） 网址：www.waterpub.com.cn E-mail：mchannel@263.net（万水） sales@waterpub.com.cn 电话：（010）68367658（营销中心）、82562819（万水）
经　　售	全国各地新华书店和相关出版物销售网点
排　　版	北京万水电子信息有限公司
印　　刷	雅迪云印（天津）科技有限公司
规　　格	184mm×260mm　16开本　18.5印张　427千字
版　　次	2021年10月第1版　2021年10月第1次印刷
印　　数	0001—2000册
定　　价	89.00元

全国传媒职业技术教育联盟教材编委会

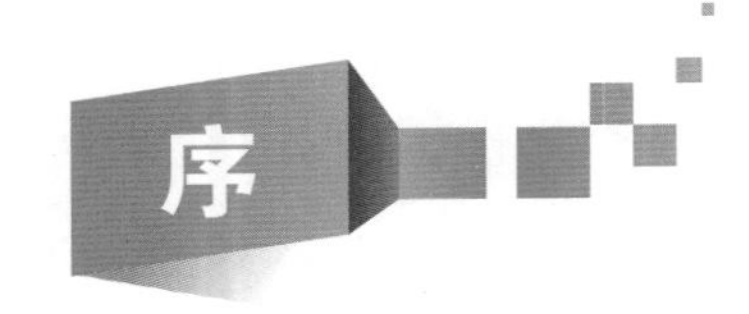

教材是教育教学的关键要素、立德树人的基本载体。在全国教材工作会议暨首届全国教材建设奖表彰会召开之后，全国传媒职业技术教育联盟首批系列教材正式出版，即将在联盟内外职业院校应用。这批教材落实了职教思政建设的要求，蕴涵着行业产业前沿的技术技能，凝聚了编撰工作人员的心血，承载着传媒职教学生的希望，是联盟成立以来的标志性成果之一，必将在推动传媒职业技术教育“三教”改革、“三全育人”综合试点、“大国工匠”培养等方面起到积极作用，为培育思政品质可靠、专业技能过硬、创意思维活跃的高质量传媒人才提供基础性支撑。

尺寸教材，悠悠国事。新时代，党中央、国务院高度重视教材建设，成立了国家教材委员会，设立了全国教材建设奖，出台了《职业院校教材管理办法》等系列制度文件，全面落实教材建设国家事权。全国传媒职业技术教育联盟成立以来，联盟理事会紧扣国家政策文件，联合行业产业企业，组织联盟院校单位，启动了编写传媒职业技术教育教材的工作。

在教材编写过程中，参与编撰的老师充分依托联盟的平台作用，发挥主观能动性，深入行业产业调研，掌握对应领域技能迭代情况；组织线上线下研讨，结合校情学情搭建章节架构；加强编校沟通协调，有效保障教材开发出版质量，充分体现了联盟“资源共享、优势互补、合作共赢、协同发展”的宗旨，为联盟今后更好、更快、更多地出版系列教材提供了成功经验，为联盟在共定合理化人才培养方案、共育双师型教师队伍等方面开展卓有成效的工作提供了示范借鉴。

翻阅此次出版的《H5融媒体制作项目式教程（微课版）》《新媒体内容创作实务（微课版）》《数字媒体交互设计项目式教程（微课版）》等教材，二维码等数字出版新技术的运用应引起足够重视。新时代，面向智能手机成长起来的新生代学生，作为传媒领域首个全国性职业教育共同体，我们理应在采用新媒体、智媒体技术开发新形态教材方面起到引领示范作用。在保障教材开发全面贯彻落实职教思政建设新要求前提下，围绕使传媒产业新知识、新技术、新工艺、新方法等内容准确、及时、有效进入教材，要主动将新形态教材开发与结构化教学团队建设、模块化课程内容构建衔接起来；要及时总结新型活页式教材、工作手册式教材开发经验；要积极探索增强现实技术、虚拟现实技术等复合数字教材开发模式；要统筹规划新形态教材与教学资源库、在线课程等其他数字教学资源的联动建设，以教材改革为抓手，带动教师改革、教法改革。

当然，联盟也将持续强化教材建设中的平台作用，编制建设规划，分享合作机会，加强指导评价，加大推广应用，为联盟高质量教材建设提供高水平服务。

袁维坤

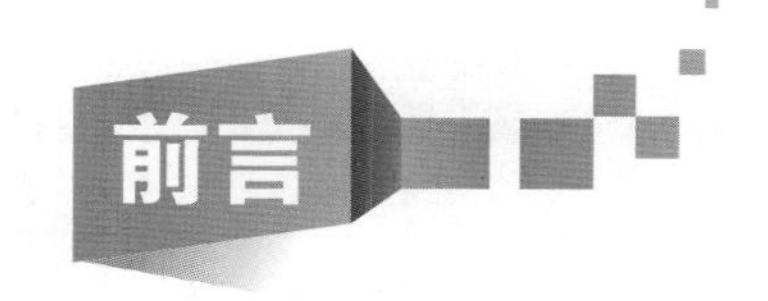

前言

为了促进高等职业教育的发展，推进高等职业院校教学改革和创新，编者结合学校“数字影像制作与实训”课程的改革，将数字影像制作和实践经验整合成本书。

在影视制作领域，计算机的应用给传统的影视制作带来了革命性的变化，从越来越多的影视作品中读者可以明显地感受到，计算机已经应用在影视制作的方方面面。

Premiere 是功能强大的、基于 PC 的非线性编辑软件，无论是影视工作者还是多媒体爱好者，都可以利用它制作出精彩的影视作品。掌握了 Premiere 就可以解决影视制作中的绝大部分问题，因此每个人都可以利用 Premiere 构建自己的影视制作工作室。

本书介绍的是目前较新版本的 Premiere Pro 2020。和以往的版本相比，它有了较大的改变和完善，特别是强化了字幕制作的功能，增加了更多实用的模板，增加了通过自动重构序列、自定义的动态图形模板进行保存和重用等新功能，实现了对家用 DV 及 HDV 视频的全面支持和对 Flash 视频、Web 视频和 DVD 的输出支持，增强了普及性和通用性。还有一些强大的 Premiere Pro 2020 第三方插件，这使它的功能更加完善。

本书不以传统的章节知识点或软件学习为授课主线，而是实施每一个项目时都基于工作过程构建教学过程，以真实的项目为载体，以软件为工具，根据项目的需求学习软件应用，即将软件的学习和制作流程与规范的学习融入到项目实现中，既使学习始终围绕项目的实现展开，又提高了软件学习的效率。

为了配合本书教学，我们在智慧职教网站上建立了完整的在线开放课程，包含丰富的教学视频（总时长约 600 分钟）和教学文档（实训作业和理论考试题），网址：https://mooc1-1.chaoxing.com/course/208184899.html。

本书由重庆建筑科技职业学院尹敬齐任主编，山东传媒职业学院曾琦、中鸾文化传媒（重庆）有限公司都永昌、安徽新闻出版职业技术学院范国锋、河源职业技术学院郑雄飞任副主编。在本书编写过程中，编者参考了部分书籍和网站，在此对相关资料的编著者表示衷心感谢。

由于编者水平有限，书中难免存在疏漏之处，恳请读者批评指正。

本课程建议安排 72 学时，其中理论讲授 28 学时，实践练习 44 学时。

学时分配表

序号	内容	理论学时	实践学时	小计
1	Premiere Pro 2020 简介与安装	2	2	4
2	MV 和卡拉 OK 的编辑	10	12	22
3	电子相册的编辑	6	10	16
4	电视栏目剧的编辑	6	10	16
5	电视纪录片的编辑	4	10	14
合计		28	44	72

编　者

2021 年 8 月

目录

基础

Premiere Pro 2020 简介与安装

Premiere Pro 2020 是目前最流行的非线性编辑软件，是数码视频编辑的强大工具，应用范围极广，制作效果美不胜收。它以其新的合理化界面和通用高端工具帮助用户更加高效地工作，并兼顾不同需求，为用户提供了前所未有的生产能力、控制能力和灵活性。

0.1 Premiere Pro 2020 的新功能

Premiere Pro 2020 的新增功能如下：

（1）增强的性能：与之前版本相比，新版本软件编辑速度更快，稳定性更高，且提供了更快的蒙版跟踪和硬件解码等功能。

（2）自动重构：此项新功能可让用户为视频重新设置不同的宽高比（包括方形、竖幅、16:9），同时自动跟踪兴趣点以将它们留在帧内。

（3）自由变换视图：在“项目”窗口中选择“列表”和“图标”视图旁边的“自由变换视图”图标，即可查看剪辑、选择镜头和创建故事板。将剪辑组拖到时间轴中，以更快地完成粗剪。

（4）标题和图形：使用“基本图形”中的工具进行设计，可将设计作为可自定义的动态图形模板进行保存和重用。

（5）基本声音：加快音频工作流程，对剪辑进行分类以应用正确的效果，使用自动衰减（Auto Ducking）来调整背景音频的音量，以便清晰地听到对白和旁白。

（6）Lumetri 颜色：使用 Lumetri 颜色工具可以进行颜色校正和颜色分级，使用预设、调整滑块、色轮、曲线和辅助功能来打造完美外观。

（7）动态链接：支持 Premiere Pro 和 After Effects 之间的动态链接（Dynamic Link），因此用户可以跳过中间渲染实现更快迭代。

0.2 Premiere Pro 2020 的系统需求

Premiere Pro 2020 的安装与之前版本最大的区别就是要求操作系统必须是 64 位，因此用户的操作系统应为 Windows 10。安装 Premiere Pro 2020 的系统要求具体如下：

- Intel 第 7 代或更新的 CPU 或 AMD 同等产品。
- Microsoft Windows 10（64 位）版本 1803 或更高版本。
- 8GB 内存（推荐 32GB，用于 HD 媒体、4K 媒体或更高分辨率）。
- 10GB 可用硬盘空间，用于安装，安装过程中还需要额外的可用空间（用于应用程序安装和缓存的快速内部 SSD）。
- 1920×1080 像素的屏幕。
- GPU 加速性能：4 GB GPU VRAM。
- 需要 QuickTime 7.6.2 软件以实现 QuickTime 功能。

0.3 安装 Premiere Pro 2020

（1）在网上下载 Premiere Pro 2020 压缩包，将其解压后双击 Setup.exe，弹出“安装选项”对话框，如图 0-1 所示。

（2）单击“继续”按钮进入“正在安装”界面，开始安装，如图 0-2 所示。

图 0-1 “安装选项”对话框

图 0-2 “正在安装”界面

（3）安装完毕，弹出“安装完成”对话框，单击“关闭”按钮，完成安装。

0.4 启动 Premiere Pro 2020 的工作窗口

在计算机上安装完 Adobe Premiere Pro 2020 后，单击“开始”图标，从弹出的快捷菜单中选择 Adobe Premiere Pro 2020 → “更多” → “打开文件位置”选项，打开文件安装位置，如图 0-3 所示。

图 0-3 启动图标位置

右击 Premiere Pro 2020 图标，从弹出的快捷菜单中选择“发送”→“桌面快捷方式”选项，桌面上将会出现快捷方式图标，双击即可打开 Premiere Pro 2020 主页窗口。

（1）单击“新建项目”按钮，弹出“新建项目”对话框，在“名称”文本框内输入项目名称，单击“位置”右侧的“浏览”按钮，弹出“请选择项目的目标路径”对话框，选择要存入的文件夹后单击“选择文件夹”按钮，最后单击“确定”按钮。

（2）按 Ctrl+N 组合键，弹出“新建序列”对话框，根据素材的分辨率选择序列的参数，这里以“高清”为例来进行介绍。在“可用预设”窗口中选择 AVCHD → 1080p → AVCHD 1080p25，在“名称”文本框中输入序列名称。

（3）单击“确定”按钮，打开 Premiere Pro 2020 编辑窗口，时间线窗口中有 3 条视频轨道和 3 条立体声轨道。

0.5 认识 Premiere Pro 2020 的工作窗口

1. 工作窗口概述

启动 Premiere Pro 2020 后便可看到 Premiere Pro 2020 简洁的工作窗口，主要包括标题栏、菜单栏、项目窗口、监视器窗口、效果窗口、效果控件窗口、时间线窗口、工具窗口（也叫工具箱）、信息窗口和历史记录窗口。

Premiere Pro 2020 工作窗口整体呈深色，目的是让用户更加专注于视频处理，且更加凸显视频的色彩效果，给用户以完全不同的视觉体验，如图 0-4 所示。

图 0-4　Premiere Pro 2020 工作窗口

在 Premiere Pro 2020 中，可以根据个人习惯设置工作窗口颜色的亮度。执行菜单命令“编辑”→“首选项”→“外观”，弹出“首选项”对话框，在“亮度”选区中拖曳滑块至合适位置，如图 0-5 所示，设置完成后单击“确定”按钮。

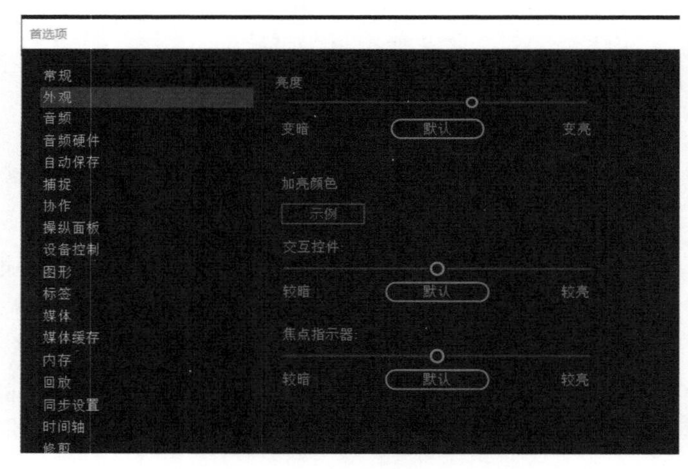

图 0-5　“首选项”对话框

2. 标题栏与菜单栏

标题栏位于 Premiere Pro 2020 工作窗口的最上方，菜单栏位于标题栏的下方，提供了 9 组菜单选项：“文件”“编辑”“剪辑”“序列”“标记”“图形”“视图”“窗口”和“帮助”。

“文件”菜单：用于对项目文件进行操作，包括新建、打开项目、关闭项目、保存、另存为、保存副本、捕捉、批量捕捉、导入、导出、退出等。

“编辑”菜单：用于进行常规编辑操作，如撤销、重做、剪切、复制、粘贴、清除、波纹删除、全选、查找、标签、快捷键、首选项。

“剪辑”菜单：用于实现对素材的具体操作，如重命名、修改、视频选项、捕捉设置、覆盖、素材替换等。

“序列”菜单：用于对项目中当前活动的序列进行编辑和处理，如序列设置、渲染音频、应用视频过渡、提升、提取、放大、缩小、对齐、自动重构序列、添加轨道、删除轨道等。

“标记”菜单：用于对素材和场景序列的标记进行编辑处理，如标记入点、标记出点、转到入点、转到出点、添加标记、清除当前标记等。

“图形”菜单：用于实现图形制作过程中的编辑和调整，如安装动态图形模板、新建图层、对齐、选择、替换项目中的字体。

“视图”菜单：用于各窗口的设置，如回放分辨率、显示标尺、在节目监视器中对齐、参考线模板等命令。

“窗口”菜单：用于实现对各编辑窗口和控制面板的管理，如工作区、扩展、事件、信息、字幕、效果控件等。

“帮助”菜单：可以为用户提供在线帮助，如 Premiere Pro 帮助、Premiere Pro 应用内教程、Premiere Pro 在线教程、登录、更新等。

除了菜单栏与标题栏外，项目窗口、监视器窗口、效果窗口、时间线窗口、工具栏等也都是 Premiere Pro 2020 操作窗口的重要组成部分。

3. 项目窗口

项目窗口用于导入和存储编辑合成所需的素材文件，它由 3 个部分构成，顶部为查找区，位于中间的是素材目录栏，底部是工具栏，也就是菜单命令的快捷按钮，单击这些按钮可以方便地实现一些常见操作，如图 0-6 所示。

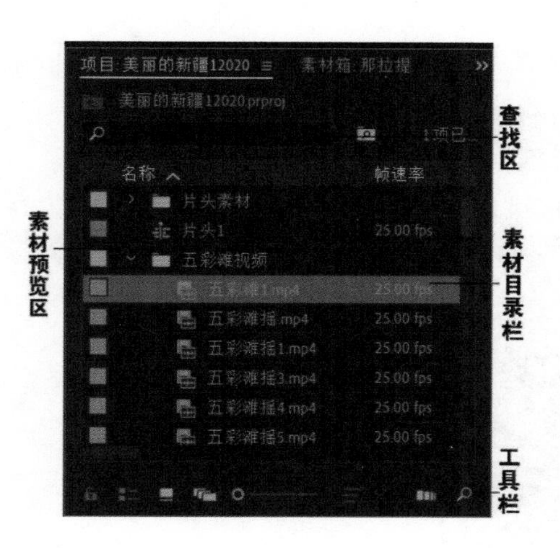

图 0-6 项目窗口

在项目窗口中，各区域和按钮的含义如下：

素材预览区：用于显示所选素材的相关信息。

查找区：用于查找需要的素材。

素材目录栏：用于将导入的素材以目录的形式编排。

“列表视图”按钮：单击该按钮可以将素材以列表形式显示，如图 0-7 所示。

“自由变换视图”按钮：单击该按钮可以将素材以大图像形式显示。

“缩小 / 放大”滑块：向左拖动滑块可以将素材缩小显示，向右拖动滑块可以将素材放大显示。

“排序图标”按钮：单击该按钮，将弹出下拉菜单，如图 0-8 所示，选择相应的选项可以按一定顺序将素材进行排序。

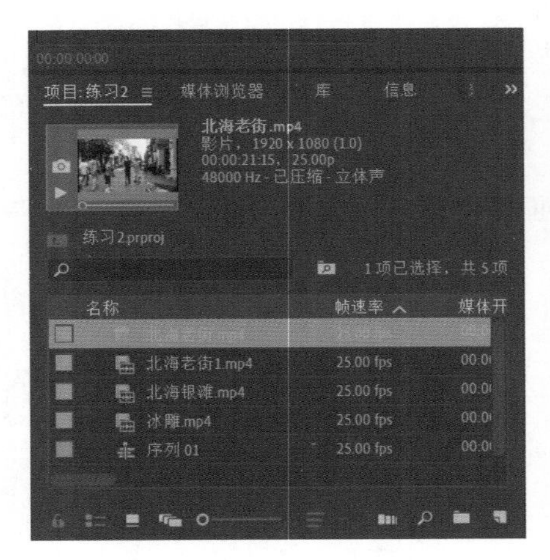

图 0-7 列表视图

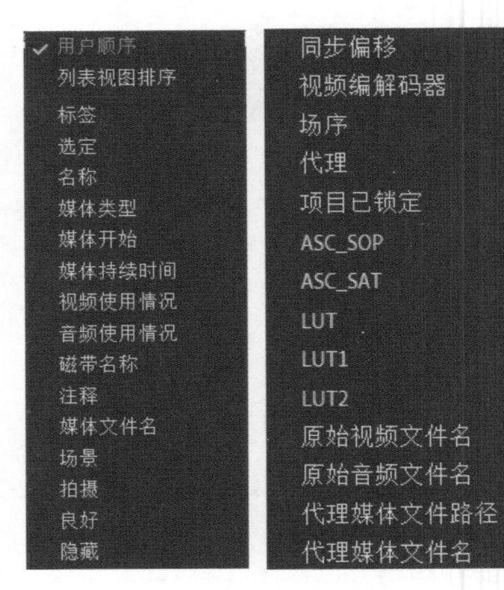

图 0-8 排序图标

“自动匹配序列”按钮：单击该按钮可以将项目窗口中所选的素材自动排列到时间线窗口的时间轴页面上。在项目窗口中选择排列的素材，单击“自动匹配序列”按钮打开“序列自动化”对话框，如图 0-9 所示，单击“确定”按钮，即可将所选素材排列到时间线窗口。

“查找”按钮：单击该按钮可以根据名称或标签在项目窗口中定位素材。单击“查找”按钮打开“查找”对话框，如图 0-10 所示，在“查找目标”下的文本框中输入需要查找的内容，设置“列”为“名称”，“匹配”为“任意”，最后单击“查找”按钮。

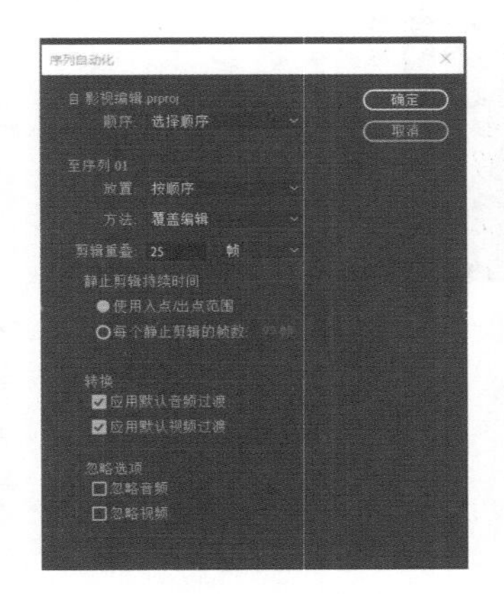

图 0-9 “序列自动化”对话框

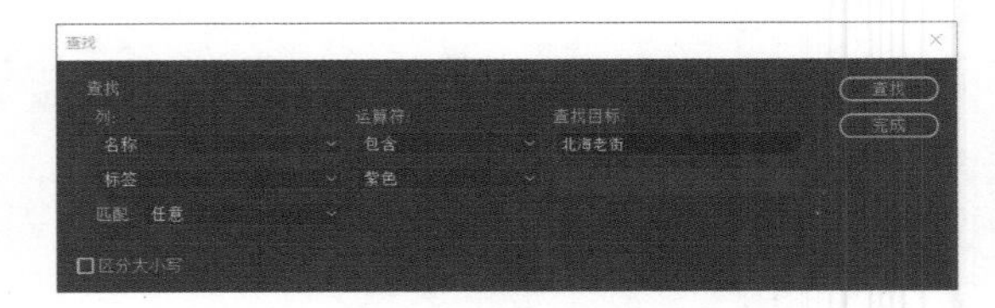

图 0-10 “查找”对话框

“新建素材箱”按钮：单击该按钮可以在素材目录栏中新建素材箱，如图 0-11 所示。

在素材箱下面的文本框中输入文字，单击空白处即可确认素材箱的名字。

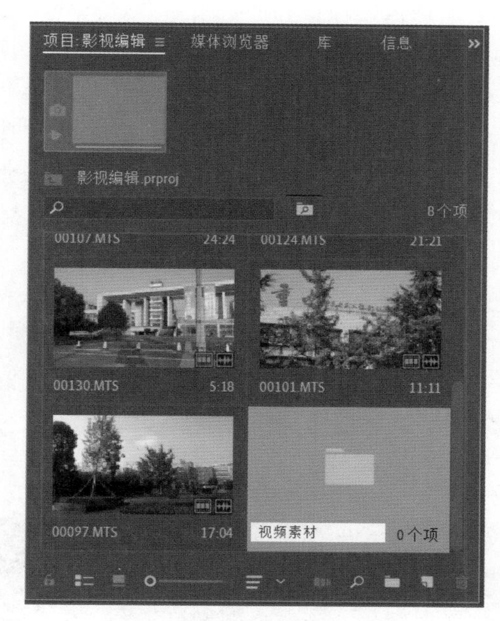

图 0-11　素材箱

“新建项”按钮：单击该按钮可以打开新建项目选项。

“清除”按钮：单击该按钮可以从素材目录栏中清除选中的素材。使用该按钮不会删除计算机中的源文件。

4. 监视器窗口

监视器窗口结合了素材源窗口、效果控件窗口、音频剪辑混合器窗口和元数据窗口，如图 0-12 所示。它是影视编辑中不可缺少的重要工具，用户可以通过它对编辑的项目进行实时预览，还可以对素材进行剪辑编辑。

图 0-12　监视器窗口

在监视器窗口中，各区域及按钮的含义如下：

源监视器窗口：在其中可以对项目进行剪辑和预览。

节目监视器窗口：在其中可以预览项目素材。

“标记入点”按钮：单击该按钮可以将时间线标尺所在的位置标记为素材的入点。

“标记出点”按钮：单击该按钮可以将时间线标尺所在的位置标记为素材的出点。

“转到入点”按钮：单击该按钮可以跳转到入点。

“转到出点”按钮：单击该按钮可以跳转到出点。

“逐帧退后”按钮：每单击该按钮一次即可将素材后退一帧。

“逐帧前进”按钮：每单击该按钮一次即可将素材前进一帧。

“播放 / 停止切换”按钮：单击该按钮可以播放所选的素材，再次单击该按钮则会停止播放。

“插入”按钮：每单击该按钮一次即可在时间线窗口的时间指针后插入源素材一次。

“覆盖”按钮：每单击该按钮一次即可在时间线窗口的时间指针后插入源素材一次，并覆盖时间线上原有的素材。

“按钮编辑器”按钮：单击该按钮将打开“按钮编辑器”对话框，如图 0-13 所示，可以在其中重新布局监视器窗口的按钮。

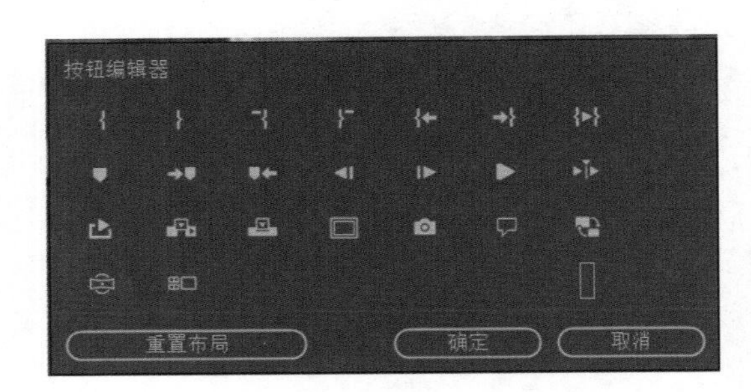

图 0-13　“按钮编辑器”对话框

“提升”按钮：单击该按钮可以将播放窗口中标注的素材从时间线窗口中提取出来，其他素材的位置不变。

“提取”按钮：单击该按钮可以将播放窗口中标注的素材从时间线窗口中提取出来，后面的素材位置自动向前对齐填补间隙。

提示：在时间线窗口中添加一个“海湾”素材，将时间指针拖到 6s 处，单击节目监视器窗口的“标记入点”按钮，将时间指针拖到 13s 处，单击节目监视器窗口的“标记出点”按钮，如图 0-14 所示。单击“提升”按钮，效果如图 0-15 所示，按 Ctrl+Z 组合键，再单击“提取”按钮，效果如图 0-16 所示。

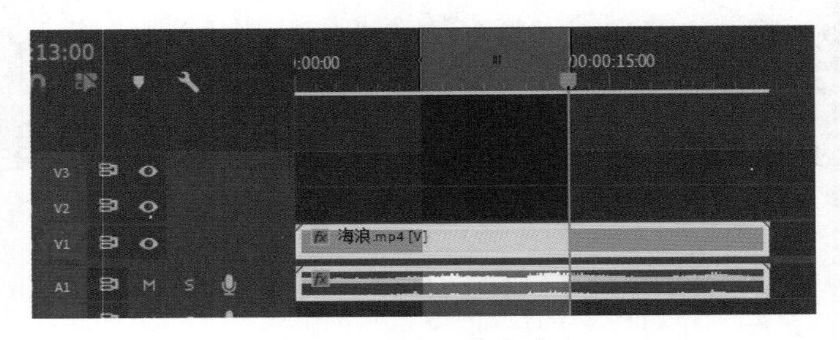

图 0-14　添加入点与出点

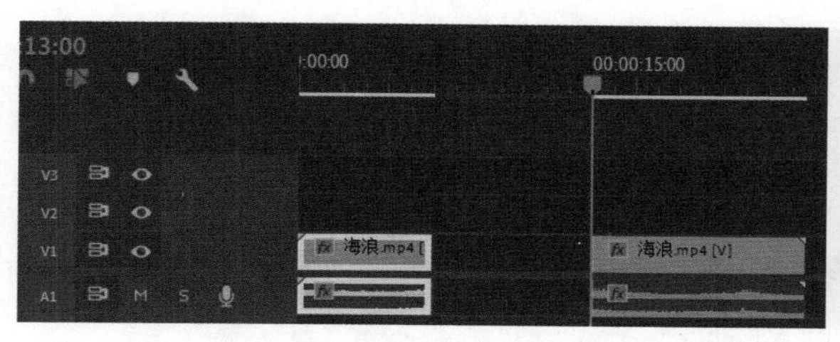

图 0-15　提升效果

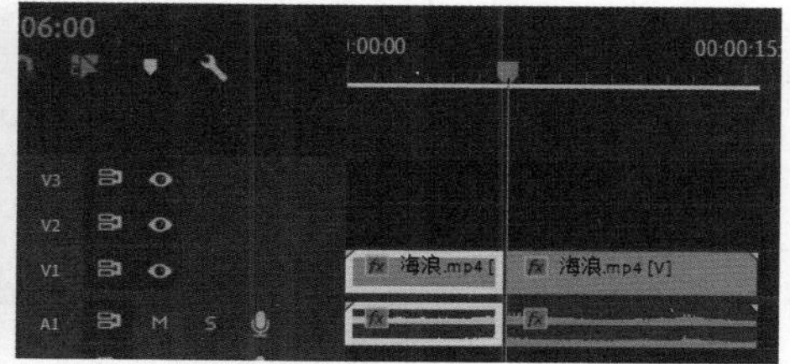

图 0-16　提取效果

5. 效果窗口

效果窗口用于为音频或视频素材添加“音频效果”“音频过渡”“视频效果”“视频过渡”等效果，如图 0-17 所示。

6. 效果控件窗口

效果控件窗口主要设置对象的运动、不透明度、切换效果、过渡、文字参数等，如图 0-18 所示。

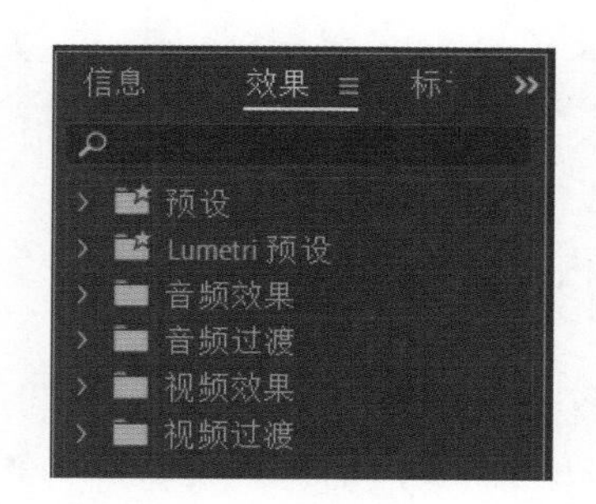

图 0-17　效果窗口

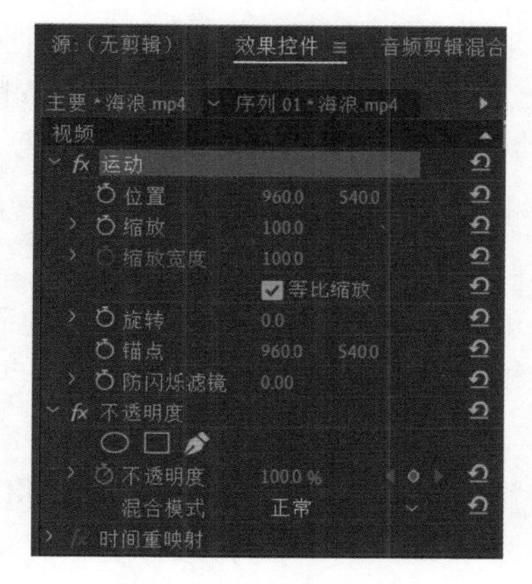

图 0-18　效果控件窗口

提示：在效果窗口中选择需要的视频特效，将其添加到视频素材上，然后选择视频素材进入效果控件窗口，即可为添加的效果设置属性。如果在工作窗口中没有找到效果控件窗口，执行菜单命令“窗口”→“效果控件”即可展开效果控件窗口。

7. 时间线窗口

时间线窗口是进行视音频编辑的重要窗口之一，如图 0-19 所示，在其中可以轻松实现素材的剪辑、插入、调整和添加关键帧等操作。

8. 工具窗口

工具窗口位于时间线窗口的左侧，主要包括选择工具、向前选择轨道工具、波纹编辑工具、剃刀工具、外滑工具、钢笔工具、手形工具和文字工具等。

选择工具：用于选择素材、移动素材和调节素材关键帧。将该工具移到素材边缘，光标将变成拉伸图标，可以拉伸素材为共设置入点和出点。

向前选择轨道工具：用于选择所有轨道上的素材，按住 Shift 键的同时单击，可以选择某一轨道上的素材。

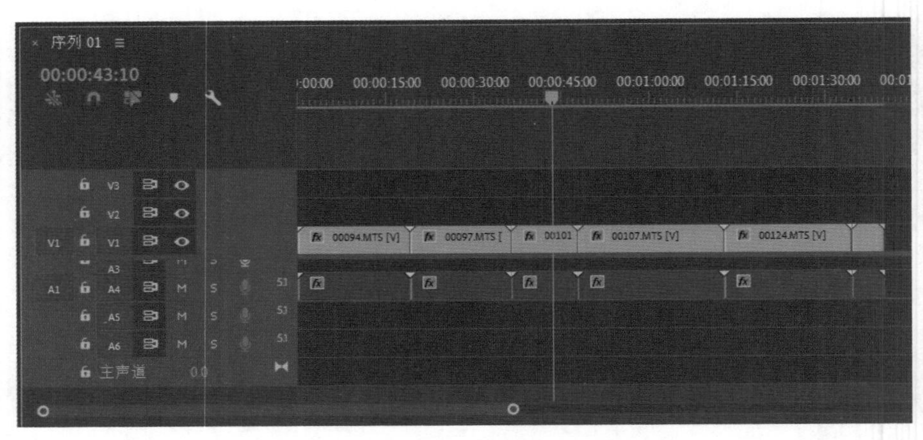

图 0-19　时间线窗口

波纹编辑工具：用于拖动素材的出点，可以改变所选素材的长度，而轨道上其他素材的长度不受影响。

滚动编辑工具：用于调整两个相邻素材的长度，两个被调整的素材长度变化是一种此消彼长的关系，在固定的长度范围内，一个素材增加的帧数必然会从另一个的素材中减去。

比例拉伸工具：用于调整素材的速度。缩短素材则素材速度加快，拉长素材则素材速度减慢。

剃刀工具：用于分割素材，将素材分割为两段，产生新的入点和出点。

外滑工具：选择此工具可以同时更改时间线内某剪辑的入点和出点，并保持入点和出点之间的时间间隔不变。

内滑工具：选择此工具可以将时间线内的某个剪辑向左或向右移动，同时修剪其周围的两个剪辑，3 个剪辑的组合持续时间以及该组在时间线内的位置将保持不变。

钢笔工具：用于绘制不规则图形。

矩形工具：用于绘制矩形图形。

椭圆工具：用于绘制椭圆图形。

手形工具：用于改变时间线窗口的可视区域。在编辑一些较长的素材时，使用该工具非常方便。

缩放工具：用于缩放时间线窗口素材的尺寸。单击时间线窗口，可以放大素材；按住 Alt 键的同时单击时间线窗口，可以缩小素材。

文字工具：用于字幕设计。

9. 信息窗口

信息窗口用于显示所选素材以及当前序列中素材的信息，包括素材的帧速率、分辨率、素材长度和素材在序列中的位置等，如图 0-20 所示。

10. 历史记录窗口

历史记录窗口用于记录编辑操作时执行的每一个命令，用户可以通过在历史记录窗口中删除指定的命令来还原之前的编辑操作，如图 0-21 所示。

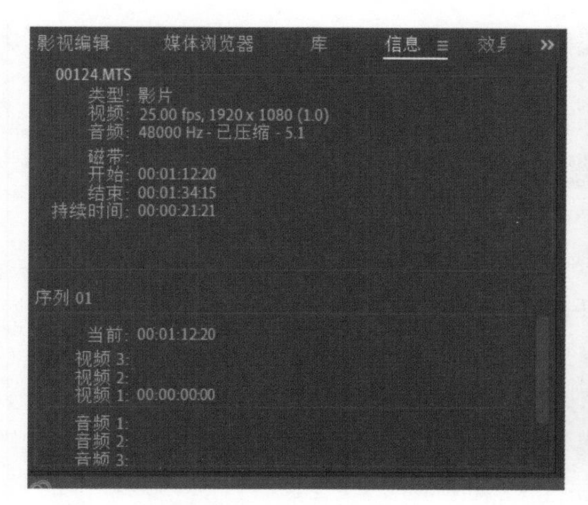

图 0-20　信息窗口

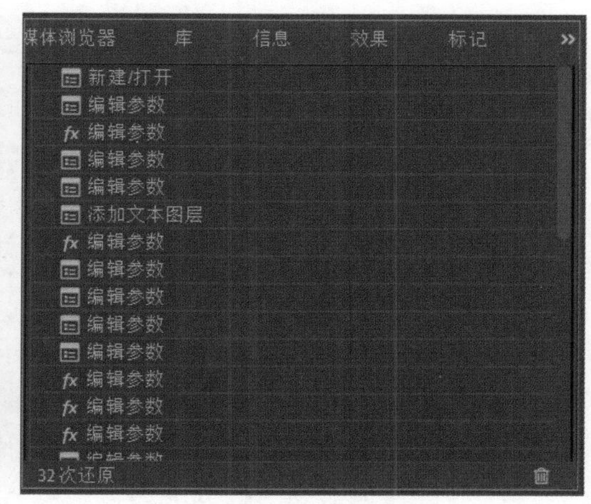

图 0-21　历史记录窗口

提示：当用户选择历史记录窗口中的历史记录后，单击窗口右下角的“删除可重做的动作”按钮即可将当前历史记录删除。

11. 快捷键

Premiere Pro 2020 提供了快捷键，可以执行菜单命令“编辑”→“快捷键”打开“键盘快捷键”对话框，从中查看各命令的快捷键，如图 0-22 所示。

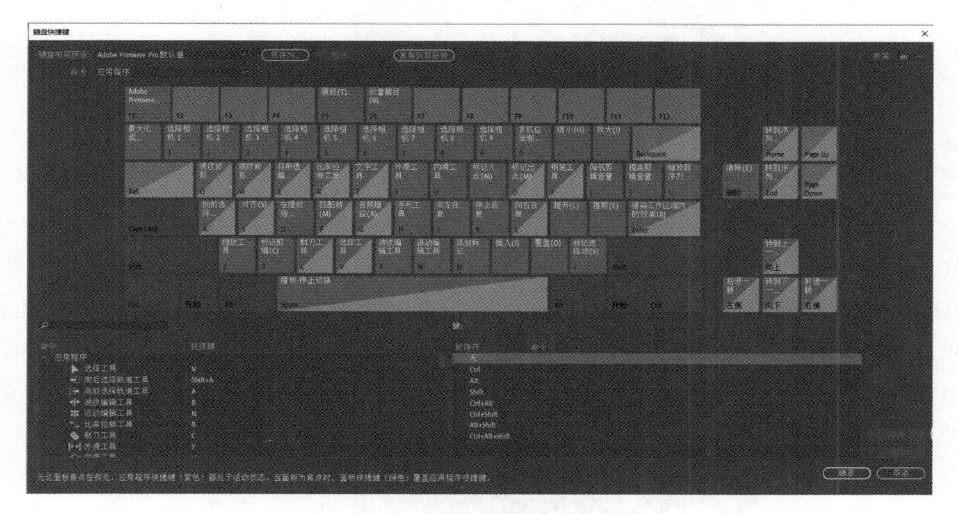

图 0-22　“键盘快捷键”对话框

主要快捷键：标记入点—“i”，标记出点—“O”，插入—“，”，覆盖—“。”，提取—“'”，提升—“;”，选择工具—“v”，波纹编辑工具—“b”，文字工具—“t”，音频增益—“g”，播放—“l”，停止—“k”，倒放—“h”。

12. 退出 Premiere Pro 2020

有以下 3 种方法：

（1）在 Premiere Pro 2020 中保存项目后，执行菜单命令“文件”→“退出”。

（2）按 Ctrl+Q 或 Alt+F4 组合键。

（3）在 Premiere Pro 2020 操作界面中单击右上角的“关闭”按钮。

0.6 安装播放器及插件

在 Premiere 中编辑影视内容时，需要使用大量不同格式的视音频素材，因此，需要要在计算机中安装对应解码格式的程序文件才能正常地播放和使用这些素材。

（1）暴风影音。暴风影音是北京暴风科技有限公司推出的一款视频播放器。该播放器能兼容大多数的视频和音频格式，可以清晰地播放文件。当有文件不可播放时，右上角的“播”起到了切换视频解码器和音频解码器的作用，能切换视频的最佳 3 种解码方式，因为暴风影音具备很强的播放能力，所以它是备受用户喜爱的播放器之一。该软件的安装界面如图 0-23 所示。

图 0-23　暴风影音安装界面

（2）QuickTime。QuickTime 是 Macintosh 公司在 Apple 计算机系统中应用的一种跨平台视频媒体格式，具有支持互动、高压缩比、高画质等特点。很多视频素材都采用 QuickTime 的格式进行压缩保存。为了在 Premiere 中进行视频编辑时可以应用 QuickTime 的视频素材，就需要先安装好 QuickTime 播放器程序。该软件的安装界面如图 0-24 所示，在 Apple 的官方网站下载最新版本的 QuickTime 播放器程序进行安装即可。

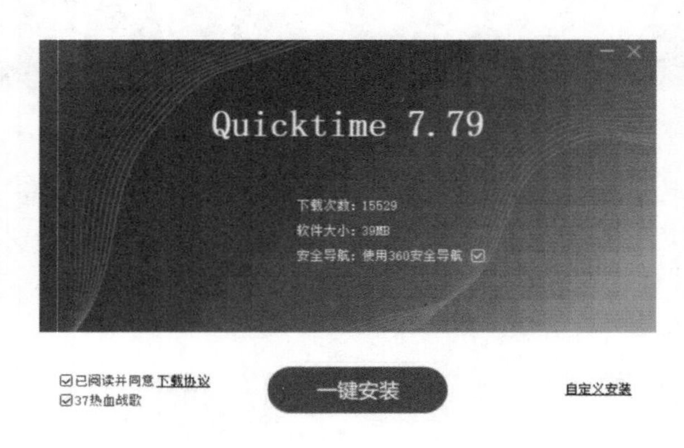

图 0-24　Quicktime 安装界面

（3）Trapcode Suite 12.1.6 64-bit 插件。插件是视频效果的一部分，Premiere Pro 2020 除了本身自带的视频效果外，还有一些插件可供使用。因为本书要用到 Shine 插件来制作文字闪光效果，所以特介绍插件的安装。

1）双击 Trapcode Suite 12.1.6 64-bit 安装图标，打开其安装向导 Welcome to the Trapcode Suite Setup Wizard（欢迎使用 Trapcode 套件安装向导）界面，如图 0-25 所示。

2）单击 Next（下一步）按钮，弹出 Red Giant Software Registration（红巨人软件注册）对话框，打开 T.C.Suite 12 SN（全角注册码）记事本，将所需安装插件的序列号复制到 Serial#（序列号）文本框内，单击 Submit（提交）按钮打开 Thanks for purchasing Trapcode Shine（感谢您购买 Trapcode Shine）界面，如图 0-26 所示，单击“确定”按钮完成注册，如图 0-27 所示。

图 0-25　安装向导

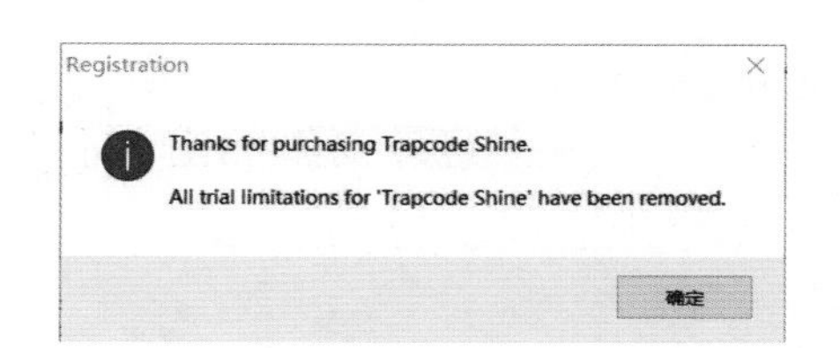

图 0-26　感谢购买

3）单击 Next（下一步）按钮，进入 License Agreement（许可协议）界面，选择 I accept the agreement（我接受协议）单选项，如图 0-28 所示。

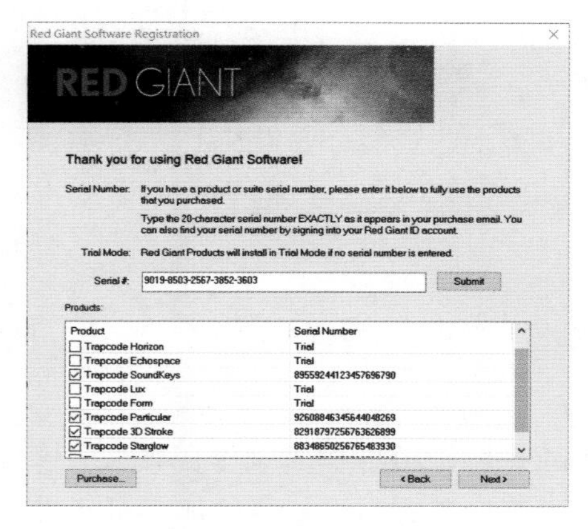

图 0-27　红巨人软件注册

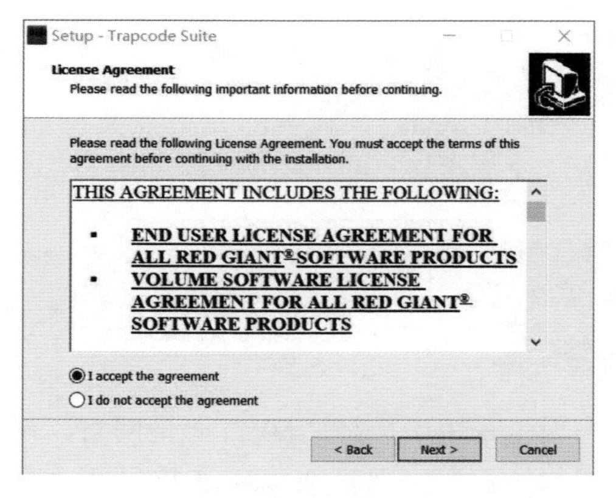

图 0-28　协议许可

4）单击 Next 按钮，进入 Select Components（选择组件）界面，选择 Adobe After Effects and Premiere Pro CC 2014 复选项，如图 0-29 所示。

5）单击 Next 按钮，进入 Ready Install（准备安装）界面，如图 0-30 所示。

6）单击 Install 按钮，进入 Installing（正在安装）界面，如图 0-31 所示，安装完毕后弹出 Completing the Trapcode Suite Setup Wizard（完成 Trapcode 套件安装向导）界面，如图 0-32 所示，单击 Finish 按钮。

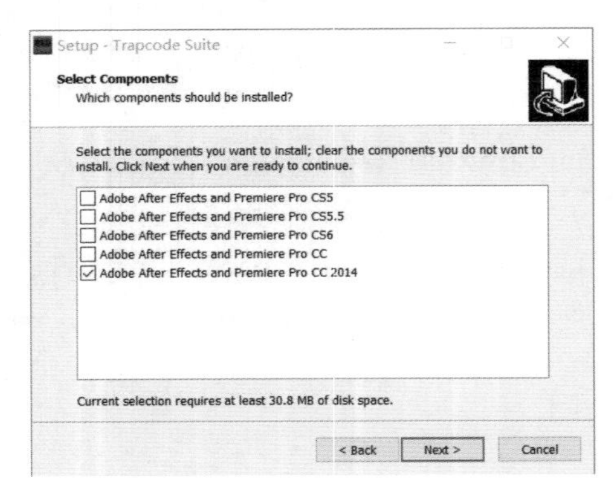

图 0-29　选择组件

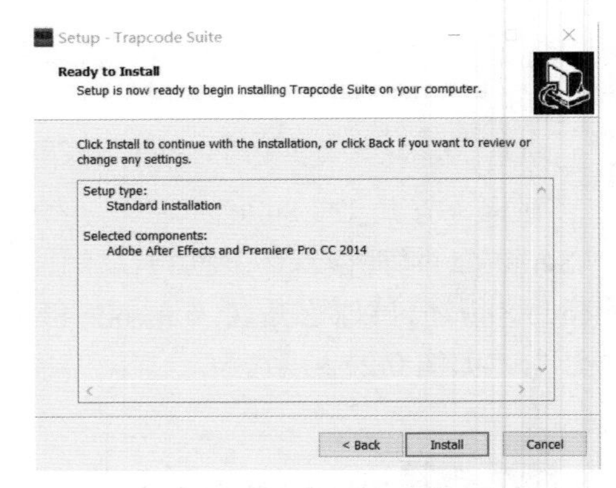

图 0-30　准备安装

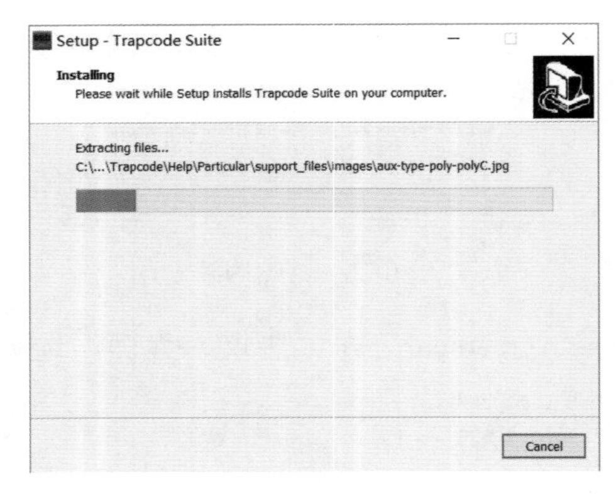

图 0-31　正在安装

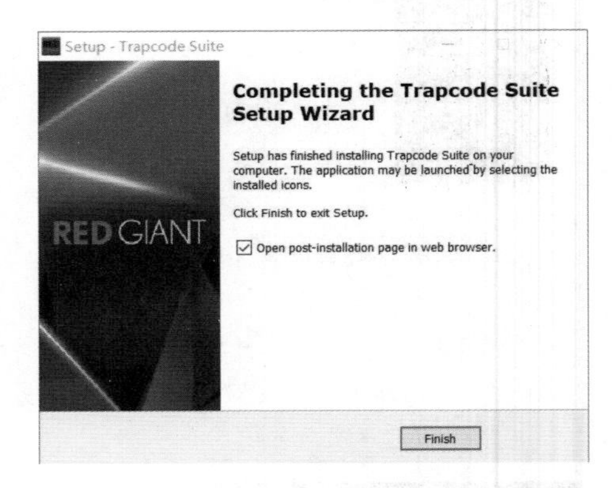

图 0-32　完成安装

After Effects（简称 AE）最好安装在 C: 盘里并多留一些空间。如果装了多个 AE 版本，请留意安装路径。

0.7 影视编辑基本工作流程

无论是用于广播、DVD 还是网络，使用 Premiere Pro 2020 编辑制作视频都会遵循一个相似的流程，包括新建或打开项目、导入素材、整合并剪辑素材、添加字幕、添加转场和特效、混合音频及输出。

（1）新建或打开项目。启动 Premiere Pro 2020，在弹出的快速开始屏幕中用户可以选择新建项目或打开一个现有的项目。新建一个项目后，可以设置序列的视频标准和格式。

（2）导入素材。将 SD 卡插入计算机的 SD 插口，从 SD 卡中选择素材并导入到计算机中。

使用项目窗口可以导入多种数字媒体，包括视频、音频和静态图片。Premiere Pro 2020 支持导入 Illustrator 生成的矢量格式图形或 Photoshop 格式的图像，还可以将 After Effects 的项目文件进行天衣无缝的转换，整合为一条完整的工作流程。它可以简单创建一些常用的元素，如基本彩条、颜色背景和倒计时计数器等。

在项目窗口中，可以标记、分类素材，或者将素材以文件夹的形式进行分组，从而对复杂的项目进行管理。用户还可以使用项目窗口的图标视图对素材进行规划，以快速装配序列。

（3）整合并剪辑素材。使用素材源监视器可以预览素材、设置编辑点，在将其添加到序列中之前还可以对其他重要的帧进行标记。

可以使用拖曳的方式或使用素材源监视器的控制按钮将素材添加到时间线窗口的序列中，然后按照在项目窗口中的顺序对其进行自动排列。编辑完毕后，可以在节目监视器中观看最终的序列，或者在外接的电视监视器上以全屏、全分辨率的方式进行观看。

在时间线窗口中，可以使用各种编辑工具对素材进行进一步编辑；在专门的剪辑监视器中，可以精确地定位剪辑点；使用嵌套序列的方法，可以将一个序列作为其他序列的一个素材片段。

（4）添加字幕。使用 Premiere Pro 2020 中功能齐全的字幕设计器可以简单地为视频创建不同风格的字幕或者滚动字幕。其中还提供了大量的字幕模板，可以按需进行修改并使用。可以像编辑其他素材片段一样为字幕设置淡入淡出、添加动画和效果等。

（5）添加转场和特效。效果窗口中包含了大量的过渡效果，可以使用拖曳或其他方式为序列中的素材添加过渡效果。在效果控制窗口中，可以对效果进行控制并创建动画，还可以对过渡效果的具体参数进行设置。

（6）混合音频。Premiere Pro 2020 中的音频混合器相当于一个全功能的调音台，可以实现各种音频编辑。Premiere Pro 2020 还支持实时音频编辑，使用合适的声卡可以通过传声器进行录音或混音输出 5.1 环绕声。

（7）输出。影片编辑完毕后，可以输出到多种媒介，如移动硬盘或 U 盘。而使用 Adobe 媒体编码器，可以对视频进行不同格式的编码，用于输出影碟或网络媒体。

课后拓展练习

一、填空题

1．一个动画素材的长度可以被裁剪后再拉长，但拉长不能超过素材的 _______ 程度。

2．Premiere Pro 2020 的主要功能是基于 PC 或 Mac 平台对数字化的 _______ 素材进行非线性的编辑。

3．Premiere Pro 2020 是 _______ 软件，融 _______ 和 _______ 处理于一体。

4．使用 Premiere Pro 2020 编辑视频，其制作流程包括新建或打开项目、导入素材、整合并剪辑序列、_______、_______、混合音频及输出。

二、判断题

1．使用项目窗口可以导入多种数字媒体，包括视频、音频和静态图片。（ ）

2．在项目窗口中，可以标记、分类素材，或者将素材以文件的形式进行分组。（ ）

3．在 Premiere Pro 2020 中，用户设置的历史记录步骤不会占用计算机的资源。（ ）

4．使用源监视器可以预览素材、设置编辑点，在将其添加到序列之前还可以对其他重要的帧进行标记。（ ）

5．在时间线窗口中，不能使用编辑工具对素材进行进一步编辑。（ ）

6．在效果控件窗口或时间线窗口中，可以对效果进行控制并创建动画。（ ）

三、简答题

查阅相关资料，简述 Premiere Pro 2020 的新增功能。

项目 1
MV 和卡拉 OK 的编辑

项目导读

电视节目的编辑就是电视节目的后期制作，即将原始的素材镜头编辑成电视节目所必需的全部工作过程，如撰写文字脚本、整理素材镜头、配合文字稿录音、叠加屏幕文字和图形、编辑音响效果和音乐、审查与修改，最后把素材镜头组合编辑成播出片。

MTV、MV 和卡拉 OK 是目前较为流行的三种不同的节目类型，深受观众和演唱者的喜爱。

1981 年 8 月，一家专门播放可视歌曲的电视网——音乐电视网（MTV）应运而生，成为历史上最热门的有线电视台。

MTV 重在音乐，影像只是点缀，完全配合音乐而来。歌手推出自己的 MTV 主要是为了宣传歌曲。

MV 是一种视觉文化，是建立在音乐、歌曲结构上的流动视觉。视觉是音乐听觉的外在形式，音乐是视觉的潜在形态。MV 利用电视画面来补充音乐所无法涵盖的信息和内容。

卡拉 OK 是一种伴奏系统，演唱者可以在预先录制的音乐伴奏下演唱。卡拉 OK 能通过声音处理美化与润饰演唱者的声音，当再将歌声与音乐伴奏有机结合时就变成了浑然一体的立体声歌曲。

教学目标

★了解 Premiere Pro 2020 编辑软件。

★掌握视音频的导入和编辑。

★掌握片头字幕和片尾滚动字幕的制作。

★学会正确地输出各种视音频格式。

★掌握 MV、卡拉 OK 的制作。

任务1.1 MV的制作

【任务描述】

要进行MV制作，就需要使用视频编辑软件，这个编辑软件就是专业、普及、大众化的Premiere Pro 2020。

MV的制作就是根据剧本及拍摄的素材进行节目制作。

MV的视频编辑是使用软件对视频源进行非线性编辑，将加入的图片、音乐、特效、场景等素材与视频进行重混合，对视频源进行切割、合并，通过二次编码生成具有不同表现力的新视频。

在MV制作中正确运用音频，既可以增强节目真实感，也可以增强节目的艺术感染力。

字幕也是MV影片中非常重要的视觉元素，一般包括文字和图形两部分。漂亮的字幕设计制作会给MV增色不少，Premiere Pro 2020强大的字幕功能使字幕制作发生了质的飞跃。

MV编辑完成后，Premiere Pro 2020编辑系统能将其输出成多种格式，包括MP4或可通过网络、移动设备传输的压缩文件格式。

【任务要求】

- 了解Premiere Pro 2020视频编辑软件。
- 掌握Premiere Pro 2020视频的常用编辑操作。
- 掌握音频的导入与编辑。
- 掌握常用片头字幕的制作。
- 掌握影片的输出。
- 掌握MV的制作。

【知识链接】

1.1.1 视频的编辑

Premiere Pro 2020支持在项目窗口中进行素材的导入，使用源监视器窗口、时间线窗口、工具箱和快捷菜单对素材进行剪辑。

实例1 导入素材文件

要进行视频编辑，首先要将素材导入到项目窗口中。导入素材的方法有多种，下面就来详细介绍。

（1）启动Premiere Pro 2020，单击“新建项目”按钮打开“新建项目”对话框，设置“名称”为“视频编辑”,“位置”为“I:\VR 视频剪辑 \ 效果”,单击“确定”按钮。按 Ctrl+N 组合键打开“新建序列”对话框,设置“可用预设”为 AVCHD → 1080p → AVCHD 1080p25,设置“序列名称”为“导入素材”,单击“确定”按钮。

(2)按 Ctrl+I 组合键打开“导入”对话框,选择“北海老街”素材文件,如图 1-1 所示,单击“打开”按钮即可导入单个的素材。

(3)双击项目窗口的空白处打开“导入”对话框,选择“配画面”文件夹,如图 1-2 所示,单击“导入文件夹”按钮即可导入选择的文件夹素材。

图 1-1 导入文件

图 1-2 选择文件夹

(4)右击项目窗口的空白处,从弹出的快捷菜单中选择“导入”选项,弹出“导入”对话框,展开“海豚”文件夹后选择“海豚 0000”素材,勾选“图像序列”复选项,如图 1-3 所示,单击“打开”按钮即可导入序列素材。

(5)执行菜单命令“文件”→“导入”,弹出“导入”对话框,选择“Butterfly.psd”素材文件,如图 1-4 所示。单击“打开”按钮,弹出“导入分层文件 : Butterfly”对话框,设置“导入为”为“序列”,如图 1-5 所示。单击“确定”按钮即可导入分层的素材,如图 1-6 所示。

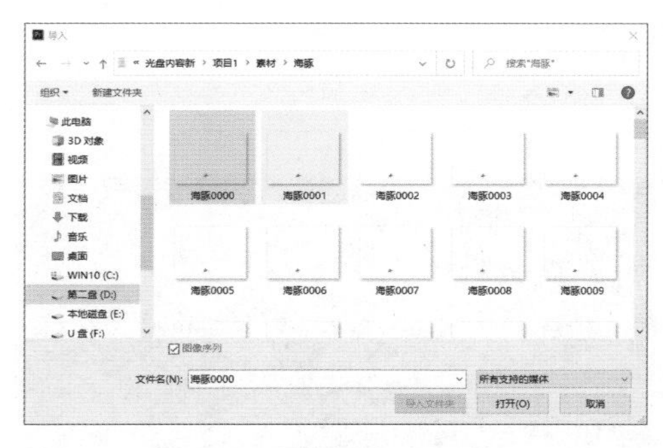

图 1-3 选择序列图片

图 1-4 选择 PSD 文件

(6)按 Ctrl+I 组合键打开“导入”对话框,按住 Ctrl 键的同时单击“北海老街 1”“北海银滩”和“冰雕”素材,如图 1-7 所示,单击“打开”按钮即可导入多个素材。

(7)执行菜单命令“文件”→ Adobe Dynamic Link →“导入 After Effects 合成图像”,如图 1-8 所示,弹出“导入 After Effects 合成”对话框,在项目窗口中选择导入文件后合成窗口中就会出现项目文件。选择“采风实训”合成，如图 1-9 所示，单击“确定”按钮即可导入 .AEP 工程文件。将“采风实训”文件拖曳到时间线窗口中，弹出“剪辑不匹配警告”对话框，单击“更改序列设置”按钮，如图 1-10 所示。按 Enter 键进行渲染，渲染完毕即可看到片头效果，如图 1-11 所示。

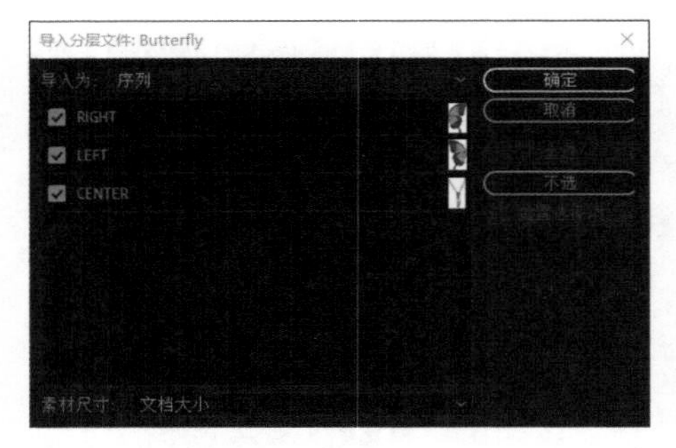

图 1-5　“导入分层文件”对话框

图 1-6　项目窗口的分层素材

图 1-7　选择多个素材

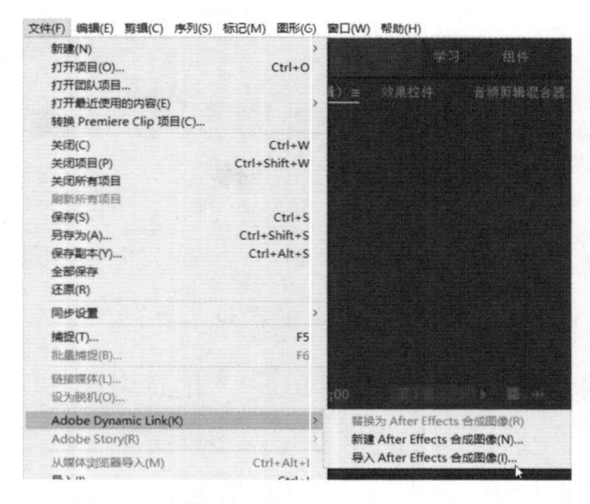

图 1-8　导入 After Effects 合成图像

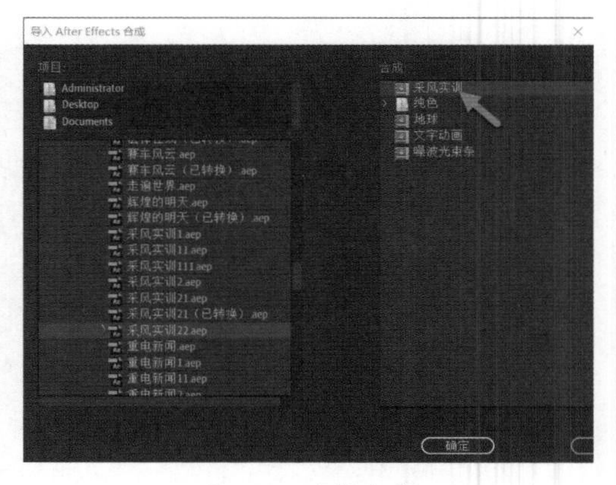

图 1-9　选择文件

图 1-10 “剪辑不匹配警告”对话框

（8）按 Ctrl+I 组合键打开“导入”对话框，选择“汽车广告.mp3”音频素材文件，如图 1-12 所示，单击“打开”按钮即可导入音频素材。

图 1-11 片头效果

图 1-12 选择音频素材

在项目窗口中双击“北海老街”素材，如图 1-13 所示，在源监视器窗口中单击“北海老街”即可在源监视器窗口中浏览素材，如图 1-14 所示。

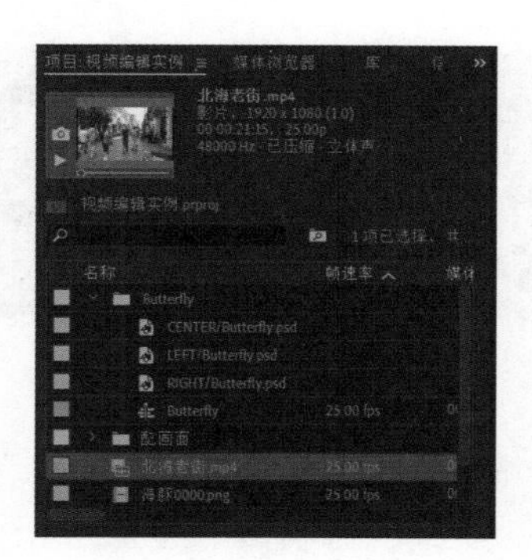

图 1-13 双击“北海老街”素材

图 1-14 浏览素材

实例2 通过覆盖剪辑进行编辑

覆盖剪辑是指源监视器确定一个入点、一个出点和在时间线上确定一个入点，然后单击“覆盖”按钮的剪辑方法。

（1）在 Premiere Pro 2020 的工作窗口中，按 Ctrl+N 组合键打开“新建序列”对话框，设置“可用预设”为 AVCHD → 1080p → AVCHD 1080p25，设置“序列名称”为“三点剪辑”，单击“确定”按钮。按 Ctrl+I 组合键打开“导入”对话框，选择相应的素材文件，单击“打开”按钮导入3个素材。

（2）在项目窗口中双击“北海老街1”，在源监视器窗口中设置入点为2:09，单击“标记入点”按钮，如图1-15所示。

（3）在源监视器窗口中设置时间为7:17并单击“标记出点”按钮，如图1-16所示。

图1-15　添加标记入点

图1-16　添加标记出点

（4）在时间线窗口中将播放指针定位在0s处，在源监视器窗口中单击“覆盖”按钮，即可将选择素材如添加到时间线窗口，图1-17所示。

（5）在项目窗口中双击“北海银滩”素材，在源监视器窗口中设置入点为1:18，单击“标记入点”按钮，设置出点为8:22，单击“标记出点”按钮，再单击“覆盖”按钮，如图1-18所示。

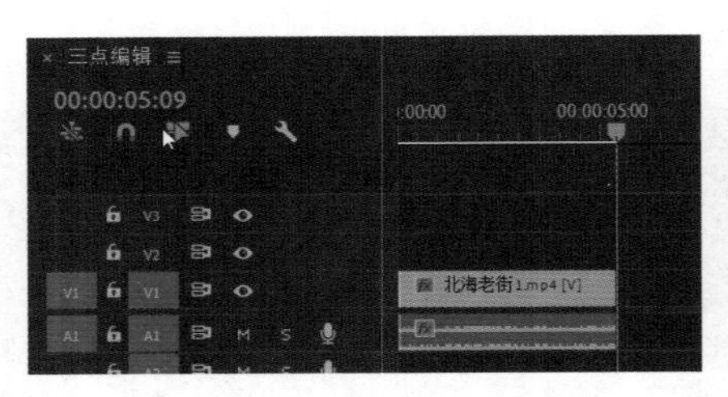

图1-17　编辑素材

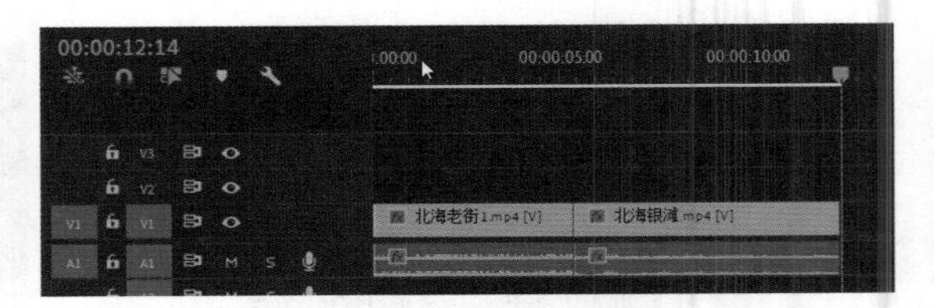

图1-18　编辑第二个素材

（6）在项目窗口中双击“冰雕”素材，在源监视器窗口中设置入点为3s，单击“标记入点”按钮，设置出点为8s，单击“标记出点”按钮，再单击“覆盖”按钮，如图1-19所示。重复以上步骤即可将素材编辑到时间线窗口中。

图1-19　编辑第三个素材

（7）在节目监视器窗口中单击“播放/停止切换”按钮，查看视频效果。

实例3 通过选择工具编辑北海风景

选择工具可以选择时间线窗口中的素材并对其进行移动、缩放调整。

（1）在 Premiere Pro 2020 的工作窗口中，执行菜单命令“文件”→“新建”→“序列”，弹出“新建序列”对话框，设置“可用预设”为 AVCHD → 1080p → AVCHD 1080p25，“序列名称”为“选择工具”，单击“确定”按钮。按 Ctrl+I 组合键打开“导入”对话框，选择相应的素材文件，单击“打开”按钮导入两个素材。

（2）在项目窗口中选择“北海老街”素材文件并右击，从弹出的快捷菜单中选择“插入”选项，如图 1-20 所示，即可在时间线窗口中插入“北海老街”素材，如图 1-21 所示。

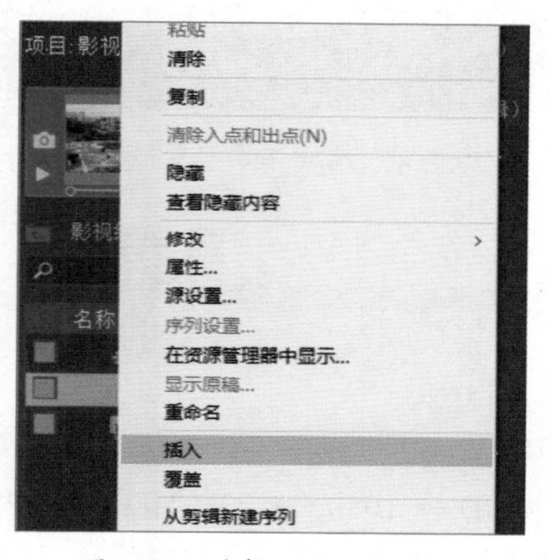

图 1-20　选择“插入”选项

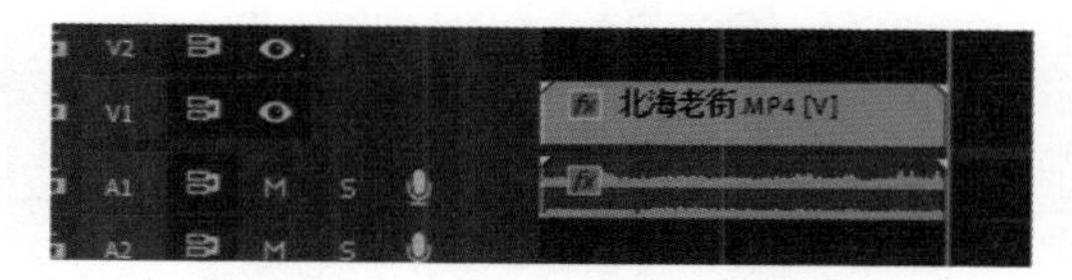

图 1-21　插入“北海老街”素材

（3）在时间线窗口中按住 Alt 键并滚动鼠标滚轮即可缩放时间标尺，拖曳滚动条调整显示区域，在时间标尺上的合适位置单击以调整时间指示指针的位置，如图 1-22 所示。

（4）在项目窗口中选择“北海老街 1”素材并右击，从弹出的快捷菜单中选择“插入”选项，即可将“北海老街 1”素材插入到 V1 轨道的时间指针位置，如图 1-23 所示。

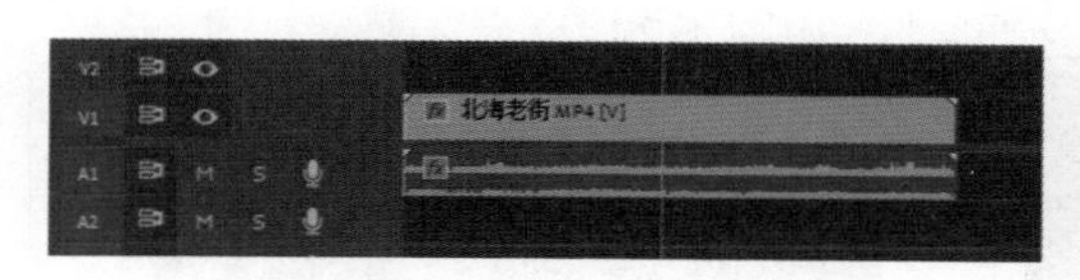

图 1-22　调整时间指针位置

图 1-23　插入“北海老街 1”素材

（5）在时间线上选择“北海老街 1”素材，单击并拖曳至合适位置释放鼠标左键，即可移动素材对象的位置，如图 1-24 所示。

（6）将鼠标移到“北海老街 1”素材对象的结束位置，当鼠标变成拉伸图标时单击并拖曳至合适位置释放鼠标左键，可以调整素材的持续时间，如图 1-25 所示。

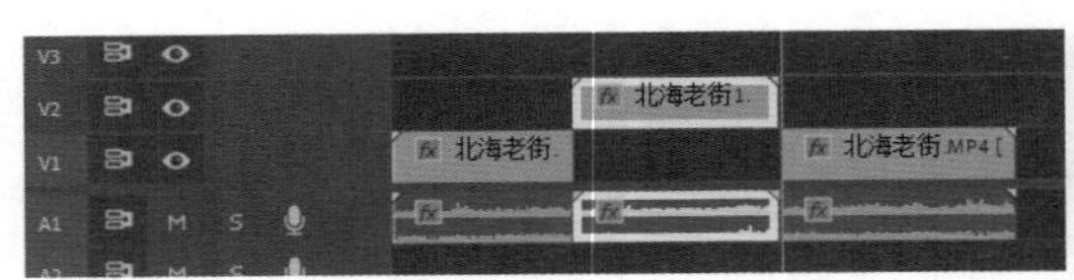

图 1-24　移动素材

图 1-25　调整素材的持续时间

（7）按 Ctrl+Z 组合键两次，撤回至如图 1-23 所示的状态后按住 Ctrl 键，将鼠标移到第一段“北海老街”素材对象的结束位置，当鼠标变成拉伸图标时，拖曳至合适位置后释放即可调整素材对象的持续时间，同时该轨道上其他素材作相应的调整，如图 1-26 所示。

（8）在时间线上选择后一段“北海老街”素材并右击，从弹出的快捷菜单中选择“清除”选项即可在时间线上清除选择的素材对象，如图 1-27 所示。

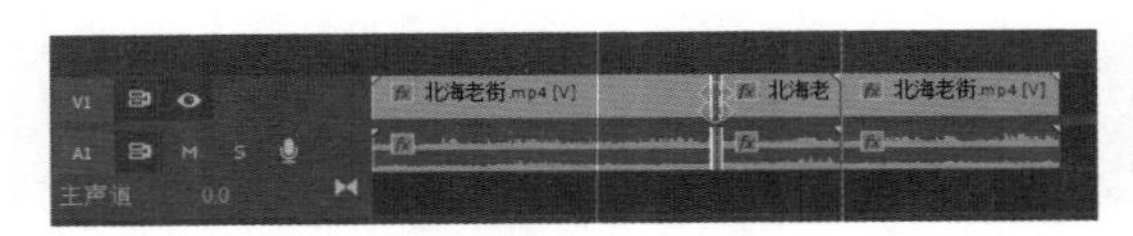

图 1-26　调整素材的持续时间

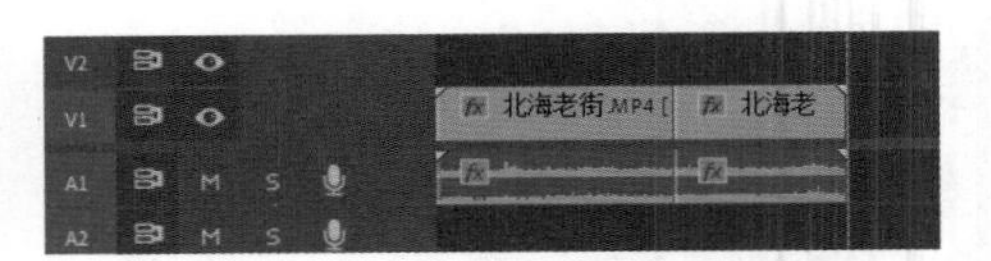

图 1-27　清除选择的素材对象

通过剃刀工具编辑素材

剃刀工具可以将素材一分为二，再将不需要的素材删除。

（1）在 Premiere Pro 2020 的工作窗口中，执行菜单命令“文件”→“新建”→“序列”，弹出“新建序列”对话框，设置“可用预设”为 AVCHD → 1080p → AVCHD 1080p25，“序列名称”为“剃刀工具”，单击“确定”按钮。按 Ctrl+I 组合键打开“导入”对话框，选择“摇镜头 1”素材文件，单击“打开”按钮。

（2）在项目窗口中选择导入的素材文件并将其拖曳至时间线窗口的 V1 轨道上，释放鼠标即可添加素材文件，在工具箱中选择“剃刀工具”，如图 1-28 所示。

提示：按住 Shift 键，单击时间线窗口中的任意素材文件可以分割此位置所有轨道内的素材。

（3）在节目监视器窗口中单击“播放”按钮播放视频并查找场景切换位置，单击“逐帧后退”按钮与“逐帧前进”按钮定位场景切换的帧，如图 1-29 所示。

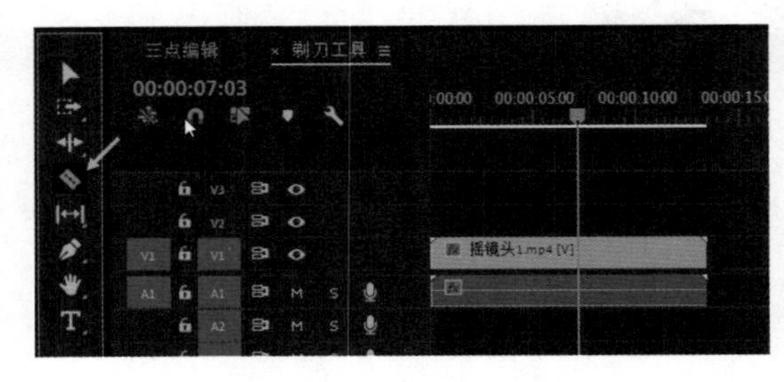

图 1-28　选择剃刀工具

图 1-29　定位场景切换的帧

（4）在时间线窗口中，使用“剃刀工具”单击时间指针的位置即可分割素材对象，调整时间指示器的位置查看分割效果，如图1-30所示。

图1-30 分割效果

（5）选择后一段素材，按Delete键，将其删除。

实例5 通过波纹工具编辑北海风景

波纹编辑在更改当前素材入点或出点的同时，会根据素材收缩或扩张的时间将随后的素材向前或向后移动，导致节目总长度发生变化。

（1）在Premiere Pro 2020的工作窗口中，按Ctrl+N组合键打开“新建序列”对话框，设置“可用预设”为AVCHD → 1080p → AVCHD 1080p25，“序列名称”为“波纹工具”，单击“确定”按钮。按Ctrl+I组合键，打开“导入”对话框，选择“摇镜头1”和“全景”素材文件，单击“打开”按钮导入两个素材，如图1-31所示。

（2）在项目窗口中选择两个素材并将其拖曳至时间线窗口的V1轨道上，在工具栏中选择“波纹工具”，如图1-32所示。

图1-31 导入素材

图1-32 选择波纹工具

（3）将鼠标移至“摇镜头1”素材对象的开始位置，当鼠标变成波纹编辑图标时单击并向右拖曳，如图1-33所示。至合适位置后释放鼠标即可使用波纹工具剪辑素材，轨道上的其他素材则同步进行移动，如图1-34所示。

图1-33 缩短素材对象

图1-34 剪辑素材的效果

实例6 通过分离编辑影片

通过三点编辑可以看到视音频是链接在一起的，如果不需要音频，则可将其进行分离然后删除。

（1）在 Premiere Pro 2020 的工作窗口中，按 Ctrl+N 组合键打开“新建序列”对话框，设置“可用预设”为 AVCHD → 1080p → AVCHD 1080p25，“序列名称”为“分离编辑”，单击“确定”按钮。按 Ctrl+I 组合键，打开“导入”对话框，选择相应的素材文件，单击“打开”按钮导入一个素材。

（2）在项目窗口中选择“海浪拍打”素材并将其拖曳到时间线窗口的 V1 轨道上，如图 1-35 所示。

（3）右击 V1 轨道上的“海浪拍打”素材，从弹出的快捷菜单中选择“取消链接”选项，将视频和音频分离。

（4）选择 A1 轨道上的音频素材，按 Delete 键即可删除音频素材，如图 1-36 所示。

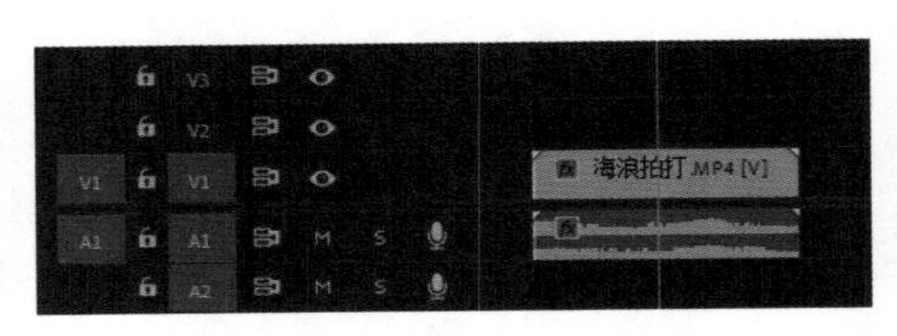

图 1-35　拖曳素材

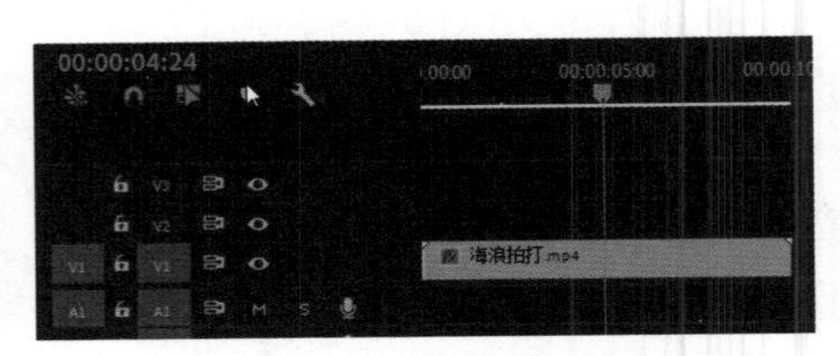

图 1-36　删除音频素材

（5）按 Ctrl+Z 组合键恢复，同时选择视频轨道和音频轨道上的素材并右击，从弹出的快捷菜单中选择“链接”选项即可将视频与音频重新链接。

（6）在 A1 轨道上选择音频素材，单击并向右拖曳至合适位置即可同时移动视频和音频素材，如图 1-37 所示。

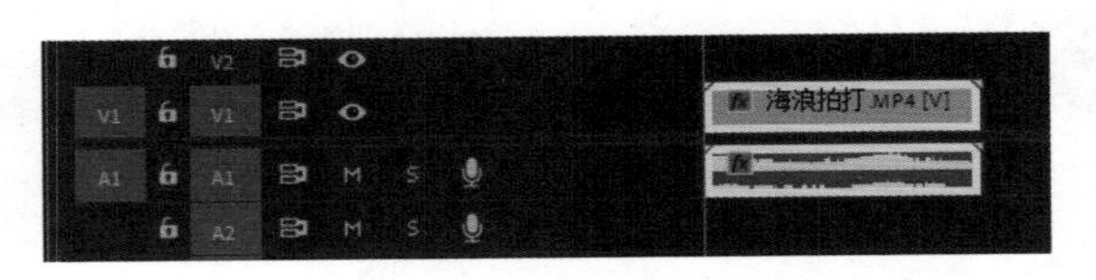

图 1-37　移动视频和音频素材

实例7 通过删除影片进行编辑

清除是将轨道上的素材删除后其他素材位置不变，而波纹删除是后面的素材移动到被删除素材位置。

（1）在 Premiere Pro 2020 的工作窗口中，按 Ctrl+N 组合键打开“新建序列”对话框，设置“可用预设”为 AVCHD → 1080p → AVCHD 1080p25，“序列名称”为“删除影片”，单击“确定”按钮。按 Ctrl+I 组合键打开“导入”对话框，选择相应的素材文件，单击“打开”按钮导入3个素材，如图1-38所示。

（2）在项目窗口中选择3个素材并将其拖曳到时间线窗口的V1轨道上，如图1-39所示。

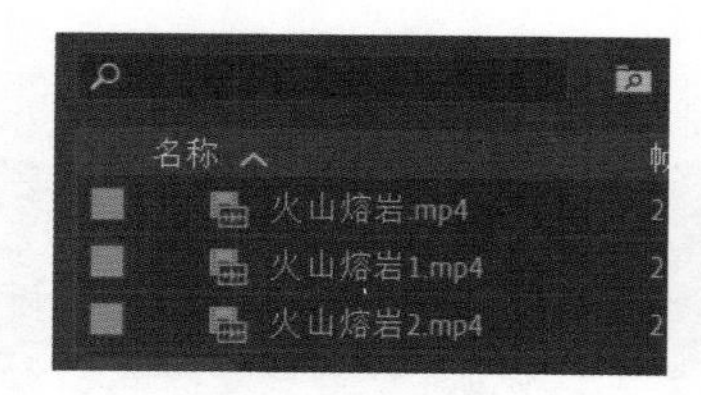

图1-38　导入素材

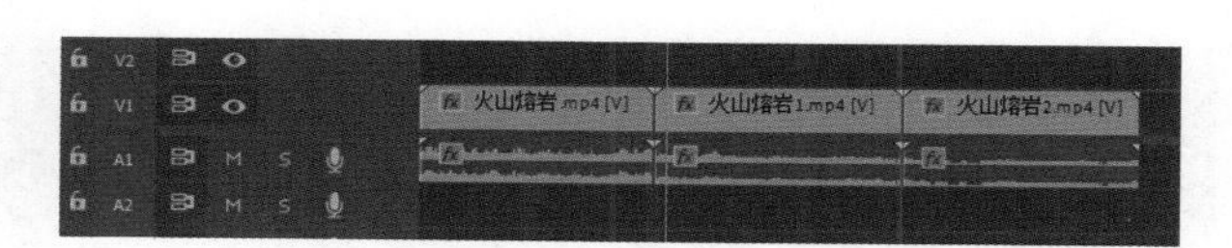

图1-39　拖曳素材

（3）右击V1轨道上的“火山熔岩”素材，从弹出的快捷菜单中选择“清除”选项即可删除，如图1-40所示。

（4）右击V1轨道上的“火山熔岩1”素材，从弹出的快捷菜单中选择“波纹删除”选项即可删除，此时第三段素材将会移动到第二段素材位置，如图1-41所示。

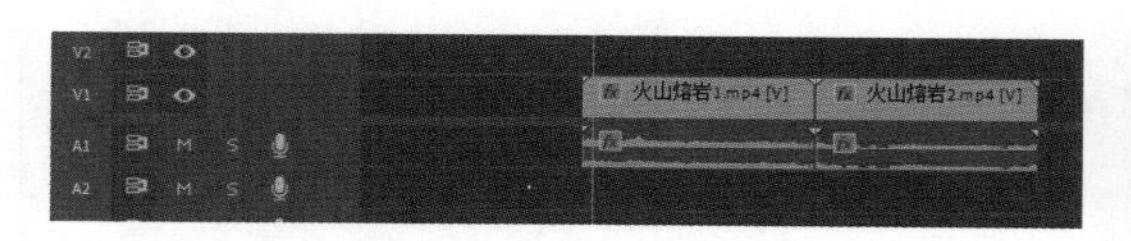

图1-40　删除素材

图1-41　删除“火山熔岩1”素材

实例8　通过命令编组素材文件

除了链接素材，还可以对多个素材进行编组，使其成为一个整体，可以像操作一个素材似的对其进行编辑操作。

（1）在Premiere Pro 2020的工作窗口中，执行菜单命令“文件”→“新建”→“序列”打开“新建序列”对话框，设置“可用预设”为AVCHD→1080p→AVCHD 1080p25，“序列名称”为“编组”，单击“确定”按钮。按Ctrl+I组合键打开“导入”对话框，选择“北海老街”和“北海老街1”素材文件，单击“打开”按钮导入两个素材。

（2）在项目窗口中双击“北海老街”素材文件即可在源监视器窗口中查看导入的素材画面效果，单击窗口右下角的“插入”按钮，如图1-42所示，即可在时间线窗口的V1轨道上插入“北海老街”素材，如图1-43所示。

图1-42　单击“插入”按钮

（3）在时间线窗口的合适位置单击可调整时间指示器的位置，然后双击“北海老街 1”素材文件，在源监视器窗口中单击“插入”按钮可在时间指示器的位置插入“北海老街 1”素材，如图 1-44 所示。

图 1-43　插入“北海老街”素材

图 1-44　插入“北海老街 1”素材

（4）选择时间线窗口中的一个素材，按住 Shift 键的同时单击另一个素材文件，选择添加的两个素材，如图 1-45 所示。

（5）在素材文件上右击，从弹出的快捷菜单中选择“编组”选项，如图 1-46 所示，即可编组素材文件，在素材文件上单击并拖曳至合适的轨道位置释放鼠标，两个素材将会同时移动，如图 1-47 所示。

图 1-45　选择两个素材

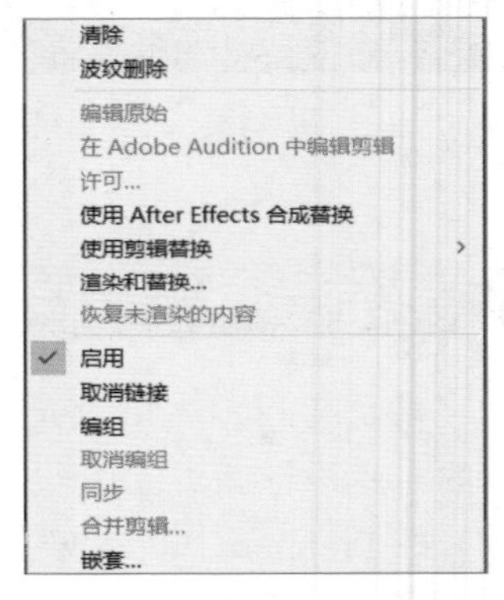

图 1-46　选择“编组”选项

（6）选择时间线窗口中被编组的素材文件并右击，在弹出的快捷菜单中选择“取消编组”选项，如图 1-48 所示，即可将素材取消编组。

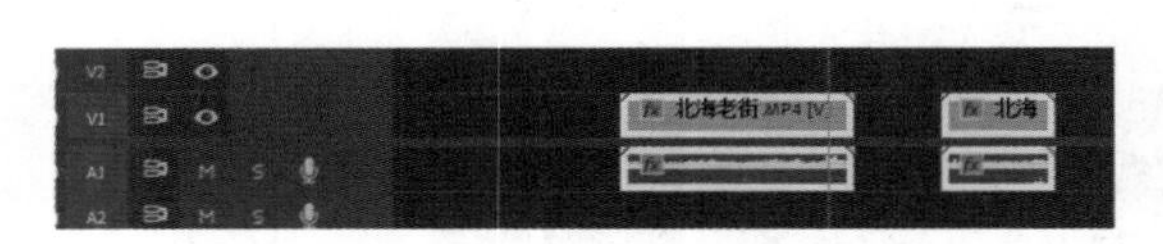

图 1-47　两个素材将同时移动

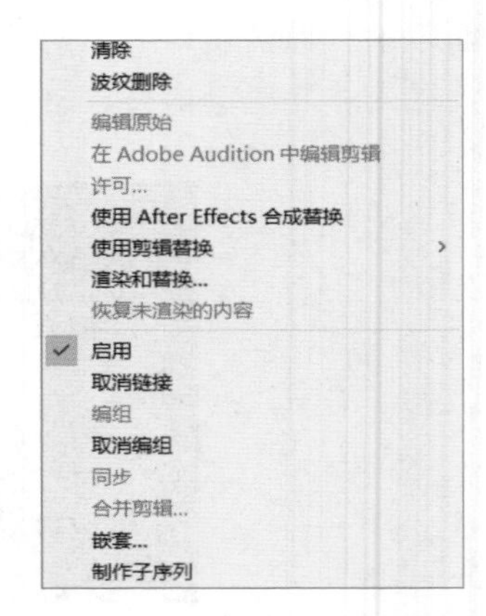

图 1-48　选择“取消编组”选项

实例9 通过复制编辑视频

如果一段素材需要重复使用，可以使用复制粘贴来实现。

（1）在 Premiere Pro 2020 的工作窗口中，按 Ctrl+N 组合键打开“新建序列”对话框，设置“可用预设”为 AVCHD → 1080p → AVCHD 1080p25，“序列名称”为“复制编辑”，单击“确定”按钮。按 Ctrl+I 组合键打开“导入”对话框，选择相应的素材文件，单击“打开”按钮导入一个素材。

（2）在项目窗口中选择“北海银滩”并将其拖曳到时间线窗口的 V1 轨道上，如图 1-49 所示。

（3）选择 V1 轨道上的“北海银滩”素材，执行菜单命令“编辑”→“复制”复制选择的素材。将时间指针定位到 15s 处，按 Ctrl+V 组合键即可将复制的视频粘贴至 V1 轨道的时间指针位置，如图 1-50 所示。

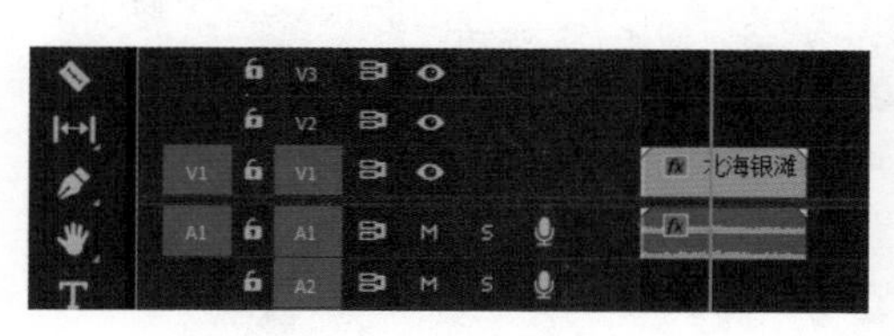

图 1-49 添加素材

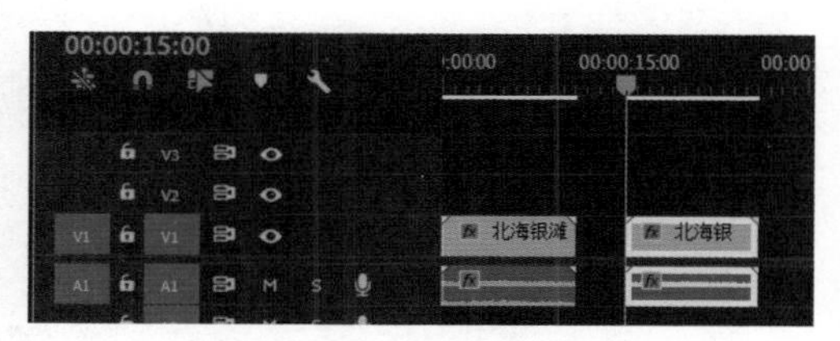

图 1-50 粘贴素材

（4）将时间指针移至视频开始位置，按空格键，可预览视频效果。

实例10 通过命令嵌套素材文件

一个项目可以包含多个序列，所有序列共享相同的操作。

（1）在 Premiere Pro 2020 的工作窗口中，执行菜单命令“文件”→“新建”→“序列”打开“新建序列”对话框，设置“可用预设”为 AVCHD → 1080p → AVCHD 1080p25，“序列名称”为“嵌套”，单击“确定”按钮。按 Ctrl+I 组合键打开“导入”对话框，选择相应的素材文件，单击“打开”按钮导入两个素材。

（2）将项目窗口中导入的素材依次拖曳至时间线的 V1 轨道上，在时间线窗口中选择一个素材文件，按住 Shift 键的同时单击另一个素材文件选择添加的两个素材，如图 1-51 所示。

（3）在素材上右击，从弹出的快捷菜单中选择“嵌套”选项，如图 1-52 所示。

（4）在弹出的“嵌套序列名称”对话框中设置名称为“嵌套序列 01”，如图 1-53 所示。

（5）单击“确定”按钮即可嵌套素材，如图 1-54 所示，并在项目窗口中生成“嵌套序列 01”嵌套素材。

（6）双击嵌套的素材可以在时间线窗口中打开它，在其中可以对素材文件进行编辑，如图 1-51 所示。

图 1-51　选择两个素材

图 1-52　选择“嵌套”选项

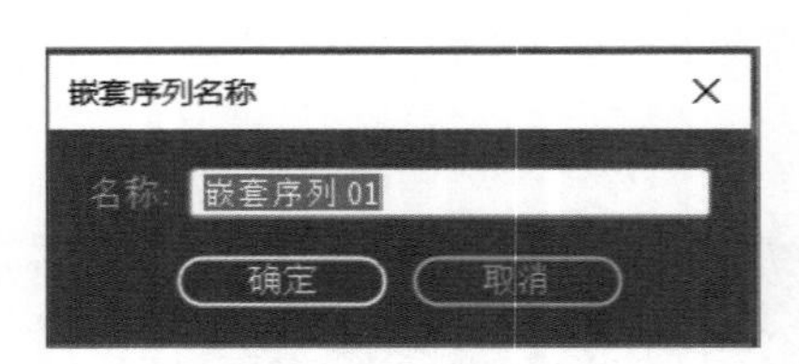

图 1-53　设置序列名称

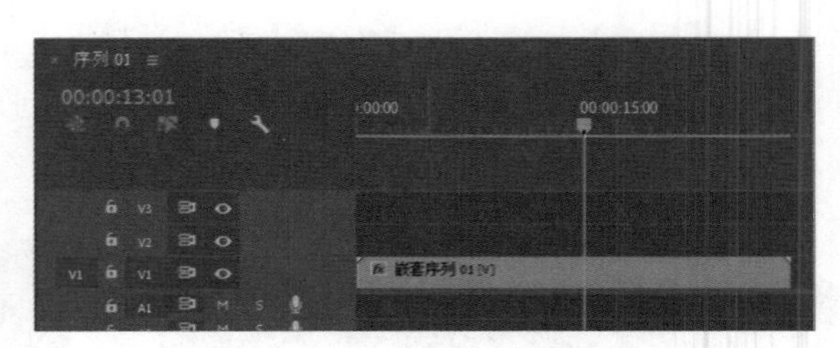

图 1-54　生成嵌套素材

实例11　用“仅拖动视频”按钮编辑北海风景

三点编辑包含音频，如果不需要音频，可以使用源监视器窗口中的“仅拖动视频”按钮进行编辑。

（1）在 Premiere Pro 2020 的工作窗口中，按 Ctrl+N 组合键打开“新建序列”对话框，设置“可用预设”为 AVCHD → 1080p → AVCHD 1080p25，“序列名称”为“拖动视频”，单击“确定”按钮。按 Ctrl+I 组合键打开“导入”对话框，选择相应的素材文件，单击“打开”按钮导入 3 个素材。

（2）在项目窗口中双击“北海老街 1”，在源监视器窗口中设置入点为 2:09，单击“标记入点”按钮，设置出点为 7:17，单击“标记出点”按钮，如图 1-55 所示。

（3）在源监视器窗口中拖动“仅拖动视频”按钮到时间线窗口的 V1 轨道上，与起始位置对齐，如图 1-56 所示。

图 1-55　添加标记入点和出点

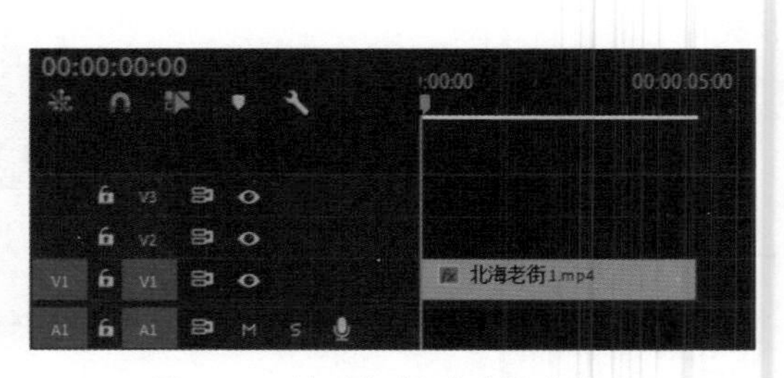

图 1-56　拖动视频到时间线窗口

（4）在项目窗口中双击“北海银滩”素材，在源监视器窗口中设置入点为1:18，单击“标记入点”按钮，设置出点为8:22，单击“标记出点”按钮并拖动“仅拖动视频”按钮到时间线窗口的V1轨道上，与前一素材的结束位置对齐，如图1-57所示。

（5）在项目窗口中双击“冰雕”素材，在源监视器窗口中设置入点为3s，单击“标记入点”按钮，设置出点为8s，单击“标记出点”按钮并拖动“仅拖动视频”按钮到时间线窗口的V1轨道上，与前一素材的结束位置对齐，如图1-58所示。重复以上步骤即可将素材编辑到时间线窗口中，并且没有音频素材。

图1-57 编辑第二个素材

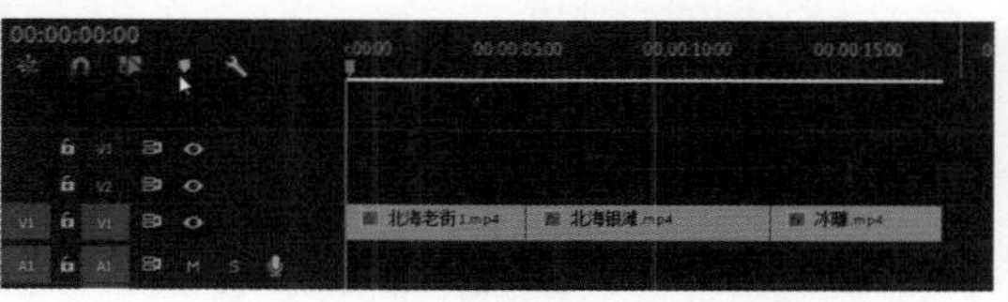

图1-58 编辑第三个素材

（6）在节目监视器窗口中，单击“播放/停止切换”按钮查看视频效果。

1.1.2 音频的编辑

在节目中正确运用音频，既是增强节目真实感的需要，也是增强节目艺术感染力的需要。Premiere Pro 2020音频处理功能强大，有数十条声轨编辑合成及丰富的音频特效，为音频创作提供了有力保证。

将所需要的音频素材导入到时间线窗口以后，就可以对音频素材进行编辑了。下面介绍对音频素材进行编辑处理的两种操作方法。

实例1 音频音量调节

声音的大小可以调节，一是通过效果控件窗口进行调节，二是通过菜单命令调节，三是通过调节音量线条的位置进行调节。

（1）在Premiere Pro 2020的工作窗口中，按Ctrl+N组合键打开“新建序列”对话框，设置“可用预设”为AVCHD → 1080p → AVCHD 1080p25，“序列名称”为“音频素材”，单击“确定”按钮。

（2）按Ctrl+I组合键打开“导入”对话框，选择相应的素材文件，单击“打开”按钮导入“北海老街”视频素材和“汽车广告.mp3”音频素材。

（3）在项目窗口中双击“北海老街”素材，将其在源监视器窗口中打开。

（4）在源监视器窗口中，设置“北海老街”的入点、出点为1s和15:03，如图1-59所示，按住“仅拖动视频”按钮不放将其拖到时间线窗口的V1轨道上，使其与0位置对齐。

（5）从项目窗口中将“汽车广告”素材拖曳到时间线窗口的A1轨道上，使其与0位置对齐，如图1-60所示。

图 1-59　源监视器窗口

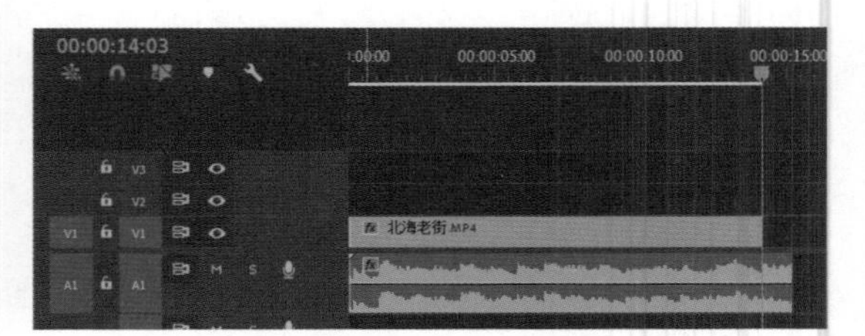

图 1-60　插入音频

（6）调节音频素材的持续时间。在工具箱中选择“选择工具”，将鼠标移到“汽车广告”素材文件的边缘，单击并向左拖曳，调整音频文件的持续时间与视频素材持续时间一致为止，如图 1-61 所示。

（7）在时间线窗口中调节音量。向下拖动滑块展宽音频轨道，如图 1-62 所示。将鼠标放到音量级别线条上，鼠标变成选择工具 + 双向箭头，向下拖动可使音量降低，向上拖动可使音量提升可使如图 1-63 所示。

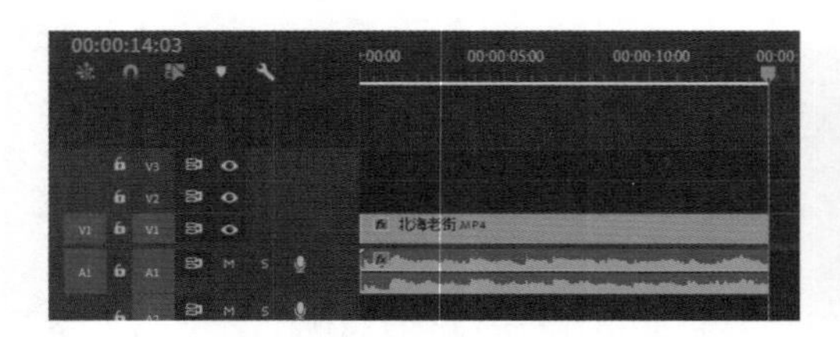

图 1-61　向左拖曳音频

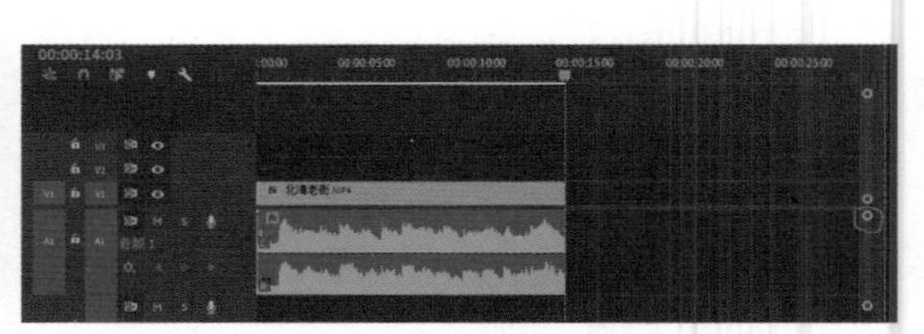

图 1-62　展宽音频轨道

（8）在效果控件窗口中调节音量。选择“汽车广告”素材，在效果控件窗口中，展开“音量”选项，在“级别”中输入负数则音量减小，输入正数则音量增大；展开“声道音量”选项，可以分别调节左声道和右声道音量；展开“声像器”选项，可以调节“平衡”，如图 1-64 所示。

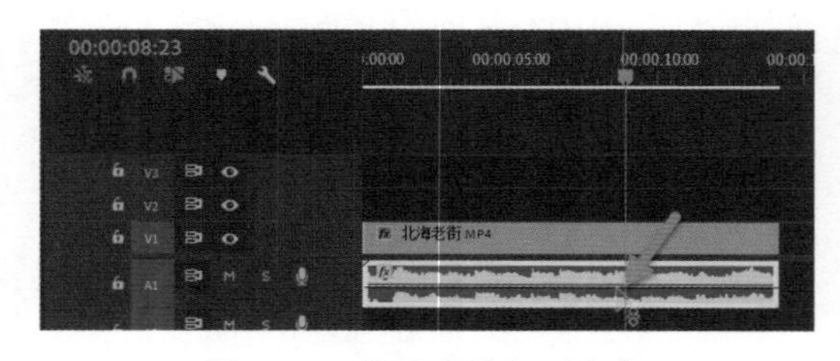

图 1-63　拖动音量级别线条

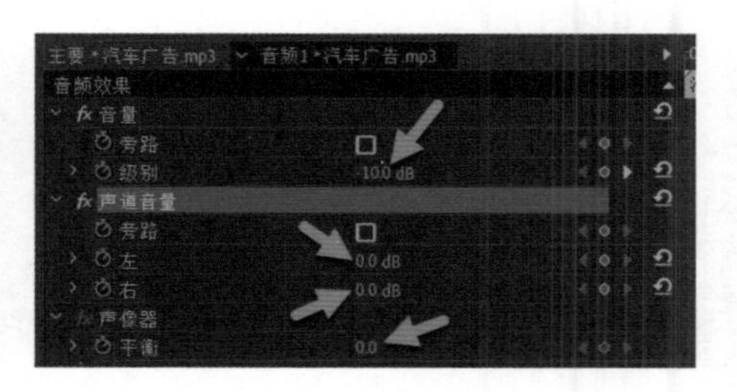

图 1-64　音频效果

（9）用快捷菜单调节音量。右击“汽车广告”素材，从弹出的快捷菜单中选择“音频增益”选项，弹出“音频增益”对话框，在“调整增益值”文本框中输入负数则音量减小，输入正数则音量增大，如图 1-65 所示。

（10）调节部分音量。将时间指针拖到 4s 处，选择“钢笔工具”，单击 4s 处音量线条添加关键帧；将时间指针拖到 4:12 处，单击音量线条添加第二个关键帧；将时间指针拖到 10:06 处，单击音量线条添加第三个关键帧；将时间指针拖到 10:21 处，单击音量线条添加第四个关键帧；将 4:12 和 10:06 处的关键帧向下拖动，如图 1-66 所示。从图中可以看出，两边的音量大，中间的音量小。

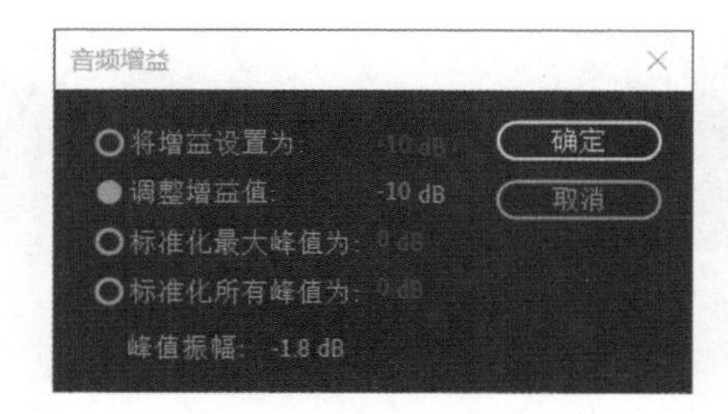

图 1-65 音频增益

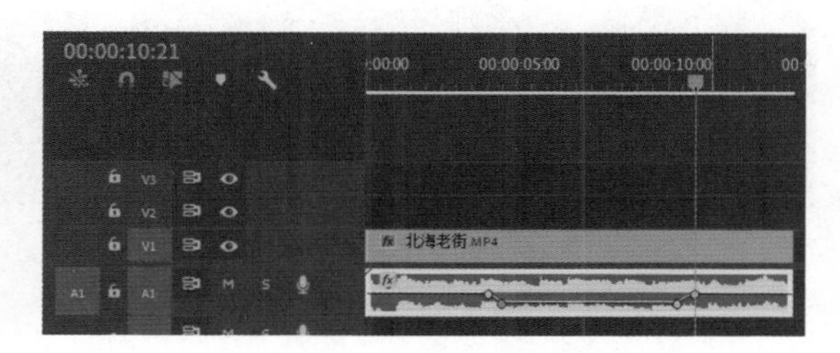

图 1-66 调节部分音量

实例2 为音频配上完美画面

在 Premiere Pro 2020 中可以轻松为一段音频素材配上完美的视觉画面，从而让观众在聆听优美音频的同时欣赏到完美的视觉画面。

为音频配上画面的具体操作过程如下：

（1）在 Premiere Pro 2020 的工作窗口中，按 Ctrl+N 组合键，打开“新建序列”对话框，设置“可用预设”为 AVCHD → 1080p → AVCHD 1080p25，“序列名称”为“配画面”，单击“确定”按钮。

（2）按 Ctrl+I 组合键打开“导入”对话框，导入一段音频素材及“全景”“海浪”“远景”“海浪拍打”“火山熔岩”“月亮湾”“小船航行”“浪花”等视频素材，单击“确定”按钮。

（3）在项目窗口中双击“蓝色的多瑙河”素材将其在素材源监视器窗口中打开，设置“蓝色的多瑙河”的入点、出点为 1:43:18 和 2:41:06，将其拖到时间线窗口的 A1 轨道上，使其与 0 位置对齐，如图 1-67 所示。

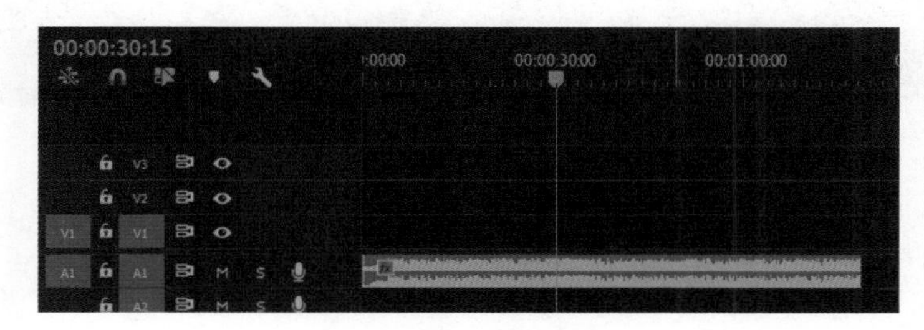

图 1-67 插入音频

（4）在项目窗口中双击“全景”素材将其在素材源监视器窗口中打开，设置“全景”的入点、出点为 1:18 和 6:23，如图 1-68 所示，按住“仅拖动视频”按钮不放将其拖到时间线窗口的 V1 轨道上，使其与 0 位置对齐，如图 1-69 所示。

（5）双击“海浪”素材，设置“海浪”的入点、出点为 2:17 和 7:20，按住“仅拖动视频”按钮▣不放将其拖到时间线的窗口 V1 轨道上，使其与上一素材末尾对齐。

图 1-68　设置入点和出点

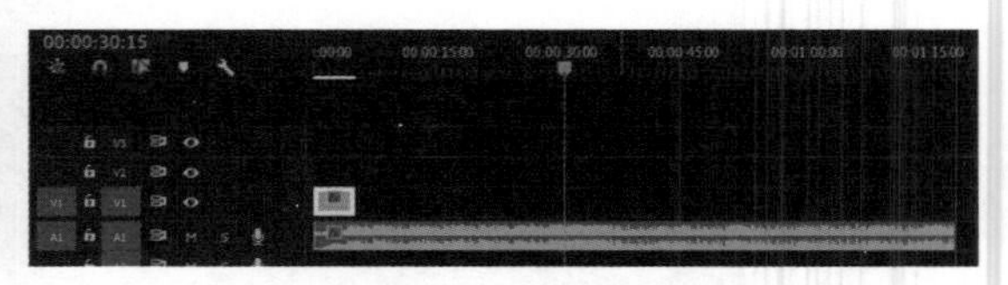

图 1-69　插入到时间线

（6）双击“远景”素材，设置“远景”的入点、出点为 1:02 和 7:01，按住“仅拖动视频”按钮不放将其拖到时间线窗口的 V1 轨道上，使其与上一素材末尾对齐。

（7）双击“海浪拍打”素材，设置“海浪拍打”的入点、出点为 1:11 和 6:14，按住“仅拖动视频”按钮不放将其拖到时间线窗口的 V1 轨道上，使其与上一素材末尾对齐。

（8）双击“浪花”素材，设置“浪花”的入点、出点为 0:14 和 5:18，按住“仅拖动视频”按钮不放将其拖到时间线窗口的 V1 轨道上，使其与上一素材末尾对齐。

（9）双击“火山熔岩”素材，设置“火山熔岩”的入点、出点为 0:24 和 6:02，按住“仅拖动视频”按钮不放将其拖到时间线窗口的 V1 轨道上，使其与上一素材末尾对齐。

（10）双击“小船航行”素材，设置“小船航行”的入点、出点为 3s 和 8:09，按住“仅拖动视频”按钮不放将其拖到时间线窗口的 V1 轨道上，使其与上一素材末尾对齐。

（11）双击“月亮湾”素材，设置“月亮湾”的入点、出点为 1:20 和 7:20，按住“仅拖动视频”按钮不放将其拖到时间线窗口的 V1 轨道上，使其与上一素材末尾对齐，如图 1-70 所示。

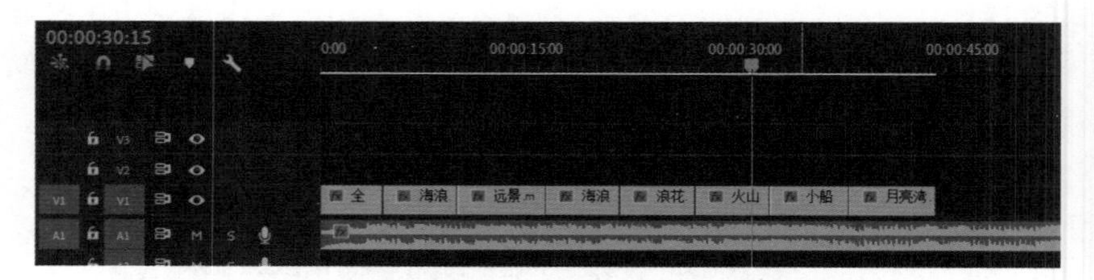

图 1-70　视频文件的排列

（12）在工具栏中选择“剃刀工具”，在视频结束的位置单击音频素材将其剪辑成两段，利用“选择工具”选中剪辑后的音频，按 Delete 键将其删除，结果如图 1-71 所示。

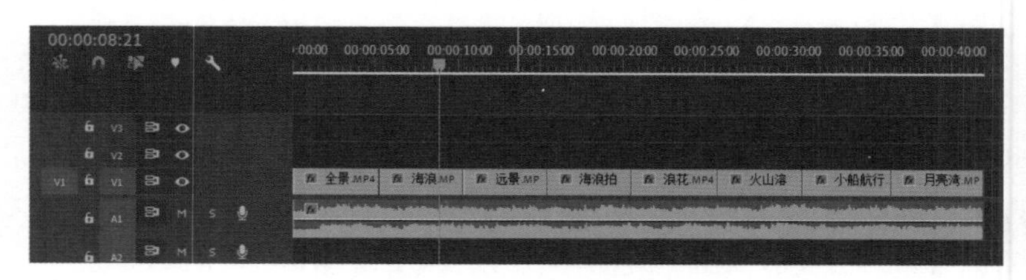

图 1-71　删除部分音频素材

（13）在工具箱中选择“钢笔工具”，向下拖动右边的滑块展宽音频轨道，将时间指针分别移到0s、2s、40s和43:07的位置，分别单击“音量级别”线条添加4个关键帧，再单击起始和结束点“音量级别”线条向下拖到最低处，为音频制作淡出效果，如图1-72所示。

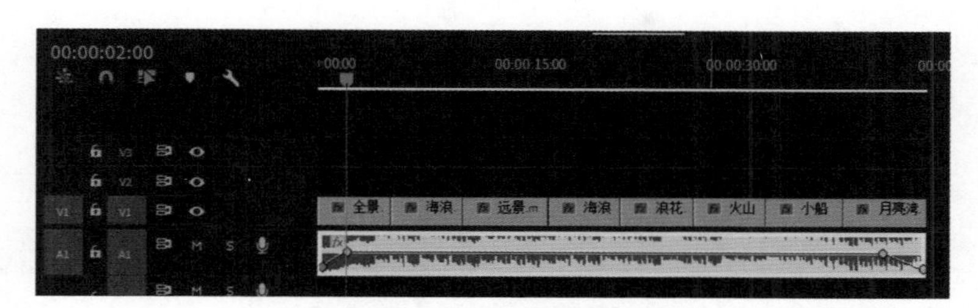

图 1-72　制作淡出效果

（14）单击“播放 / 停止”按钮试听音频，此时的音频已经具有淡出效果。

1.1.3　字幕的制作

字幕是影视节目中非常重要的视觉元素，一般包括文字和图形两部分。漂亮的字幕设计制作会给影片增色不少，Premiere Pro 2020的强大功能使字幕制作发生了质的飞跃。制作好的字幕可直接叠加到其他片段上显示。

字幕是影片的重要组成部分，起到提示人物和地点名称等作用，也可作为片头的标题和片尾的滚动字幕。使用Premiere Pro 2020的字幕功能可以创建专业级字幕。在制作字幕时，可以使用系统中安装的任何字体创建字幕，也可以置入图形或图像作为Logo。此外，使用字幕内置的各种工具还可以绘制一些简单的图形。

Premiere Pro 2020内置的字幕提供了丰富的字幕编辑工具与功能，可以满足制作各种字幕的需求，是当前最好的字幕制作工具之一。

实例1　通过创建椭圆形制作从中间逐步显示的字幕

利用文字工具创建文字，再用文本中的“创建椭圆形蒙版”工具创建一个椭圆形，最后设置“蒙版扩展”关键帧，创建文字中间逐步显示的字幕，最终效果如图1-73所示。

图 1-73　最终效果

（1）在Premiere Pro 2020的工作窗口中，按Ctrl+N组合键打开“新建序列”对话框，设置“可用预设”为AVCHD → 1080p → AVCHD 1080p25，“序列名称”为“从中间逐步显示的字幕”，单击“确定”按钮。

（2）按 Ctrl+I 组合键打开“导入”对话框，选择相应的素材文件，单击“打开”按钮导入一个“远景”素材。

（3）在项目窗口中选择导入的“远景”素材并将其拖曳到时间线窗口的 V1 轨道上。

（4）单击工具箱中的“文字工具”按钮，再单击节目监视器窗口的合适位置，时间线窗口产生一个字幕素材，如图 1-74 所示。在节目监视器窗口中输入“涠洲岛风光”5 个字，如图 1-75 所示。

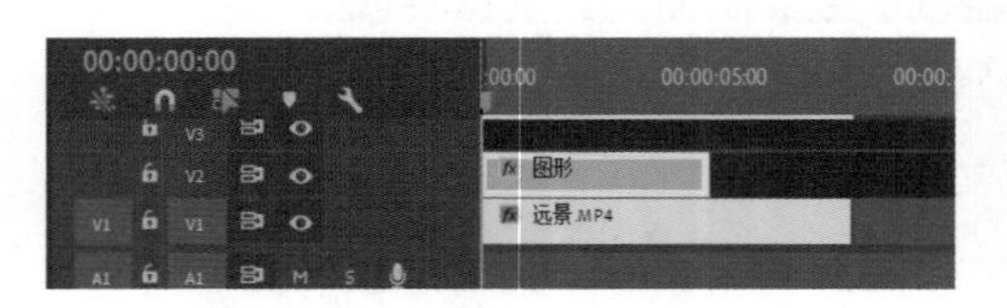

图 1-74　插入文字素材

图 1-75　输入文字

（5）在工具箱中单击“选择工具”按钮，在效果控件窗口中选择文本，单击字体右侧的下拉按钮，从弹出的列表框中选择 HYXiuYingJ，字号为 170，字距为 300，单击“仿粗体”按钮将文字设置为粗体。单击“填充”左边的色块打开“拾色器”对话框，设置 # 为 FF0000，单击“确定”按钮。勾选“描边”复选项，将颜色设置为白色，“描边宽度”为 10，勾选“阴影”复选项，设置“不透明度”为 50，“距离”为 10，“大小”为 20，将“变换”中的“位置”设为 (440,580)，如图 1-76 所示。文字效果如图 1-77 所示。

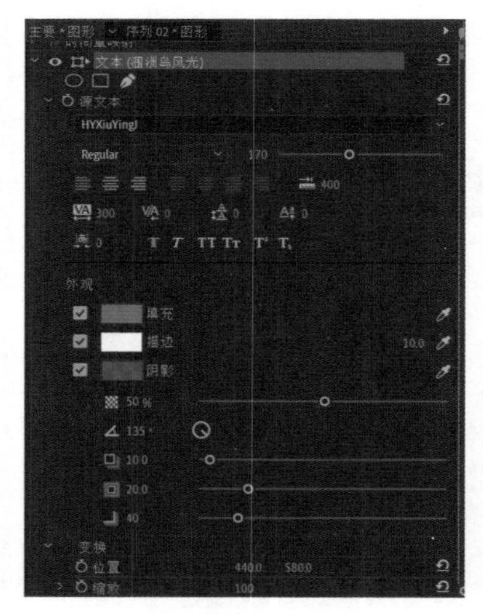

图 1-76　文本设置

图 1-77　文字效果

（6）在监视器上方单击“效果”选项卡，在时间线窗口中将时间指针移动到 0s，在效果控件窗口中单击“创建椭圆形蒙版”按钮，如图 1-78 所示。为“蒙版扩展”选项在 0s 和 4s 处添加关键帧，其值分别为 -250 和 310，如图 1-79 所示。

图 1-78　创建椭圆效果

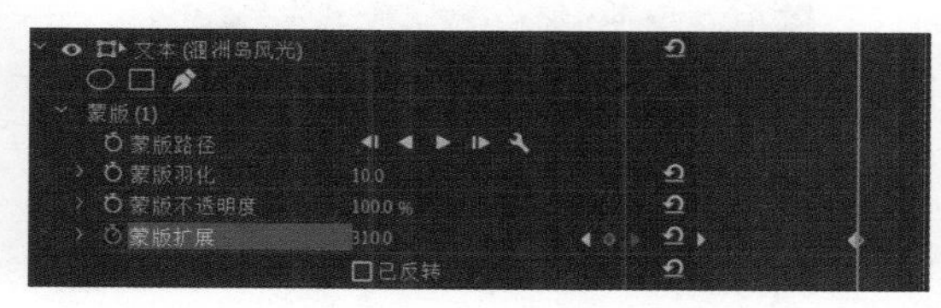

图 1-79　添加关键帧

（7）按空格键预览最终效果。

实例2 通过多边形蒙版制作逐个显示字幕

利用 4 点多边形蒙版创建逐个显示字幕，最终效果如图 1-80 所示。

图 1-80　最终效果

（1）在 Premiere Pro 2020 的工作窗口中，按 Ctrl+N 组合键打开“新建序列”对话框，设置“可用预设”为 AVCHD → 1080p → AVCHD 1080p25，“序列名称”为“逐个显示字幕”，单击“确定”按钮。

（2）按 Ctrl+I 组合键打开“导入”对话框，选择项目 1\ 卡拉 OK\ 山城海量视频 \“洪崖洞 1”素材文件，单击“打开”按钮导入。

（3）在项目窗口中双击导入的“洪崖洞 1”素材将其在素材源监视器窗口中打开。

（4）执行菜单命令“剪辑”→“修改”→“时间码”打开“修改剪辑”对话框，将“时间码”设置为 0，单击“确定”按钮。

（5）在源监视器窗口中，设置“洪崖洞 1”的入点、出点为 1:13 和 8:07，如图 1-81 所示。按住“仅拖动视频”按钮不放将其拖到时间线窗口的 V1 轨道上，使其与 0 位置对齐，如图 1-82 所示。

（6）单击工具箱中的“文字工具”，再单击节目监视器窗口的合适位置，时间线窗口中产生一个字幕素材，在节目监视器窗口中输入“网红景点洪崖洞”7 个字。

图 1-81　设置入点和出点

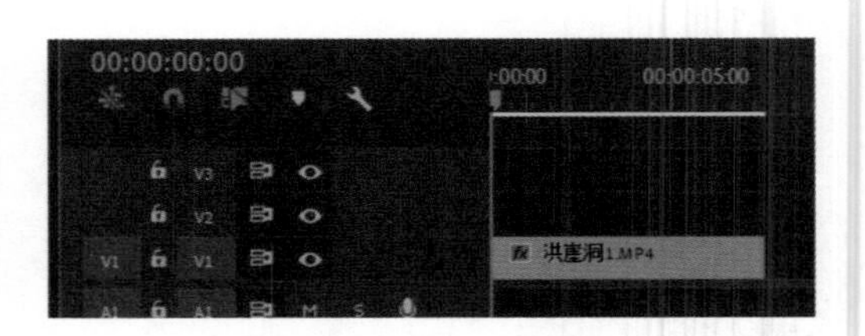

图 1-82　插入素材

（7）在工具箱中单击“选择工具”，在效果控件窗口中选择文本，单击“字体”右侧的下拉按钮，从弹出的列表框中选择 STXingkai，设置“大小”为 170，字距为 100。

（8）单击“填充”左边的色块打开“拾色器”对话框，设置 # 为 FFFFFF，单击“确定”按钮。勾选“描边”复选项，设置颜色为黑色，“描边宽度”为 10，勾选“阴影”复选项，设置“不透明度”为 75%，“距离”为 10，“大小”为 20，将“变换”中的“位置”设为 (330,580)，效果如图 1-83 所示。

（9）在监视器窗口上方单击“效果”选项卡，在时间线窗口中将时间指针移动到 0s，单击“创建 4 点多边形蒙版”按钮，如图 1-84 所示。将蒙版缩小并向左拖曳直到完全看不到文字为止，如图 1-85 所示。

图 1-83　文字效果

图 1-84　创建多边形蒙版

（10）单击“蒙版路径”左边的“切换动画”按钮添加关键帧，再将时间指针移动到 4s 处，将蒙版向右拖曳覆盖所有文字，如图 1-86 所示。

图 1-85　移动蒙版位置

图 1-86　蒙版覆盖文字

（11）按空格键预览最终效果。

实例3 通过径向渐变制作儿童乐园

通过旧版标题文字编辑器的径向渐变制作“儿童乐园”文字效果，再通过“位置”选项制作文字的运动效果，最终效果如图1-87所示。

图1-87　最终效果

（1）在Premiere Pro 2020的工作窗口中，按Ctrl+N组合键打开“新建序列”对话框，设置“可用预设”为AVCHD → 1080p → AVCHD 1080p25,“序列名称”为“儿童乐园”，单击“确定”按钮。

（2）按Ctrl+I组合键打开“导入”对话框，选择“儿童乐园”素材文件，单击“打开”按钮导入。

（3）右击“海浪拍打”素材，从弹出的快捷菜单中选择“修改”→“时间码”选项打开“修改剪辑”对话框，将“时间码”设置为0，单击“确定”按钮。

（4）在项目窗口中双击导入的“儿童乐园”素材将其在素材源监视器窗口中打开。

（5）在源监视器窗口中，设置“儿童乐园”的入点、出点为1:08和9:12，如图1-88所示。按住“仅拖动视频”按钮不放将其拖到时间线窗口的V1轨道上，使其与0位置对齐，如图1-89所示。

图1-88　选择素材

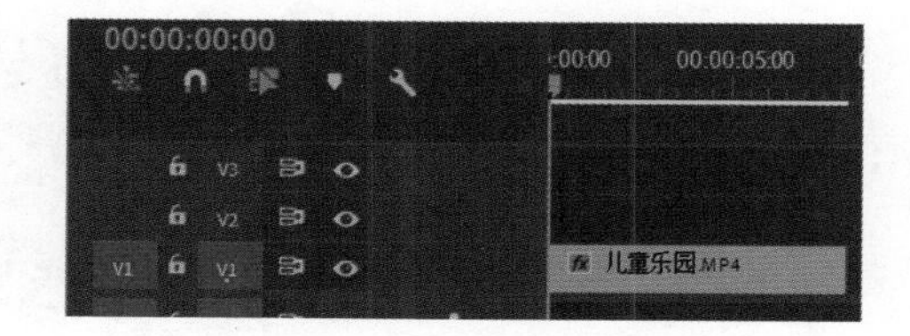

图1-89　插入时间线

（6）执行菜单命令“文件”→“新建”→“旧版标题”打开“新建字幕”对话框，将“名称”设置为“儿童乐园”,单击“确定”按钮打开“字幕”对话框,单击“儿童乐园”右边的按钮，分别选择工具、动作和属性，如图1-90所示。在工具箱中选择“文字工具”，在字幕窗口中输入“儿童乐园”4个字。

（7）在字幕窗口中选择文本，单击“字体系列”右侧的下拉按钮，从弹出的列表框中选择方正准圆简体，“字体大小”为 180，“字符间距”为 20。

（8）设置“填充”→“填充类型”为“径向渐变”，在“颜色”选项的右侧设置第 1 个色标为红色（FF0000），第 2 个色标为黄色（FFFF00），勾选“阴影”复选项，设置“距离”为 20，“大小”为 10，“扩展”为 50，如图 1-91 所示。在工作区中显示的字幕效果如图 1-92 所示。

图 1-90　打开工作窗口

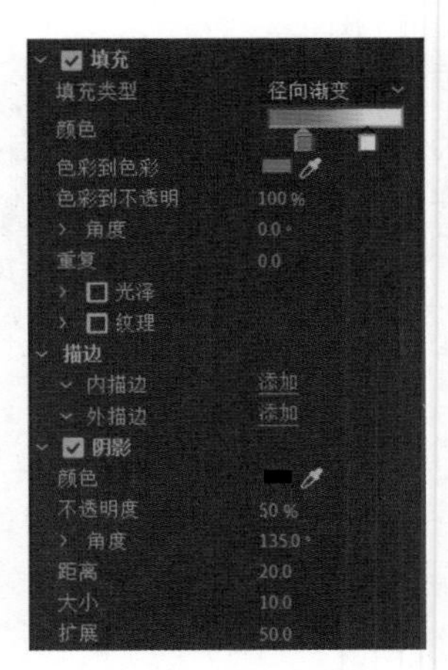

图 1-91　填充文字

（9）关闭“字幕”窗口，将创建的字幕拖曳到时间线窗口的 V2 轨道上，在时间线窗口中选择添加的字幕文件，如图 1-93 所示。

图 1-92　文字效果

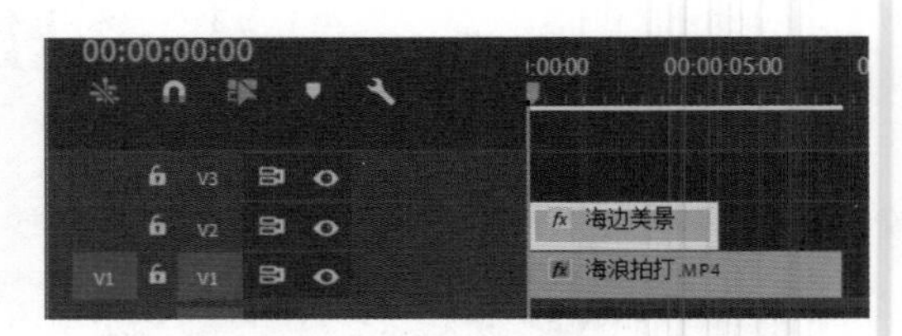

图 1-93　插入文字

（10）在效果控件窗口中，为其“位置”选项在 0s 和 3s 处添加两个关键帧，值为 (-614,540) 和 (940,540)。

（11）按空格键预览最终效果。

实例 4　插入标记（Logo）

在制作影片或电视节目的过程中，经常需要在其中插入图片作为标志，字幕提供了这一功能，且支持插入位图和矢量图，并将插入的矢量图自动转化为位图。既可以将插入的图片作为字幕中的图形元素，又可以将其插入到文本框中作为文本的一部分。

在字幕中插入了“标记”，可以像更改其他对象属性一样对它的各种属性进行更改，并且可以随时将其恢复为初始状态。最终效果如图 1-94 所示。

具体操作步骤如下：

（1）在 Premiere Pro 2020 的工作窗口中，按 Ctrl+N 组合键打开“新建序列”对话框，设置“可用预设”为 AVCHD → 1080p → AVCHD 1080p25，“序列名称”为“插入标记”，单击“确定”按钮。

（2）按 Ctrl+I 组合键打开“导入”对话框，选择“海浪拍打”素材文件并单击“打开”按钮。

（3）在项目窗口中双击导入的“海浪拍打”素材将其在素材源监视器窗口中打开。

（4）在源监视器窗口中，设置“海浪拍打”的入点、出点为 1s 和 9s，按住“仅拖动视频”按钮不放将其拖到时间线窗口的 V1 轨道上，使其与 0 位置对齐，如图 1-95 所示。

图 1-94 最终效果

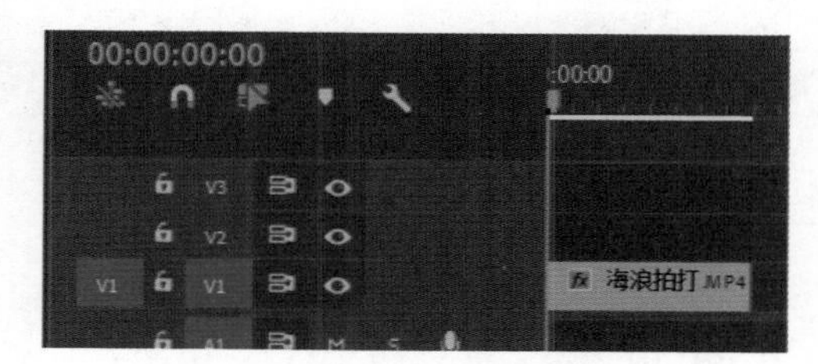

图 1-95 插入背景素材

（5）执行菜单命令“窗口”→“基本图形”打开“基本图形”窗口，选择“编辑”选项卡，单击“新建图形”按钮，从弹出的下拉菜单中选择“来自文件”选项，如图 1-96 所示。弹出“导入”对话框，选择配套光盘“项目 1\ 任务 3\ 素材”中的“台标”，单击“打开”按钮，如图 1-97 所示。

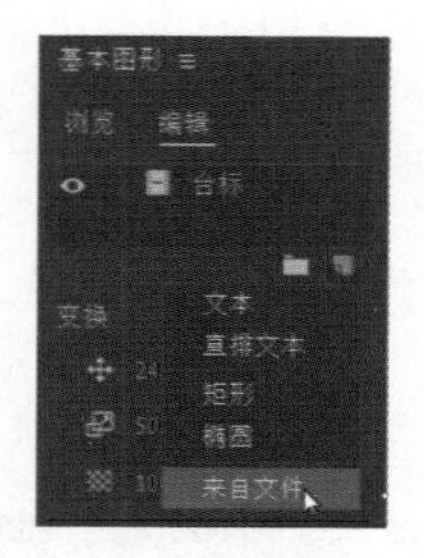

图 1-96 创建图形

图 1-97 插入标记

（6）在时间线窗口中选择“图形”素材，在基本图形的变换窗口中设置“比例”为 50%，“位置”为 (248,169)，拖动图形文件的右侧与“海浪拍打”素材对齐，如图 1-98 所示。

图 1-98 对齐

（7）按空格键预览最终效果。

实例5 创建垂直滚动字幕

利用“滚动 / 游动选项”窗口参数的设置制作垂直滚动字幕。

根据滚动的方向不同，滚动字幕分为纵向滚动（Rolling）字幕和横向滚动（Crawling）字幕。本例将通过案例来讲解如何在 Adobe 字幕窗口中创建影片或电视节目结束时的纵向滚动字幕，深入体会其制作方法。最终效果如图 1-99 所示。

图 1-99　最终效果

具体操作步骤如下：

（1）在 Premiere Pro 2020 的工作窗口中，按 Ctrl+N 组合键打开“新建序列”对话框，设置“可用预设”为 AVCHD → 1080p → AVCHD 1080p25，“序列名称”为“垂直滚动字幕”，单击“确定”按钮。

（2）按 Ctrl+I 组合键打开“导入”对话框，选择“小船航行”素材文件并单击“打开”按钮。

（3）在项目窗口中双击导入的“小船航行”素材将其在素材源监视器窗口中打开。

（4）在源监视器窗口中，设置“小船航行”的入点、出点为 1:24 和 13:23，如图 1-100 所示。按住“仅拖动视频”按钮不放，将其拖到时间线窗口的 V1 轨道上，使其与 0 位置对齐，如图 1-101 所示。

图 1-100　选择素材

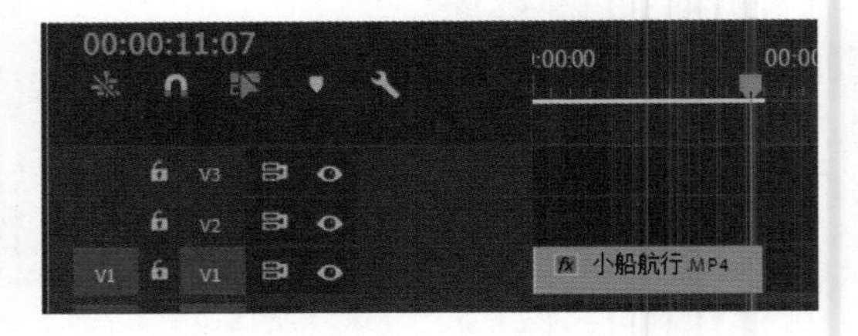

图 1-101　插入背景

（5）执行菜单命令“文件”→“新建”→“旧版标题”，在“新建字幕”对话框中输入字幕名称，单击“确定”按钮打开字幕窗口，单击“滚动字幕”右边的按钮，分别选择工具、动作和样式。

（6）在字幕窗口中单击按钮打开“滚动 / 游动选项”对话框，选择“滚动”单选项，勾选“开始于屏幕外”复选项，使字幕从屏幕外滚动进入。在“缓入”文本框中输入 50，即字幕由静止状态加速到正常速度的帧数，在“缓出”文本框中输入 50，即字幕由正常速度减速到静止状态的帧数。在“过卷”文本框中输入 75，即滚屏停止后静止的帧数，如图 1-102 所示，单击“确定”按钮。

（7）选择文字工具，在记事本选择事先输入好的演职人员名，按 Ctrl+C 组合键复制，单击字幕窗口，按 Ctrl+V 组合键粘贴，设置“字体系列”为经典粗黑简，设置“字体大小”为 80，选择“填充类型”为实底，“颜色”为白色，单击“外描边”右侧的“添加”按钮，单击“垂直居中”按钮，如图 1-103 所示。

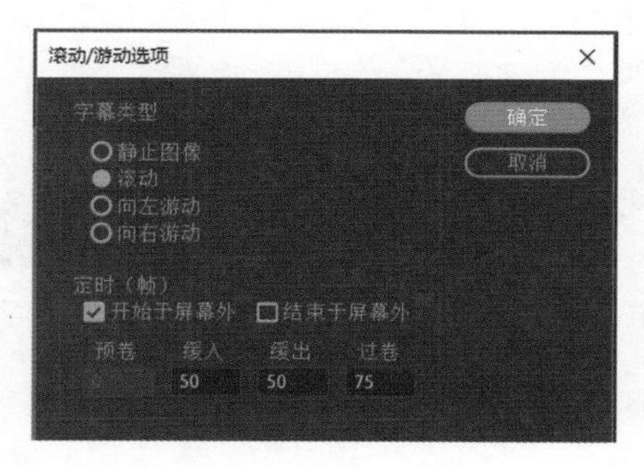

图 1-102　滚动字幕设置

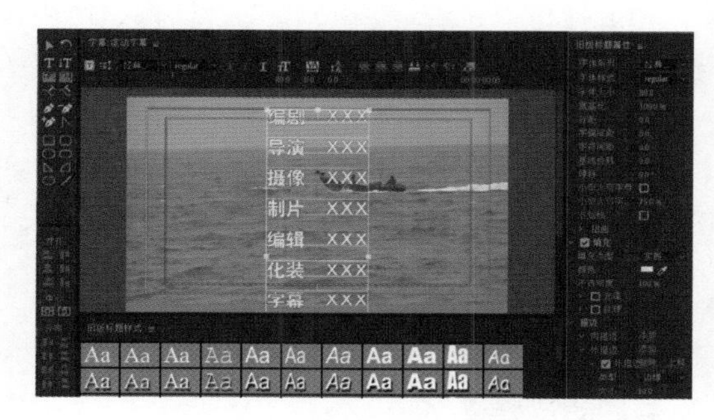

图 1-103　输入演职人员名单

（8）编辑完演职人员名单后按 Enter 键，拖动垂直滑块，将文字上移出屏幕为止，单击字幕设计窗口中的合适位置，从记事本中复制单位名称及日期，设置“字体大小”为 120，如图 1-104 所示。

（9）关闭字幕设置窗口，将滚动字幕文件拖到时间线窗口的 V2 轨道上，拖动结束位置调整其延续时间，如图 1-105 所示。

图 1-104　输入单位名称及日期

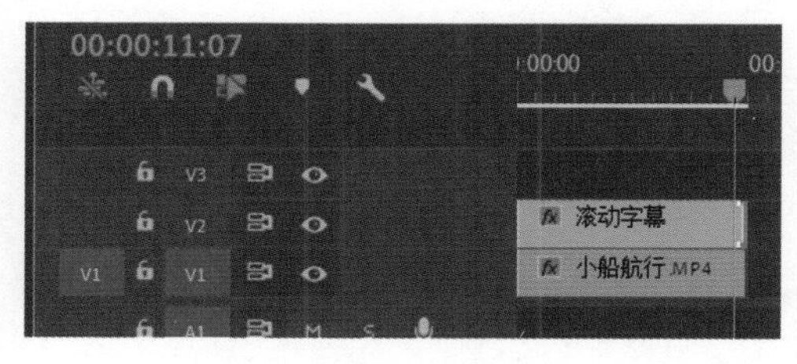

图 1-105　插入字幕

（10）按“空格”键预览最终效果。

实例6　用 Sayatoo 卡拉字幕精灵制作 MV 字幕

用 Premiere Pro 2020 的字幕功能来制作 MV 的歌词非常麻烦，工作量很大，我们可以使用专业的卡拉 OK 字幕制作工具——Sayatoo 卡拉字幕精灵来实现。

Sayatoo 卡拉字幕精灵是专业的音乐字幕制作工具。通过它可以很容易地制作出非常专业且高质量的卡拉 OK 音乐字幕特效，可以对字幕的字体、颜色、布局、走字特效和指示灯模板等属性进行设置，它拥有高效智能的歌词录制功能，通过键盘或鼠标即可精确地记录下歌词的时间属性，而且可以在时间线窗口中直接修改。其插件支持 Adobe Premiere、Ulead VideoStudio/MediaStudio 等视频编辑软件，可以将制作好的字幕项目文件直接导入使用。输出的字幕使用了反走样技术，效果清晰平滑。

（1）安装 Sayatoo 字幕精灵。

1）安装之前请关闭杀毒软件，双击 Sayatoo 字幕精灵安装文件进行安装。

2）弹出的“安装向导”对话框如图 1-106 所示，单击“下一步”按钮。

3）弹出“选择目标位置”对话框，如图 1-107 所示，保持默认安装路径，单击“下一步”按钮。

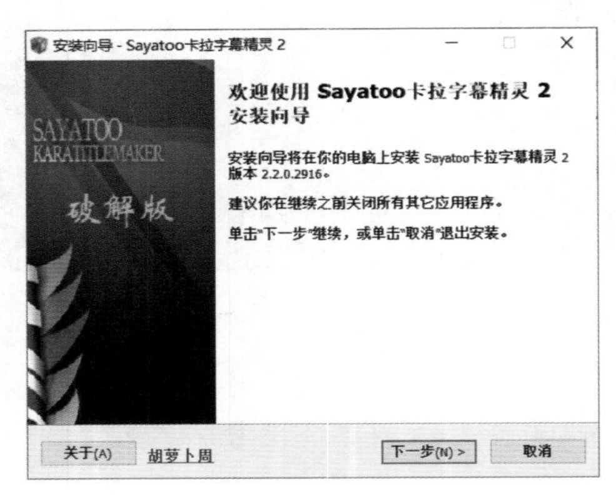

图 1-106 安装向导

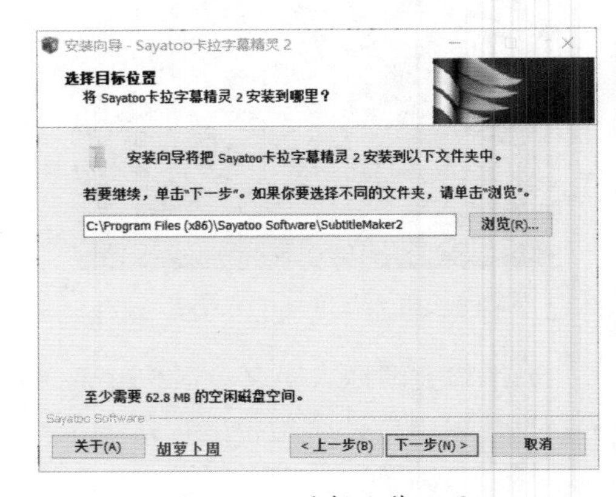

图 1-107 选择安装位置

4）弹出“准备安装”对话框，如图 1-108 所示，确定安装位置，单击“下一步”按钮。

5）弹出“正在安装”对话框，如图 1-109 所示，安装完毕后弹出“完成 Sayatoo 卡拉字幕精灵 2 安装”对话框，如图 1-110 所示，单击“完成”按钮。

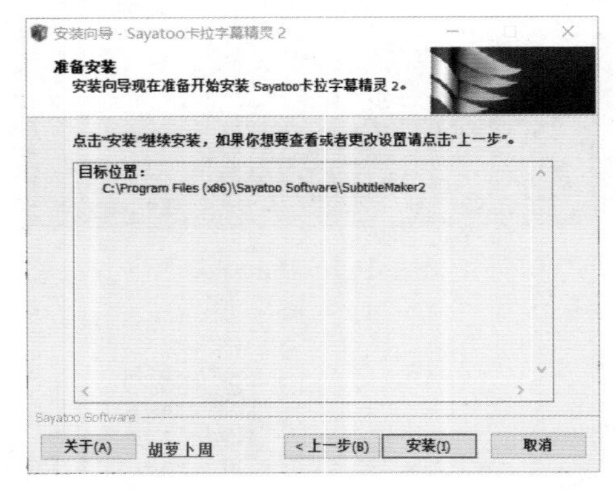

图 1-108 确定安装位置

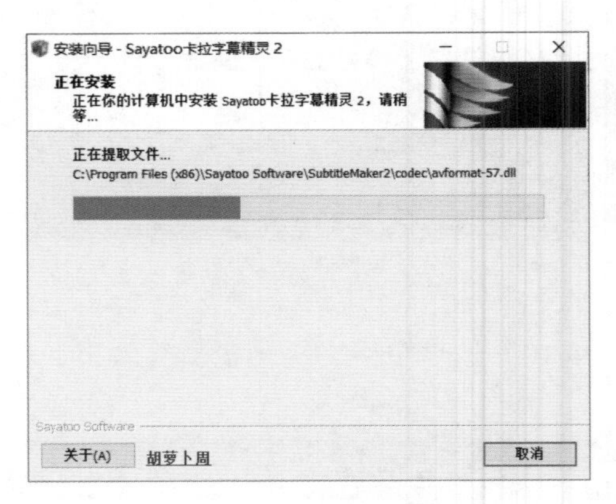

图 1-109 正在安装

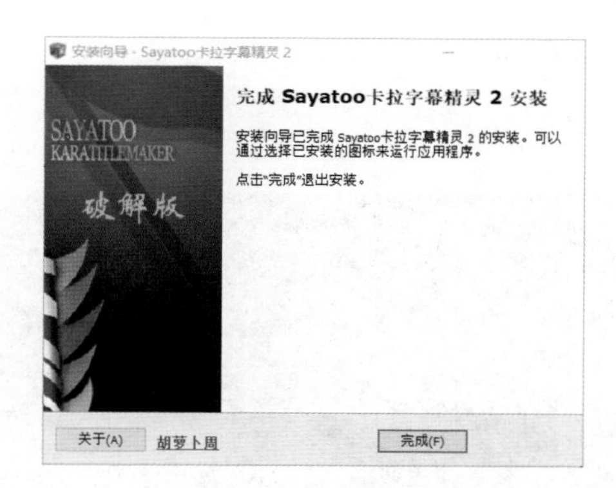

图 1-110　安装完成

（2）歌词字幕的制作。

轻轻的我将离开你 请将眼角的泪拭去 漫漫长夜里未来日子里 亲爱的你别为我哭泣 前方的路虽然太凄迷 请在笑容里为我祝福 虽然迎着风虽然下着雨 我在风雨之中念着你 没有你的日子里 我会更加珍惜自己 没有我的岁月里 你要保重你自己 你问我何时归故里 我也轻声地问自己 不是在此时不知在何时 我想大约会是 在冬季 不是在此时不知在何时 我想大约会是 在冬季 轻轻的我将离开你 请将眼角的泪拭去 漫漫长夜里未来日子里 亲爱的你别为我哭泣 前方的路虽然太凄迷 请在笑容里为我祝福 虽然迎着风虽然下着雨 我在风雨之中念着你 没有你的日子里 我会更加珍惜自己 没有我的岁月里 你要保重你自己 你问我何时归故里 我也轻声地问自己 不是在此时不知在何时 我想大约会是 在冬季 不是在此时不知在何时 我想大约会是 在冬季 没有你的日子里 我会更加珍惜自己 没有我的岁月里 你要保重你自己 你问我何时归故里 我也轻声地问自己 不是在此时不知在何时 我想大约会是 在冬季 不是在此时不知在何时 我想大约会是 在冬季 不是在此时不知在何时 我想大约会是 在冬季。

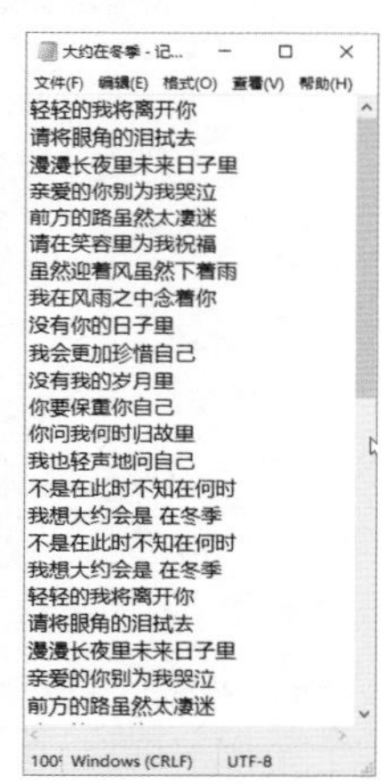

图 1-111　歌词录入

将需要制作的歌词输入到记事本中，并对其进行编排，如图 1-111 所示。编排完毕后保存退出。

（3）使用 Sayatoo 卡拉字幕精灵制作字幕。

1）在桌面上双击“Sayatoo 卡拉字幕精灵 2”图标，启动 SubTitleMaker 字幕设计软件，并打开 SubTitleMaker2 窗口。

2）执行菜单命令“文件”→“导入字幕文件”，或者单击时间线窗口左侧的按钮，或者在歌词列表窗口的空白处右击，从弹出的快捷菜单中选择“导入字幕文件”选项，弹出“导入歌词”对话框，选择刚才保存的记事本文件，单击“打开”按钮导入歌词。导入的歌词文件必须是文本格式，每行歌词以回车键结束；或者选择“新建”命令后直接在歌词对话框中输入歌词。

3）执行菜单命令“文件”→“导入媒体文件”打开“导入媒体”对话框，选择音乐文件“大约在冬季”，单击“打开”按钮导入音乐。

4）单击第一句歌词让其在窗口上显示。在基本属性中设置“宽度”为1920，“高度”为1080，“排列”为单行，“对齐”为居中，“偏移Y”为940，如图1-112所示。

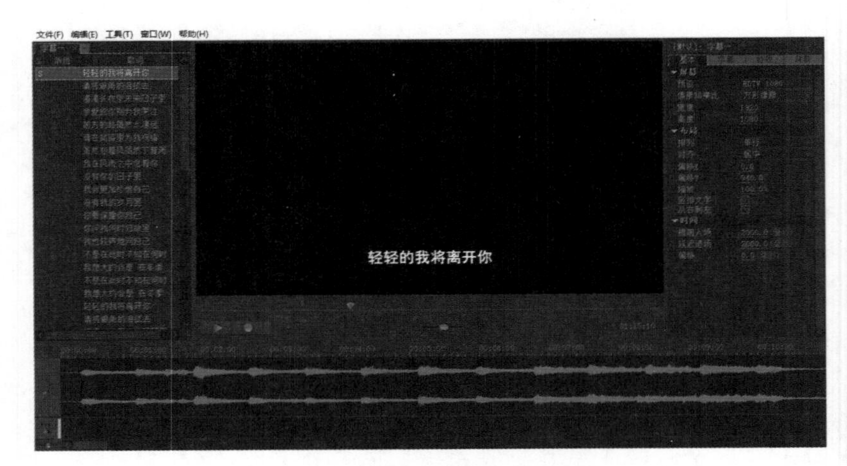

图1-112　SubTitleMaker

5）单击字幕选项卡，在字幕属性中设置“名称”为经典粗黑简，“填充”的“颜色”为白色，“描边”的“颜色”为蓝色，“描边”的“宽度”为2，取消对“阴影”复选项的勾选，如图1-113所示。

6）单击“特效”选项卡，在特效属性中设置“字幕特效”的“类型”为标准，“填充”的“颜色”为红色，“描边”的“颜色”为白色，“描边的宽度”为4，“指示灯”的“类型”为标准，“灯数量”为3，“灯颜色”为红色，如图1-114所示。

7）单击控制台上的“录制”按钮打开“录制设置”对话框，选择“逐字录制”单选项，如图1-115所示，可以对录制的参数进行调整。

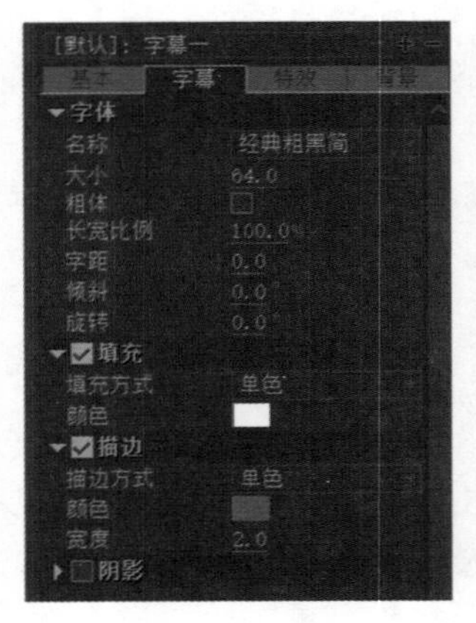

图1-113　字幕设置

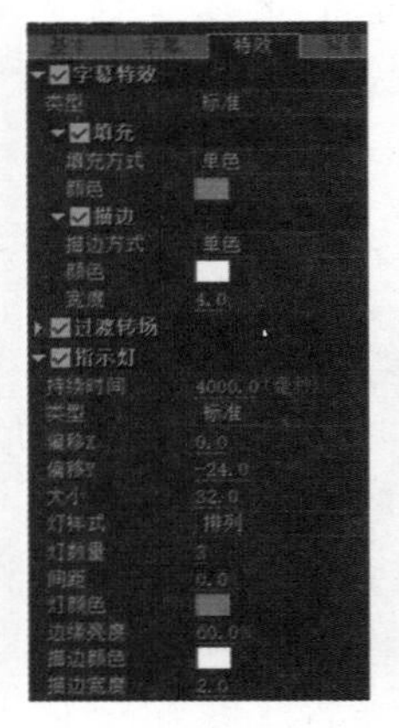

图1-114　特效设置

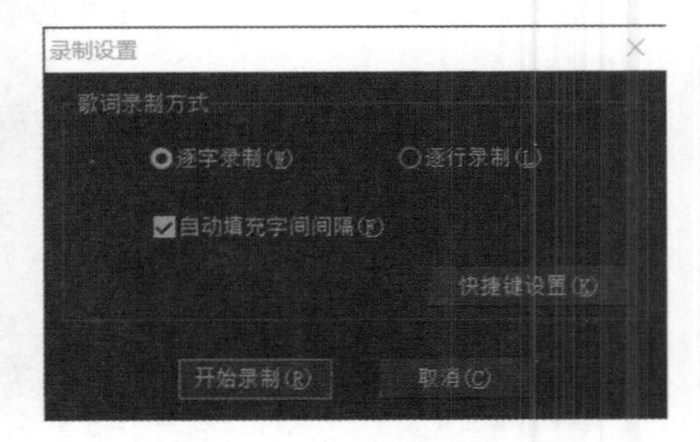

图1-115　录制设置

“逐字录制”方式是以字为单位，需要对每行歌词中的每个字进行时间设定；“逐行录制”方式是以行为单位，只需对整行歌词的开始结束时间进行设定。

8）单击“开始录制”按钮开始录制歌词，可以使用键盘或鼠标来记录歌词的时间信息。显示器窗口中显示的是当前正在录制的歌词的状态。

使用键盘：当歌曲演唱到当前歌词时，按下键盘上的空格键记录下该歌词的开始时间；当该歌词演唱结束后，松开按键记录下歌词的结束时间。按下到松开按键之间的时间间隔为歌词的持续时间。

使用鼠标：录制过程中也可以通过鼠标单击控制台上的“记录时间”按钮 T 来记录歌词时间。按下按钮记录下歌词的开始时间，弹起按钮记录下歌词的结束时间。按下到弹起按钮之间的时间间隔为歌词的持续时间。

如果需要对某一行歌词重新进行录制，应先将时间线上的指针移动到该行歌词开始演唱前的位置，然后在歌词列表中单击选择需要重新录制的歌词行，再单击控制台上的“歌词录制”和“开始录制”按钮对该行歌词进行录制。

9）歌词录制完成后，在时间线窗口中会显示出所有录制歌词的时间位置。可以直接用鼠标修改歌词的开始时间和结束时间，也可以移动歌词的位置，如图1-116所示。

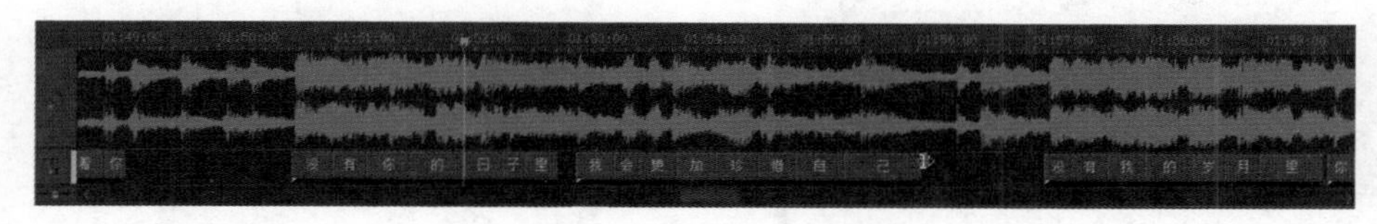

图1-116 移动歌词位置

10）执行菜单命令“文件”→“保存项目”打开“保存项目”对话框，在“文件名称”文本框中输入“大约在冬季”，单击“保存”按钮。

11）单击“关闭”按钮完成字幕的制作。

1.1.4 影片的输出

视频制作好后，可以创建一个DVD，或者将它做成网络格式放到网上供大家欣赏，也可以输出影片保存起来，作为素材再进行编辑。

实例 输出H.264格式

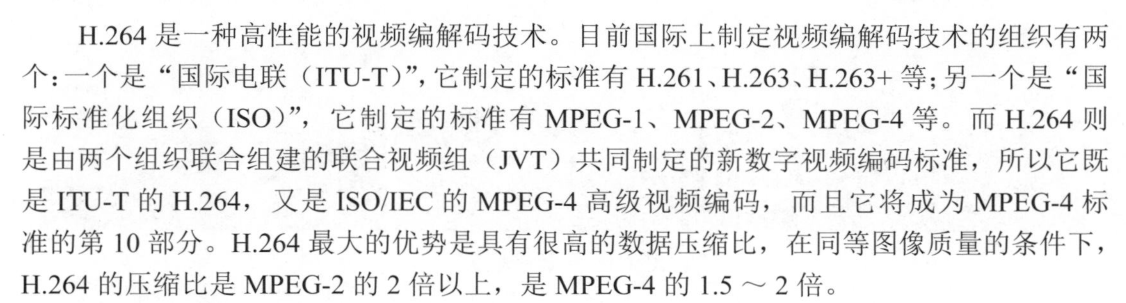

H.264是一种高性能的视频编解码技术。目前国际上制定视频编解码技术的组织有两个：一个是“国际电联（ITU-T）”，它制定的标准有H.261、H.263、H.263+等；另一个是“国际标准化组织（ISO）”，它制定的标准有MPEG-1、MPEG-2、MPEG-4等。而H.264则是由两个组织联合组建的联合视频组（JVT）共同制定的新数字视频编码标准，所以它既是ITU-T的H.264，又是ISO/IEC的MPEG-4高级视频编码，而且它将成为MPEG-4标准的第10部分。H.264最大的优势是具有很高的数据压缩比，在同等图像质量的条件下，H.264的压缩比是MPEG-2的2倍以上，是MPEG-4的1.5～2倍。

输出H.264格式的操作步骤如下：

（1）执行菜单命令“文件”→“导出”→“媒体”，在弹出的“导出设置”对话框中选择格式、预设等。

- 格式：从“格式”下拉列表框中选择一种要输出的文件格式，如 H.264，如图 1-117 所示。
- 预设：在“预设”下拉列表框中选择一种规格，如匹配源 - 中等比特率。
- 导出视频：勾选后输出视频轨道，取消勾选则可以避免输出。
- 导出音频：勾选后输出音频轨道，取消勾选则可以避免输出。

（2）在“导出设置”对话框中间的“摘要”栏中有“视音频”的相关参数，如图 1-118 所示。

（3）单击“输出名称”后面的链接打开“另存为”对话框，在其中设置导出文件的保存位置和文件名，如图 1-118 所示，单击“保存”按钮。

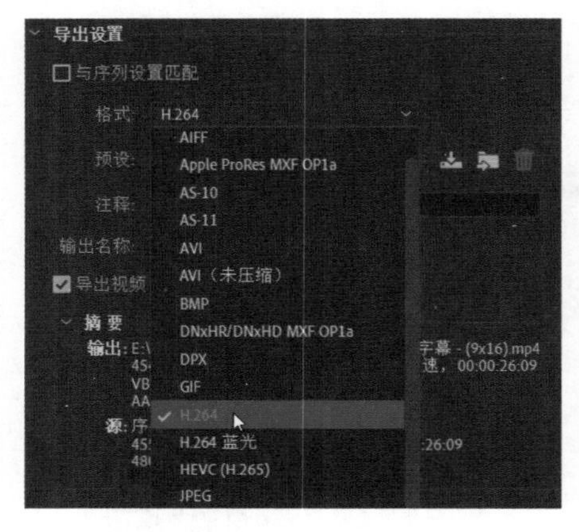

图 1-117　文件格式

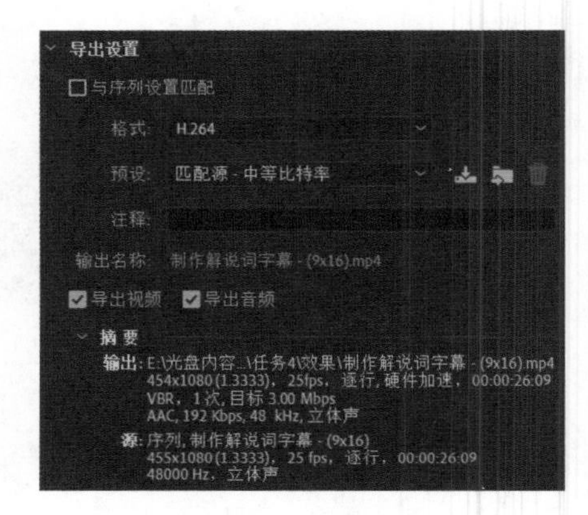

图 1-118　“摘要”栏

（4）单击“导出”按钮开始导出媒体文件。

【任务实施】

MV 重在视频的剪辑和镜头的组接，镜头组接的基本原则之一是“动接动”“静接静”。为了保证画面的连贯与流畅，还要考虑“动接静”“静接动”的方法，配上相应的音乐，制作片头、片尾及歌词字幕。最终效果如图 1-119 所示。

图 1-119　最终效果

操作步骤

1. 导入素材

（1）启动 Premiere Pro 2020，单击“新建项目”按钮打开“新建项目”对话框，在“名称”文本框中输入MV，选择“位置”为“重庆视频”，单击“确定”按钮。

（2）按Ctrl+N组合键打开“新建序列”对话框，设置“可用预设”为AVCHD → 1080p → AVCHD 1080p25，在“序列名称”文本框中输入序列名。

（3）单击“确定”按钮进入Premiere Pro 2020的工作界面。

（4）单击项目窗口中的“新建素材箱”按钮新建一个文件夹，命名为“视频”，选择“视频”文件夹。

（5）按Ctrl+I组合键打开“导入”对话框，选择本书配套教学素材“项目1\MV素材”文件夹内的视频素材，如图1-120所示。

（6）单击“打开”按钮将所选的素材导入到项目窗口中，如图1-121所示。

图1-120　“导入”对话框

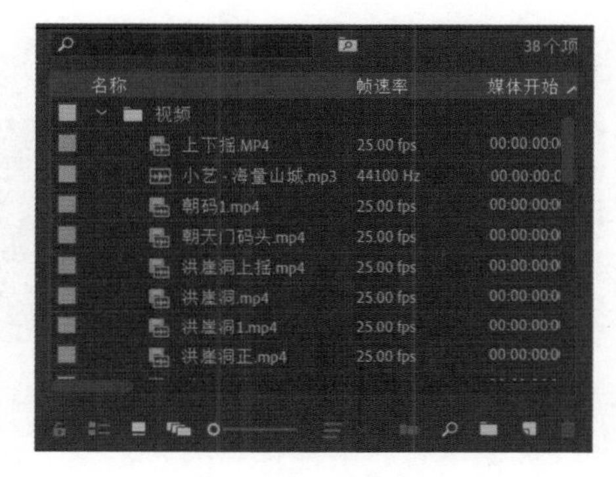

图1-121　项目窗口

（7）执行菜单命令“文件”→ Adobe Dynamic Link →“导入After Effects合成图像”，打开“导入After Effects合成”对话框，在项目窗口中选择本书配套教学素材“项目1\mv素材”文件夹内的“立体标志”素材，在合成窗口中选择“合成1”，单击“确定”按钮。

（8）执行菜单命令“文件”→ Adobe Dynamic Link →“导入After Effects合成图像”打开“导入After Effects合成”对话框，在项目窗口中选择本书配套教学素材“项目1\MV素材”文件夹内的“数字工程”素材，在合成窗口中选择“合成1”，单击“确定”按钮。

（9）按Ctrl+I组合键打开“导入”对话框，选择本书配套教学素材“项目1\MV素材\粒子”文件夹内的“粒子0001”素材，勾选“图像序列”复选项，单击“确定”按钮。

2. 片头制作

（1）在项目窗口中双击“解放碑1”素材，在源监视器窗口中选择入点1:09及出点6:22，拖动“仅拖动视频”按钮将其拖到时间线窗口的V1轨道上，与起始位置对齐，如图1-122所示。

（2）在项目窗口中双击“解上摇”素材，在源监视器窗口中选择入点2:13及出点7:10，将其拖到时间线窗口的V1轨道上，与前一片段末尾对齐，如图1-123所示。

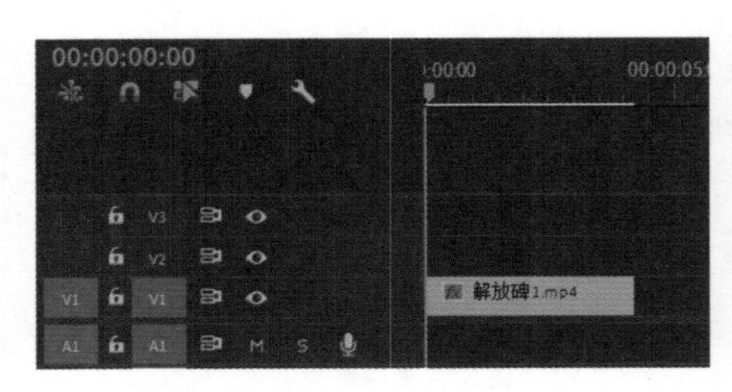

图 1-122　时间线窗口

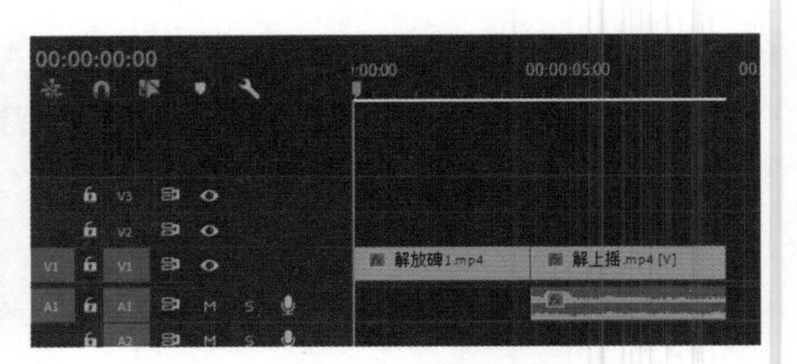

图 1-123　导入第二个素材

（3）右击“解上摇”素材，从弹出的快捷菜单中选择“取消链接”选项即可解除视音频链接，选择音频并按 Delete 键即可删除音频，如图 1-124 所示。

（4）在时间线窗口中将播放指针移到 10:11 处，在项目窗口中右击“上下摇”素材，从弹出的快捷菜单中选择“插入”选项，将素材插入到时间线窗口中，如图 1-125 所示。

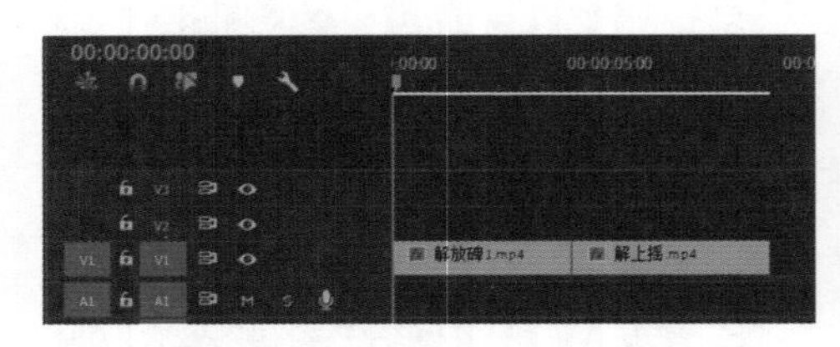

图 1-124　删除音频素材

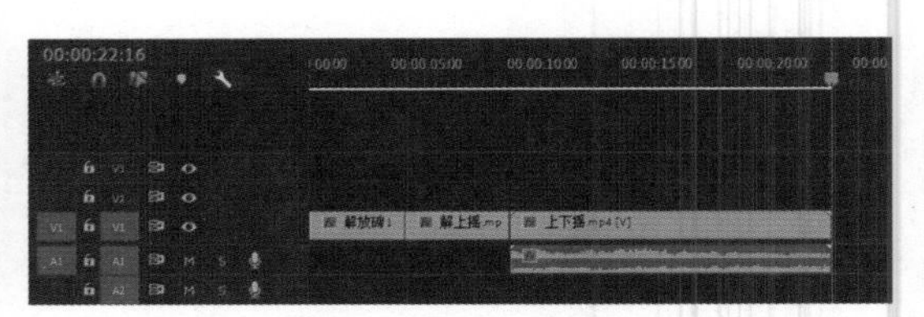

图 1-125　插入素材

（5）在工具箱中选择“波纹编辑工具”，在时间线窗口中将播放指针移到 12:07 处，向右拖动“上下摇”素材左边缘至播放指针处，再将播放指针移动到 20:02 处，向左拖动“上下摇”素材右边缘至播放指针处，如图 1-126 所示。

（6）右击“上下摇”素材，从弹出的快捷菜单中选择“取消链接”选项即可解除视音频链接，选择音频并按 Delete 键，即可删除音频，如图 1-127 所示。

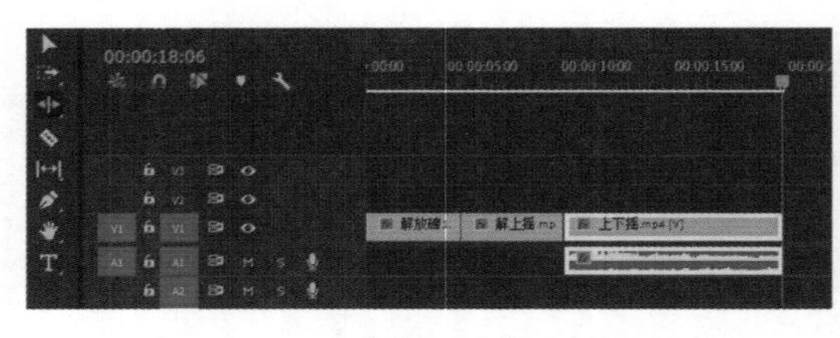

图 1-126　用“波纹编辑工具”编辑

图 1-127　删除音频素材

（7）在时间线窗口中将时间指针移到 1:07 处，选择工具箱中的“文字工具”，单击节目监视器窗口。并输入“山城海量”四个文字，选择“选择工具”。

（8）在效果控件窗口中设置“字体”为 FZXingKai-S04S，“字体大小”为 213，“字距调整”为 100，“填充颜色”为 F4B54A，“描边”为黑色，“描边宽度”为 10，“位置”为 (500,480)，如图 1-128 所示，效果如图 1-129 所示。

（9）右击“标题”字幕，从弹出的快捷菜单中选择“速度 / 持续时间”选项，弹出“剪辑速度 / 持续时间”对话框，在“持续时间”文本框中输入 00:00:06:00，如图 1-130 所示，单击“确定”按钮。

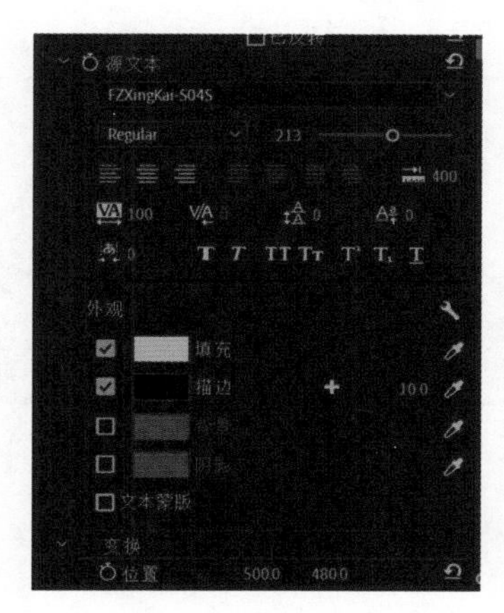

图 1-128　效果控件窗口

图 1-129　加入标题

（10）单击监视器窗口上方的“效果”选项卡，在时间线窗口中将时间指针移到 5s 处，在效果控件窗口中单击“创建椭圆形蒙版”按钮，如图 1-131 所示。

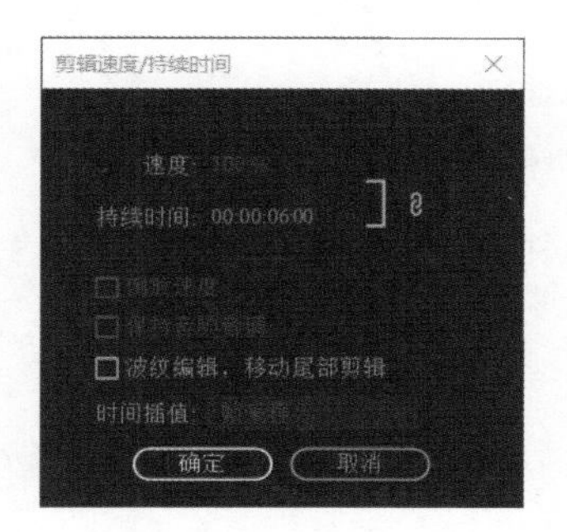

图 1-130　设置持续时间

图 1-131　加入椭圆形蒙版

（11）为“蒙版扩展”选项在 1:07、2:08、6:08 和 7:07 处添加关键帧，值分别为 -230、220、220 和 -230，如图 1-132 所示。

图 1-132　插入关键帧

（12）单击监视器窗口上方的“编辑”选项卡，在时间线窗口中将时间指针移到 5s 处，选择 V3 轨道，选择工具箱中的“文字工具”，单击节目监视器窗口并输入文字“演唱：小艺 歌词：张鲁 作曲：侯牧人”，选择“选择工具”。

（13）在效果控件窗口中设置“字体”为 HYLingXinJ，“字体大小”为 80，“字距调整”为 80，“填充颜色”为白色，“描边”为黑色，“描边宽度”为 10，“位置”为 (720,590)，如图 1-133 所示，效果如图 1-134 所示。

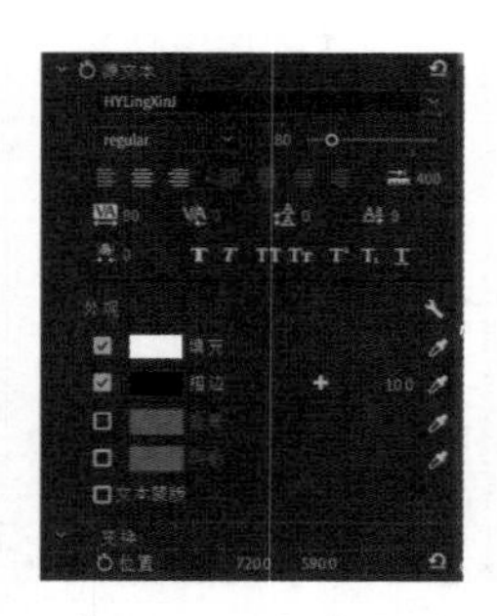

图 1-133　文字效果

图 1-134　插入副标题

（14）用鼠标拖动“副标题”字幕使其与标题字幕对齐，如图 1-135 所示，单击“确定”按钮。

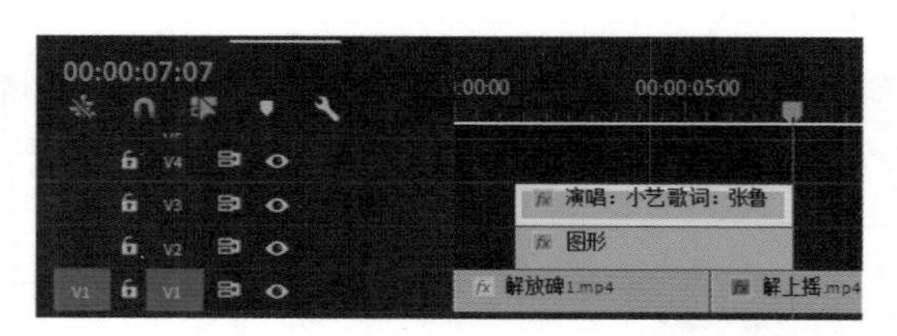

图 1-135　素材的排列

（15）单击监视器窗口上方的“效果”选项卡，在时间线窗口中将时间指针移到 5s 处，选择“副标题”字幕，在效果控件窗口中单击“创建 4 点多边形蒙版”按钮，如图 1-136 所示。

（16）调整蒙版形状，如图 1-137 所示，为“蒙版路径”选项在 1:07、2:08、6:08 和 7:07 处添加关键帧，其形状如图 1-138 所示。

图 1-136　创建多边形蒙版

图 1-137　调整蒙版

（a）2:08 处形状

（b）6:08 处形状

（c）7:07 处形状

图 1- 138　2:08、6:08 和 7:07 蒙版形状

（17）在项目窗口中拖曳“合成 1/ 立体标志”至 V4 轨道上 3 次，如图 1-139 所示。

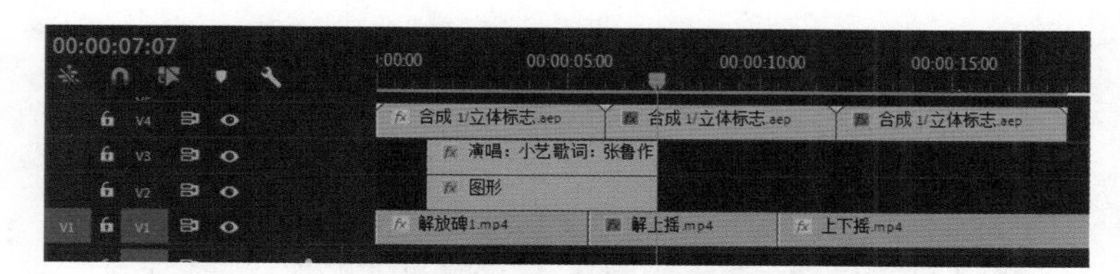

图 1-139　插入立体标志

（18）在项目窗口中拖曳“合成 1/ 数字工程”至 V2 轨道上，如图 1-140 所示。

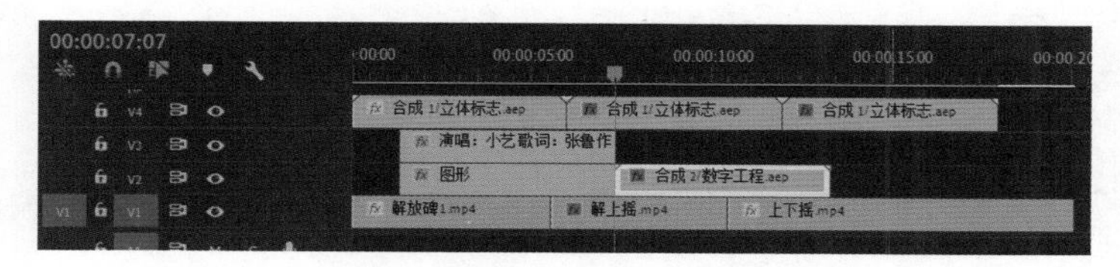

图 1-140　插入数字工程标志

（19）在项目窗口中拖曳“粒子 0001”至 V5 轨道上，调整末端与“合成 1/ 立体标志”对齐，如图 1-141 所示。

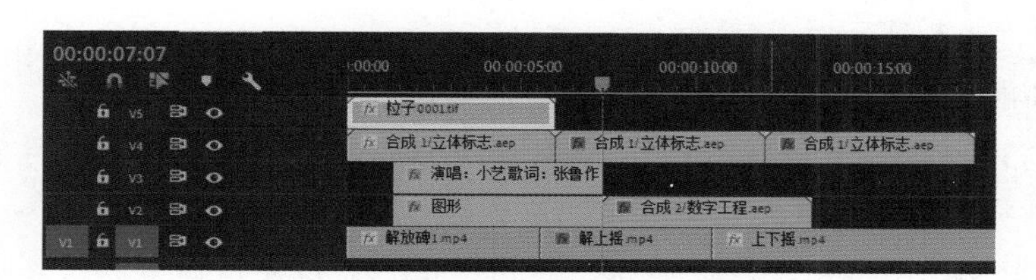

图 1-141　插入粒子

（20）选择所有片段并右击，在弹出的快捷菜单中选择“嵌套”选项，弹出“嵌套序列名称”对话框，如图 1-142 所示，输入名称后单击“确定”按钮，如图 1-143 所示。

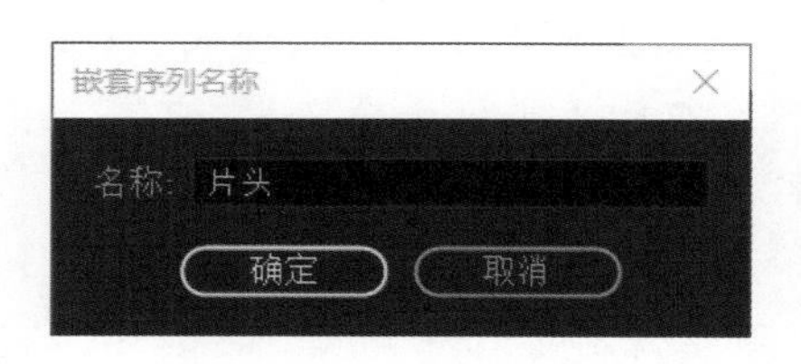

图 1-142　嵌套序列名称

图 1-143　嵌套

3. 正片编辑

在源监视器窗口中按照电视画面编辑技巧依次设置素材的入点和出点，添加到时间线窗口的 V1 轨道上，与前一片段对齐。

（1）在项目窗口中双击“解右左摇”素材，在源监视器窗口中选择入点 4:12 及出点

15:19，按住“仅拖动视频”按钮将其拖到时间线窗口的V1轨道上，与前一片段末尾对齐，如图1-144所示。

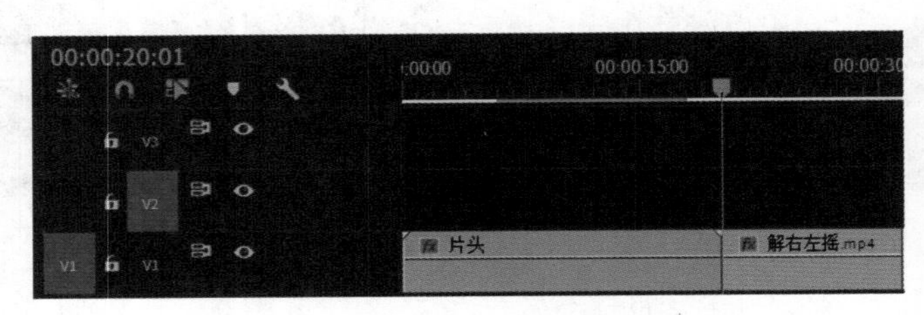

图1-144　素材排列

（2）在项目窗口中双击“解摇1”素材，在源监视器窗口中选择入点2:04及出点13:13，将其拖到时间线窗口的V1轨道上，与前一片段末尾对齐。

（3）在项目窗口中双击“好吃街移”素材，在源监视器窗口中选择入点1:20及出点11:11，将其拖到时间线窗口的V1轨道上，与前一片段末尾对齐。

（4）在项目窗口中双击“好吃街摇1”素材，在源监视器窗口中选择入点1:20及出点8:15，将其拖到时间线窗口的V1轨道上，与前一片段末尾对齐。

（5）在项目窗口中双击“好吃街摇”素材，在源监视器窗口中选择入点4:02及出点11:14，将其拖到时间线窗口的V1轨道上，与前一片段末尾对齐。

（6）在项目窗口中双击“较场口”素材，在源监视器窗口中选择入点1:23及出点9:21，将其拖到时间线窗口的V1轨道上，与前一片段末尾对齐。

（7）在项目窗口中双击“较场口上下摇镜”素材，在源监视器窗口中选择入点3:18及出点12:12，将其拖到时间线窗口的V1轨道上，与前一片段末尾对齐。

（8）在项目窗口中双击“较场口拉”素材，在源监视器窗口中选择入点2:15及出点7:10，将其拖到时间线窗口的V1轨道上，与前一片段末尾对齐。

（9）在项目窗口中双击“解拉1”素材，在源监视器窗口中选择入点5:22及出点11:00，将其拖到时间线窗口的V1轨道上，与前一片段末尾对齐。

（10）在项目窗口中双击“解拉”素材，在源监视器窗口中选择入点6:00及出点14:19，将其拖到时间线窗口的V1轨道上，与前一片段末尾对齐。

（11）在项目窗口中双击“解放碑拉2”素材，在源监视器窗口中选择入点6:15及出点12:11，将其拖到时间线窗口的V1轨道上，与前一片段末尾对齐。

（12）在项目窗口中双击“朝天门码头”素材，在源监视器窗口中选择入点4:07及出点9:11，将其拖到时间线窗口的V1轨道上，与前一片段末尾对齐。

（13）在项目窗口中双击“游船”素材，在源监视器窗口中选择入点1:14及出点10:10，将其拖到时间线窗口的V1轨道上，与前一片段末尾对齐。

（14）在项目窗口中双击“朝码1”素材，在源监视器窗口中选择入点3:21及出点16:04，将其拖到时间线窗口的V1轨道上，与前一片段末尾对齐。

（15）在项目窗口中双击“洪崖洞1”素材，在源监视器窗口中选择入点1:09及出点6:00，将其拖到时间线窗口的V1轨道上，与前一片段末尾对齐。

（16）在项目窗口中双击“洪崖洞”素材，在源监视器窗口中选择入点13:09及出点

25:08，将其拖到时间线窗口的 V1 轨道上，与前一片段末尾对齐。

（17）在项目窗口中双击“洪 1”素材，在源监视器窗口中选择入点 0:22 及出点 5:17，将其拖到时间线窗口的 V1 轨道上，与前一片段末尾对齐。

（18）在项目窗口中双击“洪崖洞正”素材，在源监视器窗口中选择入点 1:04 及出点 7:21，将其拖到时间线窗口的 V1 轨道上，与前一片段末尾对齐。

（19）在项目窗口中双击“洪 2”素材，在源监视器窗口中选择入点 1:08 及出点 6:06，将其拖到时间线窗口的 V1 轨道上，与前一片段末尾对齐。

（20）在项目窗口中双击“洪 3”素材，在源监视器窗口中选择入点 3:12 及出点 12:04，将其拖到时间线窗口的 V1 轨道上，与前一片段末尾对齐。

（21）在项目窗口中双击“洪 4”素材，在源监视器窗口中选择入点 4:16 及出点 9:02，将其拖到时间线窗口的 V1 轨道上，与前一片段末尾对齐。

（22）在项目窗口中双击“洪 6”素材，在源监视器窗口中选择入点 4:08 及出点 10:14，将其拖到时间线窗口的 V1 轨道上，与前一片段末尾对齐。

（23）在项目窗口中双击“洪 9”素材，在源监视器窗口中选择入点 3:12 及出点 8:4，将其拖到时间线窗口的 V1 轨道上，与前一片段末尾对齐。

（24）在项目窗口中双击“洪 10”素材，在源监视器窗口中选择入点 1:13 及出点 6:10，将其拖到时间线窗口的 V1 轨道上，与前一片段末尾对齐。

（25）在项目窗口中双击“洪崖洞拉 1”素材，在源监视器窗口中选择入点 2:24 及出点 13:05，将其拖到时间线窗口的 V1 轨道上，与前一片段末尾对齐。

（26）在项目窗口中双击“洪崖洞上摇”素材，在源监视器窗口中选择入点 5:11 及出点 21:15，将其拖到时间线窗口的 V1 轨道上，与前一片段末尾对齐。

（27）在项目窗口中将“山城海量”音频素材拖曳到 A1 轨道上，与起始位置对齐，如图 1-145 所示。

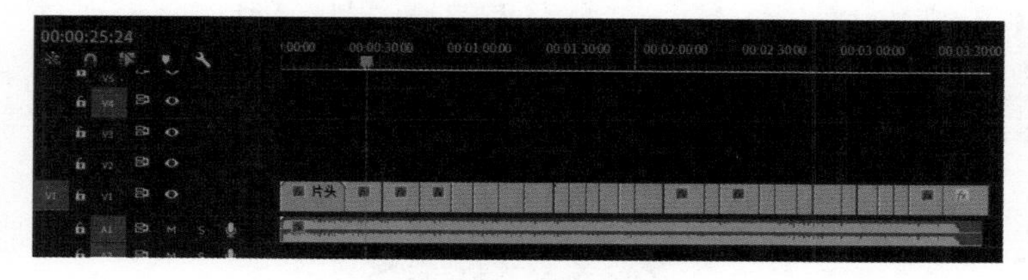

图 1-145　添加多个片段

（28）执行菜单命令“新建”→“旧版标题”打开“新建字幕”对话框，在“名称”文本框中输入“山城海量”，单击“确定”按钮打开“字幕”对话框。

（29）单击“山城海量”右边的按钮，分别选择工具、动作和样式，在工具箱中选择“文字工具”，在字幕窗口中输入“山城海量”4 个字。

（30）在字幕窗口中选择文本，单击“字体系列”右侧的下拉按钮，从弹出的列表框中选择汉仪秀英简体，“字体大小”为 100，“字符间距”为 20。

（31）设置“填充类型”为径向渐变，在“颜色”选项的右侧设置第 1 个色标为红色（FF1000），第 2 个色标为黄色（FFFF00），勾选“阴影”复选项，设置“距离”为 20，“大小”为 10，“扩展”为 50，如图 1-146 所示。

执行上述操作后在工作区中显示的字幕效果如图 1-147 所示。

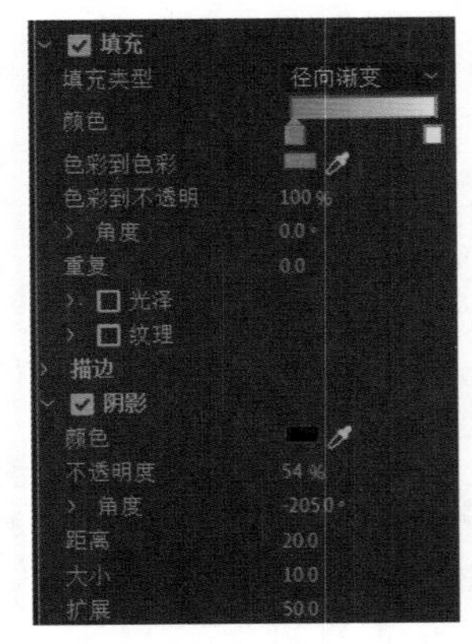

图 1-146　属性设置

图 1-147　字幕效果

（32）关闭“字幕”窗口，将播放指针定位在 1:14:00 处，将“山城海量”字幕拖曳到时间线窗口的 V2 轨道上，与播放指针对齐，如图 1-148 所示。

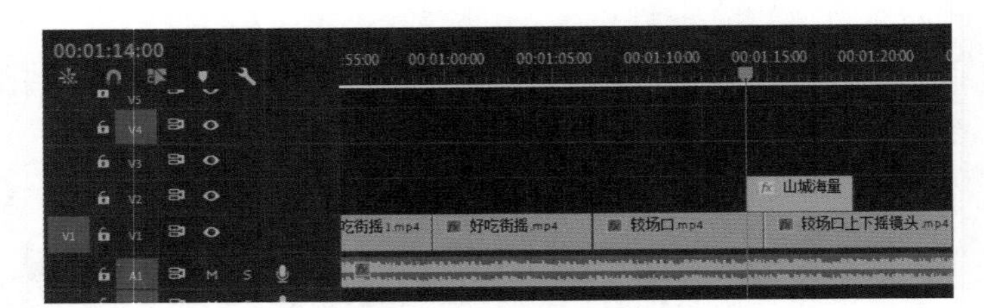

图 1-148　歌曲名位置

（33）右击“山城海量”字幕，从弹出的快捷菜单中选择“速度 / 持续时间”选项，弹出“剪辑速度 / 持续时间”对话框，设置“持续时间”为 6s，单击“确定”按钮。

（34）在时间线窗口中，单击“时间轴显示设置”按钮，从弹出的下拉菜单中选择“显示视频关键帧”选项，如图 1-149 所示。

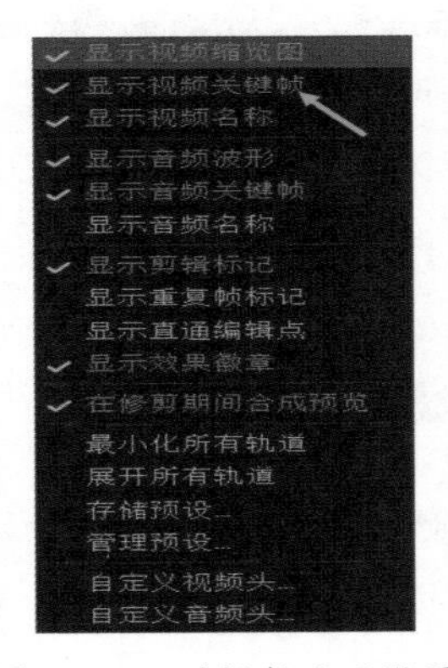

图 1-149　时间轴显示设置

（35）选择“钢笔工具”，在1:14:00、1:15:00、1:19:00和1:20:00处单击添加关键帧，将开始和结束位置的关键帧拖到最低处，为字幕添加淡入淡出效果。

（36）将播放指针定位在2分钟处，在节目监视器窗口的上方单击“图形”选项卡，执行“编辑”→“新建图层”→“来自文件”命令打开“导入”对话框，选择“学校标志”图片，单击“打开”按钮，如图1-150所示，最终效果如图1-151所示。

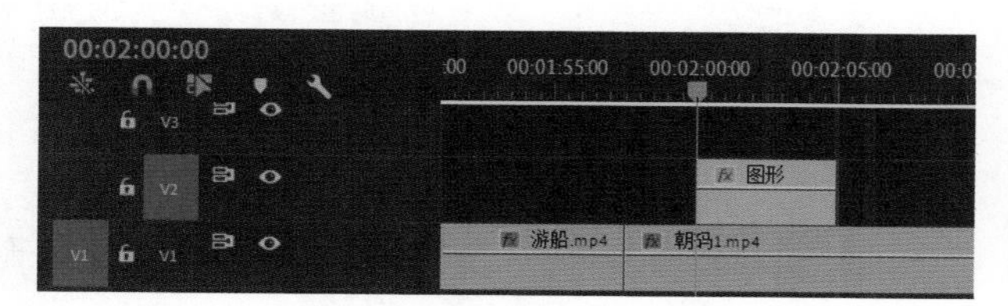

图1-150　标志位置

图1-151　导入学校标志

（37）在基本图形窗口中设置“变换”中的“位置”为(261,187)，如图1-152所示，然后切换到编辑窗口。

图1-152　学校标志位置

（38）右击“学校标志”图形，从弹出的快捷菜单中选择“速度/持续时间”选项，弹出“剪辑速度/持续时间”对话框，设置“持续时间”为6s，单击“确定”按钮。

（39）选择“钢笔工具”，在2:00:00、2:02:00、2:04:00和2:06:00处单击添加关键帧，将开始和结束位置的关键帧拖到最低处，为图标添加淡入淡出效果。

（40）选择“学校标志”，按 Ctrl+C 组合键复制，将播放指针定位在 2 分钟处，在 2:51:07 处按 Ctrl+V 组合键粘贴。

（41）执行菜单命令“文件”→“保存”保存项目文件，完成正片的制作。

4．歌词字幕的制作

（1）准备字幕歌词。

这座城 山的城 这些人 海的量 一方水土养一方的神 好个重庆城 山高路不平 山高路不平 好个重庆城 山的城 海的量 海的量 山的城 山城海量 海量山城 好个重庆城 山高路不平 山高路不平 好个重庆城 山的城 海的量 海的量 山的城 山城海量 海量山城 这是不一样的重庆 有不一样的人 我长大的地方就叫重庆城 永远敲得响的 是解放碑的钟声 火辣辣的性格 就是巴国的魂 从前有座山 山上有座城 城头没得神 住了一群重庆人 男的嘿耿直 女的嘿巴适 火锅没得海椒他们从来不得吃 好个重庆城 山高路不平 山高路不平 好个重庆城 山的城 海的量 海的量 山的城 山城海量 海量山城 我们闯恶浪哦 我们迎激流哦 大家齐心协力 我们爬险滩哦 从前有座山 山上有座城 城头没得神 住了一群重庆人 男的嘿耿直 女的嘿巴适 火锅没得海椒他们从来不得吃 好个重庆城 山高路不平 山高路不平 好个重庆城 山的城 海的量 海的量 山的城 山城海量 海量山城 好个重庆城 山高路不平 山高路不平 好个重庆城 山的城 海的量 海的量 山的城 山城海量 海量山城 山城海量 海量山城。

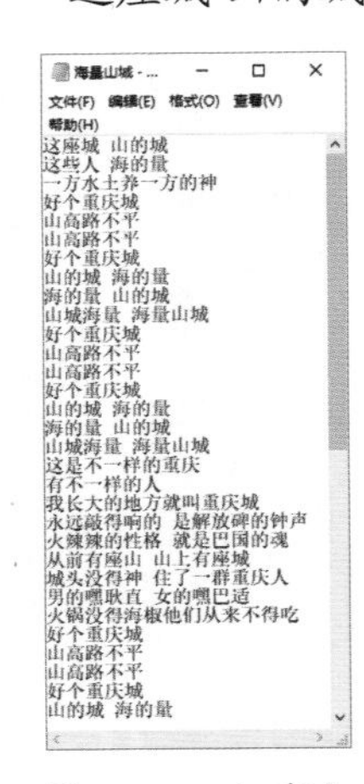

图 1-153　记事本

将需要制作的歌词输入到记事本中，并对其进行编排，如图 1-153 所示。编排完毕后保存退出。

（2）使用 Sayatoo 卡拉字幕精灵制作字幕。

1）在桌面上双击“Sayatoo 卡拉字幕精灵 2”图标，启动 SubTitleMaker 字幕设计软件，并打开 SubTitleMaker2 窗口。

2）执行菜单命令“文件”→“导入字幕文件”，或者单击时间线窗口左边的按钮，或者在歌词列表窗口的空白处右击，从弹出的快捷菜单中选择“导入字幕文件”选项，弹出“导入歌词”对话框，选择刚才保存的记事本文件，单击“打开”按钮，导入歌词。导入的歌词文件必须是文本格式，每行歌词以回车键结束；或者选择“新建”命令后直接在歌词对话框中输入歌词。

3）执行菜单命令“文件”→“导入媒体文件”打开“导入媒体”对话框，选择音乐文件“海量山城”，单击“打开”按钮导入音乐。

4）单击第一句歌词让其在窗口上显示。在基本属性中设置“宽度”为 1920，“高度”为 1080，“排列”为单行，“对齐方式”为居中，“偏移 Y”为 940，如图 1-154 所示。

5）单击“字幕”选项卡，在字幕属性中设置“名称”为经典粗黑简，“填充”的“颜色”为白色，“描边”的“颜色”为蓝色，“描边”的“宽度”为 2，取消对“阴影”复选项的勾选，如图 1-155 所示。

6）单击“特效”选项卡，在特效属性中设置“字幕特效”的“类型”为标准，“填充”的“颜色”为红色，“描边”的“颜色”为白色，“描边宽度”为 4，“指示灯”的“类型”为标准，“灯数量”为 3，“灯颜色”为红色，如图 1-156 所示。

图 1-154　SubTitleMaker

7）单击控制台上的“录制”按钮打开“录制设置”对话框，选择“逐字录制”单选项，如图 1-157 所示。

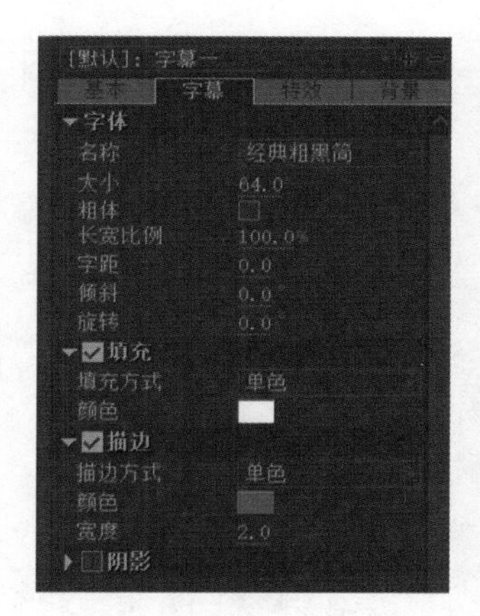

图 1-155　字幕设置

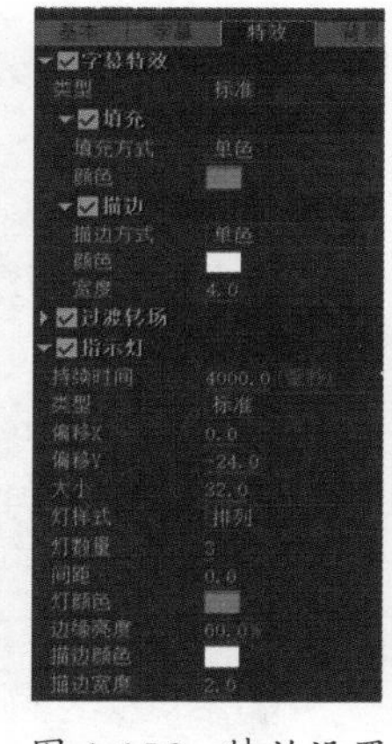

图 1-156　特效设置

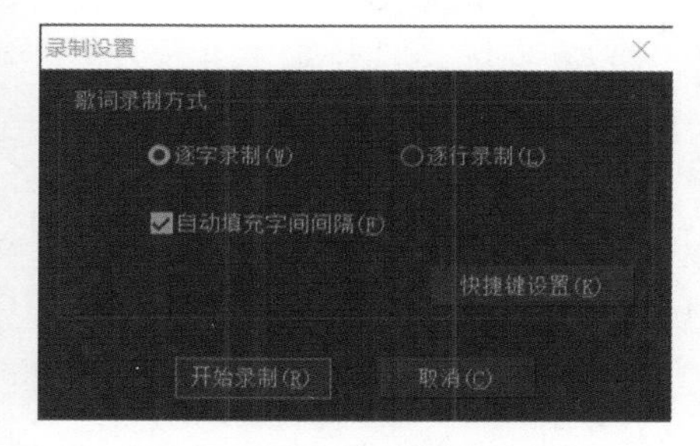

图 1-157　录制设置

8）单击“开始录制”按钮开始录制歌词，可以使用键盘或鼠标来记录歌词的时间信息。显示器窗口上显示的是当前正在录制的歌词的状态。

如果需要对某一行歌词重新进行录制，应先将时间线上的指针移动到该行歌词开始演唱前的位置，然后在歌词列表中单击选择需要重新录制的歌词行，再单击控制台上的“歌词录制”和“开始录制”按钮对该行歌词进行录制。

9）歌词录制完成后，在时间线窗口上会显示出所有录制歌词的时间位置。可以直接用鼠标修改歌词的开始时间和结束时间，或者移动歌词的位置，如图 1-158 所示。

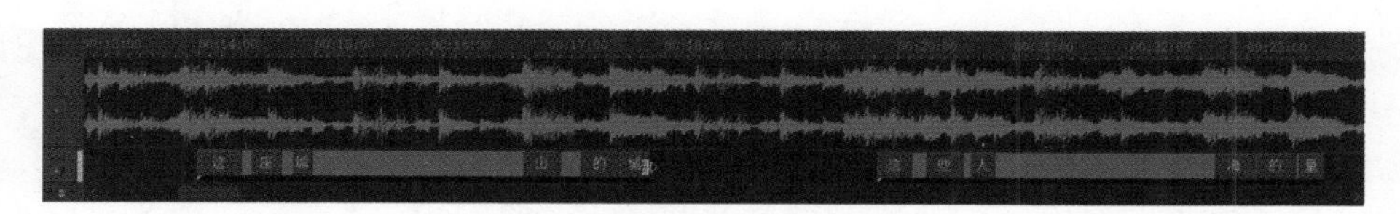

图 1-158　移动歌词位置

10）执行菜单命令“文件”→“保存项目”打开“保存项目”对话框，在“文件名称”文本框中输入名称，单击“保存”按钮。

11）回到 SubTitleMaker 窗口，单击“关闭”按钮。完成字幕的制作。

12）回到 Premiere Pro 2020 界面，导入歌词到项目窗口中，再将歌词拖到 V2 轨道上，与起始位置对齐，如图 1-159 所示。

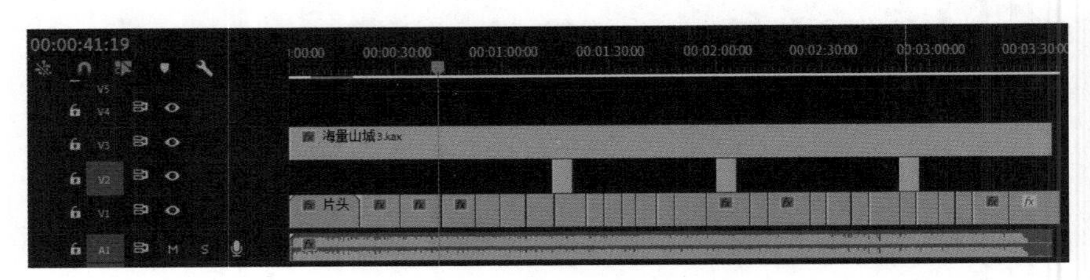

图 1-159　唱词的位置

5. 片尾制作

（1）执行菜单命令“文件”→“新建”→“旧版标题”打开“新建字幕”对话框，输入字幕名称，单击“确定”按钮打开字幕窗口。

（2）单击字幕右边的■按钮，从弹出的下拉菜单中分别选择“工具”“样式”“动作”和“属性”。

（3）单击■按钮打开“滚动 / 游动选项”对话框，在“字幕类型”中选择“滚动”，在“定型（帧）”中选择“开始于屏幕外”，“缓入”为 50，“缓出”为 50，“过卷”为 75，如图 1-160 所示，单击“确定”按钮。

（4）使用文字工具输入演职人员名单，在“旧版标题样式”选项卡中选择 Arial Black gold，在“旧版标题属性”选项卡中设置“字体”为“方正大黑简”，字号为 100，如图 1-161 所示。

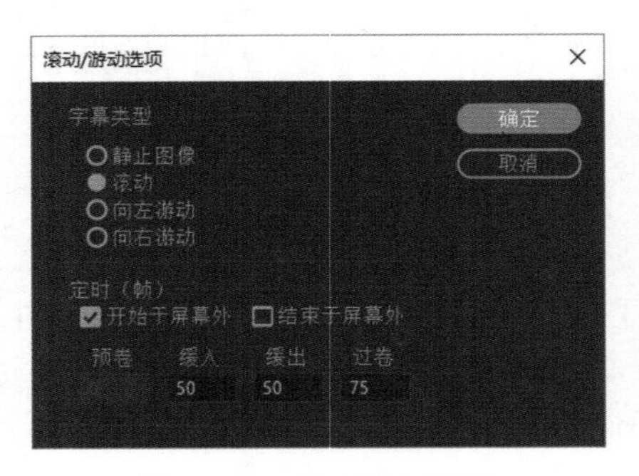

图 1-160　滚动字幕设置

图 1-161　输入演职人员名单

（5）输入完演职人员名单后按 Enter 键，拖动垂直滑块直到将文字上移出屏幕为止。单击字幕设计窗口中的合适位置，输入单位名称及日期，在“旧版标题样式”选项卡中选择 Arial Black yellow orange gradient，在“旧版标题属性”选项卡中选择“字体”为“汉仪综艺体简”，“字体大小”为 100，“字符间距”为 10，其余同上，如图 1-162 所示。

（6）关闭字幕设置窗口，将当前时间指针定位到 3:24:14 位置，拖放“片尾”到时间线窗口 V2 轨道上的相应位置，使其开始位置与当前时间指针对齐，持续时间设置为 12:05，如图 1-163 所示。

图 1-162 输入单位名称及日期

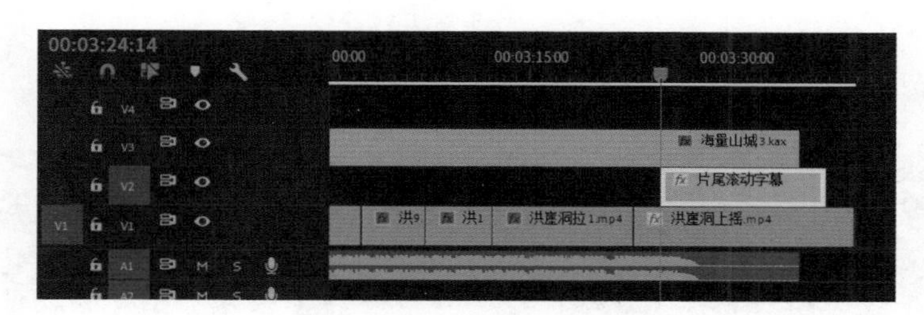

图 1-163 片尾的位置

在工具箱中选择“剃刀工具”，将播放指针拖到 3:36:15 处，单击“洪崖洞上摇”片段播放指针处将其分离成两段，单击选择工具，选择后一段并按 Delete 键将其删除，如图 1-164 所示。

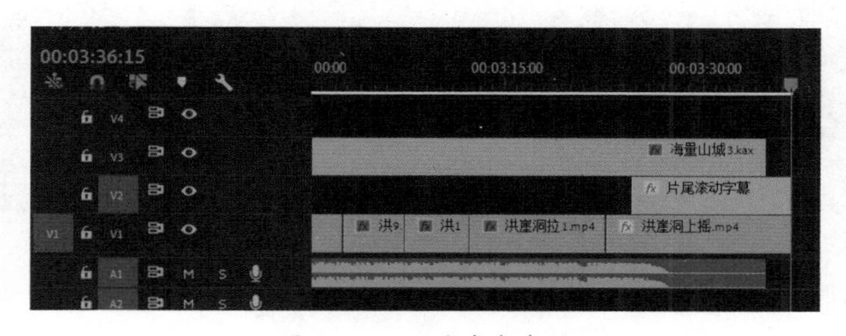

图 1-164 删除多余素材

（7）选择“片尾”字幕，向上拖动时间线窗口右边的下滑块展宽视频素材，在工具箱中选择“钢笔工具”，分别在 3:34:20 和 3:36:15 处单击添加两个关键帧，将后一个关键帧拖到最低处，制作淡出效果。

（8）选择“洪崖洞上摇”素材，向上拖动时间线窗口右边的下滑块展宽视频素材，在工具箱中选择“钢笔工具”，分别在 3:34:20 和 3:36:15 处单击添加两个关键帧，将后一个关键帧拖到最低处，制作淡出效果，如图 1-165 所示。

图 1-165　淡出效果的设置

（9）选择正片素材、片尾和标志并右击，从弹出的快捷菜单中选择“编组”选项，使其变成一个整体，如图 1-166 所示。

（10）将播放指针拖到 11:08 处，再将“山城海量”字幕的起点与播放指针对齐，如图 1-167 所示。

（11）右击音频素材，从弹出的快捷菜单中选择“音频增益”选项，弹出“音频增益”对话框，设置“调整增益值”为 2，单击“确定”按钮以增大声音。

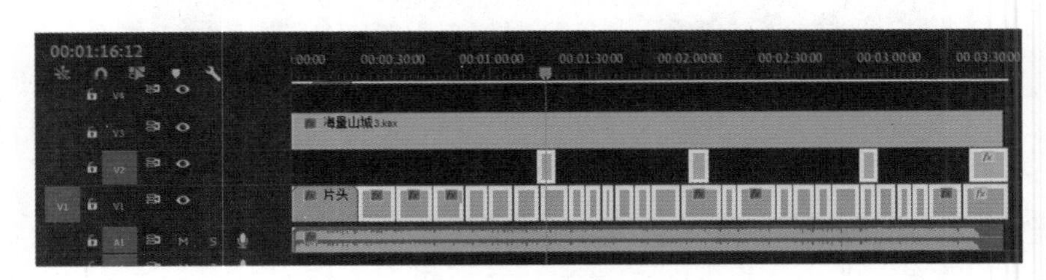

图 1-166　选择的素材

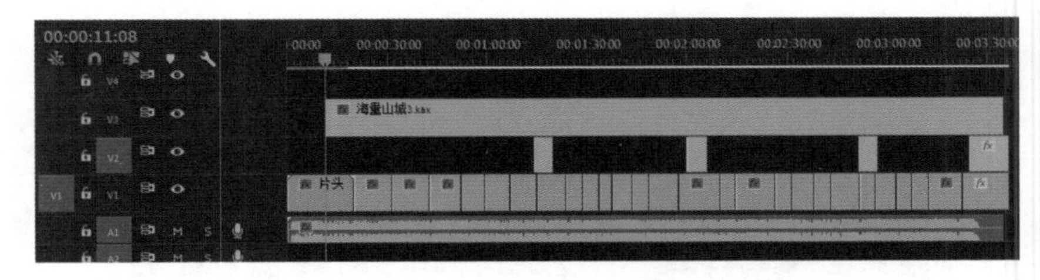

图 1-167　素材的排列

6. 输出 H.264 文件

输出 H.264 文件的操作步骤如下：

（1）执行菜单命令“文件”→“导出”→“媒体”打开“导出设置”对话框。

（2）在右侧的“导出设置”中单击“格式”下拉列表框，选择 H.264 选项。

（3）单击“输出名称”后面的链接打开“另存为”对话框，在其中设置保存的名称和位置，单击“保存”按钮。

（4）单击“预设”下拉列表框，选择“匹配源 - 高比特率”选项，如图 1-168 所示，单击“导出”按钮开始输出。

（5）输出完毕后右击输出的文件，从弹出的快捷菜单中选择“暴风影音 5”选项即可进行播放，如图 1-169 所示。

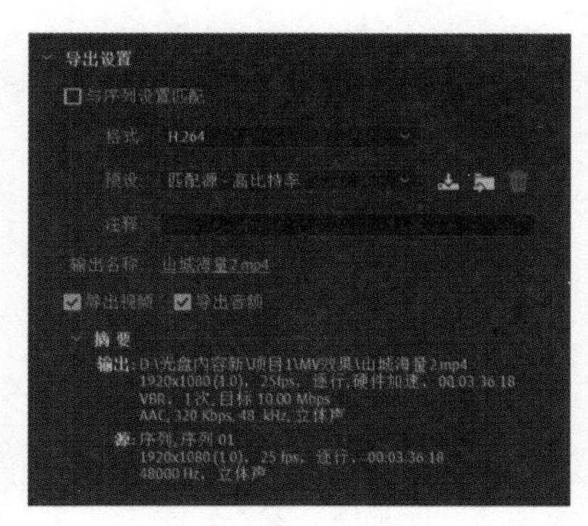

图 1-168　输出设置

图 1-169　暴风影音播放

任务拓展

请同学们自行完成一个 MV 影片的制作。

提示：要有片头字幕动画、MV 变色字幕及制作单位标志。

思考与练习

一、填空题

1．Premiere Pro 2020 工作区会显示出的主要窗口有 ________、项目窗口、监视器窗口、________。

2．Premiere Pro 2020“新建项目”的“自定义设置”中有 ________、________、视频渲染和 ________。

3．Premiere Pro 2020 能将 ________、________ 和图片等融合在一起，从而制作出精彩的数字电影。

4．剪辑点是 ________ 和 ________ 的统称。

5．源监视器窗口主要用于对素材进行 ________ 处理。

6．视频的慢放或快放镜头是通过调整 ________ 或 ________ 实现的。

二、选择题

1．下列选项中，无法导入素材的方法是（　）。

A．执行菜单命令“文件”→“导入”或直接使用该菜单的快捷键 Ctrl+I

B．在项目窗口中的任意空白位置右击，从弹出的快捷菜单中选择“导入”选项

C．直接在项目窗口的空白位置双击

D．在浏览器中拖入素材

2．下列选项中，可以改变播放长度的方法是（　）。

A．在时间线窗口中直接拖动素材

B．更改素材的“持续时间”

C．更改素材的“速度”

D．更改“编辑”→“参数”→“常规”中的“静帧图像默认持续时间”

3．默认情况下，为素材设定入点、出点的快捷键是（ ）。

A．I 和 O　　B．R 和 C

C．和　　D．+ 和 -

4．使用“缩放工具”时按（ ）键可缩小显示。

A．Ctrl　　B．Shift　　C．Alt　　D．Tab

5．可以选择单个轨道上在某个特定时间之后的所有素材或部分素材的工具是（ ）。

A．选择工具　　B．滑行工具

C．轨道选择工具　　D．旋转编辑工具

6．粘贴素材是以（ ）定位的。

A．选择工具的位置　　B．当前时间指针

C．入点　　D．手形工具

7．下列选项中，不包括在 Premiere Pro 2020 的音频效果组中的是（ ）。

A．单声道　　B．环绕声　　C．立体声　　D．5.1 声道

三、简答题

1．简述手动采集素材的基本方法。

2．简述管理素材的基本方法。

3．简述分离关联素材的目的。

4．简述复制粘贴素材的方法。

任务 1.2 卡拉 OK 的制作

【任务描述】

制作卡拉 OK 影碟和制作普通影碟没有什么区别，但卡拉 OK 的字幕需要变色，也就是要随着歌曲的推进逐字变色以引导演唱者演唱。这样的字幕可以使用专业的卡拉 OK 字幕制作工具——Sayatoo 来实现。

【任务要求】

- 掌握 Premiere Pro 2020 视频的编辑。
- 掌握片尾水平游动字幕、卡拉 OK 字幕的制作。
- 掌握卡拉 OK 的制作。

【知识链接】

1.2.1 视频的编辑

Premiere Pro 2020 有多种编辑视频的方法，通过下面的学习可以掌握更多编辑方法的应用。

实例1 通过比例拉伸工具编辑北海风景

用“比例拉伸工具”拖动素材，将素材拖短可以加快播放速度，将素材拖长可以加减慢播放速度。

（1）在 Premiere Pro 2020 的工作窗口中，按 Ctrl+N 组合键打开“新建序列”对话框，设置“可用预设”为 AVCHD → 1080p → AVCHD 1080p25，“序列名称”为“拉伸工具”，单击“确定”按钮。按 Ctrl+I 组合键打开“导入”对话框，选择相应的素材文件，单击“打开”按钮导入一个素材。

（2）在项目窗口中双击“北海老街”素材，在源监视器窗口中单击“仅拖动视频”按钮，将其拖曳至时间线窗口的 V1 轨道上，在工具栏中选择“比率拉伸工具”。

（3）将鼠标移至添加素材文件的结束位置，当鼠标变成比例拉伸图标时，单击并向右拖曳至合适的位置即可延长素材文件，向左拖曳至合适的位置释放鼠标即可缩短素材文件，如图 1-170 所示。

图 1-170 缩短素材对象

（4）按空格键即可观看缩短素材后的视频播放效果，速度加快了。

实例2 通过添加视频素材进行编辑

素材还可以从媒体浏览器窗口中导入。

（1）在 Premiere Pro 2020 的工作窗口中，按 Ctrl+N 组合键打开“新建序列”对话框，设置“可用预设”为 AVCHD → 1080p → AVCHD 1080p25，“序列名称”为“视频素材”，单击“确定”按钮。按 Ctrl+I 组合键打开“导入”对话框，选择相应的素材文件，单击“打开”按钮导入两个素材。

（2）在项目窗口中选择视频素材“北海老街”，在视频素材上单击并拖曳至时间线窗口的 V1 轨道上释放鼠标，即可添加该视频素材到轨道上，如图 1-171 所示。

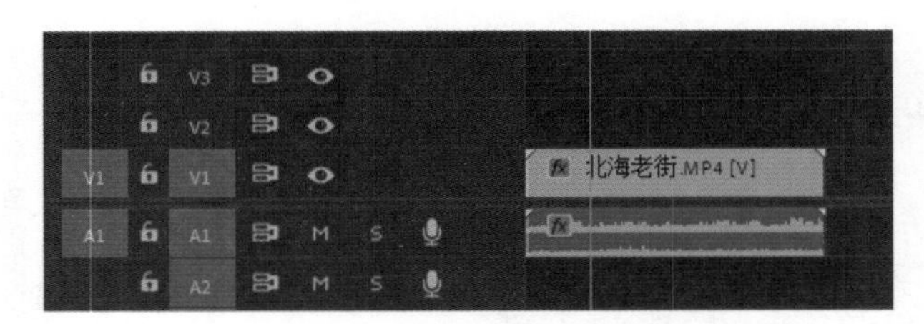

图 1-171　拖曳素材 1

（3）将项目窗口中的“北海老街 1”素材添加到 V1 轨道上的合适位置，如图 1-172 所示。

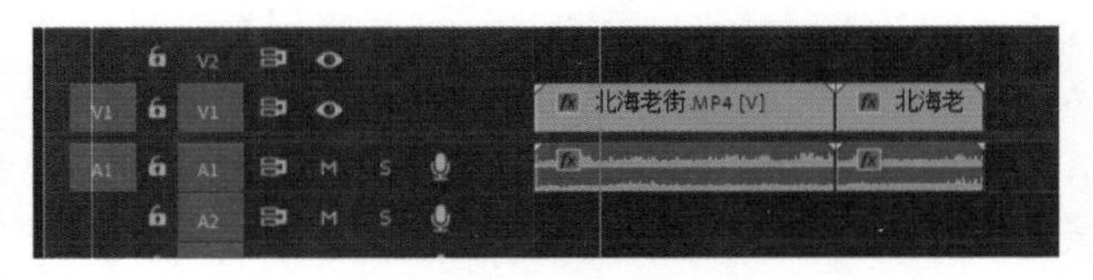

图 1-172　拖曳素材 2

（4）单击“媒体浏览器”选项卡切换至“媒体浏览器”窗口，如图 1-173 所示。

（5）在左边的列表中展开相应的路径，在右侧的列表框中选择相应的音频素材，如图 1-174 所示，在音频素材上单击并拖曳至时间线窗口的 A2 轨道上释放鼠标，即可将音频素材添加到 A2 轨道上，如图 1-175 所示。

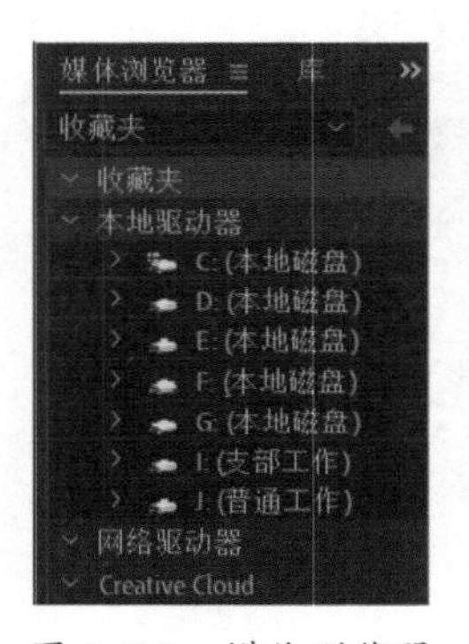

图 1-173　媒体浏览器

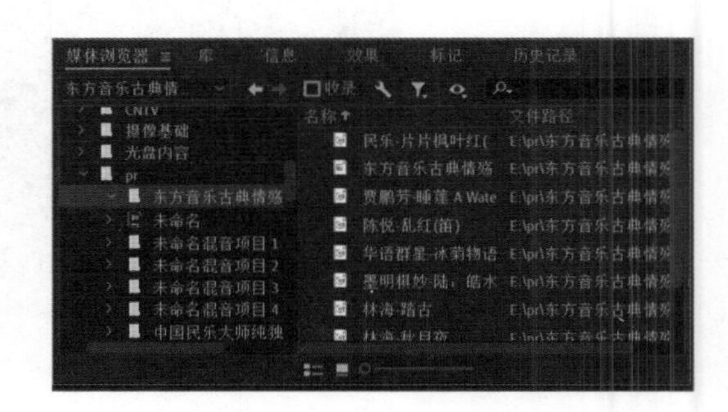

图 1-174　列表框

（6）切换至项目窗口可以看到导入的音频素材，如图 1-176 所示。

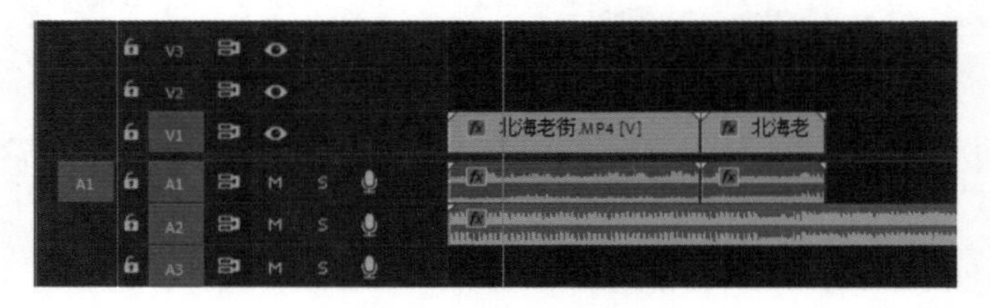

图 1-175　添加音频素材

图 1-176　项目窗口

（7）使用剃刀工具，分割 A2 轨道上的音频素材，使用选择工具选择不需要的素材片段，按 Delete 键删除，如图 1-177 所示。

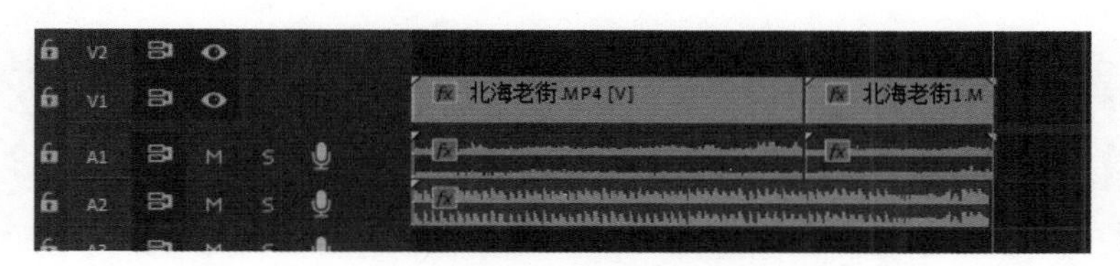

图 1-177　删除多余的音频素材

实例3 通过设置标记进行编辑

添加标记可以记住重要素材的位置，以便于查找。

（1）在 Premiere Pro 2020 的工作窗口中，按 Ctrl+N 组合键打开“新建序列”对话框，设置“可用预设”为 AVCHD → 1080p → AVCHD 1080p25，“序列名称”为“设置标记”，单击“确定”按钮。按 Ctrl+I 组合键，打开“导入”对话框，选择相应的素材文件，单击“打开”按钮，导入一个素材。

（2）在项目窗口中选择“火山熔岩 3”，将其拖曳到时间线窗口的 V1 轨道上，然后在轨道上拖曳时间指针至合适位置，如图 1-178 所示。

（3）执行菜单命令“标记”→“添加标记”即可为时间线添加标记，使用相同的方法在其他位置再次添加一个标记，如图 1-179 所示。

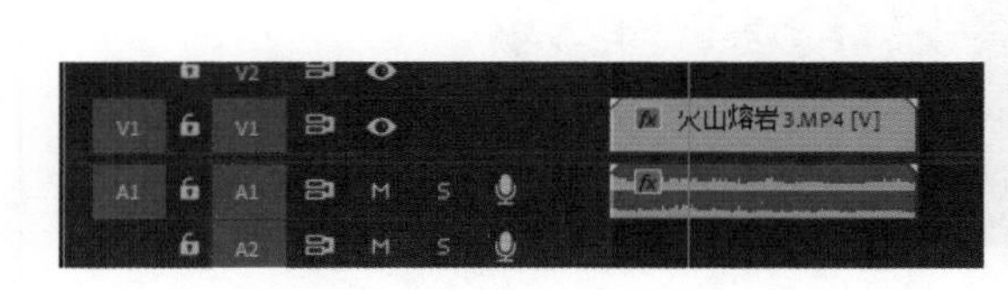

图 1-178　拖曳素材

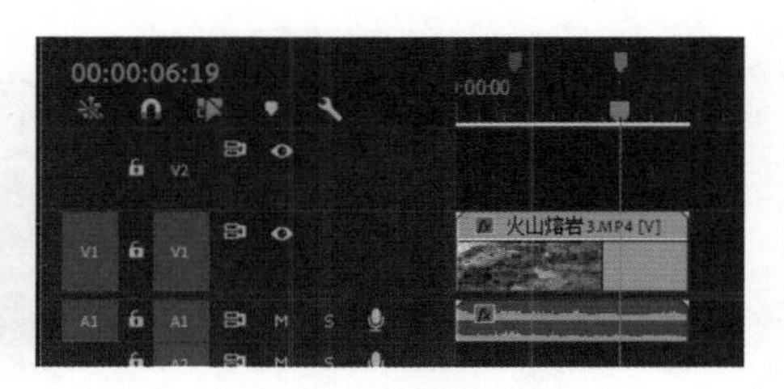

图 1-179　添加标记

（4）在标记上右击，从弹出的快捷菜单中选择“转到上一个标记”选项，即可将时间指针转到上一个标记的位置，如图 1-180 所示。

（5）在标记上右击，从弹出的快捷菜单中选择“清除所选标记”选项，即可清除当前选择的标记，如图 1-181 所示。

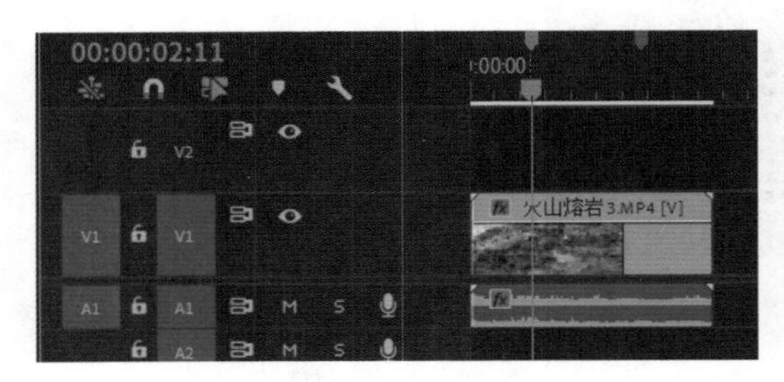

图 1-180　转到上一个标记

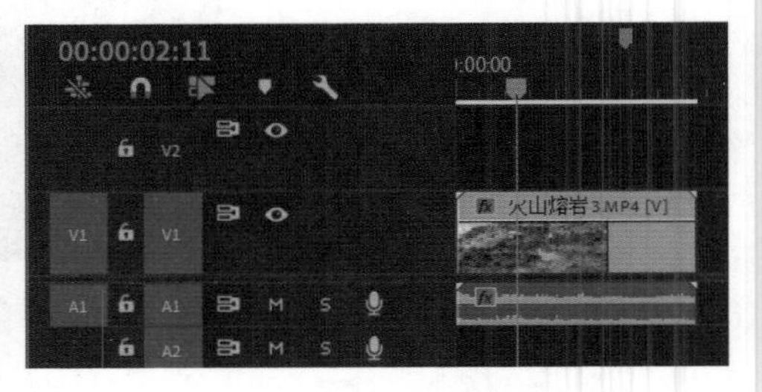

图 1-181　清除所选标记

实例4　通过锁定和解锁轨道进行编辑

锁定轨道可以使该轨道不被误操作，可以将已经编辑好素材的轨道锁定。

（1）在 Premiere Pro 2020 的工作窗口中，按 Ctrl+N 组合键打开“新建序列”对话框，设置“可用预设”为 AVCHD → 1080p → AVCHD 1080p25，“序列名称”为“锁定”，单击“确定”按钮。按 Ctrl+I 组合键打开“导入”对话框，选择相应的素材文件，单击“打开”按钮导入一个素材。

（2）在项目窗口中选择导入的“拉镜头”素材，将其拖曳到时间线窗口的 V1 轨道上，如图 1-182 所示。

图 1-182　拖曳素材

（3）在时间线窗口中选择 V1 轨道上的素材文件，然后单击轨道左侧的“切换轨道锁定”按钮，当按钮变成锁定形状时表示已经锁定该轨道，如图 1-183 所示。

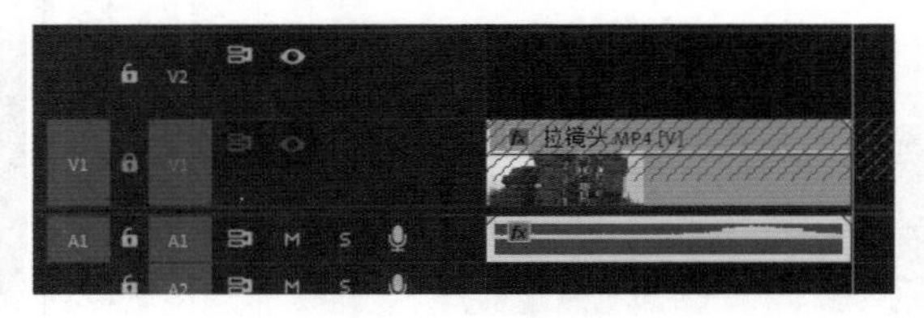

图 1-183　锁定轨道

（4）在需要解除 V1 轨道的锁定时，可以单击“切换轨道锁定”按钮，当按钮变成解锁形状🔓时，表示已经解除轨道的锁定。

实例5 通过入点与出点方式进行编辑

入点与出点方式就是在节目监视器窗口中设置一个入点和一个出点，然后将入点和出点内的素材删除。对于编辑量小的素材可以采用这种方式进行编辑。

（1）在 Premiere Pro 2020 的工作窗口中，按 Ctrl+N 组合键打开“新建序列”对话框，设置“可用预设”为 AVCHD → 1080p → AVCHD 1080p25，“序列名称”为“入点”，单击“确定”按钮。按 Ctrl+I 组合键打开“导入”对话框，选择相应的素材文件，单击“打开”按钮导入一个素材。

（2）在项目窗口中选择导入的“摇镜头”素材，将其拖曳到时间线窗口的 V1 轨道上，如图 1-184 所示。

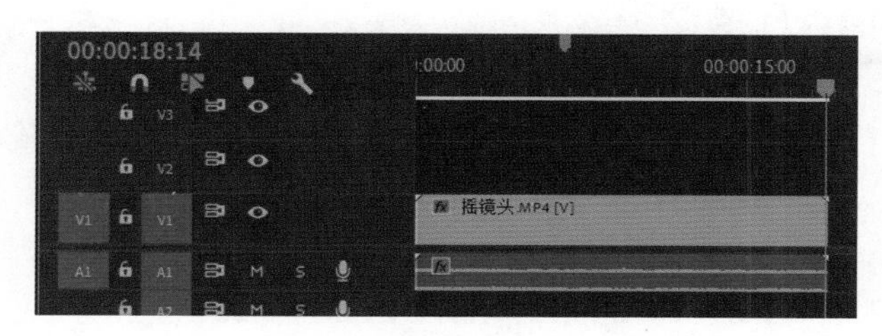

图 1-184　拖曳素材

（3）在时间线窗口中拖曳时间指针至 3:17 位置，按 I 键即可标记入点，如图 1-185 所示。

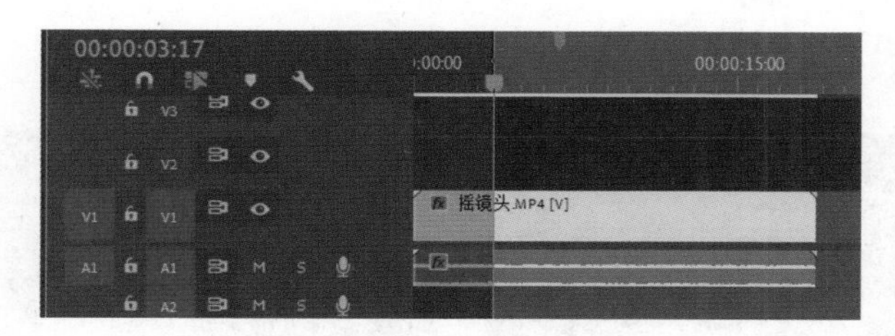

图 1-185　添加标记入点

（4）在时间线窗口中拖曳时间指针至 14:14 位置，按 O 键，即可标记出点，如图 1-186 所示。

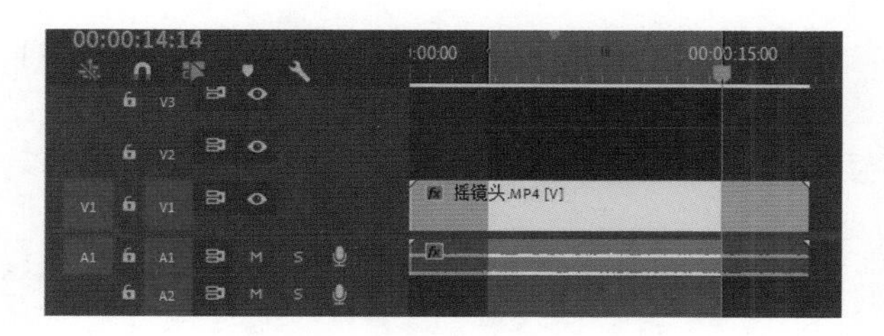

图 1-186　添加标记出点

（5）单击节目监视器窗口中的“提取”按钮或按“’”键，即可删除标记入点与标记出点之间的内容，如图 1-187 所示。

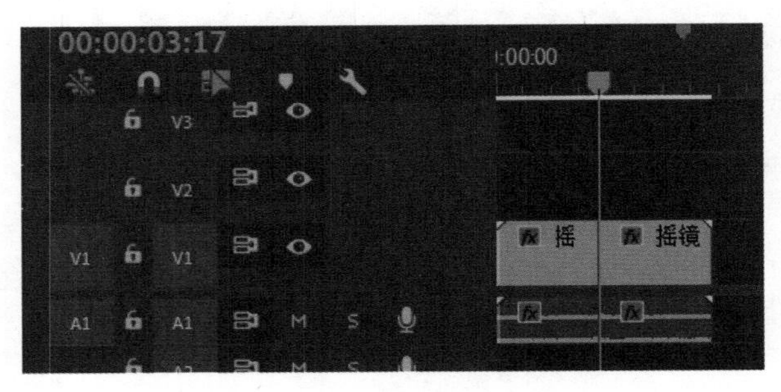

图 1-187　删除所选内容

实例6　通过调整项目属性进行编辑

时间线窗口的有些属性是隐藏起来的，如工作区域栏，如果要输出时间线窗口中某一区域的内容，可以通过调整工作区域栏实现。

（1）在 Premiere Pro 2020 的工作窗口中，按 Ctrl+N 组合键打开“新建序列”对话框，设置“可用预设”为 AVCHD → 1080p → AVCHD 1080p25，“序列名称”为“调整项目”，单击“确定”按钮。按 Ctrl+I 组合键打开“导入”对话框，选择相应的素材文件，单击“打开”按钮导入一个素材。

（2）在项目窗口中选择导入的“拉镜头”素材，将其拖曳到时间线窗口的 V1 轨道上，单击时间线窗口左上角的按钮，如图 1-188 所示，从弹出的下拉菜单中选择“工作区域栏”选项，在时间线标尺的上方会显示控制条，如图 1-189 所示。

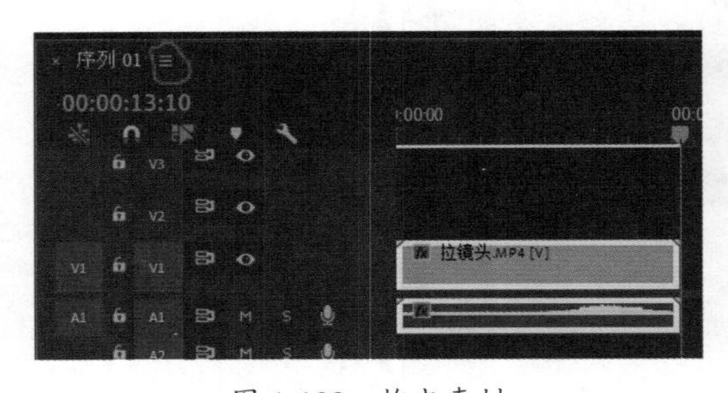

图 1-188　拖曳素材

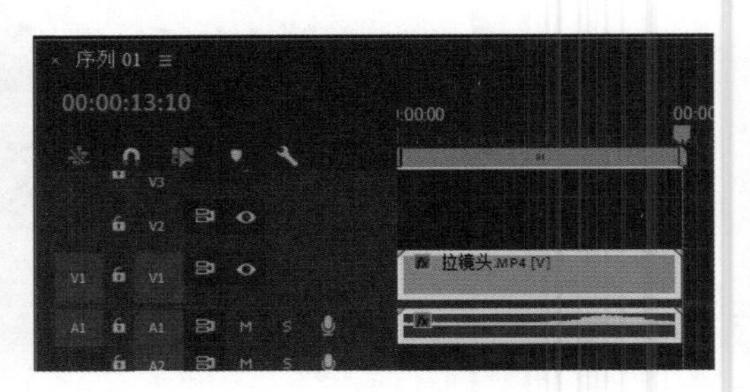

图 1-189　显示控制条

（3）将鼠标移至控制条右侧的按钮上，单击并向右拖曳即可加长项目的尺寸，如图 1-190 所示。

（4）将鼠标移至控制条中间，当鼠标变成小手形状时单击并向右拖曳即可移动项目的位置，如图 1-191 所示。

（5）在控制条上双击即可将控制条恢复到最初的状态，如图 1-192 所示。

图 1-190　加长项目的尺寸

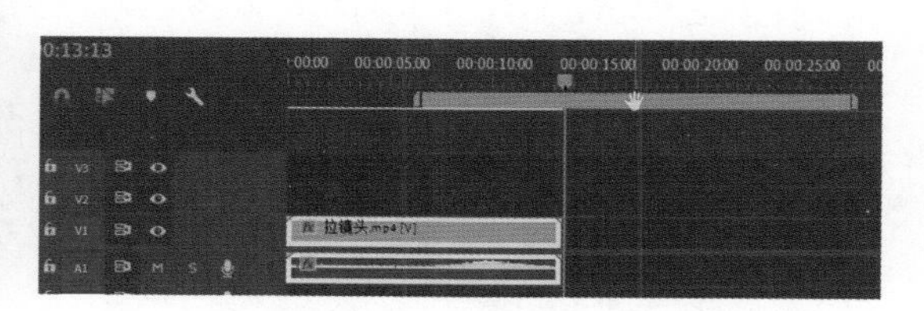

图 1-191　移动项目的位置

（6）在 V1 轨道的素材对象上右击，从弹出的快捷菜单中选择“标签”→“芒果黄色”选项，可为素材文件设置颜色标签，如图 1-193 所示。

图 1-192　调整控制条

图 1-193　设置颜色标签

（7）在 V1 轨道的素材对象上右击，从弹出的快捷菜单中选择“速度 / 持续时间”选项，弹出“剪辑速度 / 持续时间”对话框，在“速度”右侧的文本框中输入 50，如图 1-194 所示，单击“确定”按钮即可在时间线窗口中查看调整播放速度后的效果，如图 1-195 所示。

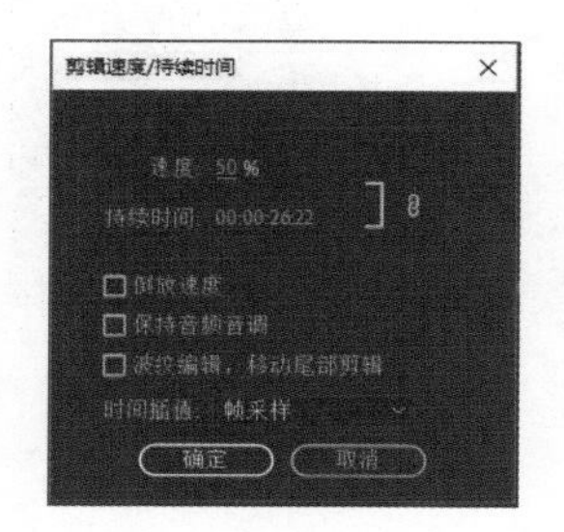

图 1-194　“速度 / 持续时间”对话框

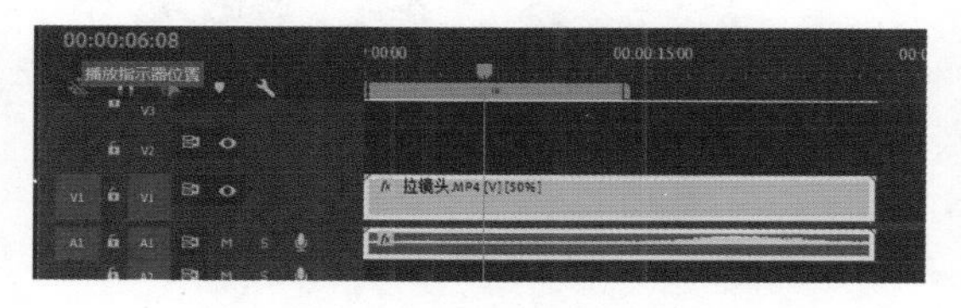

图 1-195　调整播放速度后的效果

（8）使用选择工具选择视频轨道上的素材，并将鼠标移至素材右端的结束点，当鼠标呈拉伸图标时单击并向左拖曳即可调整素材的播放时间，如图 1-196 所示。

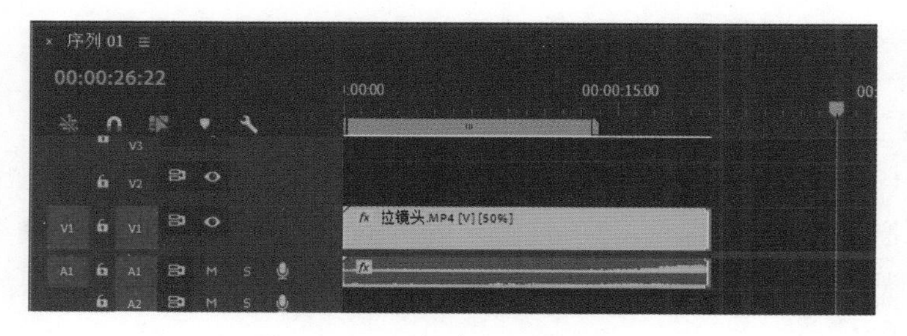

图 1-196　调整素材的播放时间

（9）单击时间线窗口左上角的☰按钮，从弹出的快捷菜单中选择“连续视频缩览图”选项，即可在时间线改变素材文件的显示方式。

（10）单击“时间轴显示设置”按钮，从弹出的下拉菜单中选择“显示视频关键帧”选项，在工具栏中选择钢笔，即可为图像设置淡入淡出效果。

1.2.2 字幕的制作

卡拉 OK 制作用到了路径文字、水平滚动字幕和卡拉 OK 变色字幕。

实例1 输入路径文本

通过旧版标题字幕编辑器中的钢笔工具绘制路径，制作路径文字，最终效果如图 1-197 所示。

图 1-197 最终效果

具体操作步骤如下：

（1）在 Premiere Pro 2020 的工作窗口中，按 Ctrl+N 组合键打开“新建序列”对话框，设置“可用预设”为 AVCHD → 1080p → AVCHD 1080p25，“序列名称”为“路径文本”，单击“确定”按钮。

（2）按 Ctrl+I 组合键打开“导入”对话框，选择相应的素材文件，单击“打开”按钮导入一个“浪花”素材。

（3）右击“浪花”素材，从弹出的快捷菜单中选择“修改”→“时间码”选项，打开“修改剪辑”对话框，将“时间码”设置为 0，单击“确定”按钮。

（4）在项目窗口中双击导入的“浪花”素材，将其在素材源监视器窗口中打开。

（5）在源监视器窗口中，设置“浪花”的入点、出点为 (4s,9:12)，如图 1-198 所示，按住“仅拖动视频”按钮▣不放，将其拖到时间线窗口的 V1 轨道上，使其与 0 位置对齐，如图 1-199 所示。

图 1-198　选择素材

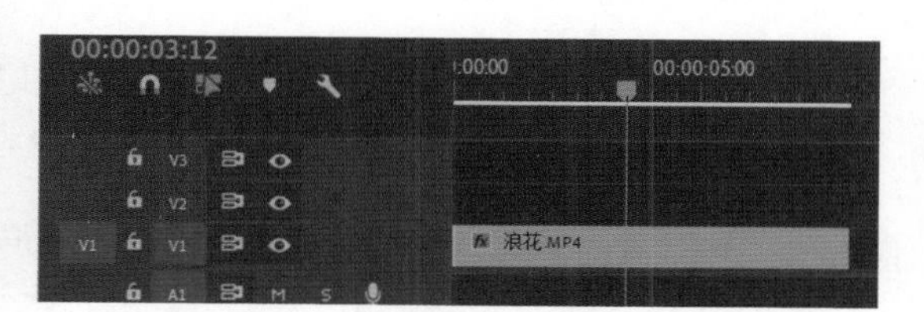

图 1-199　插入背景素材

（6）执行菜单命令“文件”→“新建”→“旧版标题”打开“新建字幕”对话框，将名称设置为“路径”，单击“确定”按钮打开“字幕”对话框，单击“路径文字”右边的按钮，分别选择工具、动作和属性；在工具栏中选择路径文字工具，绘制一条路径；用转换锚点工具将曲线平滑，如图 1-200 所示；选择文字工具，在字幕窗口中输入“浪花飞舞，拍打海岸”8 个字，在旧版标题样式中选择 Arial Black gold，设置“字体系列”为方正水黑简体，单击“显示背景视频”按钮，如图 1-201 所示。

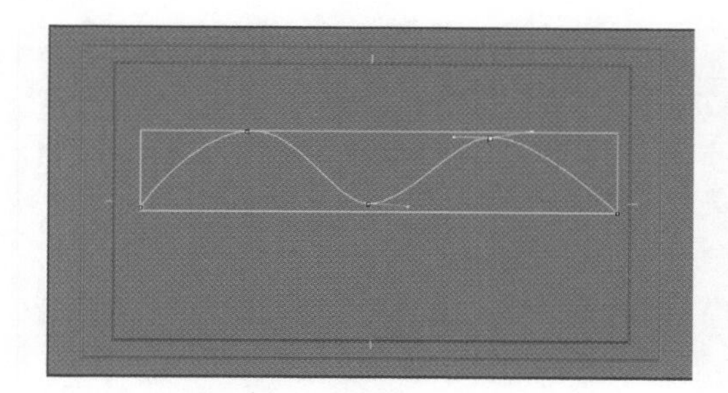

图 1-200　绘制路径

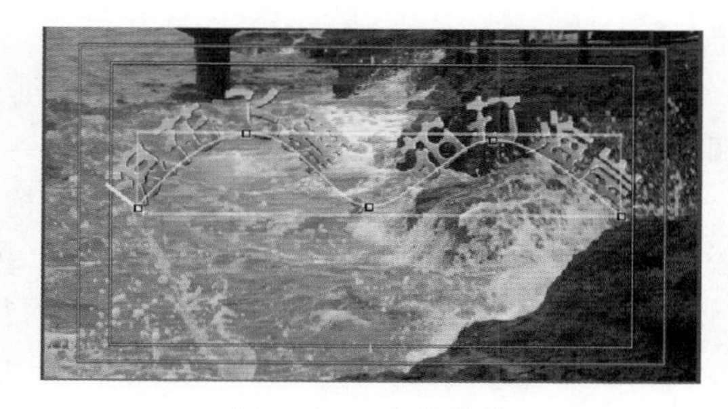

图 1-201　文字效果

（7）关闭“字幕编辑”窗口，将创建的字幕拖曳到时间线窗口的 V2 轨道上，如图 1-202 所示。

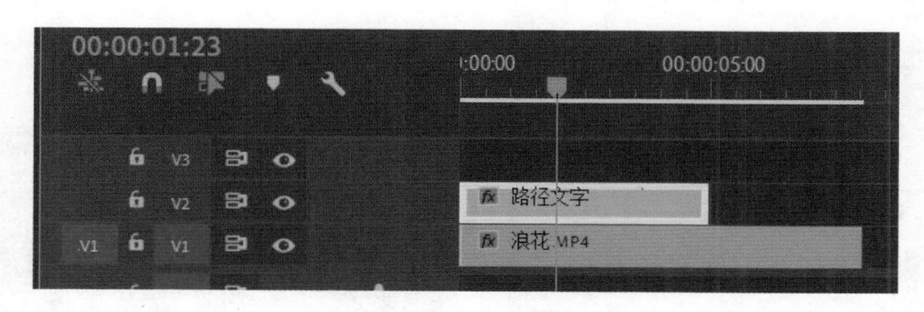

图 1-202　插入文字

（8）选择“路径文字”，在效果窗口中选择“视频效果”→“透视”→“斜面 Alpha”特效并双击，在效果控件窗口中设置其参数，“边缘厚度”为 5，其余默认不变。

（9）按空格键预览最终效果。

实例2 创建水平滚动字幕

下面通过案例来讲解如何在 Adobe 字幕窗口中创建影片或电视节目结束时的横向滚动字幕，深入体会其制作方法。最终效果如图 1-203 所示。

图 1-203　最终效果

具体操作步骤如下：

（1）在 Premiere Pro 2020 的工作窗口中，按 Ctrl+N 组合键，打开“新建序列”对话框，设置“可用预设”为 AVCHD → 1080p → AVCHD 1080p25，“序列名称”为“水平滚动字幕”，单击“确定”按钮。

（2）按 Ctrl+I 组合键打开“导入”对话框，选择相应的素材文件，单击“打开”按钮导入一个“小船航行”素材。

（3）右击“小船航行”素材，从弹出的快捷菜单中选择“修改”→“时间码”选项打开“修改剪辑”对话框，将“时间码”设置为 0，单击“确定”按钮。

（4）在项目窗口中双击导入的“小船航行”素材，将其在素材源监视器窗口中打开。

（5）在源监视器窗口中，设置“小船航行”的入点、出点为 1:24 和 13:23，如图 1-204 所示，按住“仅拖动视频”按钮将其拖到时间线窗口的 V1 轨道上，使其与 0 位置对齐，如图 1-205 所示。

图 1-204　设置素材入点出点

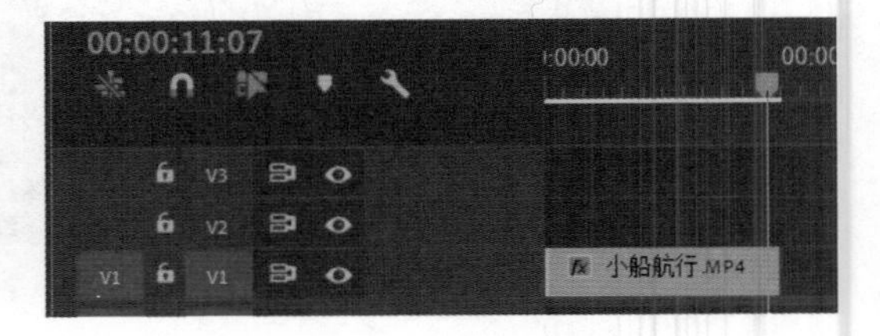

图 1-205　插入视频背景

（6）执行菜单命令“文件”→“新建”→“旧版标题”打开“新建字幕”对话框，在“名称”文本框中输入“水平滚动”，单击“确定”按钮打开字幕窗口，单击“水平滚动”右边的按钮，分别选择工具、动作和属性。

（7）在字幕窗口中单击按钮打开“滚动 / 游动选项”对话框，选择“向左游动”单选项，勾选“开始于屏幕外”复选项，使字幕从屏幕外滚动进入。在“缓入”文本框中输入 50，在“缓出”文本框中输入 50，在“过卷”文本框中输入 75，如图 1-206 所示，单击“确定”按钮。

（8）选择垂直文字工具，单击字幕窗口，设置“字体系列”为方正大黑简体，复制事先输入好的演职人员名单到字幕窗口中，设置“字体大小”为 80，选择“填充类型”为实底，“颜色”为白色，单击“外描边”右侧的“添加”按钮，单击“水平居中”按钮，如图 1-207 所示。

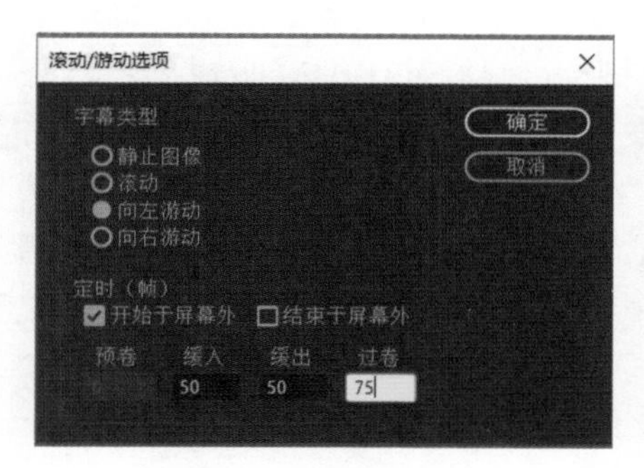

图 1-206　游动字幕设置

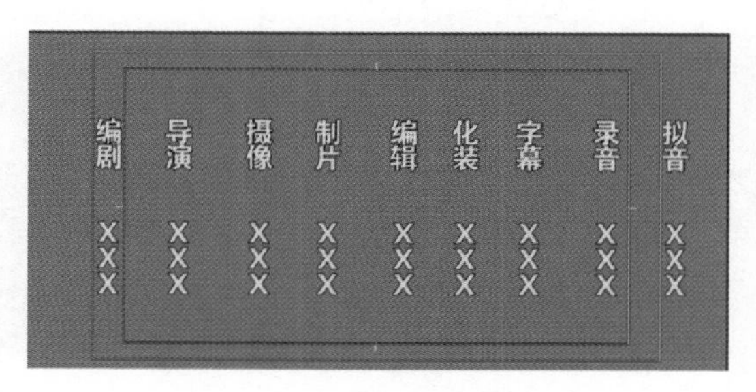

图 1-207　编辑演职人员名单

（9）编辑完演职人员名单后，用鼠标单击字幕窗口右边，拖动水平滑块，将文字左移出屏幕为止，单击字幕设计窗口中的合适位置，复制单位名称及日期，设置字体大小为 100，如图 1-208 所示。

（10）关闭字幕设置窗口，将水平滚动字幕文件拖放到时间线窗口的 V2 轨道上，拖动结束位置调整其延续时间，如图 1-209 所示。

图 1-208　输入单位名称及日期

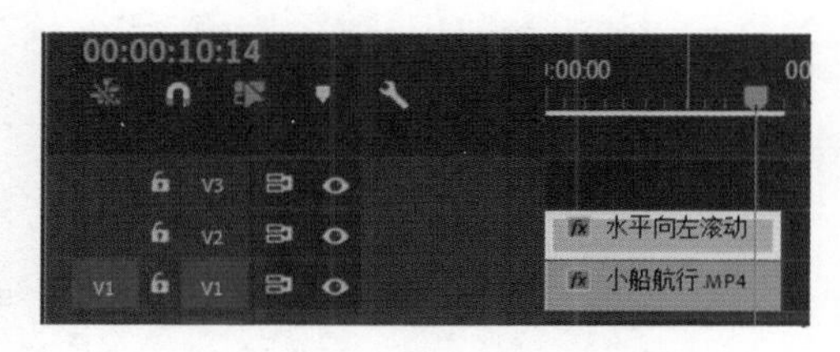

图 1-209　调整水平滚动字幕的延续时间

（11）按空格键预览最终效果。

实例3　卡拉 OK 歌词字幕的制作

卡拉 OK 的字幕需要变色，也就是要随着歌曲的推进逐字变色，以引导演唱者演唱。这样的字幕可以使用专业的卡拉 OK 字幕制作工具——Sayatoo 来制作。

如果没有遇见你 我将会是在哪里 日子过得怎么样 人生是否要珍惜 也许认识某一人

过着平凡的日子 不知道会不会 也有爱情甜如蜜 任时光匆匆流去 我只在乎你 心甘情愿感染你的气息 人生几何能够得到知己 失去生命的力量也不可惜 所以我求求你别让我离开你 除了你 我不能感到 一丝丝情意 如果有那么一天 你说即将要离去 我会迷失我自己 走入无边人海里 不要什么诺言 只要天天在一起 我不能只依靠 片片回忆活下去 任时光匆匆流去 我只在乎你 心甘情愿感染你的气息 人生几何能够得到知己 失去生命的力量也不可惜 所以我求求你 别让我离开你 除了你 我不能感到 一丝丝情意 任时光匆匆流去 我只在乎你 心甘情愿感染你的气息 人生几何能够得到知己 失去生命的力量也不可惜 所以我求求你 别让我离开你 除了你 我不能感到 一丝丝情意。

将其输入到记事本中，并对其进行编排，编排完毕后保存退出。

（1）在桌面上双击“Sayatoo 卡拉字幕精灵 2”图标，启动 SubTitleMaker 字幕设计窗口。

（2）执行菜单命令“文件”→“导入字幕文件”，或者单击时间线窗口左边的按钮，或者在歌词列表窗口的空白处右击，从弹出的快捷菜单中选择“导入字幕文件”选项，弹出“导入歌词”对话框，选择刚才保存的记事本文件，单击“打开”按钮导入歌词。导入的歌词文件必须是文本格式，每行歌词以回车键结束；或者选择“新建”后直接在歌词对话框中输入歌词。

（3）执行菜单命令“文件”→“导入媒体文件”打开“导入媒体”对话框，选择音乐文件“小城故事”，单击“打开”按钮导入音乐。

（4）在基本属性中设置“宽度”为 1920，“高度”为 1080，“排列”为双行，第一行“对齐”为左对齐，“偏移 X”为 300，“偏移 Y”为 850，第二行“对齐方式”为右对齐，“偏移 X”为 -300，“偏移 Y”为 970，如图 1-210 所示。在字幕属性中设置“名称”为经典粗黑简，“大小”为 60，填充颜色为白色，描边颜色为蓝色，描边宽度为 2，取消对“阴影”的复选项的勾选，如图 1-211 所示。

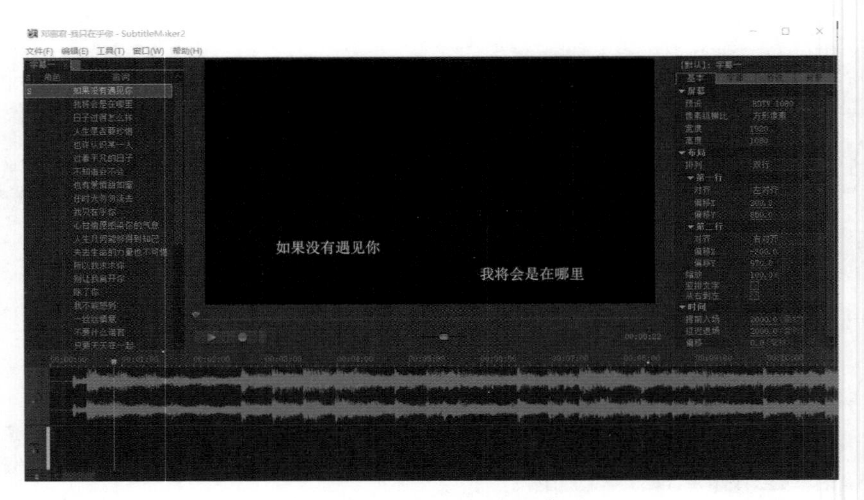

图 1-210　SubTitleMaker 窗口

（5）在特效属性中设置“字幕特效”的“类型”为标准，填充颜色为红色，描边颜色为白色，“宽度”为 4，“灯数量”为 3，“灯颜色”为红色，如图 1-212 所示。

（6）单击控制台上的“录制”按钮，打开“录制设置”对话框，选择“逐字录制”单选项，如图1-213所示，可以对录制的参数进行调整。

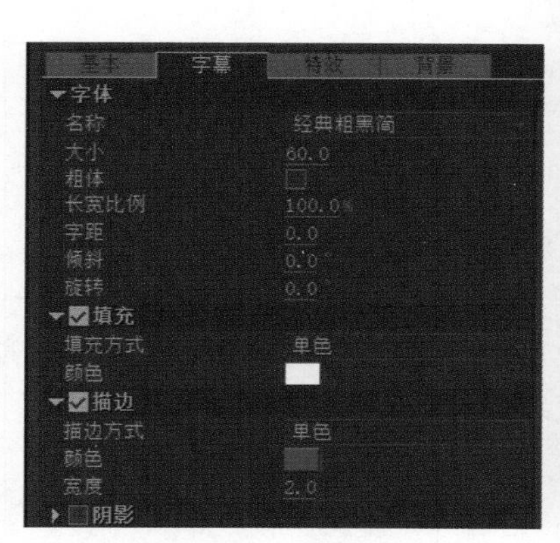

图1-211　字幕设置

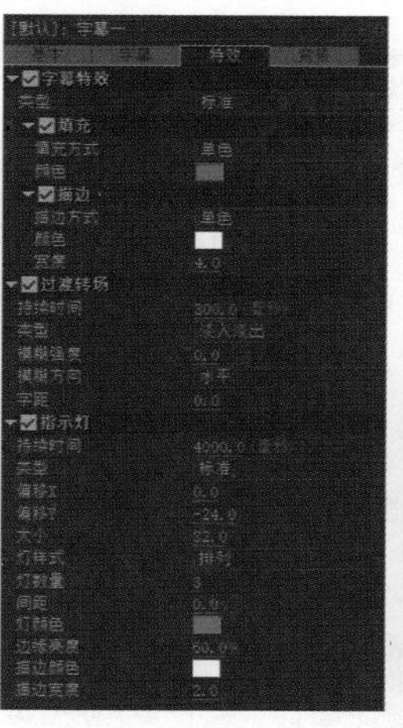

图1-212　特效设置

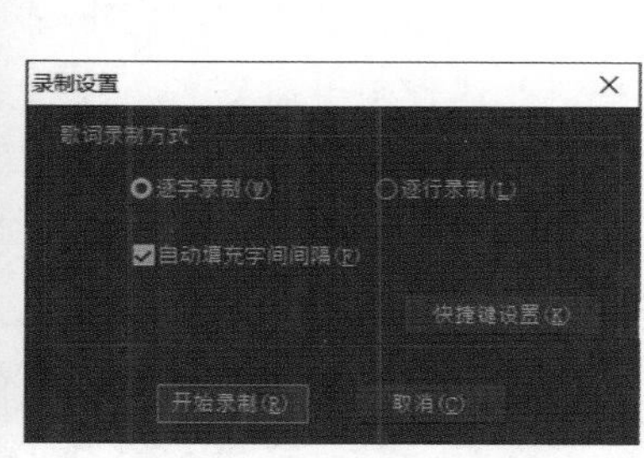

图1-213　录制设置

（7）单击“开始录制”按钮开始录制歌词，可以使用键盘或鼠标来记录歌词的时间信息。显示器窗口中显示的是当前正在录制的歌词的状态。

（8）歌词录制完成后，在时间线窗口中会显示出所有录制歌词的时间位置。可以直接用鼠标修改歌词的开始时间和结束时间或者移动歌词的位置，如图1-214所示。

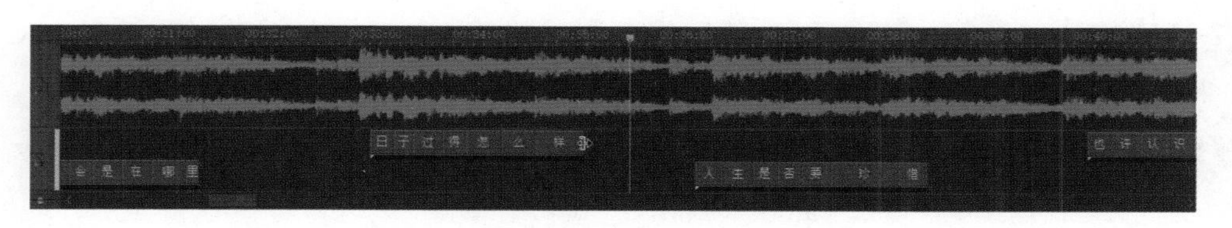

图1-214　移动歌词位置

（9）执行菜单命令“文件”→“保存项目”打开“保存项目”对话框，在“文件名称”文本框中输入名称，单击“保存”按钮。单击“关闭”按钮完成字幕的制作。

（10）执行菜单命令“文件”→“保存项目”保存项目文件。

1.2.3　影片的输出

当完成对影片的编辑后，可以按照其用途输出为不同格式的文件，以便观看或作为素材进行再编辑。

实例1　输出HEVC（H.265）

H.265是ITU-T VCEG继H.264之后所制定的新的视频编码标准，它围绕着现有的视频编码标准H.264，保留原来的某些技术，同时对一些相关的技术加以改进。新技术使用先进的技术来改善码流、编码质量、延时和算法复杂度之间的关系，达到最优化设置。具体的研究内容包括：提高压缩效率、提高鲁棒性和错误恢复能力、减少实时的时延、减少信道获取时间和随机接入时延、降低复杂度等。

H.265 宗旨是在有限带宽下传输更高质量的网络视频，仅需原先的一半带宽即可播放相同质量的视频。这也意味着，我们的智能手机、平板等移动设备将能够直接在线播放 1080p 的全高清视频。H.265 标准也同时支持 4K（4096×2160）和 8K（8192×4320）超高清视频。可以说，H.265 标准让网络视频跟上了显示屏"高分辨率化"的脚步。

输出 H.265 格式的操作步骤如下：

（1）执行菜单命令"文件"→"导出"→"媒体"打开"导出设置"对话框。

（2）在"格式"下拉列表框中选择 HEVC（H.265），在"预设"中选择一种规格，如匹配源 - 高比特率，设置好"输出名称"选项，单击"导出"按钮开始导出 H.265 格式文件。

实例2 输出音频文件

Premiere 可以将项目片段中的音频部分单独输出为所需类型的音频文件。

执行菜单命令"文件"→"导出"→"媒体"打开"导出设置"对话框，在"格式"下拉列表框中选择 MP3，设置好"输出名称"选项，单击"导出"按钮开始导出音频文件，如图 1-236 所示。

【任务实施】

卡拉 OK 影碟的制作和普通影碟的制作没有什么区别，但卡拉 OK 的字幕需要变色，也就是要随着歌曲的推进，逐字变色，以引导演唱者演唱。这样的字幕可以使用专业的卡拉 OK 字幕制作工具——Sayatoo 来制作。

操作步骤

1. 导入素材

（1）启动 Premiere Pro 2020，单击"新建项目"按钮打开"新建项目"对话框，在"名称"文本框中输入卡拉 OK，选择一个存储位置后单击"确定"按钮。按 Ctrl+N 组合键打开"新建序列"对话框，设置"可用预设"为 AVCHD 1080p25，在"序列名称"文本框中输入序列名，单击"确定"按钮。

（2）单击"媒体浏览器"选项卡，切换至"媒体浏览器"界面。

（3）在左边的窗格中展开相应的路径，在右侧的窗格中选择相应的视频素材，如图 1-215 所示，在"磁器口牌推 1"素材上单击并拖曳至时间线窗口的 V1 轨道上释放，即可将视频素材添加到 V1 轨道上，如图 1-216 所示。

（4）按 Ctrl+I 组合键打开"导入"对话框，选择"卡拉 OK"素材，单击"导入文件夹"按钮即可导入素材，如图 1-217 所示。

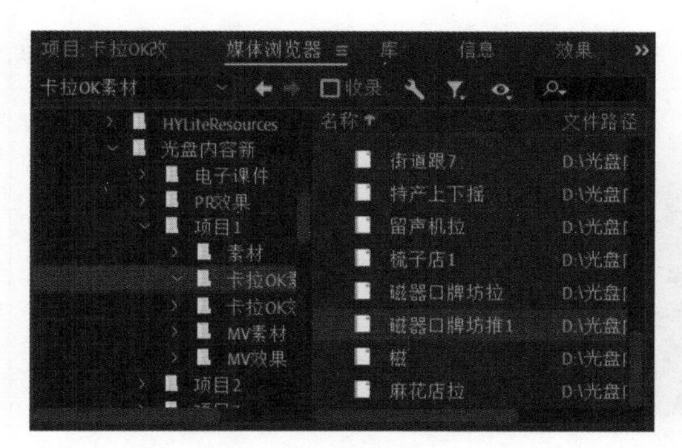

图 1-215　媒体浏览器

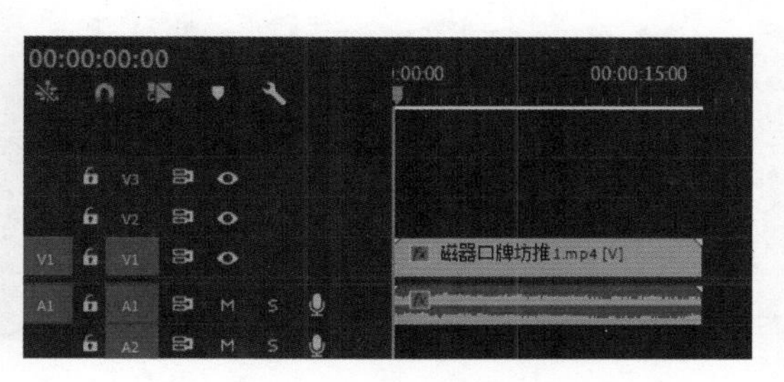

图 1-216　时间线窗口中的素材

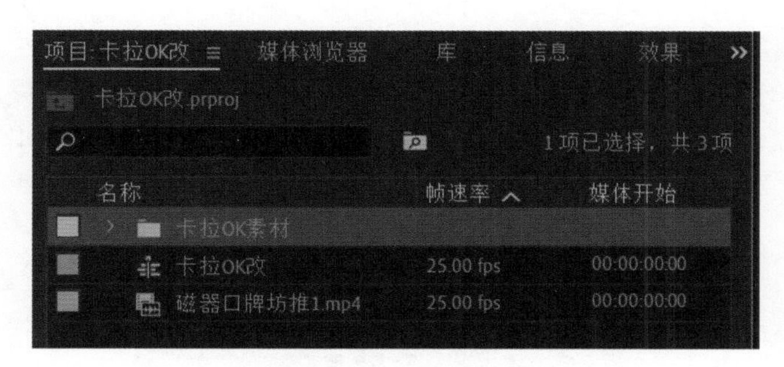

图 1-217　导入文件夹

2. 片头制作

（1）在时间线窗口中将播放指针拖动到0s处，在节目监视器窗口中单击“标记入点”按钮，将播放指针拖动到3:17处，单击“标记出点”按钮，单击“提取”按钮，0s到3:17素材被删除。

（2）在时间线窗口中将播放指针拖动到6:18处，在节目监视器窗口中单击“标记入点”按钮，将播放指针拖动到15:11处，单击“标记出点”按钮，然后单击“提取”按钮，6:18到15:11素材被删除。

（3）右击“磁器口牌坊推1”素材，从弹出的快捷菜单中选择“取消链接”选项解链视音频，选择音频素材，按Delete键删除音频素材，如图1-218所示。

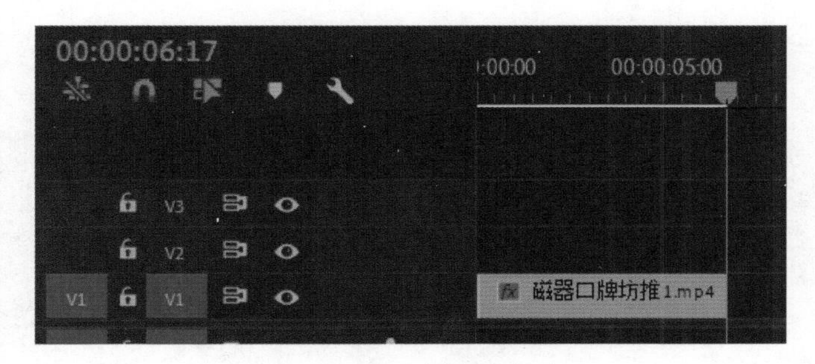

图 1-218　编辑后的素材

（4）在项目窗口中双击“街道拉摇”素材，在源监视器窗口中选择入点2:19及出点

8:08，按住“仅拖动视频”按钮将其拖到时间线窗口的 V1 轨道上，与前一片段末尾对齐，如图 1-219 所示。

图 1-219　素材的排列

（5）执行菜单命令“文件”→“新建”→“旧版标题”打开“新建字幕”对话框，将名称设置为“路径文字”，单击“确定”按钮打开“字幕”对话框。

（6）单击“路径文字”右边的按钮，分别选择工具、动作和样式，在工具栏中选择“路径文字工具”，绘制一条路径，用“转换锚点工具”将曲线平滑，如图 1-220 所示。

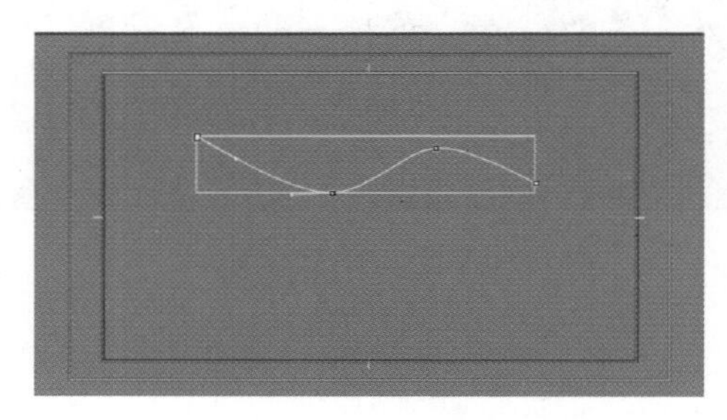

图 1-220　绘制路径

（7）选择文字工具，在字幕窗口中输入“小城故事”4 个字，在旧版标题样式中选择 Arial Black gold，设置“字体系列”为方正秀英体简，“字体大小”为 120，“字符间距”为 30，单击“显示背景视频”按钮，效果如图 1-221 所示。

（8）单击“基于当前字幕新建字幕”按钮打开“新建字幕”对话框，在“名称”文本框中输入“创作人员”，单击“确定”按钮。将“小城故事”删除，输入“作词 庄奴 作曲 汤尼 原唱 邓丽君”，在旧版标题样式中选择 Arial Black yellow orange gradient。

（9）在旧版标题属性中设置“字体系列”为华文行楷，“字体大小”为 70，效果如图 1-222 所示。

图 1-221　标题文字效果

图 1-222　创作人员文本效果

（10）关闭“字幕编辑”窗口，在时间线窗口中将当前时间指针定位到0:18位置。

（11）将“小城故事”字幕添加到V2轨道上，使其开始位置与当前时间指针对齐，长度为7s。

（12）将“创建人员”字幕拖曳到时间线窗口的V3轨道上，使其与“路径文字”对齐，如图1-223所示。

（13）在效果窗口中选择“视频过渡”→“划像”→“菱形划像”，拖曳到“路径文字”字幕的起始位置，右击“菱形划像”，从弹出的快捷菜单中选择“设置过渡持续时间”选项，弹出“设置过渡持续时间”对话框，设置“持续时间”为2s，如图1-224所示。单击“确定”按钮使标题逐步显现。

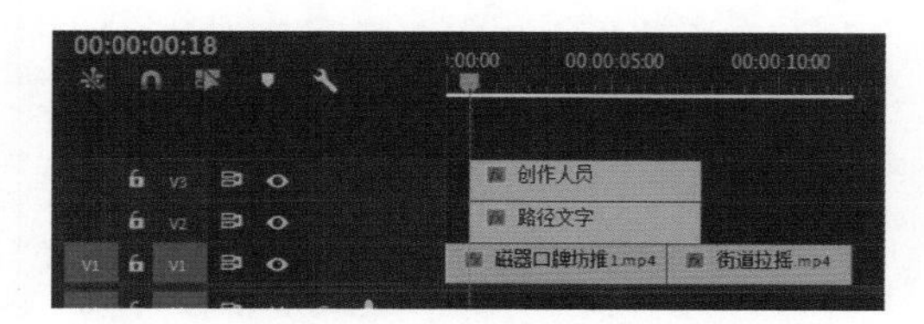

图1-223　标题字幕的位置

图1-224　设置过渡持续时间

（14）在效果窗口中选择“视频过渡”→“划像”→“交叉划像”，拖曳到“路径文字”字幕的结束位置，设置转场长度调整为2s。

（15）在效果窗口中选择“视频过渡”→“擦除”→“风车”，拖曳到“创作人员”字幕的起始位置，设置转场长度为2s。

（16）在效果窗口中选择“视频过渡”→“擦除”→“划出”，拖曳到“创作人员”字幕的结束位置，设置转场长度为2s，如图1-225所示。

（17）选择“磁器口牌坊1”“路径文字”和“创作人员”素材并右击，从弹出的快捷菜单中选择“嵌套”选项，弹出“嵌套序列名称”对话框，在“名称”文本框中输入“片头”，如图1-226所示，单击“确定”按钮，时间线窗口如图1-227所示。

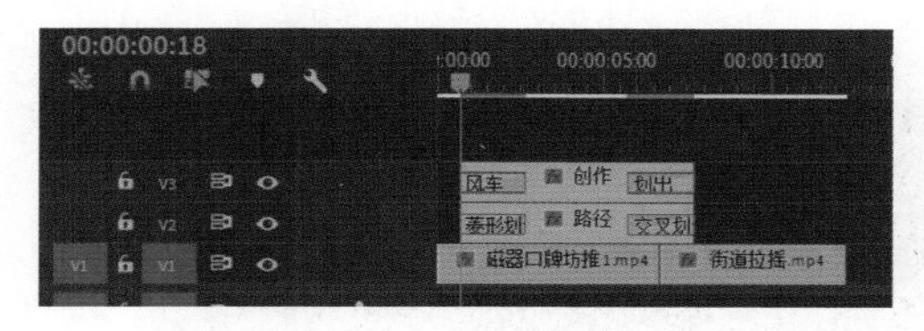

图1-225　设置转场长度

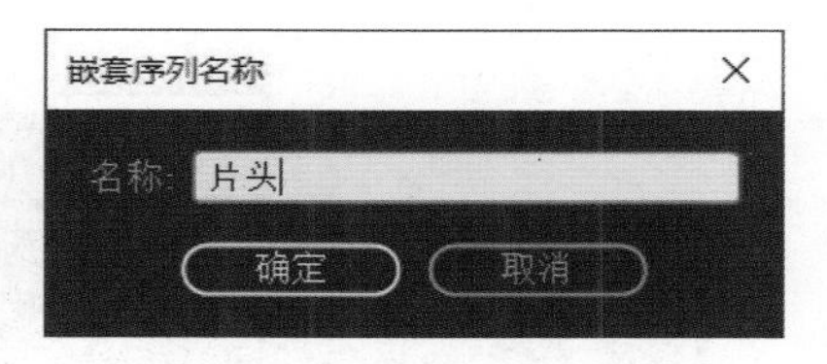

图1-226　“嵌套序列名称”对话框

图1-227　时间线窗口

（18）按“空格”键预览字幕效果如图 1-228 所示。

图 1-228　字幕效果

3. 歌词字幕的制作

小城故事多 充满喜和乐 若是你到小城来收获特别多 看似一幅画 听像一首歌人生境界真善美这里已包括 谈的谈 说的说 小城故事真不错 请你的朋友一起来 小城来做客 谈的谈 说的说 小城故事真不错 请你的朋友一起来 小城来做客。

将其输入到记事本中，并对其进行编排，编排完毕后保存退出。

（1）在桌面上双击“Sayatoo 卡拉字幕精灵 2”图标，启动 SubTitleMaker 字幕设计窗口。

（2）执行菜单命令“文件”→“导入字幕文件”，或者单击时间线窗口左边的■按钮，或者在歌词列表窗口的空白处右击，从弹出的快捷菜单中选择“导入字幕文件”选项，弹出“导入歌词”对话框，选择刚才保存的记事本文件，单击“打开”按钮导入歌词。导入的歌词文件必须是文本格式，每行歌词以回车键结束；或者选择“新建”命令后直接在“歌词”对话框中输入歌词。

（3）执行菜单命令“文件”→“导入媒体文件”打开“导入媒体”对话框，选择音乐文件“小城故事”，单击“打开”按钮导入音乐。

（4）在基本属性中设置“宽度”为 1920，“高度”为 1080，“排列”为双行，第一行“对齐”为左对齐，“偏移 X”为 300，“偏移 Y”为 850，第二行“对齐”为右对齐，“偏移 X”为 -300，“偏移 Y”为 970，如图 1-229 所示。在字幕属性中设置“名称”为经典粗黑简，“大小”为 70，“填充颜色”为白色，“描边颜色”为蓝色，“描边宽度”为 2，如图 1-230 所示。

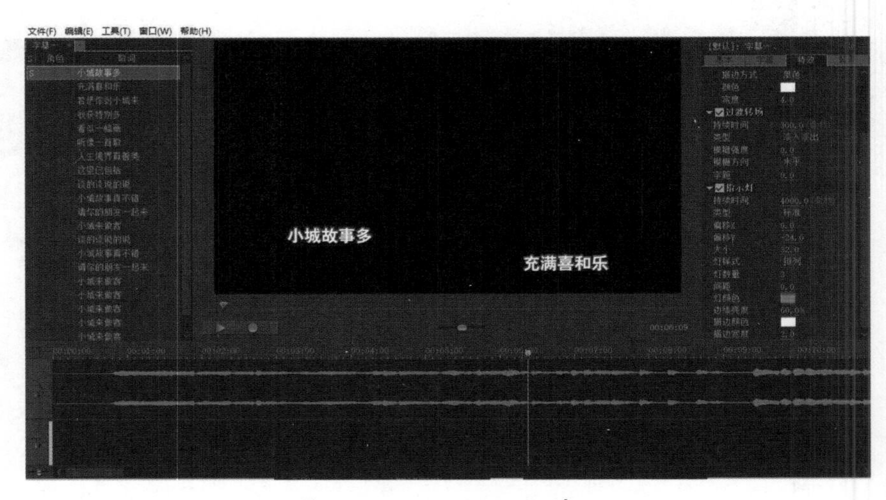

图 1-229　SubTitleMaker 窗口

（5）在特效属性中设置“字幕特效”的“类型”为标准，“填充颜色”为红色，“描边颜色”为白色，“宽度”为4，“灯数量”为3，“灯颜色”为红色，如图1-231所示。

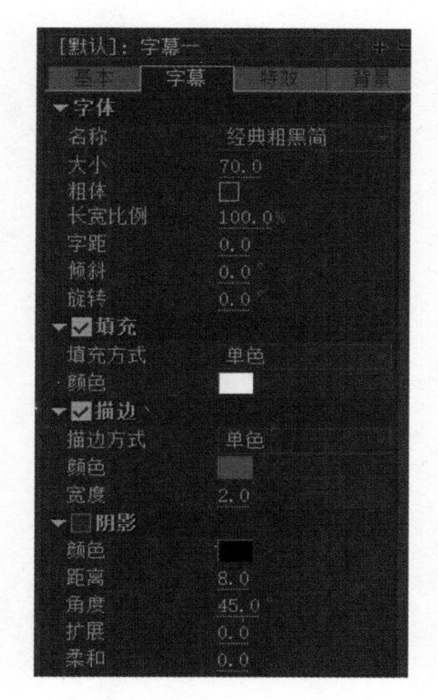

图1-230 字幕设置

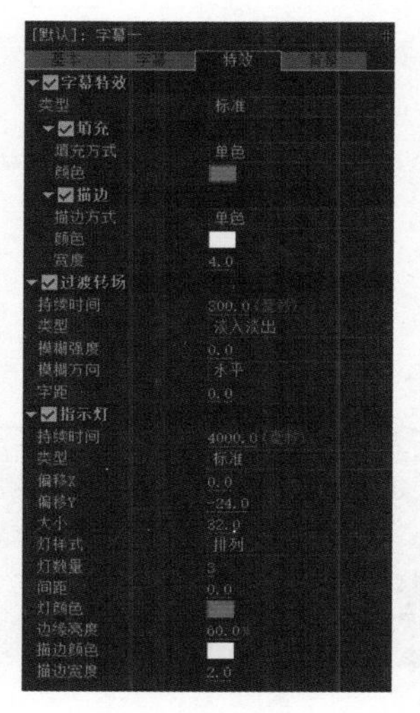

图1-231 特效设置

（6）单击控制台上的“录制”按钮打开“录制设置”对话框，选择“逐字录制”单选项，如图1-232所示，可以对录制的参数进行调整。

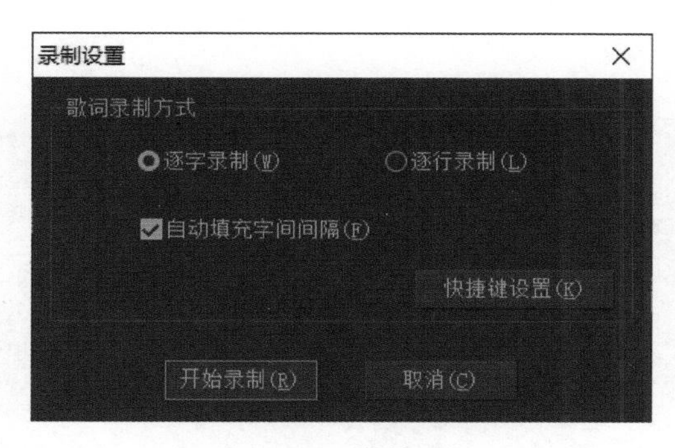

图1-232 录制设置

（7）单击“开始录制”按钮开始录制歌词，可以使用键盘或鼠标来记录歌词的时间信息。显示器窗口上显示的是当前正在录制的歌词的状态。

（8）歌词录制完成后，在时间线窗口中会显示出所有录制歌词的时间位置。可以直接用鼠标修改歌词的开始时间和结束时间或者移动歌词的位置，如图1-233所示。

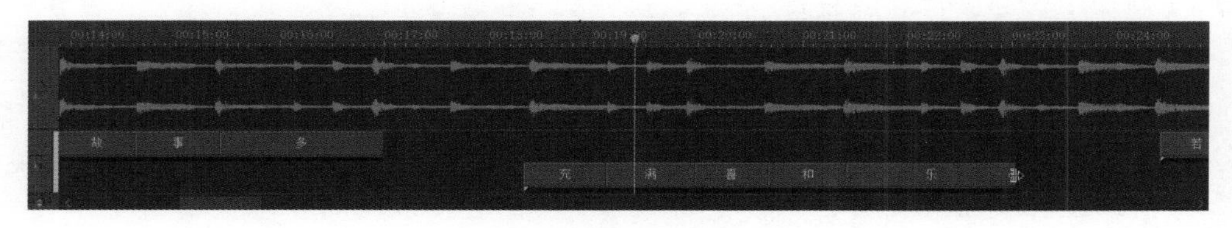

图1-233 移动歌词位置

（9）执行菜单命令“文件”→“保存项目”打开“保存项目”对话框，在“文件名称”文本框中输入名称，单击“保存”按钮，单击“关闭”按钮完成字幕的制作。

（10）返回 Premiere Pro 2020 工作窗口，将“小城故事 .kax”和“小城故事 .mp3”文件从项目窗口中拖曳到 V2 和 A1 轨道上，与开始点对齐，如图 1-234 所示。

（11）单击“时间轴显示设置”按钮，从弹出的下拉菜单中选择“显示视频关键帧”选项，如图 1-235 所示。

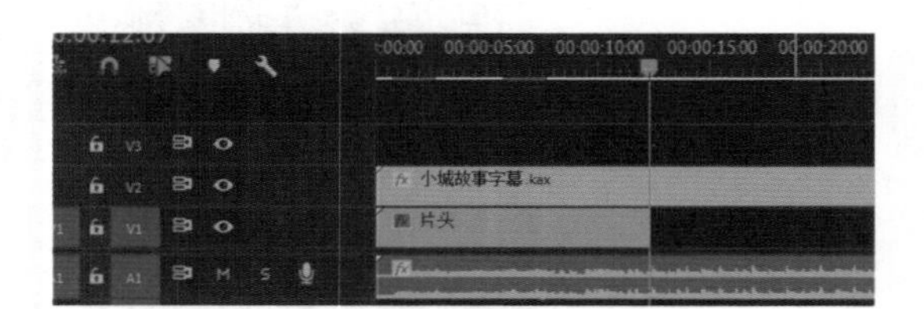

图 1-234　添加字幕和音乐

图 1-235　显示视频关键帧

（12）将播放指针拖到 7s 处，向上拖动视频轨道右边的滑块展宽轨道上的素材，选择“钢笔工具”，单击“小城故事字幕”的关键帧线条添加一个关键帧，将播放指针拖到 8:06 处，单击“小城故事字幕”的关键帧线条再添加一个关键帧，将 7s 处的关键帧拖到最低处，如图 1-236 所示。

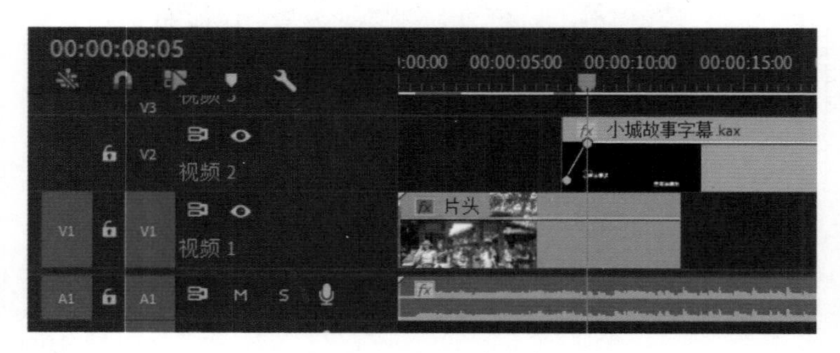

图 1-236　添加关键帧

（13）执行菜单命令“文件”→“保存”保存项目文件。

4. 正片编辑

在源监视器窗口中按照电视画面编辑技巧依次设置素材的入点和出点，添加到时间线的 V1 轨道上，与前一片段对齐。

（1）在项目窗口中双击“街道”素材，在源监视器窗口中选择入点 1:12 及出点 6:18，将其拖到时间线窗口的 V1 轨道上，与片头末尾对齐。

（2）在项目窗口中双击“打糖”素材，在源监视器窗口中选择入点 0:13 及出点 6:11，将其拖到时间线窗口的 V1 轨道上，与前一片段末尾对齐。

（3）在项目窗口中双击“吆喝”素材，在源监视器窗口中选择入点 3:17 及出点 9:13，将其拖到时间线窗口的V1轨道上，与前一片段末尾对齐。

（4）在项目窗口中双击“春糍粑”素材，在源监视器窗口中选择入点4:21及出点11:20，将其拖到时间线窗口的V1轨道上，与前一片段末尾对齐。

（5）在项目窗口中双击“街道2”素材，在源监视器窗口中选择入点1:07及出点6:17，将其拖到时间线窗口的V1轨道上，与前一片段末尾对齐。

（6）在项目窗口中双击“街道3”素材，在源监视器窗口中选择入点1:18及出点6:11，将其拖到时间线窗口的V1轨道上，与前一片段末尾对齐。

（7）在项目窗口中双击“街道跟2”素材，在源监视器窗口中选择入点2:10及出点8:15，将其拖到时间线窗口的V1轨道上，与前一片段末尾对齐。

（8）在项目窗口中双击“糍”素材，在源监视器窗口中选择入点4:20及出点9:06，将其拖到时间线窗口的V1轨道上，与前一片段末尾对齐。

（9）在项目窗口中双击“梳子店1”素材，在源监视器窗口中选择入点0:22及出点6:01，将其拖到时间线窗口的V1轨道上，与前一片段末尾对齐。

（10）在项目窗口中双击“麻花店拉”素材，在源监视器窗口中选择入点1:15及出点9:16，将其拖到时间线窗口的V1轨道上，与前一片段末尾对齐。

（11）在项目窗口中双击“街道跟7”素材，在源监视器窗口中选择入点2:10及出点10:09，将其拖到时间线窗口的V1轨道上，与前一片段末尾对齐。

（12）在项目窗口中双击“特产上下摇”素材，在源监视器窗口中选择入点3:01及出点8:19，将其拖到时间线窗口的V1轨道上，与前一片段末尾对齐。

（13）在项目窗口中双击“街道4”素材，在源监视器窗口中选择入点1:06及出点5:16，将其拖到时间线窗口的V1轨道上，与前一片段末尾对齐。

（14）在项目窗口中双击“街道5”素材，在源监视器窗口中选择入点1:07及出点6:06，将其拖到时间线窗口的V1轨道上，与前一片段末尾对齐。

（15）在项目窗口中双击“街道6”素材，在源监视器窗口中选择入点1:08及出点6:09，将其拖到时间线窗口的V1轨道上，与前一片段末尾对齐。

（16）在项目窗口中双击“街道7”素材，在源监视器窗口中选择入点2:04及出点7:10，将其拖到时间线窗口的V1轨道上，与前一片段末尾对齐。

（17）在项目窗口中双击“街道8”素材，在源监视器窗口中选择入点1:11及出点6:16，将其拖到时间线窗口的V1轨道上，与前一片段末尾对齐。

（18）在项目窗口中双击“街道9”素材，在源监视器窗口中选择入点0:23及出点6:14，将其拖到时间线窗口的V1轨道上，与前一片段末尾对齐。

（19）在项目窗口中双击“街道10”素材，在源监视器窗口中选择入点1:04及出点6:14，将其拖到时间线窗口的V1轨道上，与前一片段末尾对齐。

（20）在项目窗口中双击“洪4”素材，在源监视器窗口中选择入点4:16及出点9:02，将其拖到时间线窗口的V1轨道上，与前一片段末尾对齐。

（21）在项目窗口中双击“洪6”素材，在源监视器窗口中选择入点4:08及出点10:14，将其拖到时间线窗口的V1轨道上，与前一片段末尾对齐。

（22）在项目窗口中双击“洪9”素材，在源监视器窗口中选择入点3:12及出点

8:04，将其拖到时间线窗口的 V1 轨道上，与前一片段末尾对齐。

（23）在项目窗口中双击“洪 10”素材，在源监视器窗口中选择入点 1:13 及出点 6:10，将其拖到时间线窗口的 V1 轨道上，与前一片段末尾对齐。

（24）在项目窗口中双击“街道 11”素材，在源监视器窗口中选择入点 1:11 及出点 6:22，将其拖到时间线窗口的 V1 轨道上，与前一片段末尾对齐。

（25）在项目窗口中双击“街道 12”素材，在源监视器窗口中选择入点 1:06 及出点 6:12，将其拖到时间线窗口的 V1 轨道上，与前一片段末尾对齐。

（26）在项目窗口中双击“街道 13”素材，在源监视器窗口中选择入点 1:07 及出点 7:23，将其拖到时间线窗口的 V1 轨道上，与前一片段末尾对齐。

（27）在项目窗口中双击“留声机拉”素材，在源监视器窗口中选择入点 2:12 及出点 8:02，将其拖到时间线窗口的 V1 轨道上，与前一片段末尾对齐。

（28）在项目窗口中双击“磁器口牌坊拉”素材，在源监视器窗口中选择入点 4:21 及出点 11:07，将其拖到时间线窗口的 V1 轨道上，与前一片段末尾对齐。

（29）在 V1 轨道的位置如图 1-237 所示。

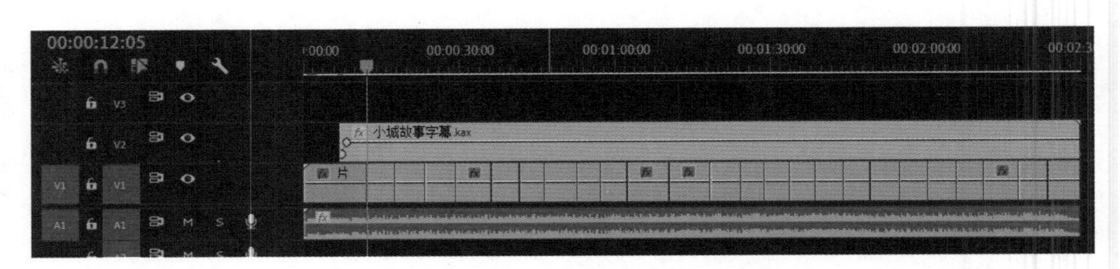

图 1-237　添加多个片段

5. 单位标识及片尾字幕的制作

（1）执行菜单命令“文件”→“新建”→“旧版标题”打开“新建字幕”对话框，在“名称”文本框中输入“重建影视”，如图 1-238 所示。

（2）单击“确定”按钮，弹出“字幕”对话框，单击“路径文字”右边的按钮，分别选择工具、动作和样式，输入“×× 影视”，选择“圆矩形工具”绘制一个图形，“填充类型”为消除，“描边颜色”为红色，如图 1-239 所示。

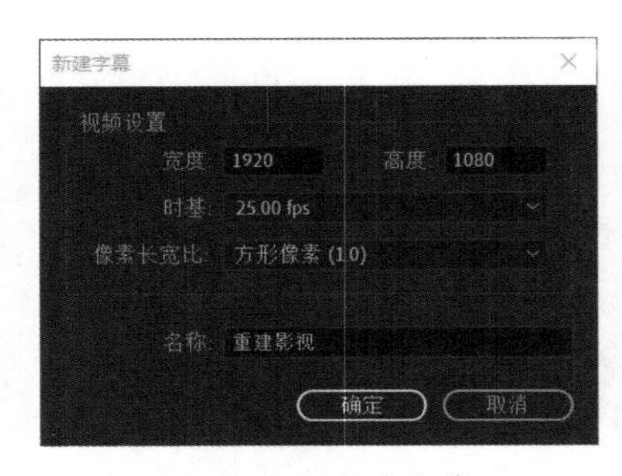

图 1-238　新建字幕

图 1-239　制作单位标识

（3）关闭字幕设置窗口，在时间线窗口中将当前时间指针定位到 1:31:01 位置。

（4）将“×× 影视”字幕添加到 V3 轨道上，使其开始位置与当前时间指针对齐，长度为 6s。

（5）在效果窗口中选择“视频过渡”→“擦除”→“风车”，拖曳到“×× 影视”字幕的起始位置，使标题逐步显现。

（6）在效果窗口中选择“视频过渡”→“划像”→“棱形划像”，拖曳到“×× 影视”字幕的结束位置，如图 1-240 所示。

（7）选择“×× 影视”字幕，按 Ctrl+C 组合键，将播放指针拖到 2:22:21s 处，取消选择 V1 后选择 V3 轨道，按 Ctrl+V 组合键进行粘贴，如图 1-241 所示。

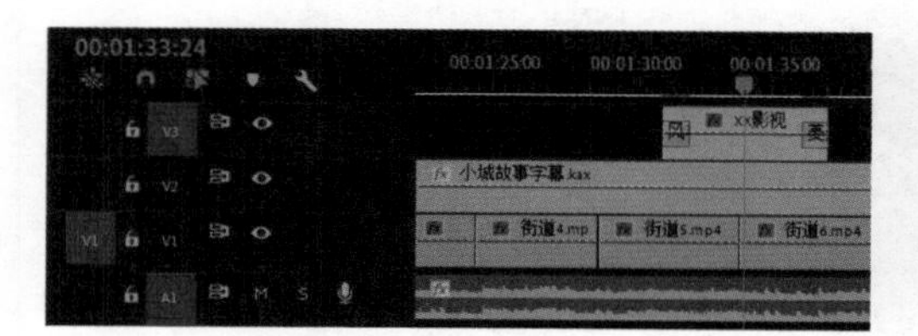

图 1-240　标识中间位置

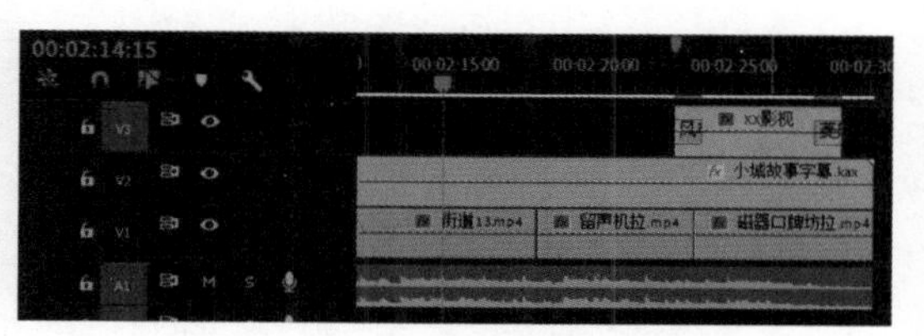

图 1-241　标识末尾设置

（8）在时间线窗口中将当前时间指针定位到 1:31:03 位置，单击“添加标记”按钮，再将当前时间指针定位到 2:22:23 位置，单击“添加标记”按钮添加两个标记，右击下一个标记，从弹出的快捷菜单中选择“转到上一个标记”选项，播放指针就会转到上一个标记。

（9）执行菜单命令“文件”→“新建”→“旧版标题”打开“新建字幕”对话框，在“名称”文本框中输入字幕名称“水平滚动”，单击“确定”按钮打开字幕窗口，单击“水平滚动”右边的按钮，分别选择工具、动作和样式。

（10）在字幕窗口中单击按钮打开“滚动 / 游动选项”对话框，选择“向左游动”单选项，勾选“开始于屏幕外”复选项，使字幕从屏幕外滚动进入。在“缓入”文本框中文本 50，在“缓出”文本框中输入 50，在“过卷”文本框中输入 75，设置完毕后如图 1-242 所示，单击“确定”按钮。

（11）选择垂直文字工具，单击字幕窗口，设置“字体系列”为方正大黑简体，复制事先输入好的演职人员名单到字幕窗口中，设置“字体大小”为 80，选择“填充类型”为实底，“颜色”为白色，单击“外描边”右侧的“添加”按钮，单击“水平居中”按钮，如图 1-243 所示。

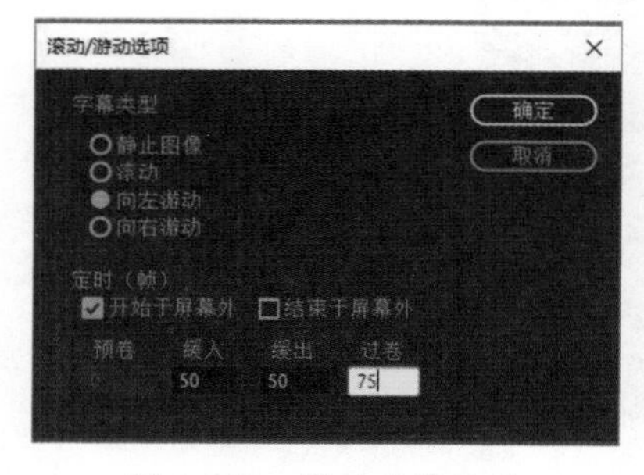

图 1-242　游动字幕设置

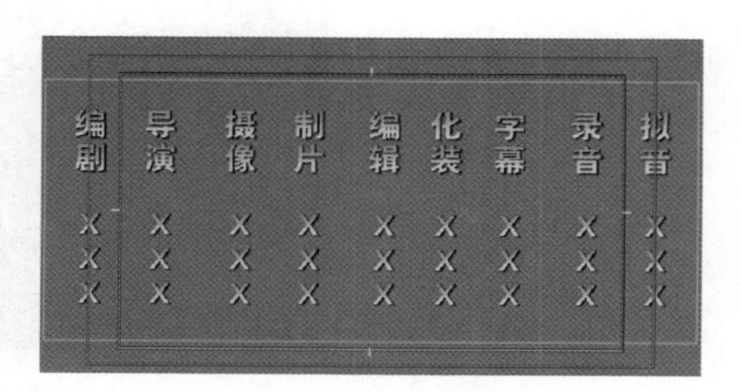

图 1-243　演职人员名单效果

（12）编辑完演职人员名单后单击字幕窗口右边，拖动水平滑块将文字左移出屏幕为止，单击字幕设计窗口中的合适位置，复制单位名称及日期，设置字体大小为 100，如图 1-244 所示。

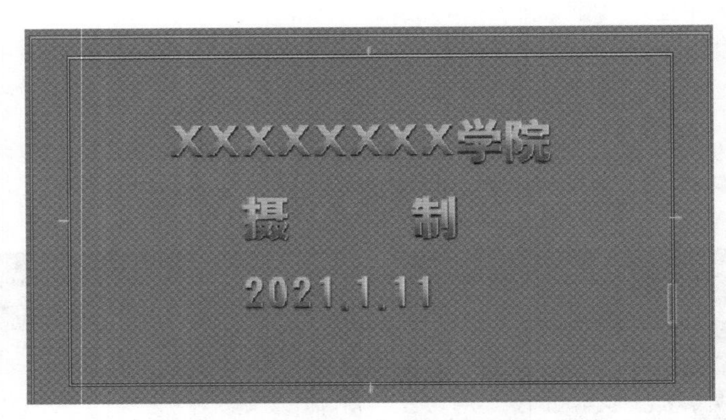

图 1-244　输入单位名称及日期

（13）关闭字幕设置窗口，将播放指针拖到 2:30:00s 处，按 Ctrl+M 组合键打开“导出设置”对话框，设置“格式”为 JPEG，取消对“导出为序列”复选项的选择，单击“输出名称”后的“序列 01.jpg”，打开“另存为”对话框，在“文件名”文本框中输入“片尾”，如图 1-245 所示，单击“保存”按钮，再单击“导出”按钮。

（14）按 Ctrl+I 组合键打开“导入”对话框，选择“片尾”图片后单击“打开”按钮即导入图片素材。

（15）将水平滚动字幕文件拖放到时间线窗口的 V3 轨道上，与“×× 影视”素材末尾对齐，长度为 12s。

（16）将“片尾”素材拖到 V1 轨道上，与末尾素材对齐，将“片尾”末端拖到与滚动字幕对齐，如图 1-246 所示。

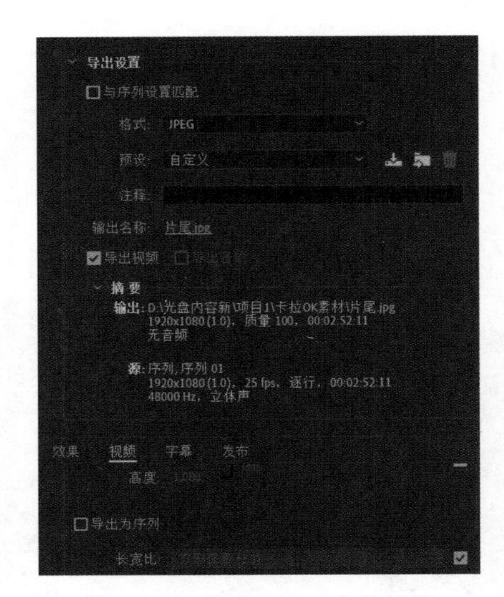

图 1-245　输出 JPEG 文件设置

（17）选择“选择工具”，将“街道跟 7”缩短为原来的一半，如图 1-247 所示。再用“比例拉伸工具”将其拉长以实现慢动作效果，如图 1-248 所示。右击“街道跟 7”素材，从弹出的快捷菜单中选择“标签”→“紫色”选项，如图 1-249 所示。

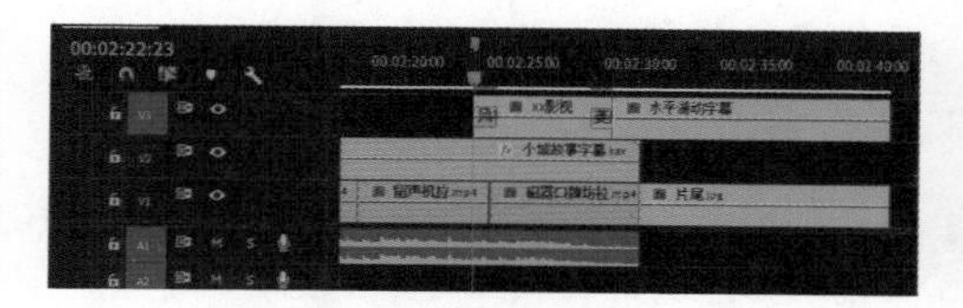

图 1-246　素材在时间线上的排列

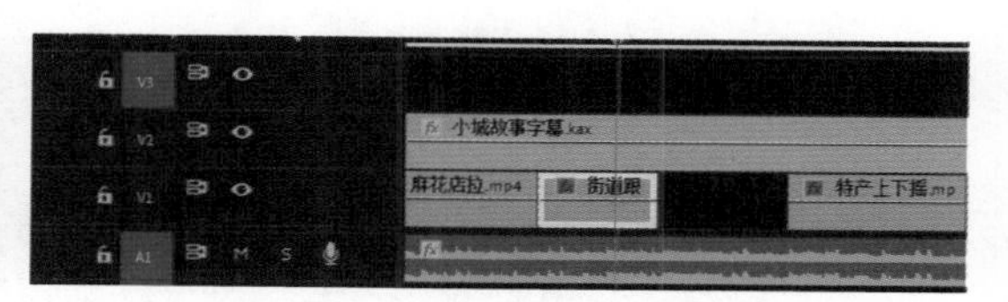

图 1-247　缩短素材

（18）单击 V1 轨道上的“切换轨道锁定”按钮可以锁定 V1 轨道的素材，使其素材不能被移动。

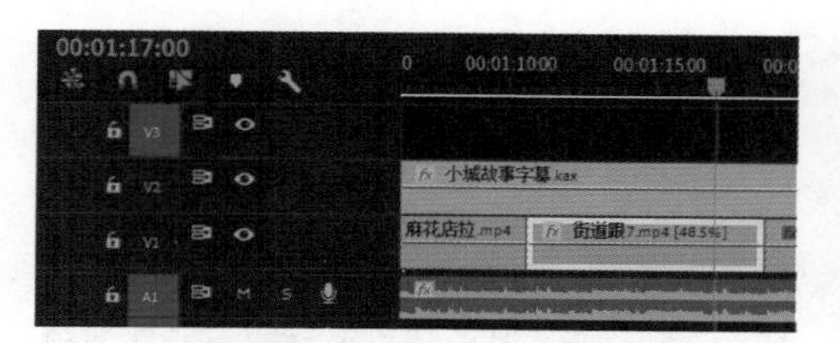

图 1-248　比例拉伸素材

图 1-249　紫色标记素材

（19）按空格键开始预览，也可以在节目监视器窗口中单击“播放”按钮进行预览，如果满意即可将文件输出。

6. 输出视频

（1）单击序列 01 右边的按钮≡，从弹出的下拉菜单中选择“工作区域栏”选项，可打开“工作区域栏”，可在此调整输出影片的范围，如图 1-250 所示。默认状态下，“工作区域栏”是关闭的。

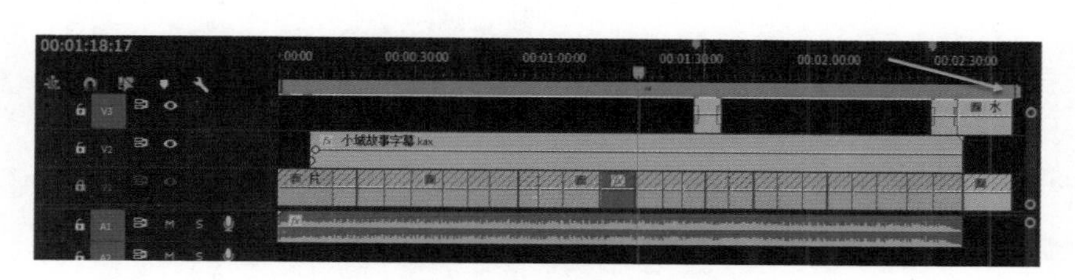

图 1-250　素材的排列

（2）执行菜单命令“文件”→“导出”→“媒体”打开“导出设置”对话框，选择“格式”为 MP4，“预设”为“匹配源 - 中等比特率”，单击“输出名称”后的按钮打开“另存为”对话框，如图 1-251 所示，选择存储位置后输入文件名，单击“保存”按钮，如图 1-252 所示。

（3）单击“导出”按钮开始编码输出，如图 1-253 所示。

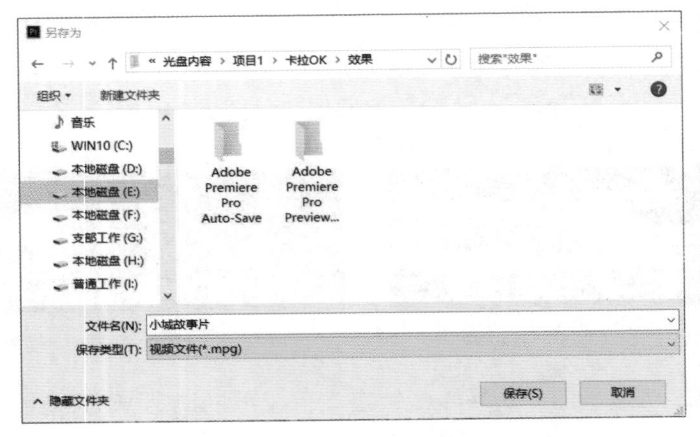

图 1-251　“另存为”对话框

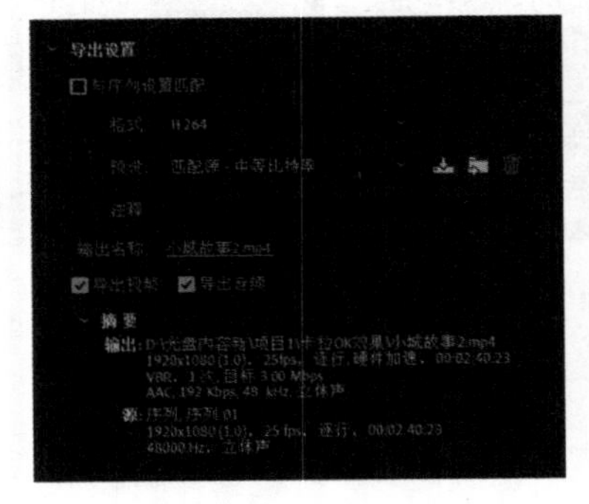

图 1-252　导出设置

图 1-253　编码输出

任务拓展

请同学们自行完成一个卡拉 OK 影片的制作。

提示：要有片头字幕动画、卡拉 OK 变色字幕及片尾滚动字幕。

思考与练习

一、填空题

1. 音频控制器的数量与 ________ 数量相同。
2. ________ 效果可以突出强的声音，消除噪声。
3. ________ 效果可以较为精确地调整音频的音调。
4. 字幕窗口中的两个方框是 ________。
5. 绘制直线时按 ________ 键可绘制与水平方向成 45° 的直线。
6. 在“填充类型”下拉列表框中有 ________ 种填充类型。
7. 4 种图像序列分别是 ________、________、________ 和 ________。
8. 执行菜单命令“文件”→“导出”→“媒体”，影片可输出成 ________ 或者文件。

二、选择题

1．为音频轨道中的音频添加效果后，素材上的 f_x 会变色，其颜色是（ ）。
A．黄色　B．白色　C．绿色　D．蓝色

2．音量表的方块显示为（ ）时表示该音频音量超过界限，音量过大。
A．黄色　B．红色　C．绿色　D．蓝色

3．下面形状中，不能在字幕中使用图形工具直接画出的是（ ）。
A．矩形　B．圆形　C．三角形　D．星形

4．使用矩形工具，按（ ）键可以绘制出正方形。
A．Alt　B．Tab　C．Shift　D．Ctrl

5．Premiere Pro 2020 中不能完成（ ）。
A．滚动字幕　B．文字字幕　C．三维字幕　D．图形字幕

6．下面文件格式中，Premiere Pro 2020 无法输出的是（ ）。
A．流行的 WAV 波形文件，可在 Windows Media Player 中播放
B．Windows 媒体文件，包括 WMA（音频）和 WMV（视频）
C．MPEG1-DVD，视音频分离
D．包含数据类型的 data 格式

7．影片合成时不属于“导出设置”的参数是（ ）。
A．“格式”下拉列表框　B．“预置”下拉列表框
C．色彩深度　D．输出名称

三、简答题

1．简述在时间线窗口中设置音频素材淡入淡出的方法。
2．调整音频的持续时间会使音频产生何种变化？
3．简述设置模版的方法
4．简述字幕的设置方法。
5．简述输出音频或视频素材的方法。
6．最终合成输出时需要对哪些参数进行设置？

项目 2

电子相册的编辑

项目导读

电子相册不仅能以艺术摄像的各种变换手法较完美地展现摄影（照片）画面的精彩瞬间，给家庭和亲友带来欢乐，而且可以通过文字编辑充分展示照片主题，发掘相册潜在的思想内涵。随着个性化时代的到来和人民生活水平的不断提高，照片数量及其衍生服务也将越来越多，这些纪念难忘岁月和美好时光的经典照片将更显珍贵。

音乐电子相册是以静态照片为素材（获得源方式为扫描仪扫描、数码相机拍摄等），配合动感的背景、前景和字幕等视频处理的特殊效果，搭配音乐制作成的。制作好的电子相册可以在计算机、各类影碟机以及手机和 MP4 上观看。如果考虑到长期保存，则将其制作成电子相册光盘是最好的选择，它是标准 DVD 格式，因此兼容性好，通过 DVD 影碟机即可与家人、朋友、客户观赏；若保存在硬盘上，也便于随时调阅、欣赏。

1. 电子相册的种类

（1）怀旧相册：以家庭保存年久的黑白旧照片为主，配以近年的家庭生活彩色照片，用回忆的方式一一展现家庭成员在各个时期的形象；用对比的方法，注上文字说明，力图表现"流金岁月""往事回忆""家庭变化""感怀思旧"的相册主题。

（2）旅游相册：用自己游览各地风景名胜的专题照片，配以相关的风景花卉背景，以及文字说明或相关诗词书画（最好是自己创作、书写并吟诵），力图表现"胸怀豁达""雄心壮志""豪情舒展""心旷神怡"的相册主题。

（3）聚会相册：用学友、朋友、同事或战友在一起聚会的照片和相关的新老照片（还可加上录像片段），配以相关的背景与音乐，力图表现"怀念友情""风雨同舟"""感慨人生""友谊长青"的相册主题。

（4）婚纱相册：用婚纱照片制作。

（5）儿童相册：用幼儿和儿童照片制作。

（6）写真相册：用少女或情侣特写照片制作成《少女写真》《烂漫影集》等写真相册。

（7）毕业相册：用学校班级毕业团体、集体照片、同学照片、校园生活及校园景观等照片，配以校长老师题词和学友赠言等相关资料合成制作。

（8）书画相册：用个人绘画或书法、摄影等作品图的像照片制作，观摩欣赏性极强。

（9）求职相册：用个人简历、学历、照片、证件、成果材料、获奖证书等资料编辑制作。音像代言，视角新鲜，利于竞争。

（10）家谱相册：用家谱资料配以相关照片编辑制作，便于查阅保存。

2. 电子相册的优点

（1）欣赏方便：传统的相册在多人欣赏时只能轮流进行，而电子相册可以供多人同时欣赏。

（2）交互性强：可以像 DVD 点歌一样，将相册做成不同的标题。

（3）储存量大：一张 DVD 光盘可存储几百张照片。

（4）永久保存：DVD 光盘可以金碟为存储介质，寿命长达上百年。

（5）欣赏性强：以高科技专业视频处理技术处理照片，配上优美的音乐，可以得到双重享受。

教学目标

★熟悉转场的基本原理，掌握转场的添加、替换及控制。

★了解默认转场的添加、设置与长度的改变。

★掌握声音的录制及解说词字幕的制作。

★掌握电子相册的制作。

任务 2.1 《丽江古城》电子相册的制作

【任务描述】

要制作电子相册，首先应写出电子相册策划稿，进行照片的拍摄，然后进行照片的编辑、配音、添加字幕、添加转场、片头及片尾制作。

【任务要求】

- 掌握转场的使用。
- 掌握音频的录制与编辑。
- 掌握解说词的制作。
- 掌握电子相册的制作。

【知识链接】

2.1.1 转场的使用

平时看电视节目会发现，组接片段时应用最多的切换就是一个片段结束时立即转到另一个片段，这称为无技巧转换。也有些片段间的转换是有技巧转换，即一个片段以某种效果逐渐地转到另一个片段。在电视广告和节目片头中会经常看到有技巧转换的运用。利用有技巧转换可以制作出赏心悦目的特技效果，大大增加艺术感染力，它是后期制作的有力手段。通常将有技巧转换称为转场。

Premiere Pro 2020 提供了多种转场方式，可以满足各种镜头转换的需要。

视频影片是由镜头与镜头之间的连接组建起来的，可以在两个镜头之间添加过渡效果，使得镜头与镜头之间的过渡更为平滑。

Premiere Pro 2020 根据视频效果的作用和效果，将提供的 46 种视频过渡效果分为“3D 运动”“划像”“擦除”“沉浸式视频”“溶解”“滑动”“缩放”“页面剥落”8 个文件夹，放置在效果窗口的“视频过渡”文件夹中，如图 2-1 所示。

在时间线窗口中，视频过渡通常应用于同一轨道上相邻的两个素材文件之间，也可应用在素材文件的开始或者结尾处。在已添加视频过渡的素材文件上将会出现相应的视频过渡图标，该图标的宽度会根据视频过渡的持续时间长度而变化。选中相应的视频过渡，此时图标变成灰色，切换至效果控件窗口，可以对视频过渡进行详细设置，选中“显示实际源”复选项即可在窗口的预览区内预览实际素材效果，如图 2-2 所示。

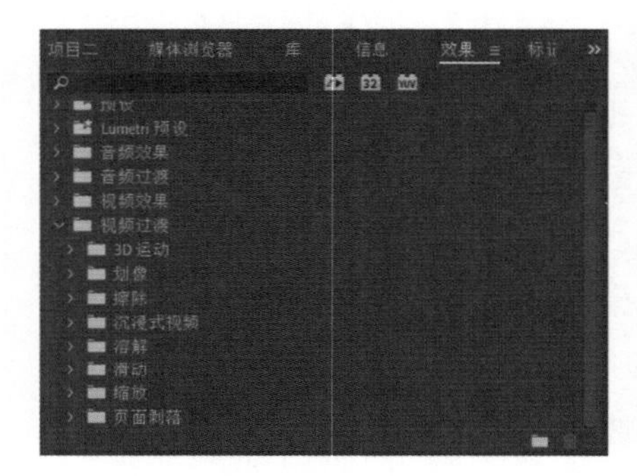

图 2-1 “视频过渡”文件夹

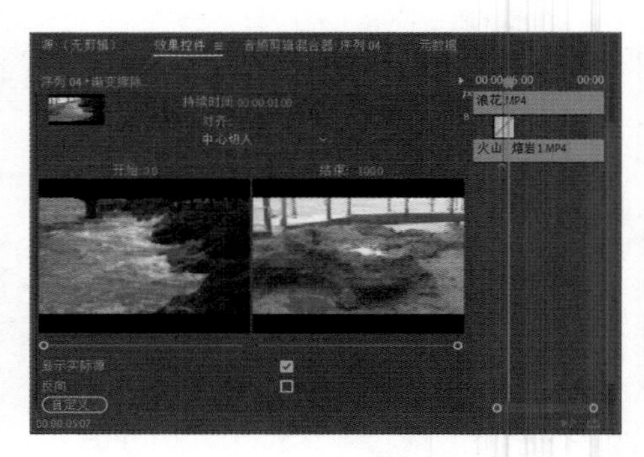

图 2-2 效果控件窗口

实例1 通过立方体旋转制作视频转场效果

实例要点：“立方体旋转”视频转场效果的应用。

思路分析：“立方体旋转”视频转场是在第一个镜头中出现立方旋转效果并让第二个镜头逐步显现的过渡效果，本实例的最终效果如图 2-3 所示。

图 2-3 立方体旋转视频转场效果

操作步骤如下：

（1）在 Premiere Pro 2020 工作界面中，新建一个项目文件并创建 AVCHD 1080p25 的序列，导入两个素材文件“海浪拍打”和“火山熔岩”。

（2）在项目窗口中双击“海浪拍打”素材文件，在源监视器窗口中设置入点为2:09，出点为7:08，拖动“仅拖动视频”按钮将其添加到时间线窗口的V1轨道的起始位置上。

（3）在项目窗口中双击“火山熔岩”素材文件，在源监视器窗口中设置入点为1:03，出点为6:02，拖动“仅拖动视频”按钮将其添加到时间线窗口的V1轨道并与“海浪拍打”片段的结束位置对齐。

（4）在效果窗口中，依次选择“视频过渡”→“3D运动”选项，在其中选择“立方体旋转”，如图2-4所示。

（5）将“立方体旋转”视频过渡拖曳至时间线窗口中的两个素材文件之间，释放鼠标即可添加视频过渡，如图2-5所示。

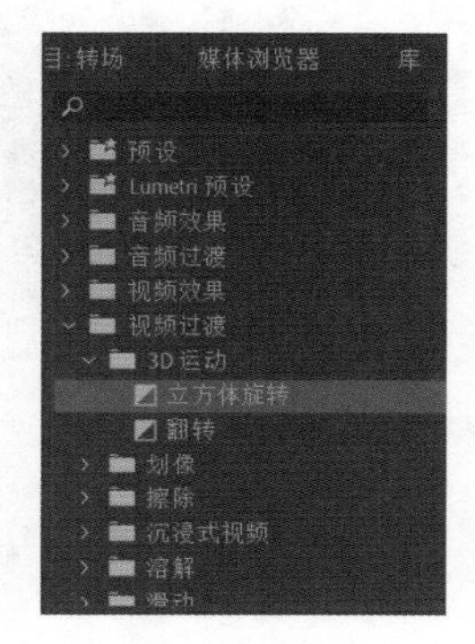

图2-4　选择视频过渡

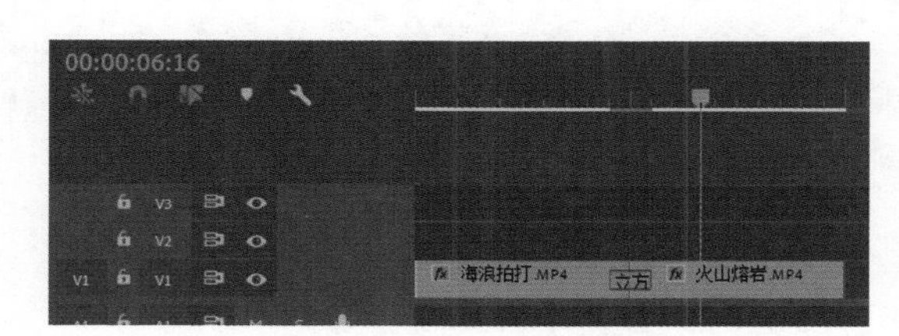

图2-5　添加视频过渡

（6）在添加的视频过渡上右击，从弹出的快捷菜单中选择“设置过渡持续时间”选项，如图2-6所示。

（7）在弹出的“设置过渡持续时间”对话框中设置“持续时间”为3s，如图2-7所示。

图2-6　选择“设置过渡持续时间”选项

图2-7　设置过渡持续时间

（8）单击“确定”按钮即可在时间线窗口中看到过渡持续时间的变化，如图2-8所示。

图2-8　过渡时间的变化

（9）在Premiere Pro 2020中，将视频过渡效果应用于素材文件的开始或者结尾处时可以认为是在素材文件与黑屏之间应用视频过渡效果。

（10）单击“播放 / 停止切换”按钮预览视频效果。

实例2 通过VR光线制作视频转场效果

实例要点：“VR 光线”视频转场效果的应用。

思路分析：“VR 光线”视频转场效果是以一团光线的形式从第一个镜头过渡到第二个镜头的转场效果。本例将介绍“VR 光线”转场效果的使用方法。本例最终效果如图 2-9 所示。

图 2-9 VR 光线视频转场效果

操作步骤如下：

（1）在 Premiere Pro 2020 工作界面中，新建一个项目文件并创建 AVCHD 1080p25 的序列，导入一个素材文件“北海老街”。

（2）在项目窗口中双击“北海老街 1”素材文件，在源监视器窗口中设置入点为 2s，出点为 7s，拖动“仅拖动视频”按钮将其添加到时间线窗口的 V1 轨道的起始位置上。

（3）执行菜单命令“文件”→“新建”→“旧版标题”打开“新建字幕”对话框，设置“名称”为“丽江古城”，单击“确定”按钮。

（4）进入字幕编辑窗口，在工具栏中选择文本工具，在字幕工作区中输入文字“北海老街”。

（5）在旧版标题属性中，设置“字体系列”为方正康体 -GBK，“字体大小”为 100，“填充颜色”为 #ED10CB，“描边类型”为“边缘”，“大小”为 28.0，“颜色”为白色，如图 2-10 所示。

图 2-10 “北海老街”字幕

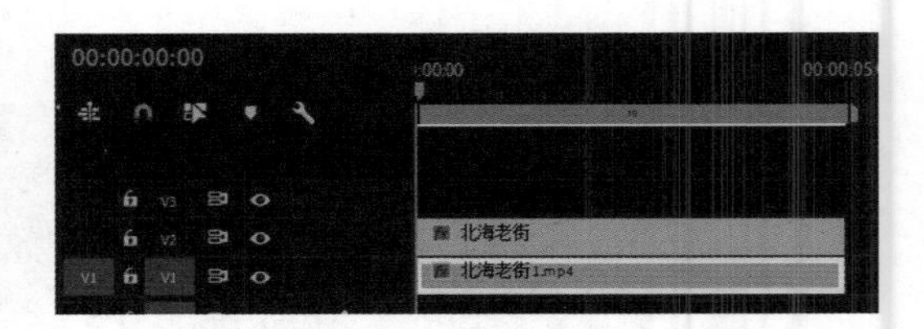

图 2-11 素材排列

（6）关闭字幕编辑窗口，返回 Premiere Pro 2020 的工作窗口，创建的字幕文件会自动导入到项目窗口中。

（7）在项目窗口中选择“北海老街”字幕文件，将其拖曳到 V2 轨道上，入点位置与

“北海老街 1”对齐，如图 2-11 所示。

（8）在效果窗口中依次展开“视频过渡”→“沉浸式视频”选项，在其中选择“VR 光线”视频过渡。

（9）将“VR 光线”视频过渡拖曳到时间线窗口的两个素材文件之间并选中“VR 光线”视频过渡图标，如图 2-12 所示。

（10）切换至效果控件窗口，设置“持续时间”为 3s，如图 2-13 所示。

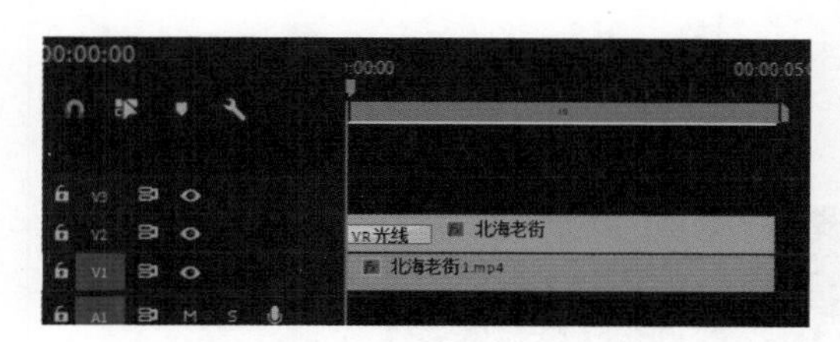

图 2-12　添加“VR 光线”视频过渡

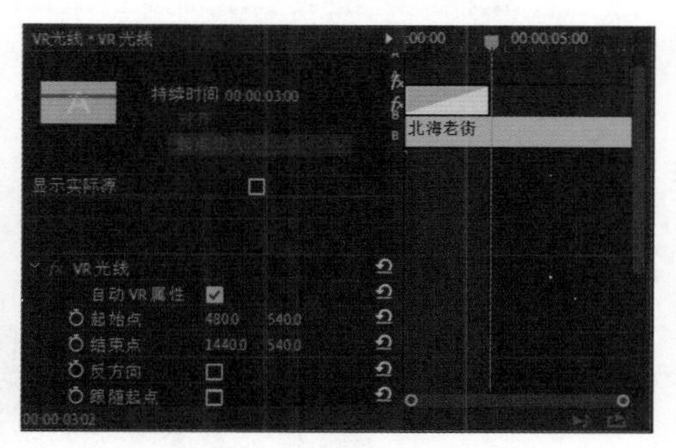

图 2-13　设置持续时间

（11）单击“播放 / 停止切换”按钮预览视频效果。

实例3　通过菱形划像制作视频转场效果

实例要点：“菱形划像”视频转场效果的应用。

思路分析：“菱形划像”视频转场效果是将第二个镜头的画面以菱形方式扩张，然后逐渐取代第一个镜头的转场效果。本例最终效果如图 2-14 所示。

图 2-14　菱形划像视频转场效果

操作步骤如下：

（1）在 Premiere Pro 2020 工作界面中，新建一个项目文件并创建 AVCHD 1080p25 的序列，导入两个素材文件“海浪拍打”和“北海老街 1”。

（2）在项目窗口中双击“北海老街 1”素材文件，在源监视器窗口中设置入点为 2s，出点为 7s，拖动“仅拖动视频”按钮将其添加到时间线窗口的 V1 轨道的起始位置上。

（3）在项目窗口中双击“海浪拍打”素材文件，在源监视器窗口中设置入点为 2s，出点为 7s，拖动“仅拖动视频”按钮将其添加到时间线窗口的 V1 轨道并与“北海老街”片段的结束位置对齐。

（4）在效果窗口中依次展开“视频过渡”→“划像”→“菱形划像”，将其拖曳到时间线窗口中相应的两个素材文件之间，并选中“菱形划像”视频过渡图标，如图 2-15 所示。

图 2-15 选中“菱形划像”过渡图标

（5）切换至效果控件窗口，设置“边框宽度”为 1，“边框颜色”为红色，勾选“显示实际源”复选项，单击“对齐”右侧的下拉按钮，在弹出的下拉列表中选择“起点切入”选项，如图 2-16 所示。

图 2-16 选择“起点切入”选项

至此完成了视频过渡效果切入方式的设置，在效果控件窗口右侧的时间轴上可以查看视频过渡的切入起点，如图 2-17 所示。

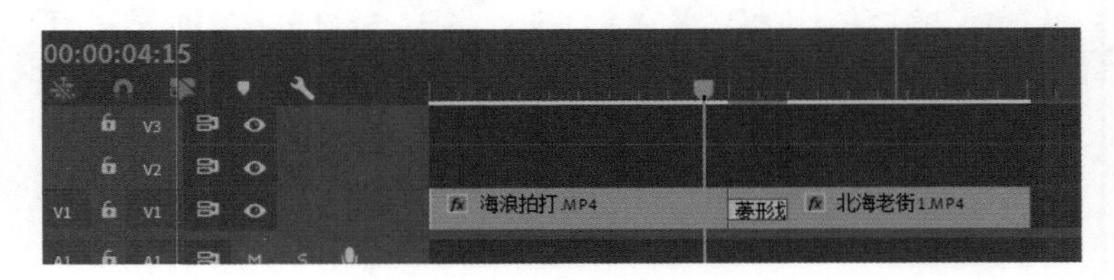

图 2-17 查看切入起点

（6）单击“播放 / 停止切换”按钮预览视频效果。

实例 4 通过渐变擦除制作视频转场效果

实例要点：“渐变擦除”视频转场效果的应用。

思路分析：“渐变擦除”视频转场效果是将第二个镜头的画面以渐变方式逐渐取代第一个镜头的转场效果。本例最终效果如图 2-18 所示。

图 2-18　渐变擦除视频转场效果

操作步骤如下：

（1）在 Premiere Pro 2020 工作界面中，新建一个项目文件并创建 AVCHD 1080p25 的序列，导入两个素材文件“浪花”和“火山熔岩 1”。

（2）在项目窗口中双击“浪花”素材文件，在源监视器窗口中设置入点为 2s，出点为 7s，拖动“仅拖动视频”按钮将其添加到时间线窗口的 V1 轨道的起始位置上。

（3）在项目窗口中双击“火山熔岩 1”素材文件，在源监视器窗口中设置入点为 2s，出点为 7s，拖动“仅拖动视频”按钮将其添加到时间线窗口的 V1 轨道并与“浪花”片段的结束位置对齐。

（4）在效果窗口中依次展开“视频过渡”→“擦除”选项，在其中选择“渐变擦除”视频过渡。

（5）将“渐变擦除”视频过渡拖曳到时间线窗口中相应的两个素材文件之间，如图 2-19 所示。

（6）释放鼠标后弹出“渐变擦除设置”对话框，在其中设置“柔和度”为 0，如图 2-20 所示，单击“确定”按钮即可设置渐变擦除转场效果。

图 2-19　拖曳视频过渡

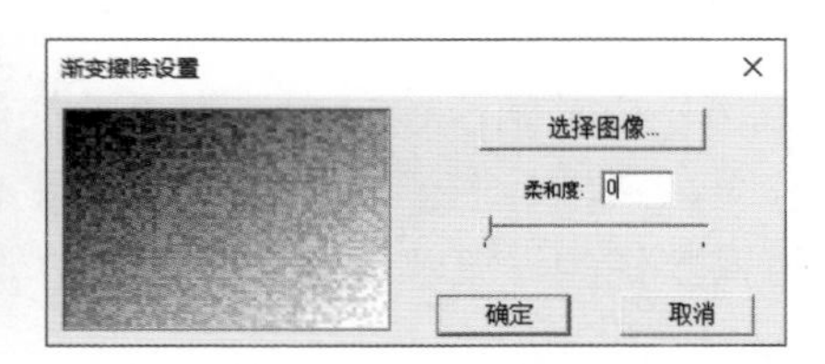

图 2-20　设置“柔和度”

（7）单击“播放 / 停止切换”按钮预览视频效果。

实例5　通过叠加溶解制作视频转场效果

实例要点：“叠加溶解”视频转场效果的应用。

思路分析：“叠加溶解”视频转场效果是让第一个镜头的画面融化消失，第二个镜头的画面同时出现的转场效果。本例最终效果如图 2-21 所示。

操作步骤如下：

（1）在 Premiere Pro 2020 工作界面中，新建一个项目文件并创建 AVCHD 1080p25 的序列，导入两个素材文件“月亮湾”和“浪花 1”。

图 2-21 叠加溶解视频转场效果

（2）在项目窗口中双击“月亮湾”素材文件，在源监视器窗口中设置入点为 2s，出点为 7s，拖动“仅拖动视频”按钮将其添加到时间线窗口的 V1 轨道的起始位置上。

（3）在项目窗口中双击“浪花 1”素材文件，在源监视器窗口中设置入点为 2s，出点为 7s，拖动“仅拖动视频”按钮将其添加到时间线窗口的 V1 轨道并与“月亮湾”片段的结束位置对齐。

（4）在效果窗口中依次展开“视频过渡”→“溶解”选项，在其中选择“叠加溶解”视频过渡。

（5）将“叠加溶解”视频过渡拖曳到时间线窗口中相应的两个素材文件之间，如图 2-22 所示。

图 2-22 添加视频过渡

（6）在时间线窗口中选中“叠加溶解”视频过渡图标，切换至效果控件窗口，将鼠标移至效果图标右侧的视频过渡效果上，当鼠标指针呈红色拉伸形状时单击并向右拖曳，即可调整视频过渡效果的持续时间，如图 2-23 所示。

图 2-23 拖曳视频过渡

至此完成了叠加溶解转场效果的设置，单击“播放 / 停止切换”按钮可预览视频效果。

通过中心拆分制作视频转场效果

实例要点：“中心拆分”视频转场效果的应用。

思路分析：“中心拆分”视频转场效果是将第一个镜头的画面从中心拆分为 4 个画面并向 4 个角落移动，逐渐过渡至第二个镜头的转场效果。本例最终效果如图 2-24 所示。

图 2-24　中心拆分视频转场效果

操作步骤如下：

（1）在 Premiere Pro 2020 的工作界面中，新建一个项目文件并创建 AVCHD 1080p25 的序列，导入两个素材文件“火山熔岩 3”和“小船航行”。

（2）在项目窗口中双击“火山熔岩 3”素材文件，在源监视器窗口中设置入点为 2s，出点为 7s，拖动“仅拖动视频”按钮将其添加到时间线窗口的 V1 轨道的起始位置上。

（3）在项目窗口中双击“小船航行”素材文件，在源监视器窗口中设置入点为 2s，出点为 7s，拖动“仅拖动视频”按钮将其添加到时间线窗口的 V1 轨道并与“火山熔岩 3”片段的结束位置对齐。

（4）在效果窗口中依次展开“视频过渡”→“内滑”选项，在其中选择“中心拆分”视频过渡。

（5）将“中心拆分”视频过渡拖曳到时间线窗口中相应的两个素材文件之间，如图 2-25 所示。

（6）在时间线窗口中选中“中心拆分”视频过渡图标，切换至效果控件窗口，设置“持续时间”为 2s，“边框宽度”为 2，“边框颜色”为白色，如图 2-26 所示。

图 2-25　添加视频过渡

图 2-26　参数设置

至此完成了中心拆分转场效果的设置，单击“播放 / 停止切换”按钮可预览视频效果。

实例7 通过带状滑动制作视频转场效果

实例要点："带状滑动"视频转场效果的应用。

思路分析："带状滑动"视频转场效果是将第二个镜头的画面以长条带状的方式进入，逐渐取代第一个镜头的转场效果。本例最终效果如图 2-27 所示。

图 2-27　带状滑视频动转场效果

操作步骤如下：

（1）在 Premiere Pro 2020 的工作窗口中，新建一个项目文件并创建 AVCHD 1080p25 的序列，导入两个素材文件"火山熔岩 1"和"月亮湾"。

（2）在项目窗口中双击"火山熔岩 1"素材文件，在源监视器窗口中设置入点为 2s，出点为 7s，拖动"仅拖动视频"按钮将其添加到时间线窗口的 V1 轨道的起始位置上。

（3）在项目窗口中双击"月亮湾"素材文件，在源监视器窗口中设置入点为 2s，出点为 7s，拖动"仅拖动视频"按钮将其添加到时间线窗口的 V1 轨道并与"火山熔岩 1"片段的结束位置对齐。

（4）在效果窗口中依次展开"视频过渡"→"内滑"选项，在其中选择"带状内滑"视频过渡。

（5）将"带状内滑"视频过渡拖曳到时间线窗口中相应的两个素材文件之间，释放鼠标即可添加视频过渡效果，如图 2-28 所示。

（6）在时间线窗口中选中"带状滑动"视频过渡图标，切换至效果控件窗口，单击"自定义"按钮，如图 2-29 所示。

图 2-28　添加带状内滑

图 2-29　单击"自定义"按钮

（7）弹出“带状内滑设置”对话框，设置“带数量”为 12。

（8）单击“确定”按钮即可设置带状内滑视频过渡效果，单击“播放 / 停止切换”按钮可预览视频效果。

实例8 通过缩放轨迹制作视频转场效果

实例要点：“交叉缩放”视频转场效果的应用。

思路分析：“交叉缩放”视频转场效果是将第一个镜头的画面向中心放大并显示放大轨迹，逐渐过渡到第二个镜头由大到小的转场效果。本例最终效果如图 2-30 所示。

图 2-30　交叉缩放视频转场效果

操作步骤如下：

（1）在 Premiere Pro 2020 的工作窗口中，新建一个项目文件并创建 AVCHD 1080p25 的序列，导入两个素材文件“火山熔岩”和“全景”。

（2）在项目窗口中双击“火山熔岩”素材文件，在源监视器窗口中设置入点为 2s，出点为 7s，拖动“仅拖动视频”按钮将其添加到时间线窗口的 V1 轨道的起始位置上。

（3）在项目窗口中双击“全景”素材文件，在源监视器窗口中设置入点为 2s，出点为 7s，拖动“仅拖动视频”按钮将其添加到时间线窗口的 V1 轨道并与“火山熔岩”片段的结束位置对齐。

（4）在效果窗口中依次展开“视频过渡”→“缩放”选项，在其中选择“交叉缩放”视频过渡。

（5）将“交叉缩放”视频过渡拖曳到时间线窗口中相应的两个素材文件之间，如图 2-31 所示。

图 2-31　拖曳视频过渡

（6）单击“播放 / 停止切换”按钮可预览视频效果。

实例9 通过页面剥落制作视频转场效果

实例要点：“页面剥落”视频转场效果的应用。

思路分析："页面剥落"视频转场效果是将第一个镜头的画面以页面的形式从左上角剥落，逐渐过渡到第二个镜头的转场效果。本例最终效果如图 2-32 所示。

图 2-32　页面剥落视频转场效果

操作步骤如下：

（1）在 Premiere Pro 2020 的工作窗口中，新建一个项目文件并创建 AVCHD 1080p25 的序列，导入两个素材文件"月亮湾 1"和"小船航行"。

（2）在项目窗口中双击"月亮湾 1"素材文件，在源监视器窗口中设置入点为 2s，出点为 7s，拖动"仅拖动视频"按钮将其添加到时间线窗口的 V1 轨道的起始位置上。

（3）在项目窗口中双击"小船航行"素材文件，在源监视器窗口中设置入点为 2s，出点为 7s，拖动"仅拖动视频"按钮将其添加到时间线窗口的 V1 轨道并与"月亮湾 1"片段的结束位置对齐。

（4）在效果窗口中依次展开"视频过渡"→"页面剥落"选项，在其中选择"页面剥落"视频过渡。

（5）将"页面剥落"视频过渡拖曳到时间线窗口中相应的两个素材文件之间，如图 2-33 所示。

（6）在时间线窗口中选中"页面剥落"视频过渡图标，切换至效果控件窗口，选中"反向"复选项即可将页面剥落视频过渡效果进行反向，如图 2-34 所示。

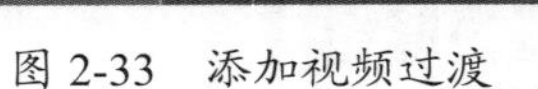

图 2-33　添加视频过渡　　　图 2-34　选中"反向"复选框

（7）单击"播放 / 停止切换"按钮预览视频效果。

2.1.2　音频的录制

在 Premiere Pro 2020 中，可以将声音通过传声器录入计算机并转化为可以编辑的数字音频，完成录音工作。

（1）在 Premiere Pro 2020 的工作窗口中，按 Ctrl+N 组合键打开"新建序列"对话框，设置"可用预设"为 AVCHD → 1080p → AVCHD 1080p25，"序

列名称”为“录音”，单击“确定”按钮。

（2）执行菜单命令“编辑”→“首选项”→“音频硬件”打开“首选项”对话框，如图2-35所示。单击“设置”按钮打开“声音”对话框，单击“录制”选项卡，勾选“麦克风”，如图2-36所示，单击“确定”按钮。

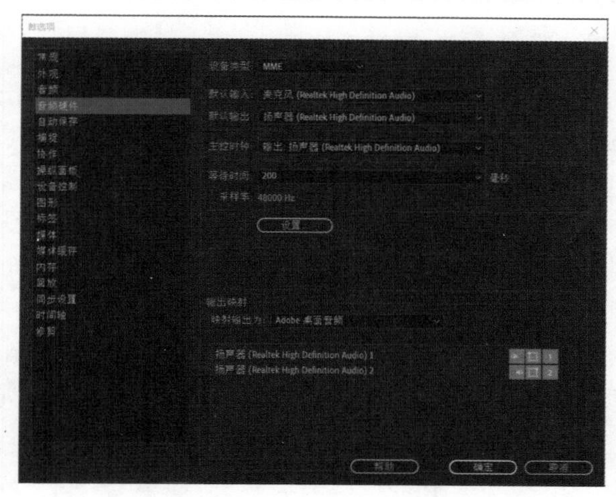

图2-35 “首选项”对话框

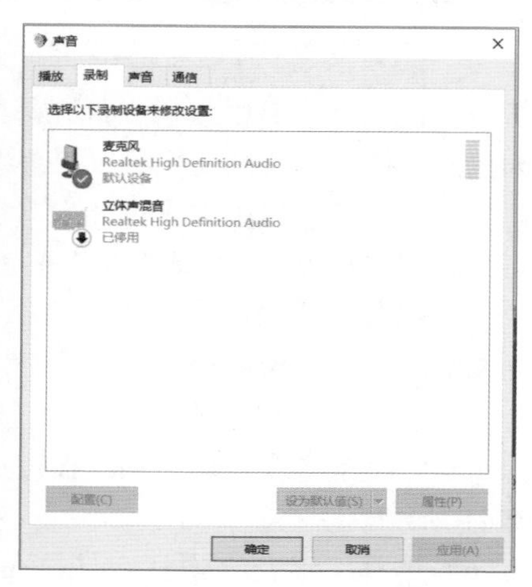

图2-36 音频硬件设置

（3）单击系统窗口右下方的扬声器按钮，从弹出的下拉菜单中选择扬声器按钮，关闭扬声器的声音，如图2-37所示。

（4）单击时间线窗口中音频轨道的“画外音录制”按钮，如图2-38所示，等待3秒，开始录音。

（5）录音完毕，单击“画外音录制”按钮或“停止”按钮，录制的音频文件以WAV格式被保存到硬盘并出现在项目窗口和时间线窗口相应的音频轨道上，如图2-39所示。

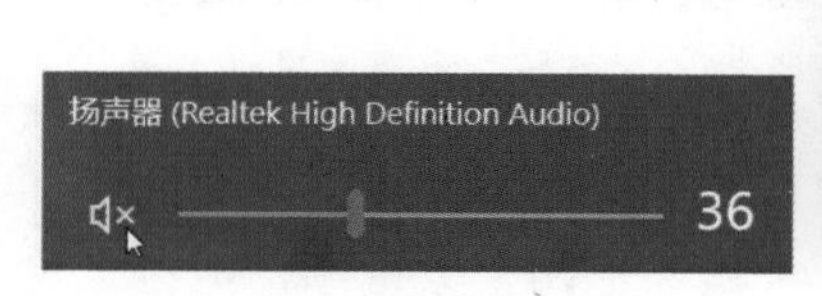

图2-37 关闭扬声器

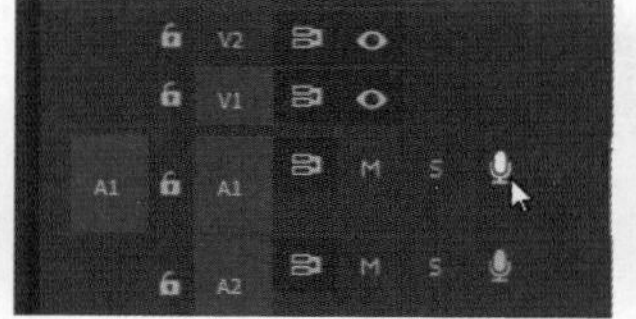

图2-38 “画外音录制”按钮

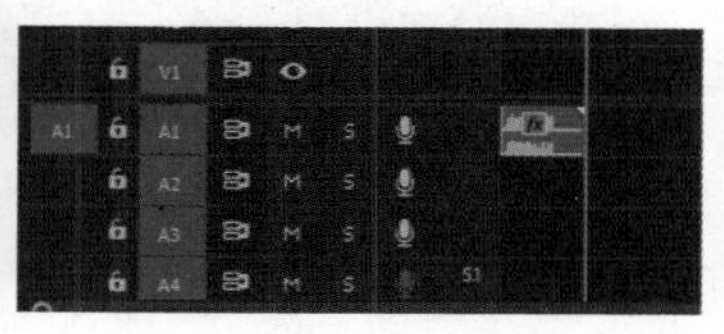

图2-39 录制的音频

如果是复杂的配音及音频合成工作，则建议在Adobe Audition中进行。

2.1.3 运动动画的制作

运动动画可以对视频画面的基本属性选项添加关键帧，使静止的画面运动起来，从而制作成运动动画。本例最终效果如图2-40所示。

（1）在Premiere Pro 2020的工作窗口中，新建一个项目文件并创建AVCHD 1080p25的序列，导入4个素材文件“月亮湾”“北海老街1”“浪花”和“海水”。

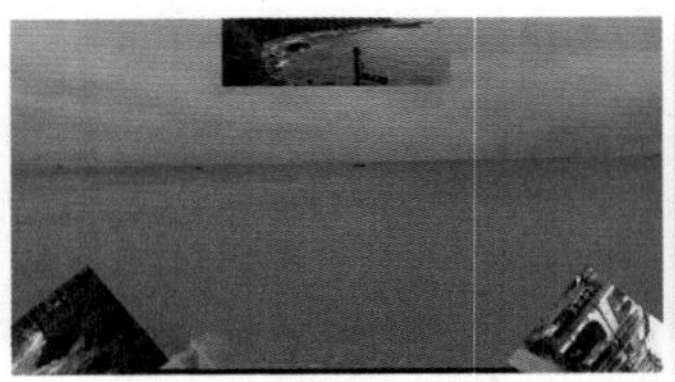

图 2-40　最终效果

（2）在项目窗口中双击“月亮湾”素材文件，在源监视器窗口中设置入点为1s，出点为5:24，拖动“仅拖动视频”按钮将其添加到时间线窗口的V2轨道的起始位置上。

（3）在项目窗口中双击“北海老街1”素材文件，在源监视器窗口中设置入点为2s，出点为6:24，拖动“仅拖动视频”按钮，将其添加到时间线窗口的V3轨道的起始位置上。

（4）在项目窗口中双击“浪花”素材文件，在源监视器窗口中设置入点为2:05，出点为7:04，拖动“仅拖动视频”按钮将其添加到时间线窗口的V4轨道的起始位置上。

（5）在项目窗口中双击“海水”素材文件，在源监视器窗口中设置入点为2:15，出点为7:14，拖动“仅拖动视频”按钮将其添加到时间线窗口的V4轨道的起始位置上，如图2-41所示。

（6）选择“浪花”素材文件，在效果控件窗口中展开“运动”，将“缩放”和“旋转”分别设置为35和-39°，为“位置”选项在0s和4s处添加两个关键帧，值分别为(-252,1277)和(1526,362)，为“不透明度”选项在4s和5s处添加两个关键帧，值为100和0，如图2-42所示。

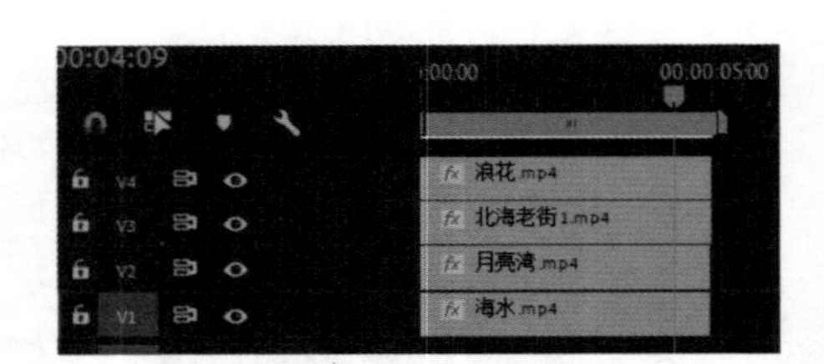

图 2-41　素材的排列

图 2-42　“浪花”参数设置

（7）选择“北海老街1”素材文件，在效果控件窗口中展开“运动”，将“缩放”和“旋转”分别设置为35和39°，为“位置”选项在0s和4s处添加两个关键帧，值分别为(2180,1286)和(383,361)，为“不透明度”选项在4s和5s处添加两个关键帧，值为100和0。

（8）选择“月亮湾”素材文件，在效果控件窗口中展开“运动”，设置“缩放”为35，为“位置”选项在0s和4s处添加两个关键帧，值分别为(960,-183)和(960,870)，为“不透明度”选项在4s和5s处添加两个关键帧，值为100和0。

（9）单击“播放/停止切换”按钮预览视频效果。

2.1.4　用Shine插件制作闪光效果

Shine是Trapcode公司为After Effects提供的快速光效插件，它虽然是二维光效，但它确实能模拟三维体积光，为后期合成师们带来更多的便利。本例最终效果如图 2-43 所示。

图 2-43　闪光最终效果

（1）在 Premiere Pro 2020 的工作窗口中，新建一个项目文件并创建 AVCHD 1080p25 的序列，导入一个素材文件“海水”。

（2）在项目窗口中双击“海水”素材文件，在源监视器窗口中设置入点为 1s，出点为 5:24，拖动“仅拖动视频”按钮将其添加到时间线窗口的 V1 轨道的起始位置上。

（3）选择“文字工具”，单击节目监视器窗口，输入文字“文字闪光效果”，选择“选择工具”，在效果控件窗口中展开“文本”，设置“字体”为 FZDaHei-B02S，“大小”为 150，“填充”色为 #F2B54A，如图 2-44 所示，效果如图 2-45 所示。

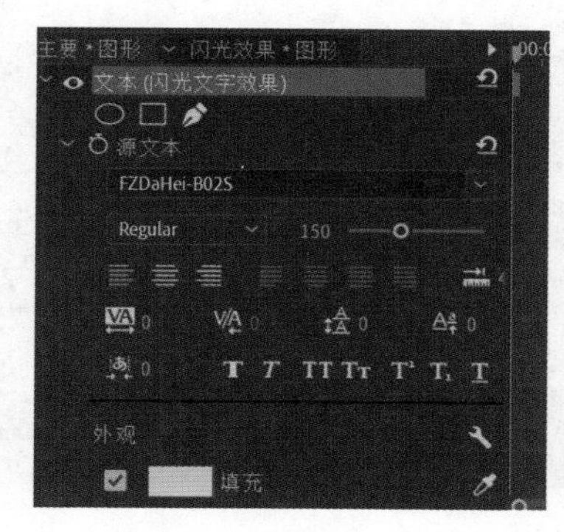

图 2-44　文字参数设置

图 2-45　文字效果

（4）选择“字幕”素材，在效果窗口中选择“视频效果”→ Trapcode → Shine 特效并双击。在效果控件窗口中展开 Shine 选项，为 Source Point 选项在 0:15 和 4:12 添加两个关键帧，值分别为 (439,540) 和 (1526,540)。为 Ray Length 在 0:11、0:15、4:12 和 4:24 处添加 4 个关键帧，值分别为 0、4、4 和 0。

（5）将 Colorize → Base On... 设置为 Alpha，Colorize... 设置为 None，Transfer Mode 设置为 Hue。

（6）单击“播放 / 停止切换”按钮预览视频效果。

2.1.5　解说词字幕的制作

用 Sayatoo 卡拉字幕精灵制作解说词字幕非常方便，效率较高，下面就介绍其制作过程。

（1）将解说词分段复制到记事本中，并对其进行编排，编排完毕后单击“退出”按钮，保存文件名为“解说词文字”。

（2）在 Premiere Pro 2020 中，将编辑好的节目的音频输出，输出格式为 MP3，输出文件名为“配音”，用于解说词字幕的音乐。

（3）在桌面上双击“Sayatoo 卡拉字幕精灵”图标，启动 SubTitleMaker 字幕设计窗口。

（4）右击项目窗口的空白处，从弹出的快捷菜单中选择“导入歌词”选项，打开“导入歌词”对话框，选择“解说词文字”文件，单击“打开”按钮导入解说词。

（5）执行菜单命令“文件”→“导入音乐”打开“导入音乐”对话框，选择音频文件“配音输出”，单击“打开”按钮。

（6）单击第一句歌词让其在窗口上显示，在基本属性中设置“预设”为 HDTV 1080，“排列”为单行，“对齐”为居中，“偏移 Y”为 940，如图 2-46 所示。

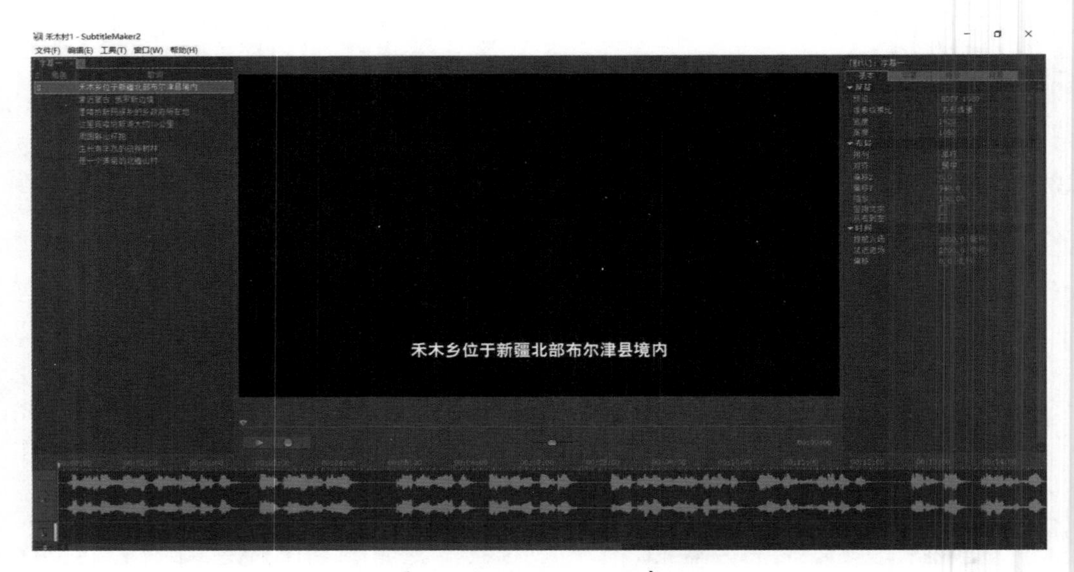

图 2-46　SubTitleMaker 窗口

（7）选择“字幕”选项卡，设置“名称”为经典粗黑简，“大小”为 55，填充颜色为白色，描边颜色为黑色，描边宽度为 2，取消对“阴影”复选项的勾选，如图 2-47 所示。在“特效”选项卡中，填充颜色为白色，描边颜色为黑色，描边“宽度”为 2，取消对“字幕特效”“过渡转场”和“指示灯”复选项的勾选，如图 2-48 所示。

（8）单击控制台上的“录制”按钮打开“歌词录制”对话框，选择“逐行录制”单选按钮，如图 2-49 所示。

（9）单击“开始录制”按钮开始录制歌词，使用键盘获取解说词的时间信息，解说词一行开始时按下空格键，结束时松开；下一行开始再按空格键，结束时松开，周而复始直至完成。

（10）歌词录制完成后，在时间线窗口上会显示出所有录制歌词的时间位置，可以直接用鼠标修改歌词的开始时间和结束时间或者移动歌词的位置，如图 2-50 所示。

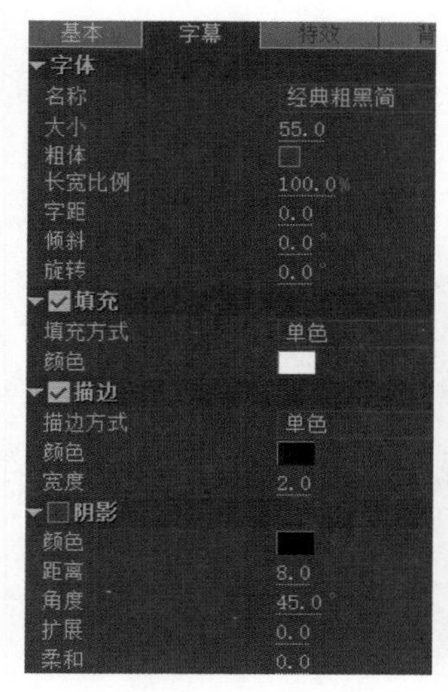

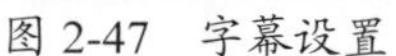

图 2-47 字幕设置

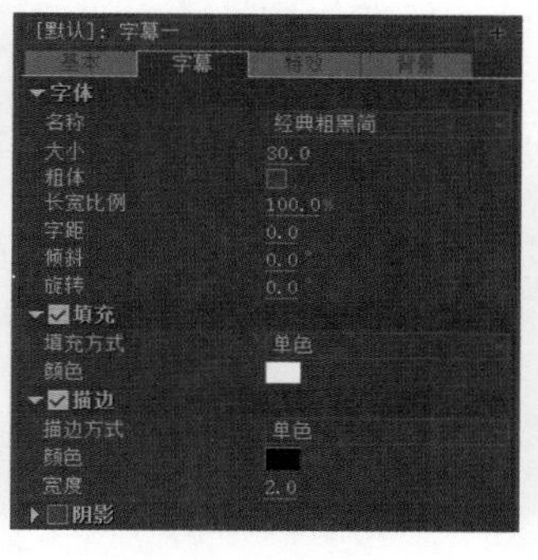

图 2-48 特效设置

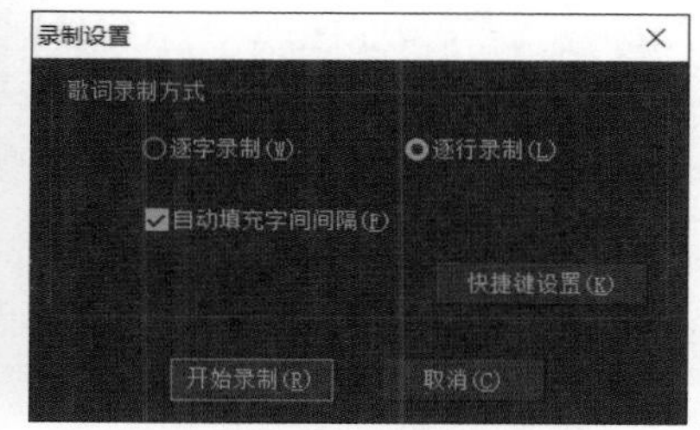

图 2-49 歌词录制设置

图 2-50 歌词的取时

（11）执行菜单命令“文件”→“保存项目”打开“保存项目”对话框，在“文件名称”文本框中输入名称“解说词字幕”，单击“保存”按钮完成字幕制作。

（12）在 SubTitleMaker 窗口中单击“关闭”按钮。

（13）返回 Premiere Pro 2020 工作窗口并导入“解说词字幕”文件，在项目窗口中将“解说词字幕”素材拖曳到时间线窗口的 V2 轨道上，如图 2-51 所示。

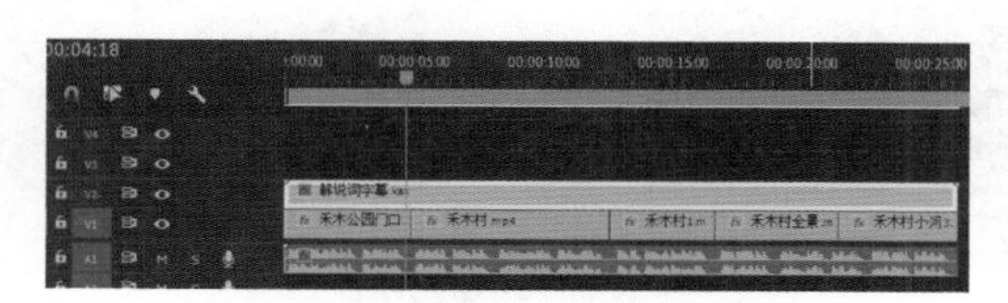

图 2-51 解说词字幕的位置

【任务实施】

用在丽江古城拍摄的照片制作一个电视风光片，该项目的要点是新建项目、导入素材、安装插件、片头制作、录音、拖曳复述性文字、拖曳音乐、编排素材、制作图像运动效果、拖曳特技特效、制作片尾字幕及输出影片。

阅读材料：丽江瑞云缭绕、祥气笼罩，鸟儿在蓝天白云间鸣啭，牛羊在绿草红花中徜徉，人们在古桥流水边悠闲，阳光照耀着生命的年轮，雪山涧溪洗涤着灵魂的尘埃。在那里，只有聆听，只有感悟，只有凝视人与自然那种相处的和谐，那种柔情的倾诉，那种深深的依恋，把这些统统加在一起，就是丽江。

操作步骤

1. 新建项目并导入素材

具体操作步骤如下：

（1）启动 Premiere Pro 2020，单击“新建项目”按钮打开“新建项目”对话框，在“名称”文本框中输入文件名，设置文件的保存位置，单击“确定”按钮。

（2）按 Ctrl+N 组合键打开“新建序列”对话框，设置“有效预设”为 DV-PAL →“标准 48kHz”，“序列名称”为“高原姑苏”，单击“确定”按钮进入 Premiere Pro 2020 的工作界面。

（3）按 Ctrl+I 组合键打开“导入”对话框，选择本书配套教学素材文件夹“项目 2\高原姑苏\素材”。

（4）单击“导入文件夹”按钮，将所选的素材导入到项目窗口的素材库中。

2. 制作彩条

具体操作步骤如下：

（1）执行菜单命令“文件”→“新建”→“彩条”打开“新建彩条”对话框，在其中选择“时基”为 25，如图 2-52 所示，单击“确定”按钮，新建的“彩条”会自动导入到项目窗口的素材库中。

（2）在项目窗口中选择“彩条”并拖曳到 V1 轨道上，入点位置为 0s，如图 2-53 所示。

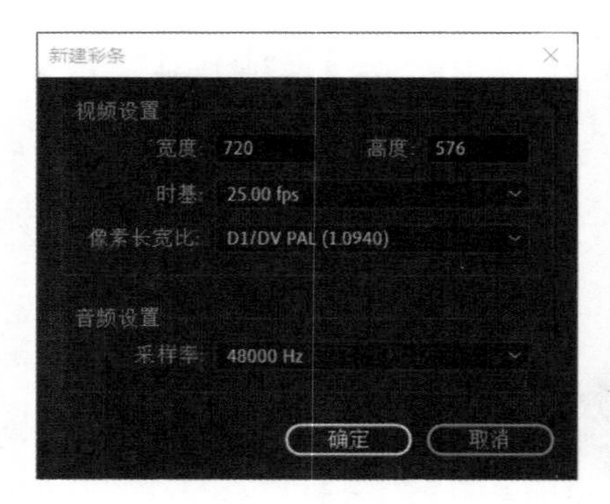

图 2-52 “新建彩条”对话框

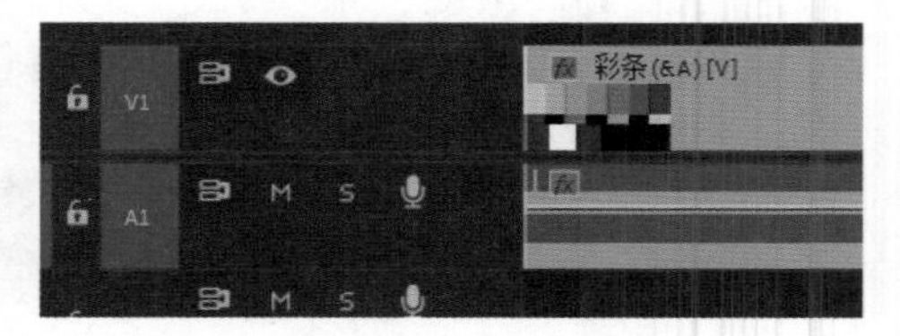

图 2-53 拖曳彩条

3. 设计相册片头

具体操作步骤如下：

（1）在项目窗口中选择“背景 2”并拖曳到 V1 轨道上，入点与“彩条”结束点对齐。

（2）在项目窗口中选择“背景 1”并拖曳到 V1 轨道上，入点与“背景 2”结束点对齐，如图 2-54 所示。

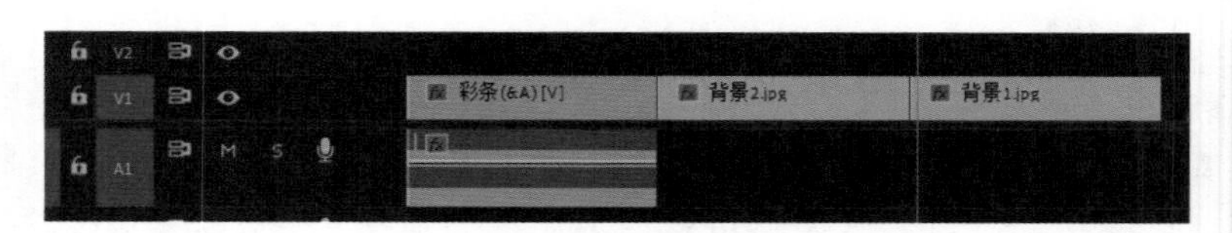

图 2-54 拖曳背景

（3）在项目窗口中选择“水车”图片，将其拖曳到V2轨道上，起始位置与“背景2”对齐，长度为2s。

（4）在项目窗口中分别选择“图片1”“图片2”和“图片3”并拖曳到V2、V3和V4轨道上，“图片1”的起始位置与“水车”的结束位置对齐，长度为3:11，“图片2”和“图片3”的结束位置与“图片1”的结束位置对齐，长度为2:23，如图2-55所示。

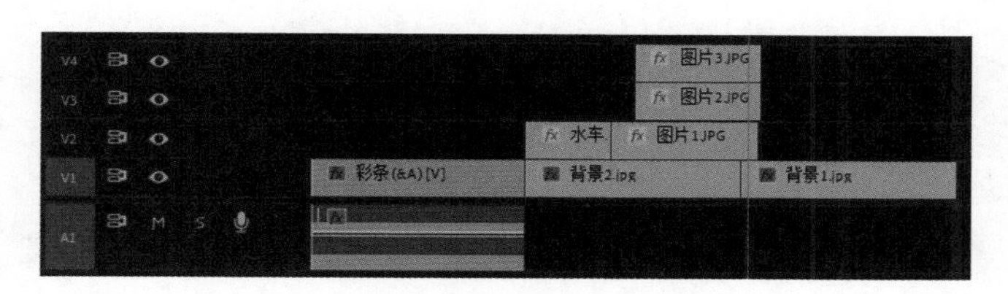

图2-55　拖曳图片

（5）在效果窗口中选择“视频过渡”→“3D运动”→“翻转”，拖曳到“水车”与“图片1”之间。

（6）选择“水车”，在效果控件窗口中展开“运动”，为“缩放”选项在5s和5:10处添加两个关键帧，值分别为0和14，为“旋转”选项在5s和5:18添加两个关键帧，值分别设置为0°和333°，如图2-56所示。

图2-56　效果控件窗口

（7）选择“图片1”，在效果控件窗口中展开“运动”，将“缩放”和“旋转”分别设置为8和-39°，为“位置”选项在7:13和9:21处添加两个关键帧，值分别为(-82,648)和(567,134)，如图2-57所示。

图2-57　图片1的运动选项

（8）选择“图片1”，在效果控件窗口中为“不透明度”选项在9:21和10:08处添加两个关键帧，值为100和0。

（9）选择“图片2”，在效果控件窗口中展开“运动”，将“缩放”和“旋转”分别设置为8和39°，为“位置”选项在7:13和9:21处添加两个关键帧，值分别为(817,646)和

(100,76)。

（10）选择“图片 2”，在效果控件窗口中为“不透明度”选项在 9:21 和 10:08 处添加两个关键帧，值为 100 和 0，如图 2-58 所示。

（11）选择“图片 3”，在效果控件窗口中展开“运动”，设置“缩放”为 8，为“位置”选项在 7:13 和 9:21 处添加两个关键帧，值分别为 (348,-99) 和 (346,475)。

（12）选择“图片 3”，在效果控件窗口中为“不透明度”选项在 9:21 和 10:08 处添加两个关键帧，值为 100 和 0。

（13）执行菜单命令“文件”→“新建”→“旧版标题”打开“新建字幕”对话框，设置“名称”为“片头字幕”，单击“确定”按钮。

（14）进入字幕编辑窗口，在工具栏中选择文本工具，在“字幕工作区”中输入文字“丽江古城”。

（15）在旧版标题样式中选择 Arial Black yellow orange gradient 样式，设置“字体系列”为汉仪太极简，“字体大小”为 90，字幕效果如图 2-59 所示。

图 2-58　“图片 2”的选项设置

图 2-59　字幕效果

（16）关闭字幕编辑窗口，返回 Premiere Pro 2020 的工作界面，创建的字幕文件会自动导入到项目窗口中。

（17）在项目窗口中选择字幕“片头字幕”并拖曳到 V2 轨道上，入点位置与“图片 1”结束点对齐，长度为 4:16。

（18）在效果窗口中选择“视频过渡”→“3D 运动”→“立方体旋转”并拖曳到“片头字幕”的起始位置上。

（19）在效果窗口中选择“视频过渡”→“内滑”→“内滑”并拖曳到“片头字幕”的结束位置上，如图 2-60 所示。

（20）选择“片头字幕”，在效果窗口中选择“视频效果”→ Trapcode → Shine 特效并双击。在效果控件窗口中展开 Shine 选项，为 Source Point 选项在 11:14 和 13:19 处添加两个关键帧，值分别为 (98,288) 和 (627,288)。为 Ray Length 在 11:11、11:14、13:19 和 14:00 处添加 4 个关键帧，值分别为 0、6、6 和 0。

（21）将 Colorize → Base On... 设置为 Alpha，Colorize... 设置为 None，Transfer Mode 设置为 Hue，如图 2-61 所示。

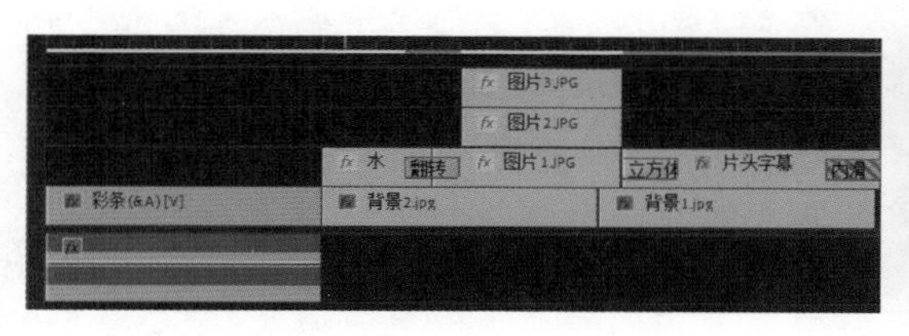

图 2-60　片头字幕位置

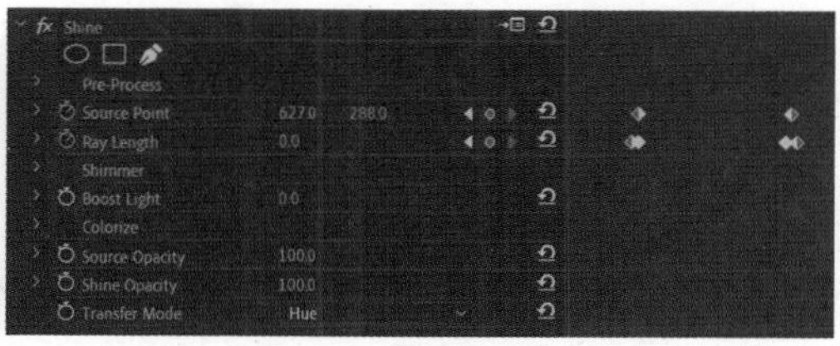

图 2-61　Shine 选项

4. 录音

（1）将计算机系统的扬声器音量关闭，如图 2-62 所示。在时间线窗口的 V2 轨道上按下“画外音录制”按钮，激活录音功能，如图 2-63 所示，3s 后开始录音，单击“画外音录制”按钮结束录音。反复录制，直到满意为止。

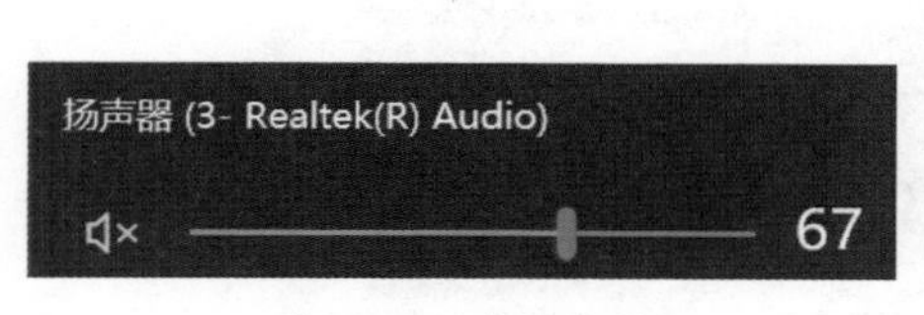

图 2-62　关闭音量

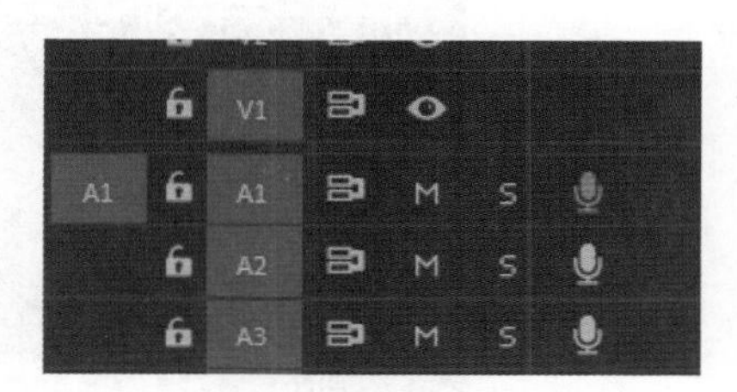

图 2-63　调音台

（2）录制完后经过处理可以对其进行编辑，没有问题后将其进行编组，拖曳到其起始位置与片头字幕的结束位置对齐，如图 2-64 所示。

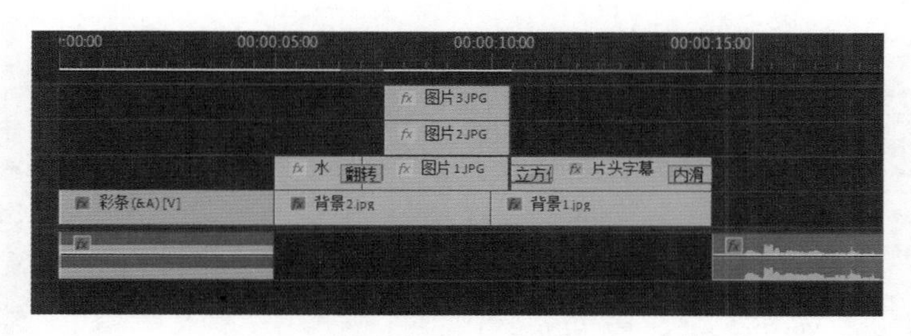

图 2-64　插入配音

《丽江古城》的解说词如下（出自 https://www.sohu.com/a/149122707_99892959）。

具有 800 多年历史的丽江古城，坐落在丽江坝子中部，面积约 3.8 平方公里，始建于南宋末年，是元代丽江路宣抚司、明代丽江军民府和清代丽江府驻地。丽江古城选址独特，布局上充分利用山川地形及周围自然环境，北依象山、金虹山，西枕猴子山，东面和南面与开阔坪坝自然相连，既避开了西北寒风，又朝向东南光源，形成坐靠西北、放眼东南的整体格局。发源于城北象山脚下的玉泉河水分三股入城后，又分成无数支流，穿街绕巷，流布全城，形成了“家家门前绕水流，户户屋后垂杨柳”的诗画图。街道不拘于工整而自由分布，主街傍水，小巷临渠，300 多座古石桥与河水、绿树、古巷、古屋相依相映，极具高原水乡古树、小桥、流水、人家的美学意韵，被誉为“东方威尼斯”“高原姑苏”。丽江充分利用城内涌泉修建的多座“三眼井”，上池饮用，中塘洗菜，下流漂衣，是纳西族先民智慧的象征，是当地民众利用水资源的典范杰作，充分体现人与自然和谐统一。古城心脏四方街明清时已是滇西北商贸枢纽，是茶马古道上的集散中心。

1986 年国务院公布为中国历史文化名城；1997 年 12 月 4 日，被联合国教科文组织正式批准列入《世界遗产名录》，成为全国首批受人类共同承担保护责任的世界文化遗产城市；2001 年 10 月，被评为全国文明风景旅游区示范点；2002 年，荣登“中国最令人向往的 10 个城市”行列。

5. 拖曳音乐

（1）在项目窗口中双击“星空 .mp3”将其插入源监视器窗口，设置入点为 14:17，出点为 24:04，将其拖到 A1 轨道上，与片头对齐，并在 13:21 处制作一个淡出效果，如图 2-65 所示。

图 2-65　拖曳片头音乐

（2）选择解说词，在源监视器窗口，设置入点为 14:22，出点为 3:30:17，将其拖到 V2 轨道上，与片头结束点对齐，并在最后 2s 处添加淡出效果，如图 2-66 所示。

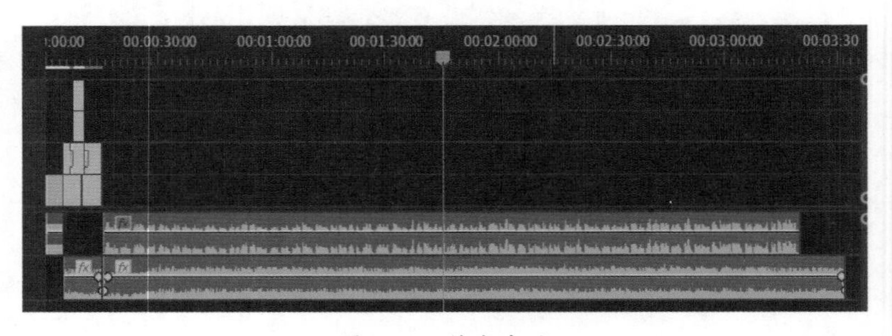

图 2-66　拖曳音乐

（3）降低背景音乐的音量，使背景音乐低于解说词的音量。单击节目监视器上方的“音频”选项卡中打开基本声音窗口，选择 V1 轨道的配音，单击“对话”选项，选择 V2 轨道的背景音乐，单击“音乐”选项，勾选“回避”复选项，单击“生成关键帧”按钮。

6. 解说词字幕

将解说词分段复制到记事本中并对其进行编排，编排完毕后单击“退出”按钮，保存文件名为“解说词文字”。

在 Premiere Pro 2020 中，将编辑好的音频进行输出，输出格式为 MP3，输出文件名为“配音”。

（1）在桌面上双击“Sayatoo 卡拉字幕精灵”图标，启动 SubTitleMaker 字幕设计窗口。

（2）右击项目窗口的空白处，从弹出的快捷菜单中选择“导入歌词”选项，弹出“导入歌词”对话框，选择“解说词文字”文件，单击“打开”按钮导入解说词。

（3）执行菜单命令“文件”→“导入音乐”打开“导入音乐”对话框，选择音频文件“配音输出”，单击“打开”按钮。

（4）单击第一句歌词让其在窗口上显示，在基本属性中设置“预设”为 DV-PAL，“排列”为单行，“对齐”为居中，“偏移 Y”为 500，如图 2-67 所示。

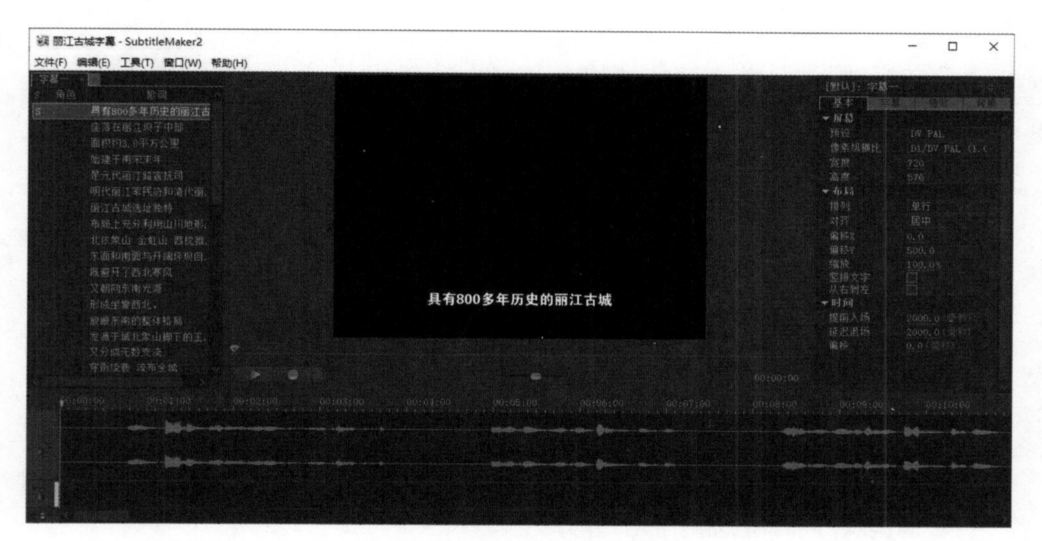

图 2-67 卡拉字幕制作

（5）选择“字幕”选项卡，设置“名称”为经典粗黑简，“大小”为 35，填充颜色为白色，描边颜色为黑色，描边宽度为 2，取消对“阴影”复选项的勾选。在“特效”选项卡中，填充颜色为白色，描边颜色为黑色，描边宽度为 2，去掉对“字幕特效”“过渡转场”和“指示灯”复选项的勾选。

（6）单击控制台上的“录制”按钮 打开“歌词录制”对话框，选择“逐行录制”单选项。

（7）单击“开始录制”按钮开始录制歌词，使用键盘的空格键来记录解说词的时间信息，解说词一行开始按下空格键，结束时松开；下一行开始再按空格键，结束时松开，周而复始，直至完成。

（8）歌词录制完成后，在时间线窗口上会显示出所有录制歌词的时间位置。可以直接用鼠标修改歌词的开始时间和结束时间，或者移动歌词的位置。

（9）执行菜单命令“文件”→“保存项目”打开“保存项目”对话框，在“文件名称”文本框中输入名称“丽江古城字幕”，单击“保存”按钮完成字幕制作，单击“关闭”按钮。

（10）在 Premiere Pro 2020 中，按 Ctrl +I 组合键导入“丽江古城字幕”文件。

（11）将“丽江古城字幕”文件从项目窗口中拖曳到 V2 轨道上，与配音的开始位置对齐，如图 2-68 所示。

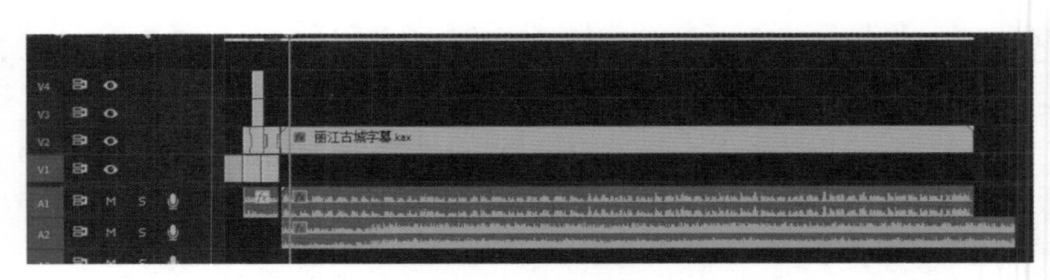

图 2-68　添加字幕

7. 画面编辑

画面与声音要声画对位，声画对位是指声音和画面以同一个纪实内容为中心，在各自独立表现的基础上又有机地结合起来的表现形式。

（1）在项目窗口中选择“全景”拖曳到 V1 轨道上，入点位置与“背景 1”对齐，设置持续时间为 4:15。

（2）选择“全景”，在效果控件窗口中展开“运动”选项，取消对“等比缩放”复选项的勾选，为“缩放高度”和“缩放宽度”选项在 15:14 和 18:14 添加两个关键帧，值分别为 (200,200) 和 (109,100)。

（3）在项目窗口中选择“木府 3”拖曳到 V1 轨道上，入点位置与“全景”对齐，将画面调整为满屏，设置其持续时间为 2:22。

（4）在效果窗口中选择“视频过渡”→“溶解”→“交叉溶解”，拖曳到“全景”与“木府 3”的中间位置。

（5）在项目窗口中选择“雕塑”素材，拖曳到 V1 轨道上，入点位置前一画面对齐，设置“持续时间”为 5:20，如图 2-69 所示。

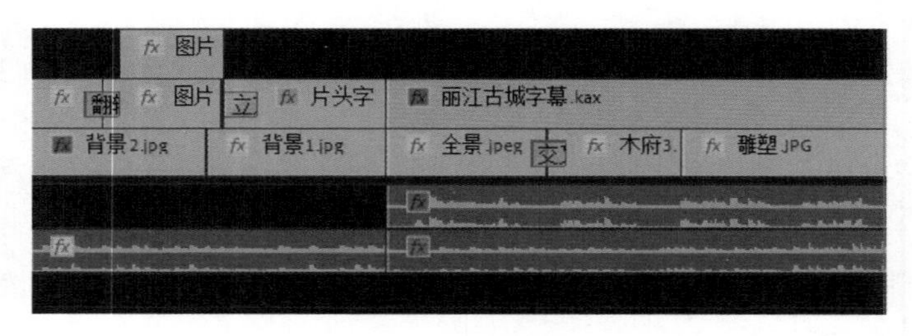

图 2-69　“雕塑”在时间线上的排列

（6）在效果控件窗口中分别为“位置”和“缩放”选项在 22:18 和 28:06 处添加两个关键帧，值为 [(360,288),26] 和 [(360,502),100]。

（7）在项目窗口中选择“街道 1”拖曳到 V1 轨道上，入点位置与前一画面对齐，设置其持续时间为 5:20。

（8）在效果控件窗口中展开“运动”选项，为“位置”和“缩放”选项在 28:21 和 33:14 处添加两个关键帧，值分别为 [(590,405),40] 和 [(273,208),30]。

（9）在项目窗口中选择“街道 2”拖曳到 V1 轨道上，入点位置与前一画面对齐，设置其持续时间为 3:08。

（10）在效果控件窗口中展开“运动”选项，为“位置”和“缩放”选项在 34:15 和 37:01 处添加两个关键帧，值分别为 [(-30,320),50] 和 [(442,227),30]。

（11）在项目窗口中选择“早晨的阳光”拖曳到V1轨道上，入点位置与前一画面对齐，设置其“持续时间”为3:03，将“缩放”设置为25。

（12）在项目窗口中选择“街道3”拖曳到V1轨道上，入点位置与前一画面对齐，设置其持续时间为6:06，在效果控件窗口中为“位置”和“缩放”选项在40:24和46处选项添加两个关键帧，值分别为[(360,288),25]和[(166,625),100]，效果如图2-70所示。

图2-70 运动效果

（13）在项目窗口中选择“小山”拖曳到V1轨道上，入点位置与前一画面对齐，设置其持续时间为1:23，将“缩放”设置为25，并在“街道3”与“小山”之间拖曳视频过渡“溶解”→“交叉溶解”。

（14）在项目窗口中选择“金虹山”拖曳到V1轨道上，入点位置与前一画面对齐，设置其持续时间为1:10，并在“小山”与“金虹山”之间拖曳“视频过渡”→“溶解”→“交叉溶解”。

（15）在项目窗口中选择“猴子山”拖曳到V1轨道上，入点位置与前一画面对齐，设置其持续时间为2:06，设置“缩放高度”为33，“缩放宽度”为26，并在“金虹山”与“猴子山”之间拖曳“视频过渡”→“溶解”→“交叉溶解”。

（16）在项目窗口中选择“古城夜景”拖曳到V1轨道上，入点位置与前一画面对齐，设置其持续时间为5s，将“缩放高度”设置为112，并在“猴子山”与“古城夜景”之间拖曳“视频过渡”→“3D运动”→“翻转”。

（17）在项目窗口中选择“花店”拖曳到V1轨道上，入点位置与前一画面对齐，设置其持续时间为5:10，在效果控件窗口中为“位置”选项在58s和1:02:12添加两个关键帧，值分别为(312,357)和(731,-20)，设置“缩放”为50。

（18）在项目窗口中选择“幽雅气息”拖曳到V1轨道上，入点位置与前一画面对齐，设置其持续时间为5:16。在效果控件窗口中为“位置”和“缩放”在1:03:13和1:08:06处添加两个关键帧，值分别为[(360,288),24]和[(-319,-200),67]。

（19）在项目窗口中选择“街道4”拖曳到V1轨道上，入点位置与前一画面对齐，设置其持续时间为3:08，设置“缩放”为24。

（20）在项目窗口中选择“古城水车”拖曳到V1轨道上，入点位置与前一画面对齐，设置其持续时间为6:02，为“位置”和“缩放”选项在1:12:09和1:15:15处添加两个关键帧，值分别为[(418,331),44]和[(360,288),24]。

（21）在项目窗口中选择“水车”拖曳到V1轨道上，入点位置与前一画面对齐，设置其持续时间为 2:21，设置“缩放”为 24。

（22）在效果窗口中选择“视频过渡”→“擦除”→“划出”，拖曳到“古城水车”与“水车”的中间位置。

（23）在项目窗口中选择“古城小溪”拖曳到 V1 轨道上，入点位置与前一画面对齐，设置其持续时间为 3:15，设置“缩放”为 24。

（24）在效果窗口中选择“视频过渡”→“内滑”→“推”，拖曳到“水车”与“古城小溪”的中间位置。

（25）在项目窗口中选择“水流”拖曳到 V1 轨道上，入点位置与前一画面对齐，设置其持续时间为 3:12，设置“缩放”为 24。

（26）在效果窗口中选择“视频过渡”→“擦除”→“插入”，拖曳到“古城小溪”与“水流”的中间位置。

（27）在项目窗口中选择“垂杨柳”拖曳到 V1 轨道上，入点位置与前一画面对齐，设置其持续时间为 3:13，设置“缩放”为 24。

（28）在效果窗口中选择“视频过渡”→“内滑”→“拆分”，拖曳到“水流”与“垂杨柳”的中间位置。

（29）在项目窗口中选择“街道 5”拖曳到 V1 轨道上，入点位置与前一画面对齐，设置其持续时间为 4:14，设置“缩放”为 24。

（30）在效果窗口中选择“视频过渡”→“划像”→“菱形划像”，拖曳到“水流”与“垂杨柳”的中间位置。

（31）在项目窗口中选择“小巷”拖曳到 V1 轨道上，入点位置与前一画面对齐，设置其持续时间为 1:16，设置“缩放”为 24。

（32）在项目窗口中选择“小巷 1”拖曳到 V1 轨道上，入点位置与前一画面对齐，设置其持续时间为 1:23，设置“缩放”为 24。

（33）在项目窗口中选择“小桥”拖曳到 V1 轨道上，入点位置与前一画面对齐，设置其持续时间为 3:21，设置“缩放”为 24。

（34）在效果窗口中选择“视频过渡”→“内滑”→“带状内滑”，拖曳到“小巷”与“小桥”的中间位置。

（35）在项目窗口中选择“小溪”拖曳到 V1 轨道上，入点位置与前一画面对齐，设置其持续时间为 4：15，在效果控件窗口中为“位置”和“缩放”选项在 1:41:07 和 1:45:08 处添加两个关键帧，值分别为 [(365,-102),90] 和 [(343,301),24]。

（36）在项目窗口中选择“小桥 1”拖曳到 V1 轨道上，入点位置与前一画面对齐，设置其持续时间为 4:08，在效果控件窗口中为“位置”和“缩放”选项在 1:45:20 和 1:49:18 处添加两个关键帧，值分别为 [(329,175),88] 和 [(360,288),24]。

（37）在项目窗口中选择“小溪 2”拖曳到 V1 轨道上，入点位置与前一画面对齐，设置其持续时间为 3:06，设置“缩放”为 24。

（38）在效果窗口中选择“视频过渡”→“擦除”→“径向擦除”，将其拖到“小桥 1”与“小溪 2”的中间位置。

（39）在项目窗口中选择“满城尽是黄金甲”拖曳到 V1 轨道上，入点位置与前一画面对齐，设置其持续时间为4:16。设置“缩放”为102。

（40）在效果窗口中选择“视频过渡”→“内滑”→“内滑”，将其拖曳到“小溪2”与“满城尽是黄金甲”的中间位置。

（41）在项目窗口中选择“三眼井1”拖曳到V1轨道上，入点位置与前一画面对齐，设置其持续时间为6:08。在效果控件窗口中为“缩放”选项在1:58:06和2:03:15处添加两个关键帧，值分别为200、164。

（42）在效果窗口中选择“视频过渡”→“3D运动”→“立方体旋转”，拖曳到“满城尽是黄金甲”与“三眼井1”的中间位置。

（43）在项目窗口中选择“三眼井”拖曳到V1轨道上，入点位置与前一画面对齐，设置其持续时间为5:13。在效果控件窗口中为“位置”选项在2:04:18和2:08:21处添加两个关键帧，值分别为(360,511)和(365,47)，设置“缩放”为200。

（44）在效果窗口中选择“视频过渡”→“擦除”→“划出”，拖曳到“三眼井1”与“三眼井”的中间，其运动效果如图2-71所示。

图2-71 “三眼井”运动效果

（45）在项目窗口中选择“三眼井2”拖曳到V1轨道上，入点位置与前一画面对齐，设置其持续时间为4:03。

（46）在效果控件窗口中展开“运动”选项，取消“等比缩放”前复选框的勾选，为“位置”“缩放高度”和“缩放宽度”选项在2:09:14和2:13:04处添加两个关键帧，值分别为[(360,288),118,122]和[(550,89),200,210]。

（47）在项目窗口中选择“丽江图片1”拖曳到V1轨道上，入点位置与前一画面对齐，设置其持续时间为5:05。

（48）在效果控件窗口中展开“运动”选项，取消“等比缩放”前复选框的勾选，将“缩放高度”和“缩放宽度”选项分别设置为172、160。

（49）在效果窗口中选择“视频过渡”→“擦除”→“风车”，拖曳到“三眼井2”与“丽江图片1”的中间位置。

（50）在项目窗口中选择“小溪1”拖曳到V1轨道上，入点位置与前一画面对齐，设置其持续时间为5s。设置“缩放”为24。

（51）在效果窗口中选择“视频过渡”→“擦除”→“螺旋框”，拖曳到“丽江图片1”与“小溪1”的中间位置。

（52）在项目窗口中选择“四方街”拖曳到V1轨道上，入点位置与前一画面对齐，设置其持续时间为3:20。设置“缩放”为136。

（53）在效果窗口中选择“视频过渡”→“内滑”→“内滑”，拖曳到“小溪1”与“四方街”的中间位置。

（54）在项目窗口中选择“四方街1”拖曳到V1轨道上，入点位置与前一画面对齐，设置其持续时间为3:07。

（55）在效果控件窗口中展开“运动”选项，为“位置”和“缩放”选项在2:27:18和2:30:08处添加两个关键帧，值分别为[(370,15),100]和[(360,288),24]。

（56）在项目窗口中选择“四方街2”拖曳到V1轨道上，入点位置与前一画面对齐，设置其持续时间为4s。为“缩放”选项在2:36:00和2:38:24处添加两个关键帧，值分别为100、24。

（57）在项目窗口中选择“雕塑1”拖曳到V1轨道上，入点位置与前一画面对齐，设置其持续时间为6:14。在效果控件中为“位置”和“缩放”选项在2:35:09和2:40:15处添加两个关键帧，值分别为[(413,301),53]和[(360,288),24]。

（58）在项目窗口中选择“街道6”拖曳到V1轨道上，入点位置与前一画面对齐，设置其持续时间为5:00。

（59）在效果控件中展开“运动”选项，为“位置”和“缩放”选项在2:41:15和2:46:18处添加两个关键帧，值分别为[(246,357),100]和[(360,288),24]。

（60）在项目窗口中选择“瓦猫”拖曳到V1轨道上，入点位置与前一画面对齐，设置其持续时间为4:10。设置“缩放”为24。

（61）在效果窗口中选择“视频过渡”→“滑动”→“中心拆分”，拖曳到“街道6”与“瓦猫”的中间位置，效果如图2-72所示。

图2-72　“中心合并”效果

图2-73　“带状内滑”效果

（62）在项目窗口中选择“瓦猴”拖曳到V1轨道上，入点位置与前一画面对齐，设置其持续时间为3:13，设置“缩放”为24。

（63）在效果窗口中选择“视频过渡”→“内滑”→“带状内滑”，拖曳到“瓦猫”与“瓦猴”的中间位置，其效果如图2-73所示。

（64）在项目窗口中选择“木府1”拖曳到V1轨道上，入点位置与前一画面对齐，设置其持续时间为5:04。

（65）在效果控件窗口中展开“运动”选项，取消“等比缩放”前复选框的勾选，将“缩放高度”“缩放宽度”选项分别设置为137、127。

（66）在效果窗口中选择“视频过渡”→“缩放”→“交叉缩放”，拖曳到“瓦猴”与“木府1”的中间位置。

（67）在项目窗口中选择“木府2”拖曳到V1轨道上，入点位置与前一画面对齐，设置其持续时间为4:12。

（68）在效果控件窗口中展开“运动”选项，取消“等比缩放”前复选框的勾选，将“缩放高度”和“缩放宽度”选项分别设置为152、132。

（69）在效果窗口中选择“视频过渡”→“擦除”→“棋盘擦除”，拖曳到“木府1”与“木府2”的中间位置。

（70）在项目窗口中选择“牌坊”，拖曳到V1轨道上，入点位置与前一画面对齐，设置其持续时间为4:08。

（71）在效果控件窗口中展开“运动”选项，设置“牌坊”的“缩放”为60，并为“位置”选项在3:05:04和3:08:14处添加两个关键帧，值为(860,732)和(302,350)。

（72）在项目窗口中选择“街道7”拖曳到V1轨道上，入点位置与前一画面对齐，设置其持续时间为6:02。

（73）在效果控件窗口中展开“运动”选项，为“位置”和“缩放”选项在3:09:10和3:14:08处添加两个关键帧，值分别为[(428,936),100]和[(360,288),24]，如图2-74和图2-75所示。

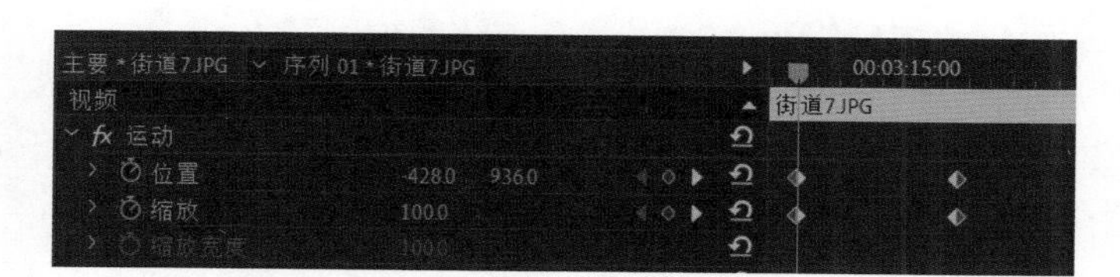

图2-74 “街道7”运动选项设置1

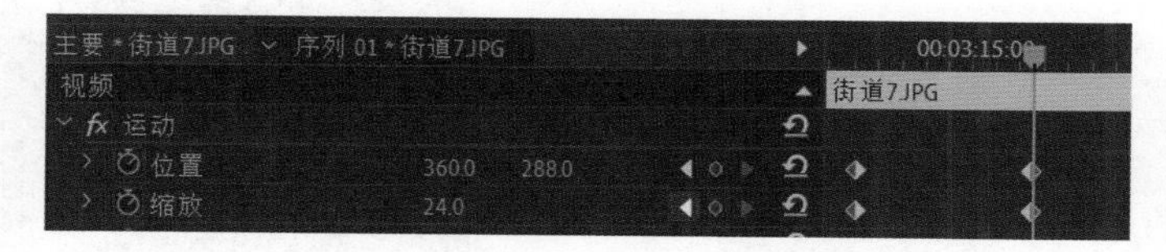

图2-75 “街道7”运动选项设置2

素材片段在时间线上的位置如图2-76所示。

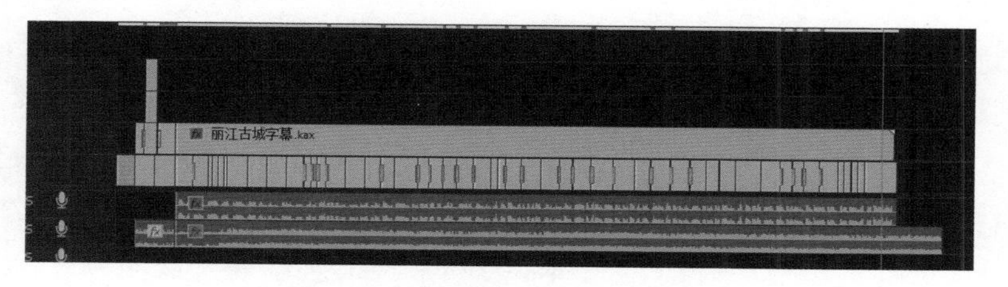

图2-76 素材在时间线上的位置

8. 片尾的制作

（1）在项目窗口中选择“肉石”拖曳到V1轨道上，入点位置与前一画面对齐，设置其持续时间为4:10。设置“缩放”为25。

（2）在效果窗口中选择“视频过渡”→“擦除”→“双侧平推门”，拖曳到“街道7”与“肉石”的中间位置。

（3）在项目窗口中选择“城门”拖曳到V1轨道上，入点位置与前一画面对齐，设置其持续时间为3:03，设置“缩放”为25。

（4）在项目窗口中选择“木府4”拖曳到V1轨道上，入点位置与前一画面对齐，设置其持续时间为4:14。

（5）在效果控件窗口中展开“运动”选项，取消“等比缩放”前复选框的勾选，将“缩放高度”和“缩放比例”选项分别设置为142、129。

（6）执行菜单命令“文件”→“新建”→“旧版标题”，在“新建字幕”对话框中输入字幕名称，单击“确定”按钮，打开字幕窗口。

（7）单击字幕窗口上方的“滚动 / 游动选项”按钮打开“滚动 / 游动选项”对话框，“字幕类型”为滚动，勾选“开始于屏幕外”复选项，“缓入”为50，“缓出”为50，“过卷”为75，单击“确定”按钮。

（8）使用文字工具输入演职人员名单，插入赞助商的标志，输入其他相关内容，“字体系列”选择“经典粗黑简”，“字体大小”为45。

（9）在“字幕属性”中，单击“描边”→“外侧边”→“添加”，“大小”设置为22，其效果如图2-77所示。

（10）输入完演职人员名单后按Enter键，拖动垂直滑块，将文字上移出屏幕为止。单击字幕设计窗口合适的位置，输入单位名称及日期，“字体大小”为49，其余设置同上，其效果如图2-78所示。

图2-77 字幕属性的设置

图2-78 制作单位及日期

（11）关闭字幕设计窗口，将当前时间指针定位到3:15:03位置，拖动“片尾”到时间线窗口V2轨道上的相应位置，使其开始位置与当前时间指针对齐，持续时间设置为12:00，如图2-79所示。

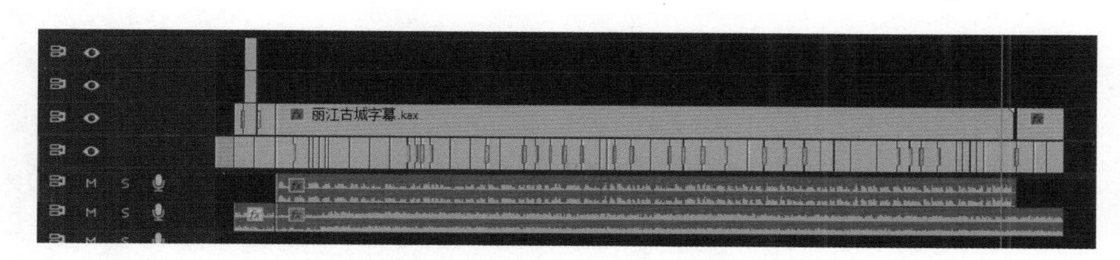

图 2-79　片尾的位置

9. 输出

操作步骤如下：

（1）执行菜单命令“文件”→“导出”→“媒体”打开“导出设置”对话框。

（2）在右侧的“导出设置”中单击“格式”下拉列表框，选择 H.264 选项，“预设”为“匹配源 - 中等比特率”。

（3）单击“输出名称”后面的链接打开“另存为”对话框，在其中设置保存的名称和位置。

（4）单击“保存”按钮后再单击“导出”按钮，弹出“编码 序列 01”对话框，开始输出。

任务拓展

请同学们自行完成一个电子相册的制作。

提示：主题不限，要有片头字幕动画、视频转场、背景音乐和字幕，片尾要有制作单位，时长在 3 ～ 4 分钟，输出为 MP4 格式。

思考与练习

一、填空题

1．________ 是以各种字体、浮雕和动画等形式出现在荧屏上的中文文字的总称。

2．滚动字幕实现字幕的 ________ 移动，而游动字幕则可以实现字幕的 ________ 移动。

3．在素材之间添加默认转场时可以用快捷键 ________。

4．Premiere Pro 2020 视频过渡效果包括 ________ 种。

二、判断题

1．为影片添加转场特效后，可以改变转场的长度。（　）

2．十字划像是转场特效中“划像”类的一种。（　）

3．视频过渡效果只能使用于同一个轨道相邻的两个素材之间。（　）

4．需要对转场过渡添加关键帧才能产生过渡效果。（　）

5．当把一个新的转场效果添加到现有的转场部分后，新的转场特效将会替换原有的转场特效。（　）

三、简答题

“划像”转场效果一共提供了几种过渡类型？

任务2.2 《泉城济南》电子相册的制作

【任务描述】

应用特效、特技、运动及抠像制作图片的电子相册，制作过程包括新建项目、导入素材、制作图像运动效果、三维运动类及划像类等转场的运用、叠加的运用、制作标题字幕、拖曳标题字幕特效、拖曳音乐及输出影片等。

【任务要求】

- 掌握转场的使用。
- 掌握叠加的使用及关键帧动画的制作。
- 掌握电子相册的制作。

【知识链接】

实例1 通过VR随机块制作视频转场效果

实例要点："VR随机块"视频转场效果的应用。

思路分析："VR随机块"视频转场效果是将第一个镜头的画面以随机块的方式逐渐过渡到第二个镜头的转场效果。本例最终效果如图2-80所示。

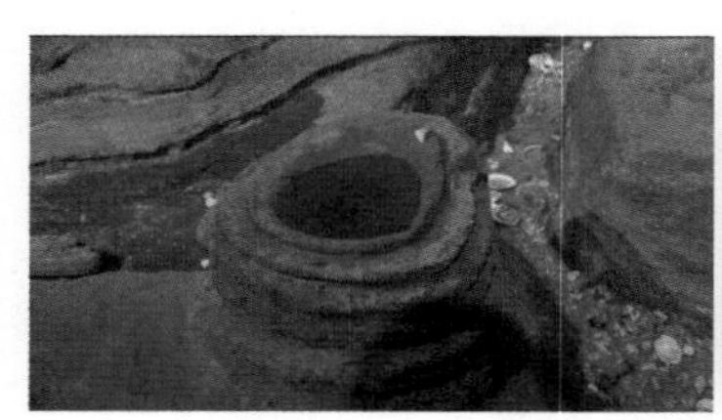

图2-80　VR随机块视频转场效果

操作步骤如下：

（1）在Premiere Pro 2020的工作窗口中，新建一个项目文件并创建AVCHD 1080p25的序列，导入两个素材文件"火山熔岩2"和"月亮湾"。

（2）在项目窗口中双击"火山熔岩2"素材文件，在源监视器窗口中设置入点为2s，出点为7s，拖动"仅拖动视频"按钮将其添加到时间线窗口的V1轨道的起始位置上。

（3）在项目窗口中双击"月亮湾"素材文件，在源监视器窗口中设置入点为2s，出点为7s，拖动"仅拖动视频"按钮将其添加到时间线窗口的V1轨道并与"火山熔岩2"

片段的结束位置对齐。

（4）在效果窗口中依次展开“视频过渡”→“沉浸式视频”选项，在其中选择“VR随机块”视频过渡。

（5）将“VR随机块”视频过渡拖曳到时间线窗口中相应的两个素材文件之间，如图2-81所示。

（6）在时间线窗口中选中“VR随机块”视频过渡图标，切换至效果控件窗口，为“块宽度”和“块高度”选项在4:14和5:05处添加关键帧，值分别为(100,100)和(50,50)，“滚动”（Z轴）设置为20°，如图2-82所示。

图2-81　添加视频过渡

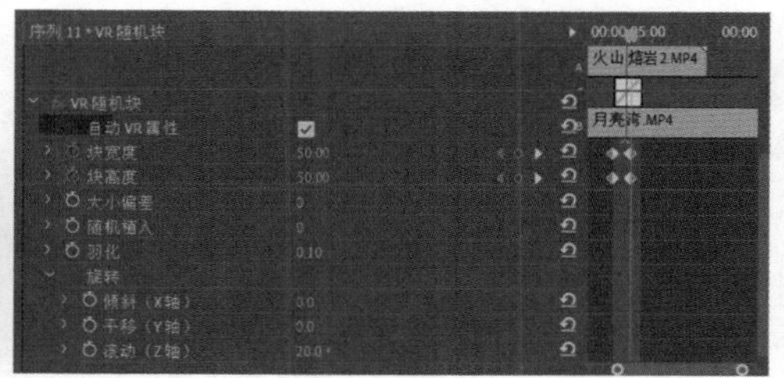

图2-82　设置“VR随机块”视频过渡

（7）单击“播放/停止切换”按钮预览视频效果。

实例2　通过翻转制作视频转场效果

实例要点：“翻转”视频转场效果的应用。

思路分析：“翻转”视频转场效果是将第一个镜头的画面翻转，逐渐过渡到第二个镜头的转场效果。本例最终效果如图2-83所示。

图2-83　翻转视频转场最终效果

操作步骤如下：

（1）在Premiere Pro 2020的工作窗口中，新建一个项目文件并创建AVCHD 1080p25的序列，导入两个素材文件“远景”和“花”。

（2）在项目窗口中双击“远景”素材文件，在源监视器窗口中设置入点为2s，出点为7s，拖动“仅拖动视频”按钮将其添加到时间线窗口的V1轨道的起始位置上。

（3）在项目窗口中双击“花”素材文件，在源监视器窗口中设置入点为0s，出点为5s，拖动“仅拖动视频”按钮将其添加到时间线窗口的V1轨道并与“远景”片段的结束位置对齐。

（4）在效果窗口中，依次展开“视频过渡”→“3D 运动”选项，在其中选择“翻转”视频过渡。

（5）将“翻转”视频过渡拖曳到时间线窗口中相应的两个素材文件之间，如图 2-84 所示。

（6）在时间线窗口中选中“翻转”视频过渡图标，切换至效果控件窗口，单击“自定义”按钮，如图 2-85 所示。

图 2-84　添加视频过渡

图 2-85　单击“自定义”按钮

（7）在弹出的“翻转设置”对话框中，设置“带”为 8，单击“填充颜色”右侧的色块，如图 2-86 所示。

（8）在弹出的“拾色器”对话框中，设置颜色为 #FFFC00，如图 2-87 所示。

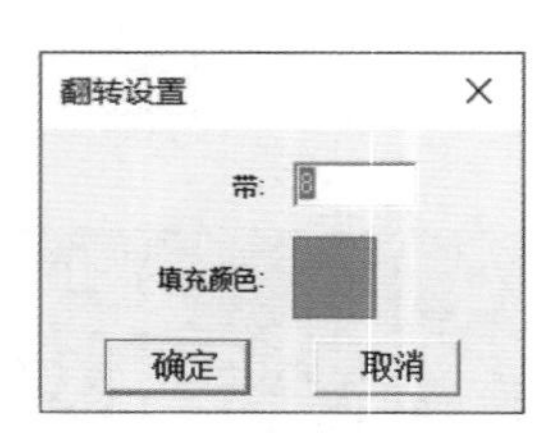

图 2-86　单击色块

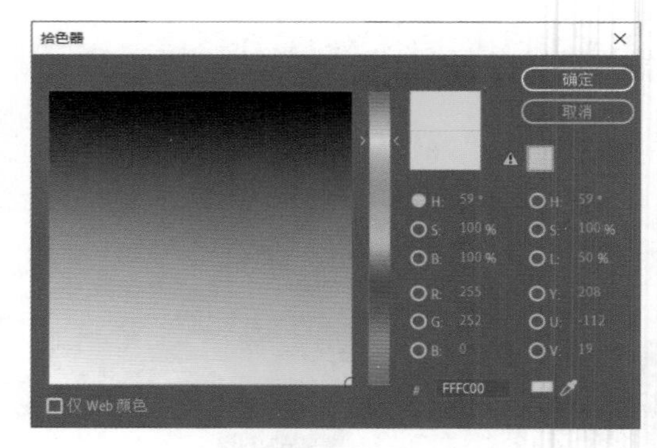

图 2-87　设置颜色

（9）依次单击“确定”按钮即可设置翻转转场效果，单击“播放 / 停止切换”按钮预览视频效果。

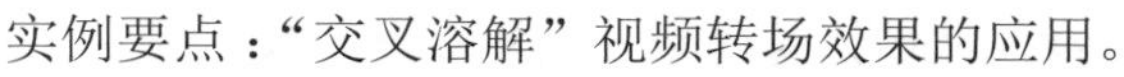

实例3　通过交叉溶解制作视频转场效果

实例要点：“交叉溶解”视频转场效果的应用。

思路分析：“交叉溶解”视频转场效果是在第一个镜头的画面显示第二个镜头画面的纹理，然后过渡到第二个镜头的转场效果，本例最终效果如图 2-88 所示。

图 2-88　交叉溶解转场效果

操作步骤如下：

（1）在 Premiere Pro 2020 的工作窗口中，新建一个项目文件并创建 AVCHD 1080p25 的序列，导入两个素材文件“海浪”和“推镜头”。

（2）在项目窗口中双击“海浪”素材文件，在源监视器窗口中设置入点为 2s，出点为 7s，拖动“仅拖动视频”按钮将其添加到时间线窗口的 V1 轨道的起始位置上。

（3）在项目窗口中双击“推镜头”素材文件，在源监视器窗口中设置入点为 3:23，出点为 8:23，拖动“仅拖动视频”按钮将其添加到时间线窗口的 V1 轨道并与“海浪”片段的结束位置对齐。

（4）将时间指针拖曳到 5s 位置，执行菜单命令“序列”→“应用视频过渡”即可添加“交叉溶解”视频过渡（默认过渡），如图 2-89 所示。

（5）右击要更换的视频过渡，从弹出的快捷菜单中选择“将所选过渡设置为默认过渡”选项，如图 2-90 所示，即可更换默认视频过渡。

图 2-89　添加视频过渡

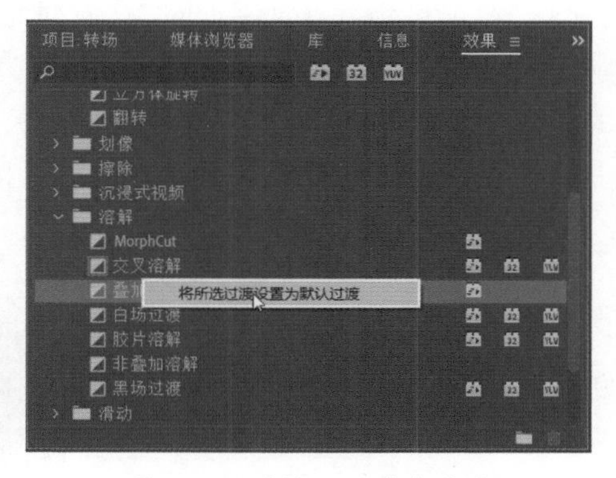

图 2-90　更换默认过渡效果

（6）单击“播放 / 停止切换”按钮预览视频效果。

实例4　通过轨道遮罩键制作图文转场效果

在视频轨道上，需要字幕和图片上下两个素材，以上层字幕素材为遮罩，配合缩放运动，产生图文转场效果。本例最终效果如图 2-91 所示。

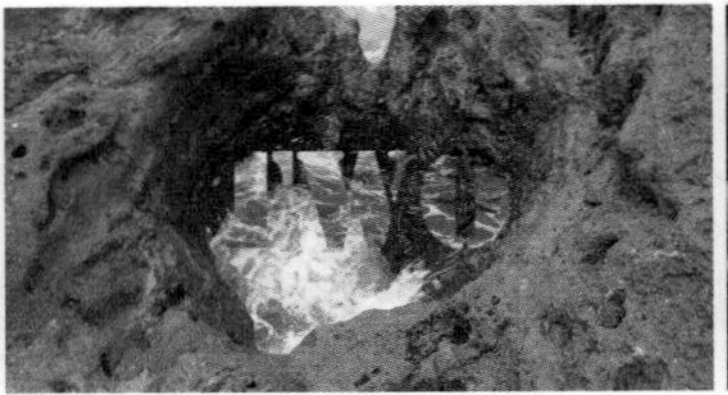

图 2-91　图文转场效果

（1）在 Premiere Pro 2020 的工作窗口中，新建一个项目文件并创建 AVCHD 1080p25 的序列，导入 5 个素材文件“浪花”“浪花 1”“浪花 2”“浪花 4”和“海浪拍打”。

（2）在项目窗口中双击“浪花”素材文件，在源监视器窗口中设置入点为 2:06，出点为 4:05，拖动“仅拖动视频”按钮将其添加到时间线窗口的 V1 轨道的起始位置上。

（3）在项目窗口中双击“浪花 1”素材文件，在源监视器窗口中设置入点为 3:02，出点为 5:01，拖动“仅拖动视频”按钮将其添加到时间线窗口的 V1 轨道并与“浪花”片段的结束位置对齐。

（4）在项目窗口中双击“浪花 2”素材文件，在源监视器窗口中设置入点为 2:19，出点为 4:18，拖动“仅拖动视频”按钮将其添加到时间线窗口的 V1 轨道并与“浪花 1”片段的结束位置对齐。

（5）在项目窗口中双击“浪花 4”素材文件，在源监视器窗口中设置入点为 4:01，出点为 6s，拖动“仅拖动视频”按钮将其添加到时间线窗口的 V1 轨道并与“浪花 2”片段的结束位置对齐。

（6）在项目窗口中双击“海浪拍打”素材文件，在源监视器窗口中设置入点为 2s，出点为 4s，拖动“仅拖动视频”按钮将其添加到时间线窗口的 V1 轨道并与“浪花 4”片段的结束位置对齐。

（7）在 V1 轨道上选择后 4 个素材，按住 Alt 键拖曳到 V2 轨道上进行复制，起点为 0s，如图 2-92 所示。

（8）选择 V2 轨道上的“浪花 1”素材并右击从弹出的快捷菜单中选择“嵌套”选项，如图 2-93 所示，弹出“嵌套序列名称”对话框，设置“名称”为“嵌套 1”，单击“确定”按钮。对后面的素材进行同样的操作，名称分别为“嵌套 2”“嵌套 3”和“嵌套 4”。

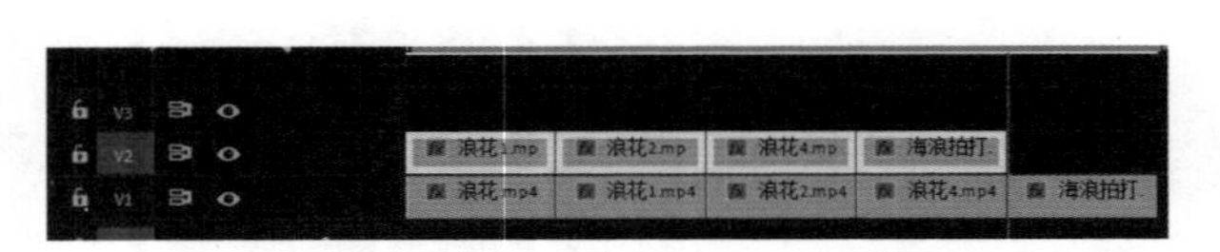

图 2-92　素材在时间线上的位置

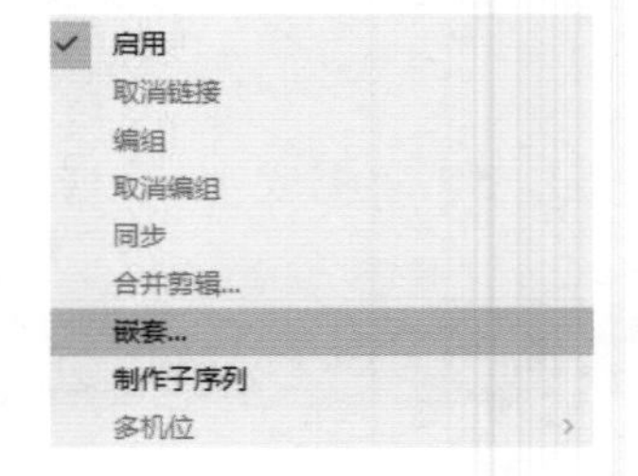

图 2-93　选择嵌套

（9）选择 4 个素材并右击，从弹出的快捷菜单中选择“速度 / 持续时间”选项，将“持续时间设置为 1:10，勾选“波形编辑，移动尾部编辑”复选项，单击“确定”按钮。拖动素材排列如图 2-94 所示。

图 2-94　嵌套素材

（10）执行菜单命令“文件”→“新建”→“旧版标题”打开“新建字幕”对话框，在“名称”文本框中输入 one，打开字幕窗口。选择“文字工具”输入 ONE，设置“字体系列”为 Stencil，“字体大小”为 180，“中心”对齐选择水平居中和垂直居中，如图 2-95 所示。

图 2-95　ONE 字幕参数设置

（11）单击“基于当前字幕新建字幕”按钮打开“新建字幕”按钮，在“名称”文本框中输入 two，在“名称”文本框中输入 two，删除 ONE，输入 TWO，如图 2-96 所示，重复步骤（10）至（11）创建 4 个字幕文件，如图 2-97 所示。

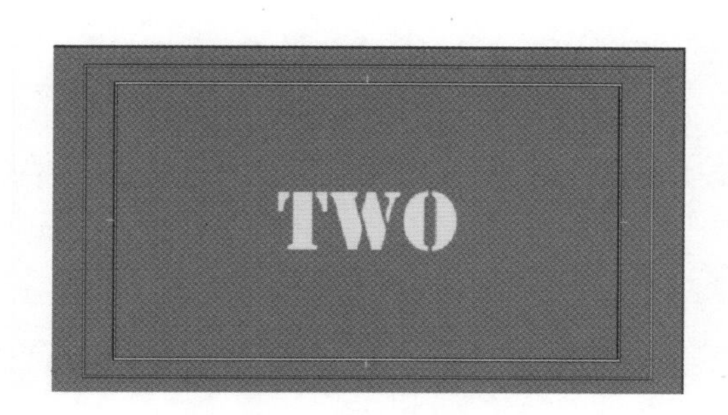

图 2-96　新建 two 字幕

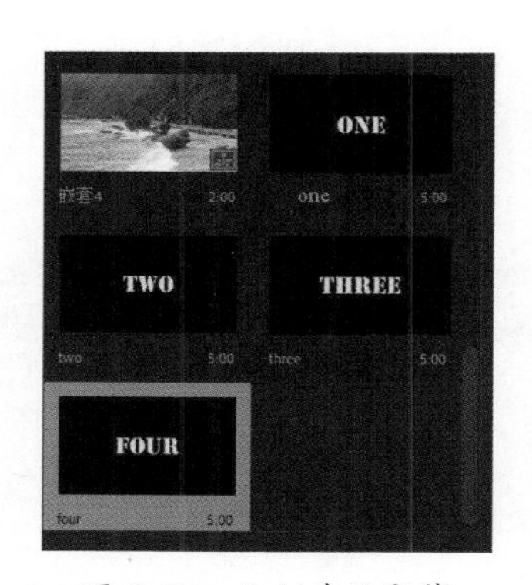

图 2-97　已创建的字幕

（12）进入项目窗口，将 4 个字幕文件拖曳到 V3 轨道上，设置“持续时间”为 1:10，如图 2-98 所示。

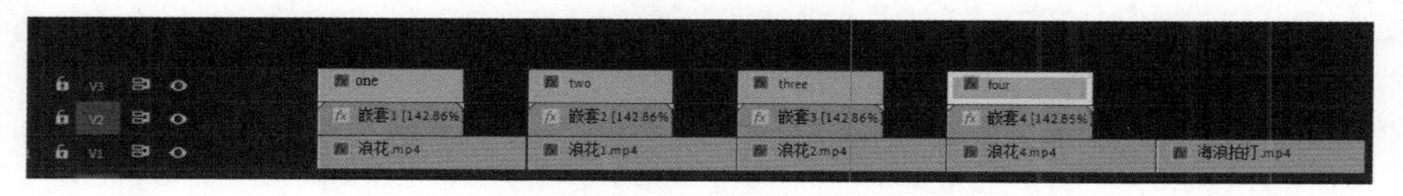

图 2-98　字幕在时间线上的位置

（13）在效果窗口中依次展开“视频效果”→“键控”→“轨道遮罩键”，将“轨道遮罩键”拖曳到时间线窗口中 V2 轨道的所有素材上。

（14）在时间线窗口中选择“嵌套 1”，在效果控件窗口中将“遮罩”轨道选择视频 3，如图 2-99 所示。对“嵌套 2”“嵌套 3”和“嵌套 4”执行同样的操作。

（15）在时间线窗口中选择 one 字幕素材，在效果控件窗口中为“缩放”选项在 0s、10 帧、20 帧和 1:10 处添加 4 个关键帧，值为 0、150、150、1000。

（16）在效果窗口中依次展开“视频效果”→“模糊与锐化”→“高斯模糊”，将“高斯模糊”拖曳到时间线窗口中 V3 轨道的所有素材上。

（17）在时间线窗口中选择 one 字幕素材，在效果控件窗口中为“模糊度”选项在 1s 和 1:10 处创建两个关键帧，值为 0 和 30，如图 2-100 所示。

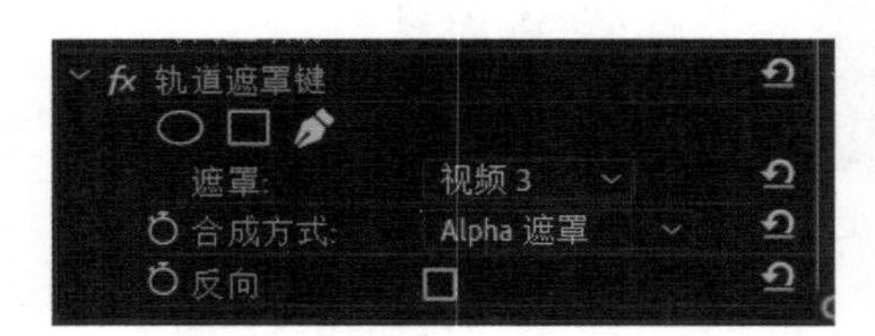

图 2-99　选择视频 3

图 2-100　设置“模糊度”关键帧

（18）按住 Ctrl 键的同时依次选中 one 素材上的所有关键帧，用 Ctrl+C 组合键复制，在时间线窗口中点选 two 素材，将时间指针移到最前端，在效果控件窗口中按 Ctrl+V 组合键进行粘贴。同样的方法使用于 three 和 four 字幕素材。

（19）单击“播放 / 停止切换”按钮预览视频效果。

实例 5　通过变换制作 Zoom 转场

“变换”视频转场通过创建调整图层对调整图层添加“变换”视频效果，改变缩放参数值进而产生缩放效果。本例最终效果如图 2-101 所示。

图 2-101　Zoom 转场效果

（1）在 Premiere Pro 2020 的工作窗口中，按 Ctrl+N 组合键打开“新建序列”对话框，设置“可用预设”为 AVCHD → 1080p → AVCHD 1080p25，“序列名称”为“变换”，

单击“确定”按钮。按 Ctrl+I 组合键打开“导入”对话框，选择相应的素材文件，单击“打开”按钮导入两个素材。

（2）在项目窗口中双击“月亮湾”，在源监视器窗口中设置入点为 1s，单击“标记入点”按钮，在源监视器窗口中设置时间为 6s 并单击“标记出点”按钮，在源监视器窗口中拖动“仅拖动视频”按钮到时间线窗口的 V1 轨道上，与起始位置对齐。

（3）在项目窗口中双击“浪花”素材，在源监视器窗口中设置入点为 2:05，单击“标记入点”按钮，设置出点为 7:09，单击“标记出点”按钮，并拖动“仅拖动视频”按钮到时间线窗口的 V1 轨道上，与前一素材的结束位置对齐。

（4）在项目窗口中单击右下角的“新建项目”按钮，从弹出的下拉菜单中选择“调整图层”选项，弹出“调整图层”对话框，单击“确定”按钮，将其拖曳到 V2 轨道上，起始位置与 2:13 对齐，如图 2-102 所示，时间指针分别定位到 4s、5s 和 6s 处，按 Ctrl+K 组合键剪断调整图层，删掉两端的调整层，如图 2-103 所示。

图 2-102　素材在时间线上的位置

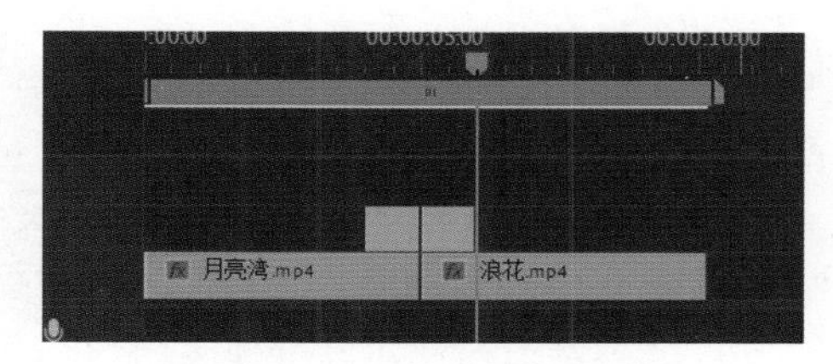

图 2-103　缩放的参数设置

（5）在效果窗口中依次展开“视频效果”→“扭曲”→“变换”，将“变换”拖曳到时间线窗口的两个“调整图层”上。

（6）在时间线窗口中选择左“调整图层”，在效果控件窗口中展开“变换”，为“缩放”在 4:01 和 4:24 处添加两个关键帧，值为 100 和 200，“快门角度”为 360°，取消对“使用合成的快门度”复选项的勾选。选择两个关键帧，右击并选择“缓入”和“缓出”，展开“缩放”前面的折叠按钮，调整贝塞尔曲线，如图 2-104 所示。

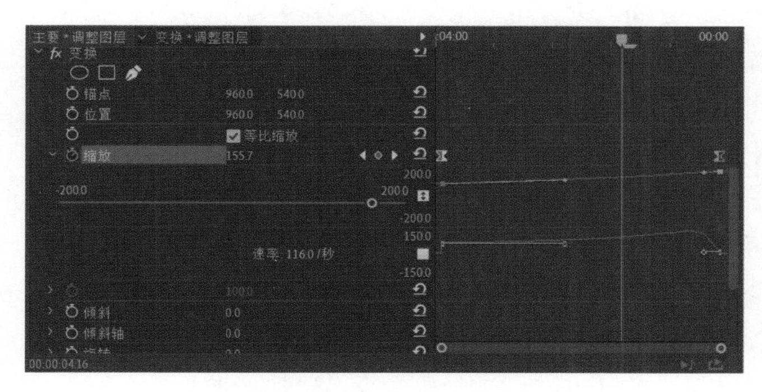

图 2-104　调整贝塞尔曲线

（7）选择左“调整图层”上的所有关键帧，将时间指针拖曳到 5:01 处，复制到右“调整图层”上，参数值改为 200 和 100，“快门角度”为 360°，取消对“使用合成的快门度”复选项的勾选。

（8）单击“播放 / 停止切换”按钮预览视频效果。

实例6 通过变换效果制作旋转转场

利用“复制”“镜像”“变换”对已嵌套素材制作旋转变换效果。本实例的最终效果如图 2-105 所示。

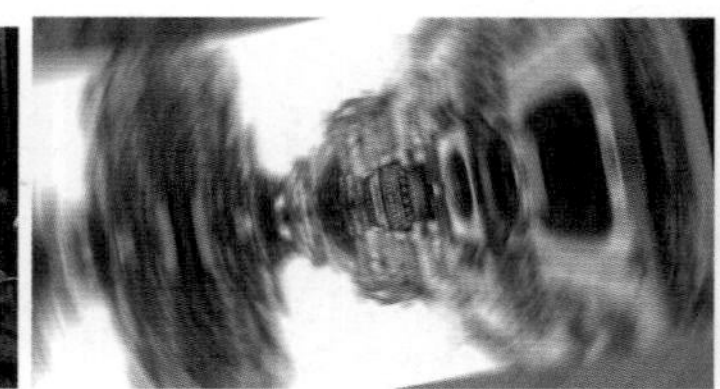

图 2-105　旋转效果

（1）在 Premiere Pro 2020 的工作窗口中，按 Ctrl+N 组合键打开“新建序列”对话框，设置“可用预设”为 AVCHD → 1080p → AVCHD 1080p25，“序列名称”为“旋转”，单击“确定”按钮。按 Ctrl+I 组合键打开“导入”对话框，选择相应的素材文件，单击“打开”按钮导入两个素材。

（2）在项目窗口中双击“北海老街 1”素材文件，在源监视器窗口中设置入点为 2s，单击“标记入点”按钮，设置出点为 7s，单击“标记出点”按钮，拖动“仅拖动视频”按钮到时间线窗口中的 V1 轨道上，与起始位置对齐。

（3）在项目窗口中双击“北海银滩”素材，在源监视器窗口中设置入点为 3s，单击“标记入点”按钮，设置出点为 8s，单击“标记出点”按钮，拖动“仅拖动视频”按钮到时间线窗口的 V1 轨道上，与前一素材的结束位置对齐。

（4）在项目窗口中新建“调整图层”，默认参数值，单击“确定”按钮并拖曳到时间线窗口中的 V2 轨道。右击“调整图层”，从弹出的快捷菜单中选择“速度 / 持续时间”选项，弹出“剪辑速度 / 持续时间”对话框，更改“持续时间”为 2s，调整位置到 V1 轨道上两个素材的中间位置，并复制“调整图层”到 V3 轨道，如图 2-106 所示。

（5）在效果窗口中依次展开“视频效果”→“风格化”→“复制”，将“复制”拖放到 V2 轨道的“调整图层”上。在效果控件窗口中设置“计数”为 3。

（6）在效果窗口依次展开“视频效果”→“扭曲”→“镜像”，将“镜像”拖曳到 V2 轨道上的“调整图层”上 4 次。

（7）在效果控件窗口中将“反射角度”依次设置为 90°、-90°、180°、360°，将“反射中心”依次设置为 (1592,542)、(1592,275)、(427,408)、(1139,408)，如图 2-107 所示。

（8）在效果窗口的搜索框中输入“变换”，将“变换”拖曳到 V3 轨道的“调整图层”上。

（9）在效果控件窗口中将“变换”效果的“缩放”值设置为 300，为“旋转”选项在 4s 和 6s 处添加关键帧，值为 0 和 360°，“快门角度”为 360°，取消对“使用合成的快门角度”复选项的勾选。

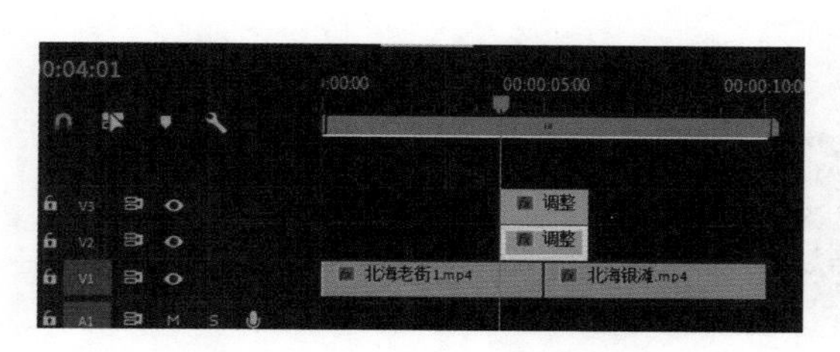

图 2-106　素材放置效果

图 2-107　镜像参数设置

（10）单击“播放 / 停止切换”按钮预览视频效果。

实例7　通过扭曲变换制作转场

“扭曲变换”转场效果是将旋转扭曲和变换视频效果应用在调整图层上，通过参数调整，进而对下面的视频产生扭曲和放大效果。本例最终效果如图 2-108 所示。

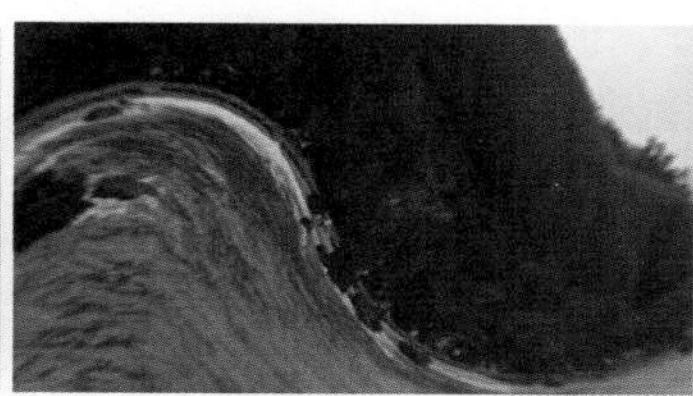
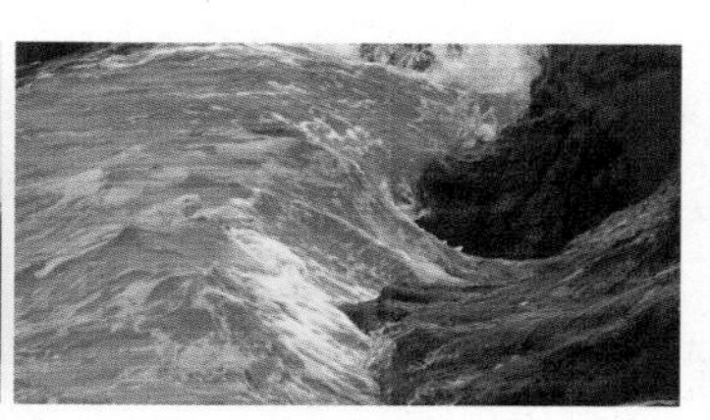

图 2-108　扭曲变换转场效果

（1）在 Premiere Pro 2020 的工作窗口中，新建一个项目文件并创建 AVCHD 1080p25 的序列，导入两个素材文件“浪花”和“月亮湾”。

（2）在项目窗口中双击“月亮湾”素材文件，在源监视器窗口中设置入点为 1s，出点为 5:24，拖动“仅拖动视频”按钮将其添加到时间线窗口的 V1 轨道的起始位置上。

（3）在项目窗口中双击“浪花”素材文件，在源监视器窗口中设置入点为 2:05，出点为 7:04，拖动“仅拖动视频”按钮将其添加到时间线窗口的 V1 轨道并与“月亮湾”片段的结束位置对齐。

（4）在项目窗口中新建“调整图层”，将“调整图层”拖曳到 V2 轨道上两次，“持续时间”为 1s，如图 2-109 所示。

图 2-109　素材在时间线上的位置

（5）在效果窗口中依次展开“视频效果”→“扭曲”→“旋转扭曲”，将“旋转扭曲”拖曳到时间线窗口中两个“调整图层”上。

（6）在时间线窗口中，选择左“调整图层”，在效果控件窗口中为“角度”选项在4s和5s处添加两个关键帧，值为0和90°，如图2-110所示。复制两个关键帧到右“调整图层”上，参数值改为90°和0。

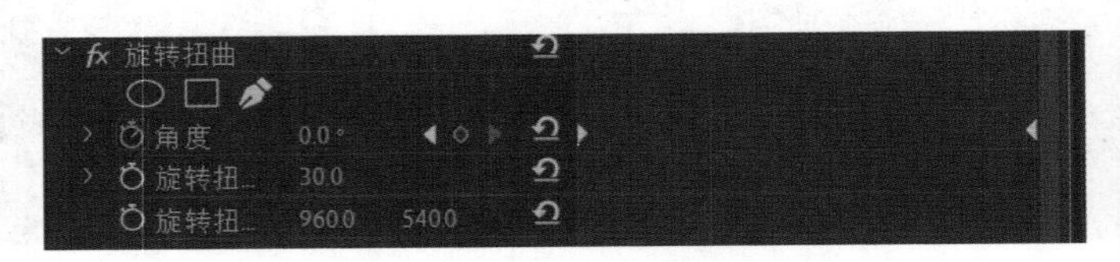

图2-110 角度参数设置

（7）在效果窗口中依次展开“视频效果”→“扭曲”→“变换”，将“变换”拖曳到时间线窗口中两个“调整图层”上。

（8）在时间线窗口中，选择左“调整图层”，在效果控件窗口中为“缩放”选项在4s和5s处添加两个关键帧，值为100和300，“快门角度”为360°，取消对“使用合成的快门角度”复选项的勾选。复制两个关键帧到右“调整图层”上，参数值改为300和100。

（9）单击“播放/停止切换”按钮预览视频效果。

实例8 通过蒙版和基本3D制作任意门转场

“蒙版和基本3D”转场效果是利用蒙版对图像进行绘制，将绘制的图形作为蒙版，通过基本3D对蒙版进行变形从而产生开关门效果。本例最终效果如图2-111所示。

图2-111 任意门转场效果

（1）在Premiere Pro 2020的工作窗口中，新建一个项目文件并创建AVCHD 1080p25的序列，导入两个素材文件“洗衣机”和“月亮湾”。

（2）在项目窗口中双击“月亮湾”素材文件，在源监视器窗口中设置入点为1s，出点为5:24，拖动“仅拖动视频”按钮，将其添加到时间线窗口的V1轨道的起始位置上。

（3）在项目窗口中将“洗衣机”素材拖曳到V2轨道上与“月亮湾”对齐。

（4）在时间线窗口中选择“洗衣机”素材，打开效果控件窗口，选择“不透明度”中的圆形蒙版，如图2-112所示。在节目窗口通过手柄调整大小和弧度，调整完单击空白处即可，如图2-113所示。

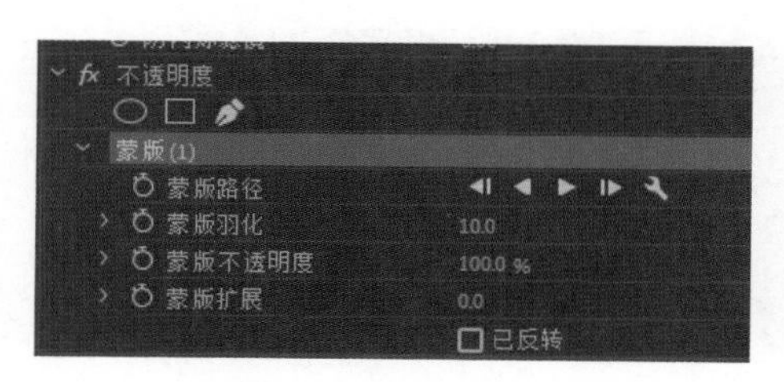

图 2-112 选择圆形蒙版

图 2-113 绘制蒙版

（5）在时间线窗口中，将“洗衣机”素材复制到 V3 轨道，如图 2-114 所示。选择 V2 轨道上的素材，在效果控件窗口勾选“已反转”复选项，如图 2-115 所示。

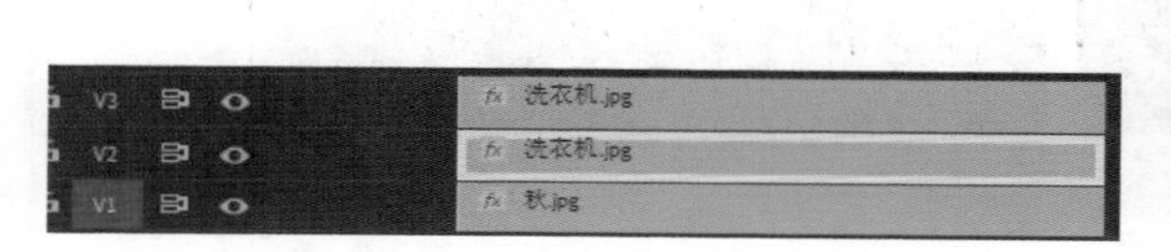

图 2-114 素材在时间线上的位置

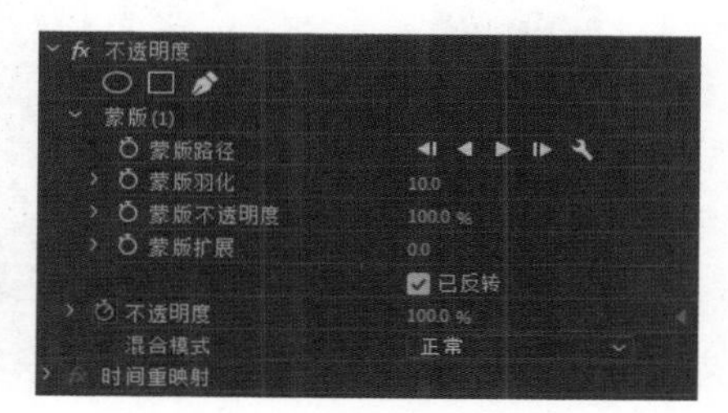

图 2-115 勾选“已反转”复选项

（6）选择 V3 轨道上的素材，在效果控件窗口中为“旋转”选项在 0s 和 2s 处添加两个关键帧，值为 0 和 360°，并对素材进行嵌套，如图 2-116 所示。

（7）在效果窗口中依次展开“视频效果”→“透视”→“基本 3D”，将“基本 3D”拖曳到时间线窗口 V3 素材上。

（8）在时间线窗口中，选择 V3 轨道上的素材，在效果控件窗口中为运动中的“位置”和“基本 3D”中的“旋转”选项在 2:05 和 3:20 处添加两个关键帧，值为 [(960,540),0] 和 [(757,540),75°]，将“与图像的距离”设为 -10；为“蒙版路径”选项在 2:05 和 3:20 处添加两个关键帧，第一个路径如图 2-113 所示，第二个路径如图 2-117 所示。在 3:20 和 3:24 处对“不透明度”选项创建两个关键帧，参数分别为 100 和 0。

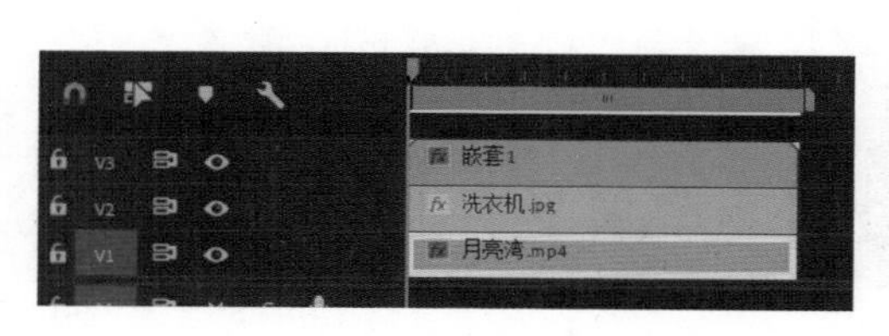

图 2-116 嵌套

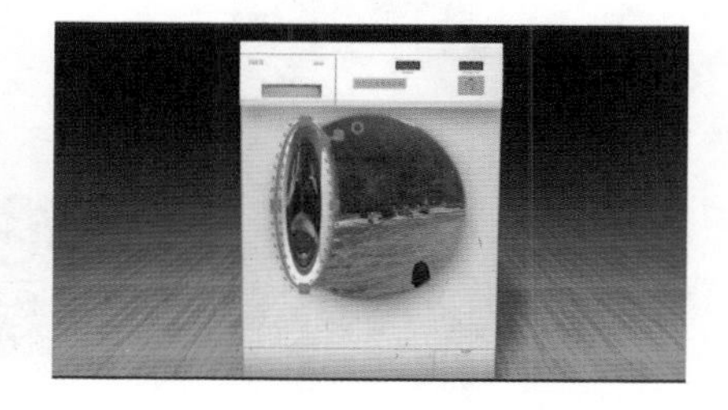

图 2-117 V3 上的蒙版

（9）选择 V2 轨道上的素材，在效果控件窗口中为“缩放”选项在 3:20 和 4:20 处添加两个关键帧，值为 100 和 460。

（10）单击“播放 / 停止切换”按钮预览视频效果。

实例9 画轴卷动效果

实例要点：添加划出转场效果并设置其参数，设置划出转场持续时间，设置划出转场方向。

思路分析：利用划出转场，通过制作画轴及设置相关参数，可以制作出画轴卷动效果。其最终效果如图 2-118 所示。

图 2-118 画轴卷动最终效果

操作步骤如下：

（1）启动 Premiere Pro 2020，新建一个“名称”为“画轴卷动”，“预设”为 D1/DV PAL 的序列文件。

（2）执行菜单命令“文件”→“导入”，导入本书配套教学素材“项目 2\ 任务 1\ 素材”文件夹中的“光环 .jpg”，如图 2-119 所示。

（3）在项目窗口中选择导入的素材，将其添加到 V2 轨道上，如图 2-120 所示。右击添加的素材，从弹出的快捷菜单中选择“缩放为帧大小”菜单项，将该素材调整到全屏状态。

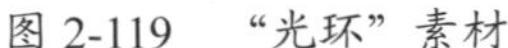

图 2-119 “光环”素材

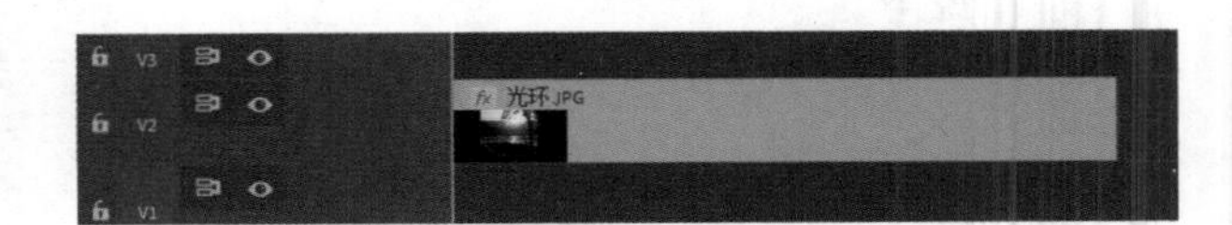

图 2-120 添加素材

（4）在效果控件窗口中，取消对“等比缩放”复选项的勾选，将“缩放高度”和“缩放宽度”分别设置为 90 和 85。

（5）右击“光环”素材，从弹出的快捷菜单中选择“速度 / 持续时间”选项，弹出的

“剪辑速度 / 持续时间”对话框，设置“持续时间”为 12s，单击“确定”按钮。

（6）执行菜单命令“文件”→“新建”→“颜色遮罩”打开“新建颜色遮罩”对话框，设置如图 2-121 所示，单击“确定”按钮。

（7）打开“拾色器”对话框，将颜色设置为白色，如图 2-122 所示，单击“确定”按钮。

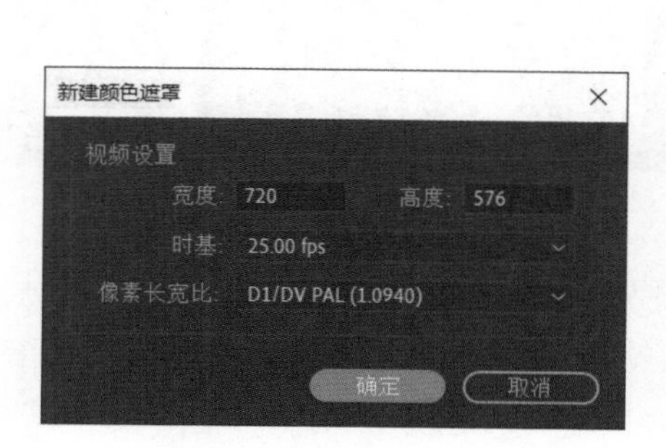

图 2-121　“新建颜色遮罩”对话框

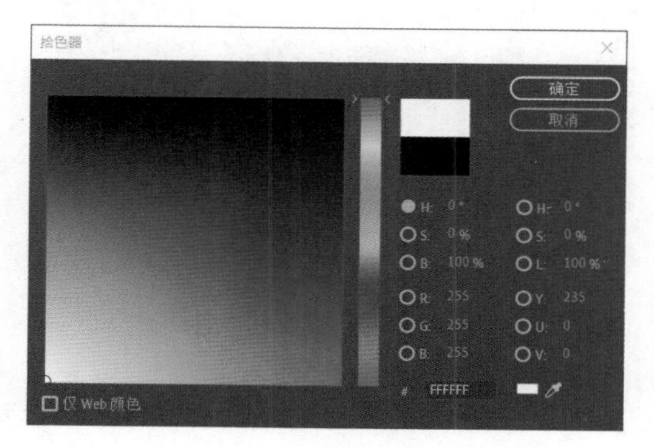

图 2-122　“拾色器”对话框

（8）打开“选择名称”对话框，在“选择用于新蒙版的名称”文本框中输入“白色蒙版”，单击“确定”按钮。

（9）在项目窗口中将“白色蒙版”添加到时间线窗口的 V1 轨道中，将其结束点拖到与“光环”结束点对齐，如图 2-123 所示。

（10）选中“白色蒙版”素材，在效果控件窗口中取消对“等比缩放”复选项的勾选，将“缩放高度”和“缩放宽度”分别设置为 92 和 50。

（11）执行菜单命令“文件”→“新建”→“旧版标题”打开“新建字幕”对话框，在“名称”文本框中输入“画轴”，如图 2-124 所示，单击“确定”按钮进入字幕编辑窗口。

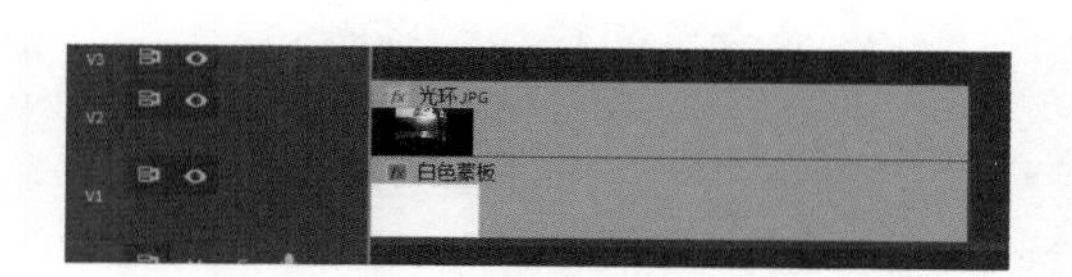

图 2-123　加入并调整后的素材

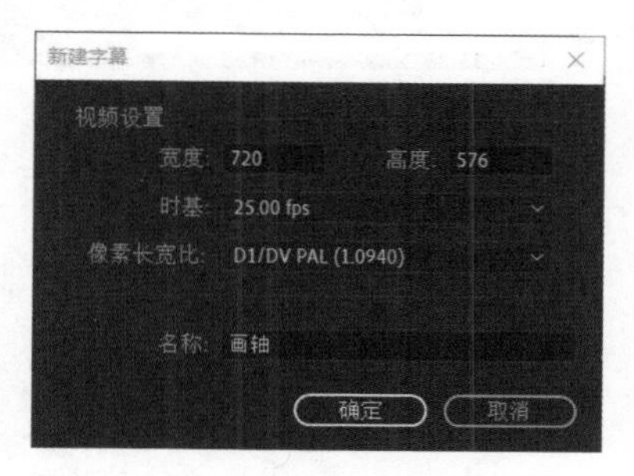

图 2-124　“新建字幕”对话框

（12）单击“画轴”右边的≡按钮，从弹出的下拉菜单中分别选择工具、动作选项，在工具箱中选择矩形工具，在字幕编辑窗口的上方绘制一个矩形（系统默认填充白色），如图 2-125 所示。

（13）按 Ctrl+C 和 Ctrl+V 组合键复制粘贴一个矩形，“颜色”为黑色，选中“光泽”复选项，如图 2-126 所示。

图 2-125　绘制的矩形

图 2-126　绘制并填充矩形

（14）在工具栏中选择“椭圆”工具，在矩形的旁边绘制一个椭圆形，设置“颜色”为黑色，单击“外描边”的添加按钮，设置“大小”为 6，“颜色”为白色，如图 2-127 所示。

（15）右击椭圆形，从弹出的快捷菜单中选择“复制”选项，用同样的方法，从弹出的快捷菜单中选择“粘贴”选项将复制出一个椭圆形，将其移到矩形的另一边，效果如图 2-128 所示。

图 2-127　绘制并填充椭圆形

图 2-128　复制并移动椭圆形

（16）关闭字幕编辑窗口，返回到 Premiere Pro 2020 的工作窗口。

（17）在项目窗口中将“画轴”添加到 V3 和 V4 轨道上，调整其持续时间与 V1 轨道上素材的持续时间等长，如图 2-129 所示。

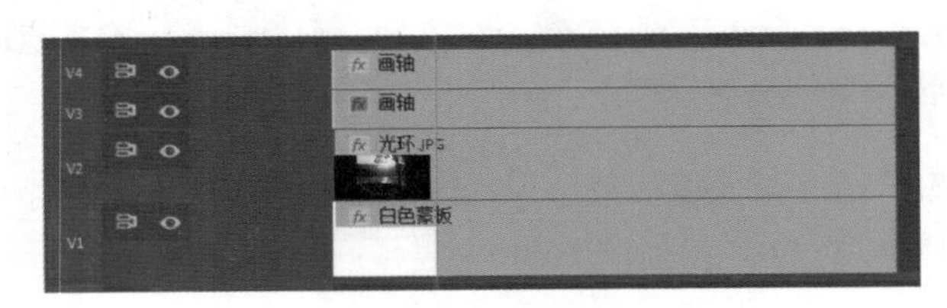

图 2-129　添加素材并调整持续时间

（18）选择 V3 轨道上的素材，在效果控件窗口中，为“位置”选项在 0s 和 12s 处添加两个关键帧，值为 (360,288) 和 (360,820)。

（19）在效果窗口中选择“视频转换”→“擦除”→“划出”，将其拖曳到 V1 和 V2

轨道的素材上。

（20）分别选中添加的转场，在效果控件窗口中单击“自北向南”按钮，“持续时间”设置为 12s，如图 2-130 所示。

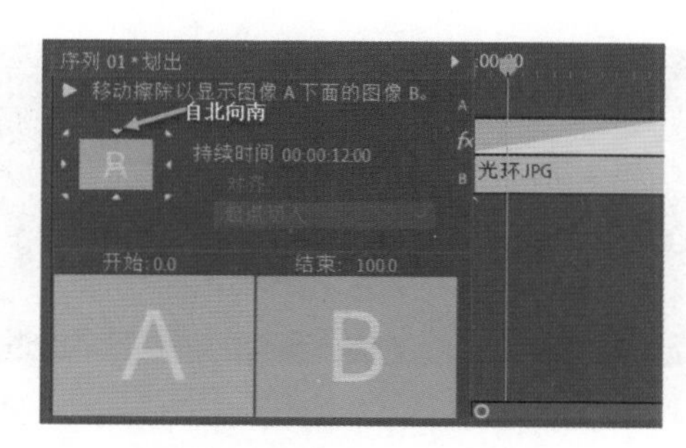

图 2-130　单击“从北到南”按钮

（21）单击“播放 / 停止切换”按钮预览视频效果。

实例10 双语字幕的制作

双语字幕是视频作品中常见的一种字幕形式，通常把本国语言作为第一语言，其他语种作为第二语言，所以在准备字幕文件时一定要双语对照精准翻译，把翻译好的字幕录入到记事本文件中，删去标点，注意断行。本例使用的字幕制作软件是 Arctime Pro。

操作步骤如下：

（1）将翻译好的中英文字幕录入记事本，删去标点，控制每行的字数在 16 个汉字以内，保存为“禾木村 2”文件，如图 2-131 所示。

（2）双击桌面上的图标打开 Arctime Pro 软件。

（3）执行菜单命令“文件”→“导入双语字幕文稿”，如图 2-132 所示，打开“选择 TXT 文本文件”对话框，选择“禾木村 2”文件，单击“打开”按钮。

图 2-131　字幕录入

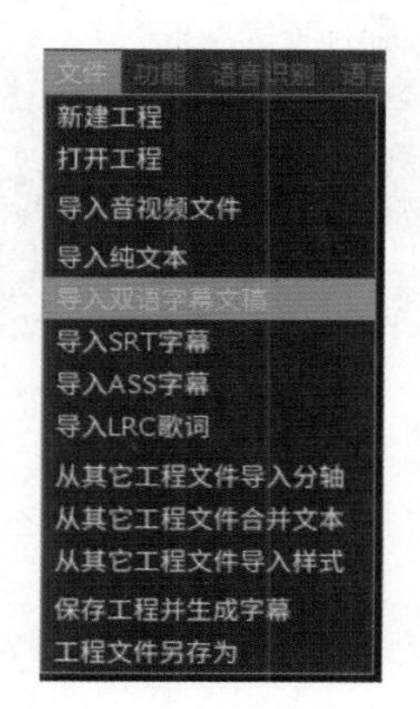

图 2-132　导入双语字幕文稿

（4）打开“导入双语文本”对话框，选择“文本编码”为 UTF-8，选择“单数行为第一语言”，勾选“自动忽略空白行”，检查内容预览区域内的文字，无错码乱码即可。如果需要修改，勾选“允许编辑预览框中的内容”即可对字幕重新编辑。修改完毕后单击“继续”按钮，如图 2-133 所示。

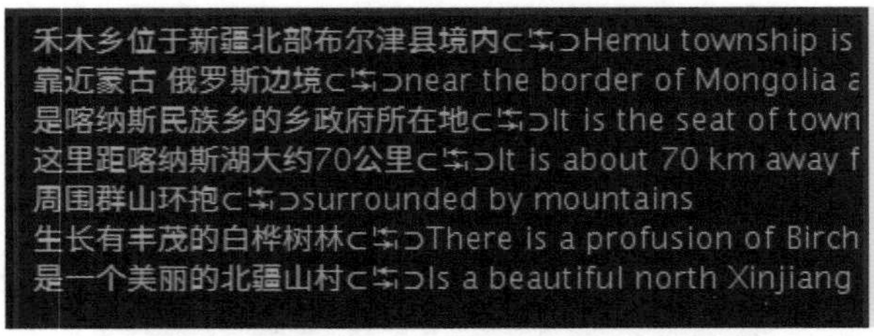

禾木乡位于新疆北部布尔津县境内⊂⇆⊃Hemu township is
靠近蒙古 俄罗斯边境⊂⇆⊃near the border of Mongolia a
是喀纳斯民族乡的乡政府所在地⊂⇆⊃It is the seat of town
这里距喀纳斯湖大约70公里⊂⇆⊃It is about 70 km away f
周围群山环抱⊂⇆⊃surrounded by mountains
生长有丰茂的白桦树林⊂⇆⊃There is a profusion of Birch
是一个美丽的北疆山村⊂⇆⊃Is a beautiful north Xinjiang

图 2-133　编辑字幕文件

（5）执行菜单命令“文件”→“导入音视频文件”打开“选择一个音视频文件”对话框，选择被导入的音频文件“禾木村音频”，单击“打开”按钮。

（6）在工具栏中选择快速创建工具 ，字幕将随着鼠标移动的轨迹运动，单击“播放 / 暂停”按钮，跟随视频和音频节奏在字幕轨道（最上面的轨道）上拖选，成行的字幕被加在对应的视频位置，如图 2-134 所示。继续在字幕轨道上拖选字幕，直到拖选完毕。

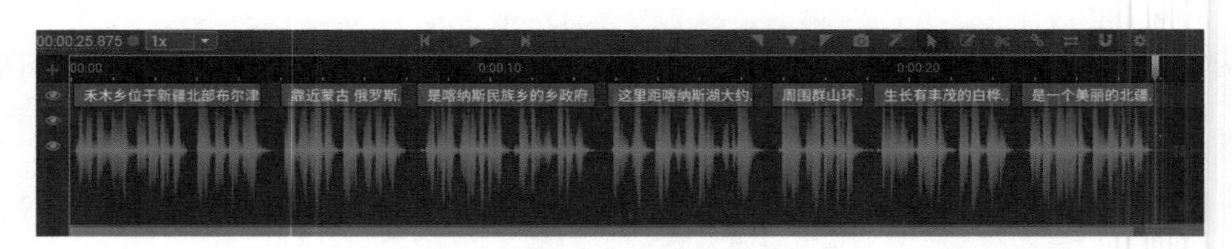

图 2-134　加字幕后的时间线轨道

（7）执行菜单命令“语言处理”→“将双语字幕切分为双轨道”，如图 2-135 所示，字幕被拆分到两个轨道上，如图 2-136 所示。

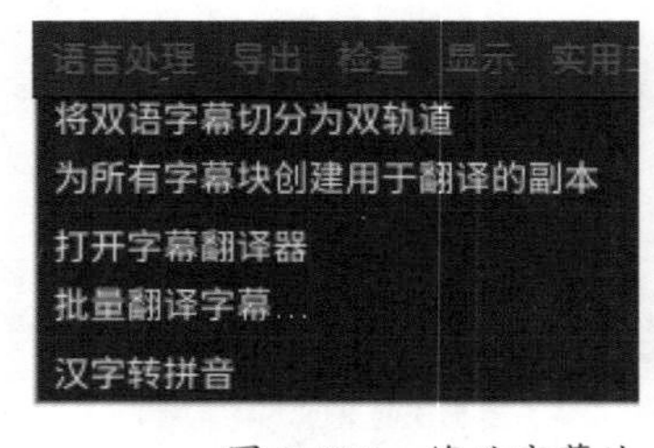

语言处理 导出 检查 显示 实用
将双语字幕切分为双轨道
为所有字幕块创建用于翻译的副本
打开字幕翻译器
批量翻译字幕...
汉字转拼音

图 2-135　修改字幕块

00:00:00.000
1x
禾木乡位于新疆北部布尔津
靠近蒙古 俄罗斯
是喀纳斯民族乡的乡政府
Hemu township is located
near the border
It is the seat of townsh

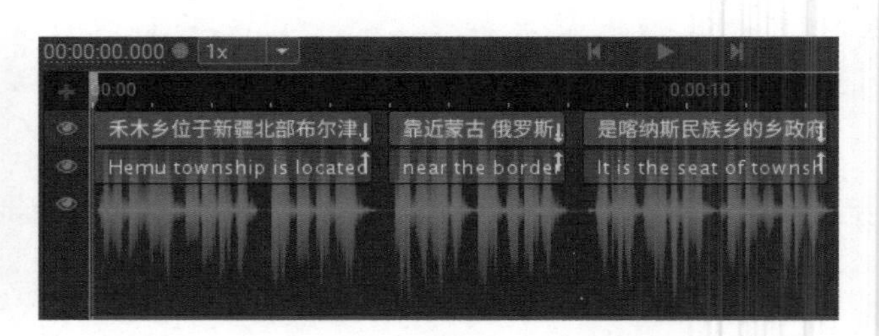

图 2-136　字幕被拆分效果

（8）导出中文字幕。关闭时间线窗口第 2 轨道上的“可视图标” ，执行菜单命令“导出”→“到 Premiere Pro”→“XML+PNG 序列”打开“XML+PNG 序列 - 输出设置”对话框，设置“画面预设”为 1920×1080，“应用软件”为 Premiere，勾选“显示安全线”复选项，“字体”为经典粗黑简，“字号”为 55，描边宽度为 3，阴影距离为 1.2，“垂直边距”为 150，单击“选择保存位置”按钮打开“选择字幕保存路径”对话框，选择“光盘内容新”→“项目 1”→“素材”→“解说词字幕素材”→“中文”，单击“保存”按钮，如图 2-137 所示，单击“导出”按钮。

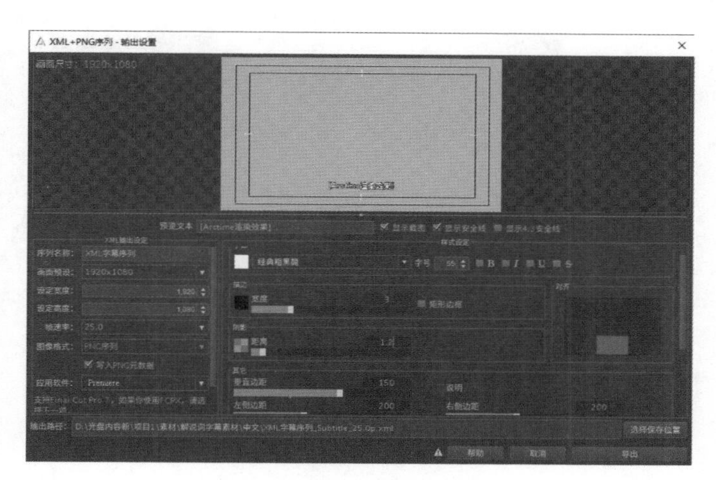

图 2-137　导出菜单

（9）导出英文字幕。关闭时间线窗口第 1 轨道上的可视图标，执行菜单命令“导出”→“到 Premiere Pro”→“XML+PNG 序列”打开“XML+PNG 序列 - 输出设置”对话框，设置“画面预设”为 1920×1080，“应用软件”为 Premiere，勾选“显示安全线”复选项，“字体”为 Arial Black，“字号”为 50，描边宽度为 3，阴影距离为 1.2，“垂直边距”为 100，单击“选择保存位置”按钮，打开“选择字幕保存路径”对话框，“光盘内容新”→“素材”→“解说词字幕素材”→“英文”，单击“导出”按钮。

（10）在 Premiere Pro 2020 工作窗口中，按 Ctrl+I 组合键打开“导入”对话框，选择“中文”和“英文”文件夹，单击“导入文件夹”按钮，在项目窗口中将“中文”→“XML 字幕序列 _Subtitle_25.0p”拖曳到源监视器窗口，在源监视器窗口中拖曳“仅拖动视频”按钮到时间线窗口 V2 轨道上。

（11）在项目窗口中将“英文”→“XML 字幕序列 _Subtitle_25.0p”拖曳到源监视器窗口，在源监视器窗口中拖曳“仅拖动视频”按钮到时间线窗口 V3 轨道上，入点为 0s，如图 2-138 所示。

（12）单击“播放 / 停止切换”按钮预览视频效果如图 2-139 所示。

图 2-138　字幕列表在时间线上的位置

图 2-139　字幕效果

【任务实施】

用在济南当地拍摄的照片制作一个电子相册，该项目的操作要点是新建项目、导入素材、片头制作、录音、编辑音频文件、快速制作字幕、添加解说字幕、背景音乐编辑、编排素材、制作图像动画、转场应用、高级转场制作、制作片尾字幕及输出作品。

1. 音频录制

（1）准备文字稿。

济南，别称泉城，泉群众多、水量丰沛，被称为天然岩溶泉水博物馆。济南城内百泉争涌，分布着久负盛名的趵突泉泉群、黑虎泉泉群、五龙潭泉群、珍珠泉泉群、白泉泉群、百脉泉泉群、玉河泉泉群、涌泉泉群、袈裟泉泉群以及平阴的洪范池十大泉群。

济南老城的泉水分布最为密集，十大泉群中，仅老城就有 4 个，基本上是现今游船环城一圈的区域：从黑虎泉出发，经泉城广场、西门、五龙潭、大明湖公园北侧、老东门、青龙桥，密布着大大小小 100 多处天然甘泉，汇流成的护城河流淌到大明湖，与周围的千佛山、鹊山、华山等构成了独特的风光，也成为少有的集“山、泉、湖、河、城”于一体的城市，自古就有“家家泉水，户户垂柳”“四面荷花三面柳，一城山色半城湖”的美誉。

济南是八大菜系的鲁菜发祥地，历来传承有序。糖醋黄河鲤鱼历来被尊为山东名菜之首，泉城大包选料精细，做工考究，配料丰富有特色，而且味道醇厚，花色品种多。

济南作为泉城，旅游资源丰富，是国家历史文化名城、中国优秀旅游城市、山东旅游“一山一水一圣人”中的重要组成部分，每年吸引着众多的国内外游客。

（2）录音。

1）将计算机系统的扬声器音量关闭，在时间线窗口的录制轨道上按下“画外音录制”按钮，激活录音功能，节目窗口倒计时 3 个数后开始录音。单击“画外音录制”按钮结束录音。反复录制，直到满意为止。

2）录制完成后，选择“效果”→“音频效果”→“降噪”拖曳到 A1 轨道上，切换到效果控件窗口，单击“自定义设置”后面的“编辑”按钮打开“剪辑效果编辑器”对话框，设置“预设”为弱降噪，根据噪音强弱调节数量值，一般控制在 0 和 50% 之间，单击“关闭”按钮。

3）按 Ctrl+M 组合键打开“导出设置”对话框，设置“格式”为 MP3，“预设”为 MP3 192kb/s，单击“输出名称”后的名称打开“另存为”对话框，选择保存位置后单击“保存”按钮，再单击“导出”按钮，保存导出为 MP3 文件。

2. 精细剪辑

（1）新建项目并导入素材。操作步骤如下：

1）启动 Premiere Pro 2020，单击“新建项目”按钮打开“新建项目”对话框，在“名称”文本框中输入“泉城济南”，设置文件的保存位置，单击“确定”按钮。

2）按 Ctrl+N 组合键打开“新建序列”对话框，设置“可用预设”为 AVCHD → 1080p → AVCHD 1080p25，设置“名称”为泉城济南，单击“确定”按钮，进入 Premiere Pro 2020 的工作窗口。

3）按 Ctrl+I 组合键打开“导入”对话框，选择本书配套教学素材文件夹“项目 2\泉城济南电子相册\泉城济南素材”。

4）单击“导入文件夹”按钮将所选的素材导入到项目窗口的素材库中。

（2）设计相册片头。操作步骤如下：

1）在项目窗口中打开图片文件夹，选择“18.jpg”“19.jpg”“趵突泉全景”“奥体中心”“泉标”文件拖曳到V1轨道上，入点为0s，在效果控件窗口将5张图片的“缩放”参数分别设置为（70，100）、（75，44）、65、68、46。

2）在V1轨道选中5个素材并右击，从弹出的快捷菜单中选择“速度/持续时间”选项，弹出“速度/持续时间”对话框，将“持续时间”改为1s，勾选“波形编辑，移动尾部编辑”复选项，单击“确定”按钮。按Alt键复制到V2轨道上，起点为0s，如图2-140所示。

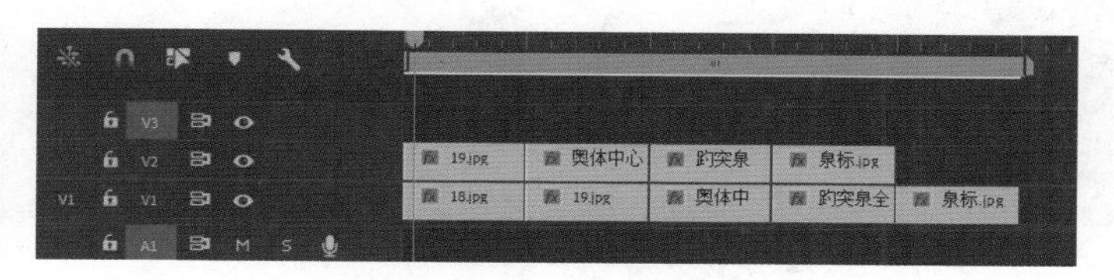

图2-140 复制素材

3）选择V2轨道上的“19.jpg”素材并右击，从弹出的快捷菜单中选择“嵌套”选项，如图2-141所示，打开“嵌套序列名称”对话框，设置“名称”为“嵌套序列5”，单击“确定”按钮。

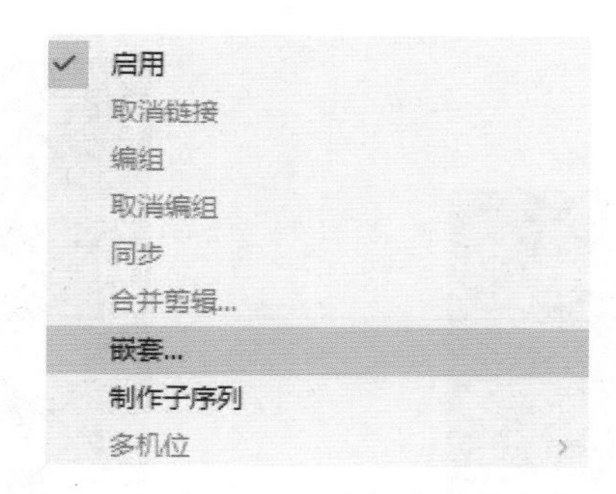

图2-141 选择嵌套

4）对后面的素材进行同样的操作，名称分别为“嵌套序列6”“嵌套序列7”“嵌套序列8”，如图2-142所示。

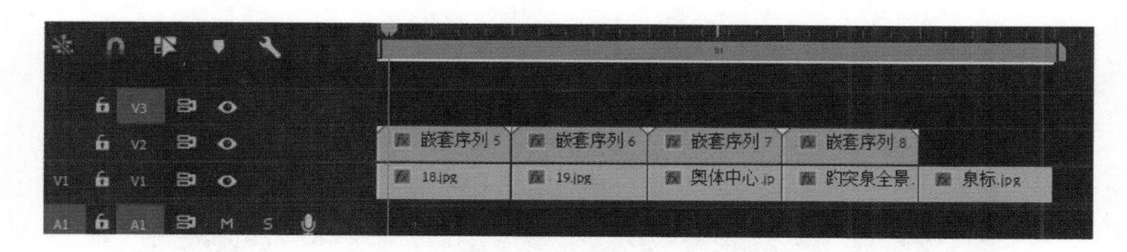

图2-142 嵌套素材

5）执行菜单命令“文件”→“新建”→“旧版标题”打开“新建字幕”对话框，设置“名称”为“大”，单击“确定”按钮，打开字幕窗口。选择“文字工具”，在编辑窗口输入“大”，“字体系列”为方正琥珀体简，“中心”对齐选择“水平居中”和“垂直居中”，如图2-143所示。

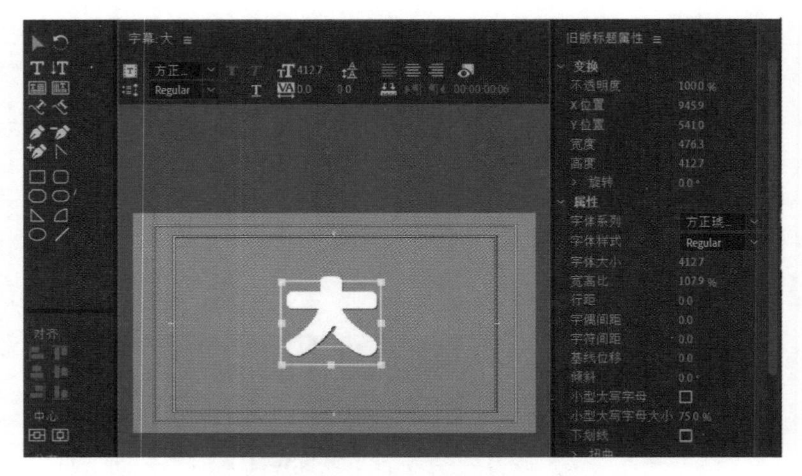

图 2-143 “大”字幕参数设置

6）单击左上角的“基于当前字幕新建字幕”按钮打开“新建字幕”对话框，在“名称”文本框中输入“美”，如图 2-144 所示，单击“确定”按钮打开“字幕”窗口，在编辑窗口中输入“美”，重复步骤 5）和步骤 6）的操作，创建 4 个字幕文件，如图 2-145 所示。

图 2-144 新建“美”字幕

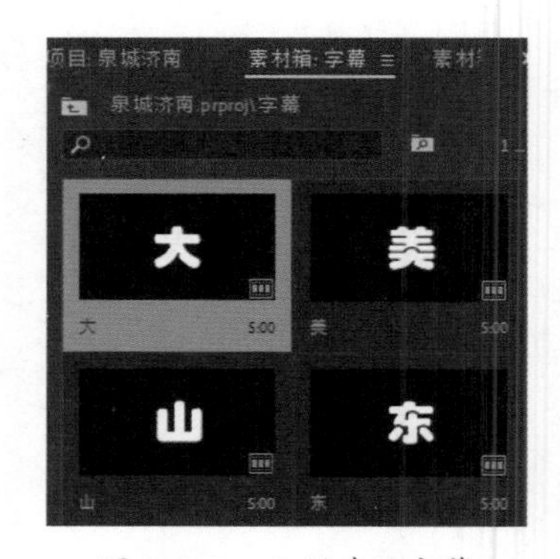

图 2-145 已创建的字幕

7）进入项目窗口，将 4 个字幕文件拖曳到 V3 轨道上，持续时间为 15 帧，如图 2-146 所示。

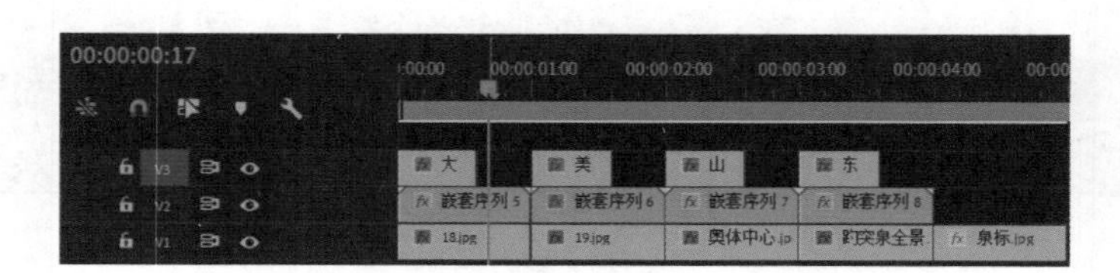

图 2-146 字幕在时间线上的位置

8）打开效果窗口，依次展开“视频效果”→“键控”→“轨道遮罩键”，将“轨道遮罩键”拖曳到时间线窗口中 V2 轨道的 4 个嵌套序列素材上。

9）在时间线窗口选择“嵌套序列 5”，在效果控件窗口中设置“遮罩”为“视频 3”，如图 2-147 所示。对“嵌套序列 6”“嵌套序列 7”“嵌套序列 8”执行同样的操作。

10）在时间线窗口选择“大”字幕素材，在效果控件窗口中为“缩放”选项，在 0 帧、3 帧、6 帧、15 帧处添加关键帧，值为 0、120、120、600，如图 2-148 所示。同时选择 4 个关键帧，右击并选择“缓入”和“缓出”选项，如图 2-149 所示。展开“缩放”前面的折叠按钮，调整贝塞尔曲线，如图 2-150 所示。

图 2-147　选择视频 3

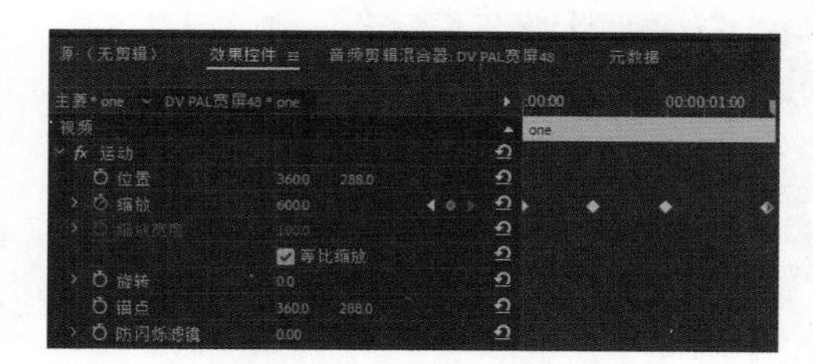

图 2-148　缩放参数设置

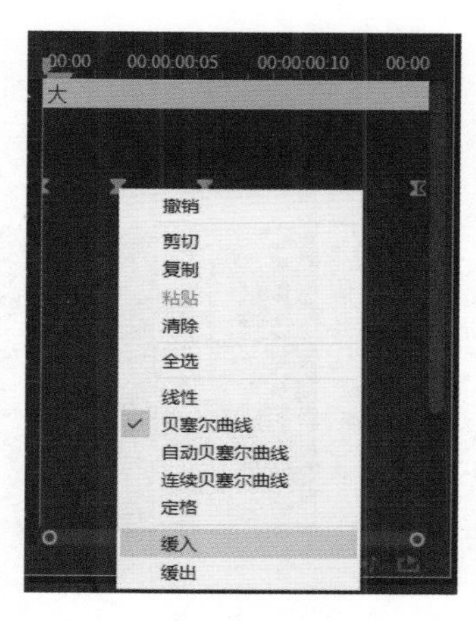

图 2-149　选择“缓入”和“缓出”

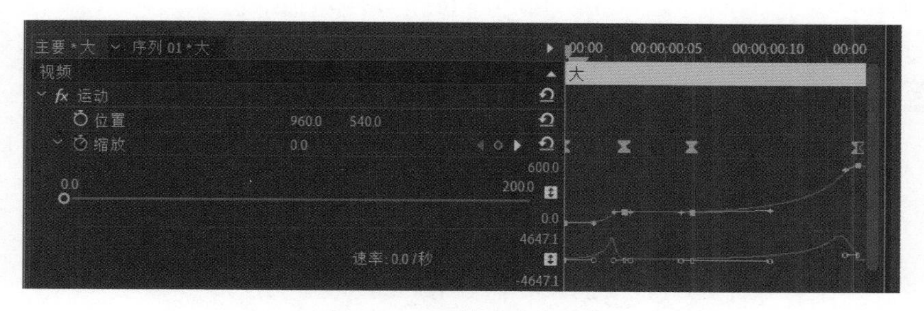

图 2-150　调整贝塞尔曲线

11）打开效果窗口，依次展开“视频效果”→“模糊与锐化”→“高斯模糊”，将“高斯模糊”拖曳到时间线窗口中 V3 轨道的 4 个素材上。

12）在时间线窗口中选择“大”字幕素材，在效果控件窗口中为“模糊度”选项在 6 帧和 15 帧处添加两个关键帧，值为 0 和 43。

13）按 Ctrl 键依次选择“大”素材上的所有关键帧，按 Ctrl+C 组合键复制，在时间线窗口中选择“美”素材，时间指针移到最前端，在效果控件窗口中按 Ctrl+V 组合键粘贴。同样的方法使用于“山”和“东”字幕素材。

14）在项目窗口中展开“音频”文件夹，双击“转场音”素材，在源监视器窗口中设置入点为 5 帧，出点为 20 帧，按住“仅拖动音频”按钮不放将其拖曳到 A1 轨道上的 0s、1s、2s 和 3s 处，如图 2-151 所示。

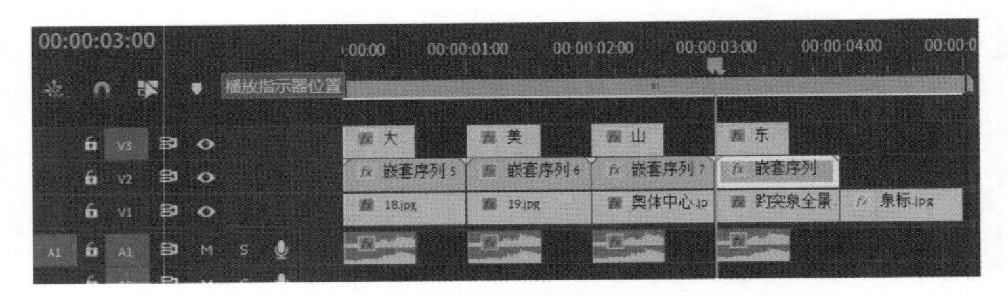

图 2-151　音频文件在时间线上的位置

15）在项目窗口中选择“背景音乐 1.mp3”素材，拖曳到 A2 轨道上，起始位置为 0s，展宽音频轨道，选择“钢笔工具”，在 0s 和 15 帧处为“背景音乐 1.mp3”素材添加两个关键帧，将起始位置关键帧拖到最低位置，制作声音缓入效果，如图 2-152 所示。

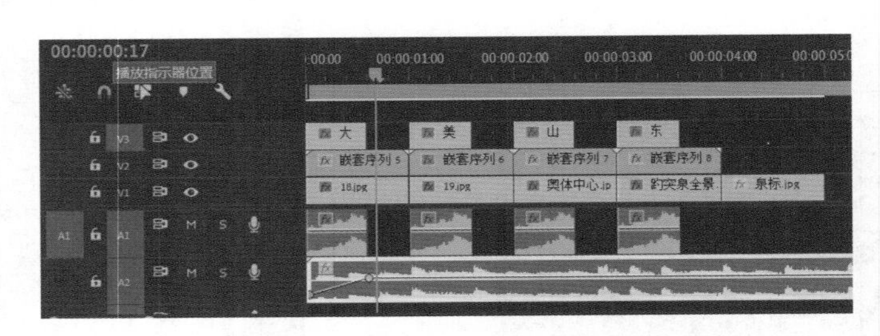

图 2-152　音频缓入效果

16）执行菜单命令“文件”→“新建”→“旧版标题”打开“新建字幕”对话框，设置“名称”为“泉城济南”，单击“确定”按钮，打开字幕窗口。

17）选择“竖排文字工具”，在编辑区中输入“泉城济南”，全选文字，在“旧版标题样式”中选择 Aa，“字体系列”为方正楷体，如图 2-153 所示，关闭窗口。

图 2-153　字幕效果

18）在项目窗口中将“泉城济南”字幕拖曳到 V2 轨道上，入点位置与前面素材对齐，持续时间为3s，将V1轨道上“泉标”素材的持续时间也设置为4s。

19）在效果窗口中依次展开“视频过渡”→“擦除”→“划出”，将“划出”拖曳到时间线窗口V2轨道的“泉城济南”字幕素材上，起点切入，持续时间为1s，如图2-154所示。

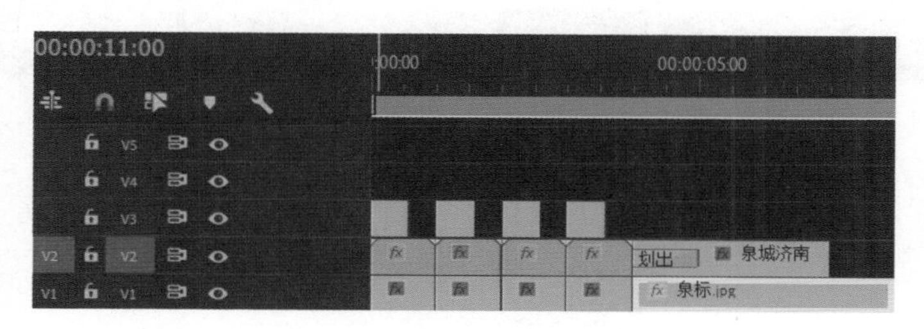

图2-154 “划出”位置效果

（3）正片编辑。

1）在项目窗口中展开“音频”文件夹，双击“解说”素材，在源监视器窗口设置入点为4:19，出点为2:08:11，将其拖曳到A2轨道上，起始位置为7s。

2）在项目窗口中展开“图片”文件夹，选择“秋”素材，将其拖曳到V1轨道上，入点位置与前面素材对齐。

3）在项目窗口中选择“泉标”素材，将其拖曳到V2轨道上，入点位置与前面素材对齐，设置持续时间为1:13。

4）在时间线窗口选择“泉标”素材，在效果控件窗口，选择“不透明度”中的椭圆形蒙版，如图2-155所示。在节目窗口中通过手柄调整大小和弧度，调整完单击空白处即可，如图2-156所示。

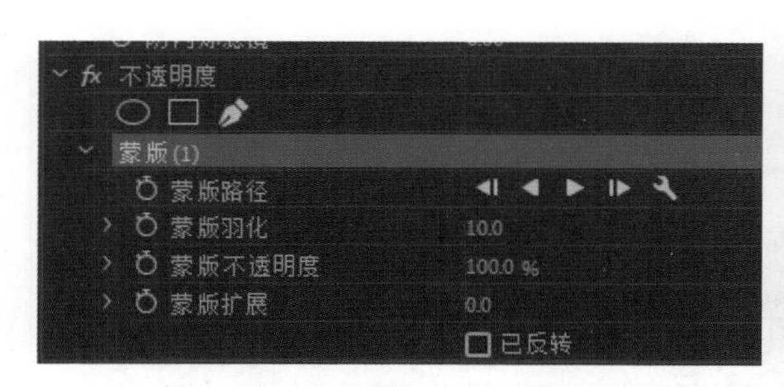

图2-155 选择椭圆形蒙版

图2-156 绘制蒙版

5）在时间线窗口中选择“泉标”素材，按住Alt键的同时将其拖动到V3轨道进行复制，如图2-157所示。

6）选择V2轨道上的“泉标素材”，在效果控件窗口中勾选“已反转”复选项，如图2-158所示。

7）选择V2轨道上的“泉标”素材，在效果控件窗口中为“位置”和“缩放”选项在7s、7:11和8:11处添加3个关键帧，值为[(960,540),46]、[(1269,413),123]和[(3150,264),830]。

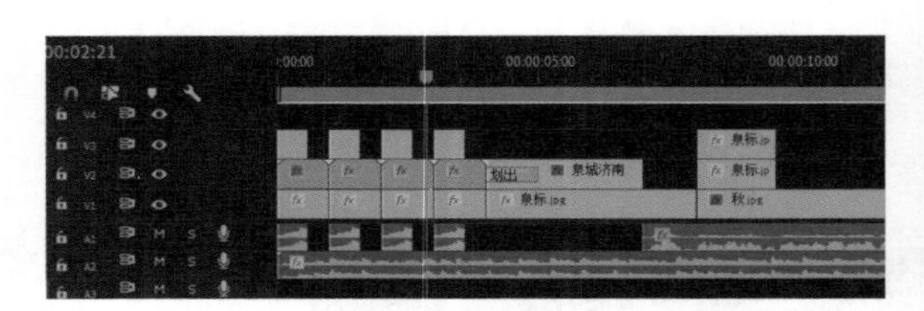
图 2-157 素材在时间线上的位置

图 2-158 勾选“已反转”

8）选择 V3 轨道上的“泉标”素材，在效果控件窗口中为“位置”和“缩放”选项在 7s、7:11 和 8:11 处添加 3 个关键帧，值为 [(960,540),46]、[(1269,413),61] 和 [(3150,264),0]。

9）从项目窗口中拖选“花”素材到 V1 轨道，入点位置与前面素材对齐，持续时间长度为 2s，在效果控件窗口中调整缩放为 396。

10）在效果窗口中依次展开“视频过渡”→“擦除”→“螺旋框”，将“螺旋框”拖曳到“秋”与“花”素材之间，参数保持默认。

11）在项目窗口拖选“趵突泉”素材到 V1 轨道，入点位置与前面素材对齐，持续时间长度为 7s，在效果控件窗口中设置“缩放高度”为 63，“缩放宽度”为 100，为“位置”选项在 14:13 和 20:12 处添加关键帧，值为 (2460,543) 和 (-530,543)。

12）在效果窗口中依次展开“视频过渡”→“擦除”→“随机擦除”，将“随机擦除”拖曳到“花”与“趵突泉”素材之间，参数保持默认。

13）在项目窗口中依次将“黑虎泉”“五龙潭”“珍珠泉”“百脉泉”“玉河泉泉群”“涌泉泉群”图片拖曳到 V1 轨道上，入点位置与前面素材对齐，持续时间均为 2s，“百脉泉”的持续时间为 3:13。

14）在效果控件窗口中设置“缩放”分别为 56、33、96、53、398、392。两素材之间的视频过渡效果分别是“中心拆分”“菱形划像”“风车”“叠加溶解”“交叉溶解”“翻页”，如图 2-159 所示。

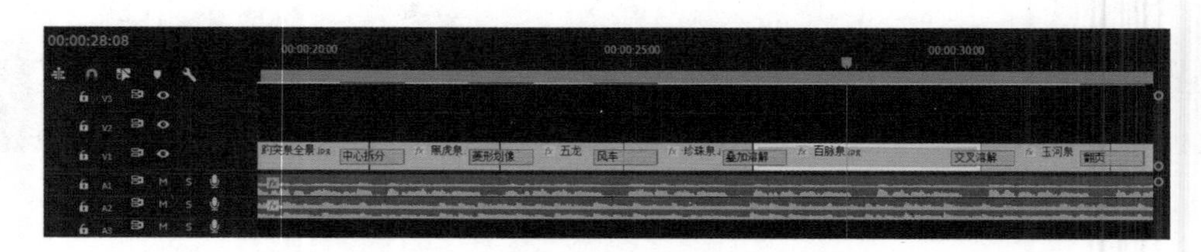
图 2-159 视频过渡效果在素材之间的位置

15）在项目窗口中将“泉水”素材拖曳到 V1 轨道，入点位置与前面素材对齐，持续时间长度为 5:14，在效果控件窗口中调整缩放为 394。

16）在效果窗口中依次展开“视频过渡”→“溶解”→“交叉溶解”，将“交叉溶解”拖曳到“涌泉泉群”与“泉水”素材之间，参数保持默认。

17）在项目窗口中将“洪范池”素材拖曳到 V2 轨道，入点位置 36:02，持续时间长度为 4:21，在效果控件窗口中为“位置”选项在 35:03、37:32、38:07 处添加 3 个关键帧，

值分别是 (2198,540)、(1125,540)、(-277,81)，选择这 3 个关键帧并右击，从弹出的快捷菜单中选择“缓入”和“缓出”选项，单击“位置”前面的折叠按钮调整贝塞尔曲线，如图 2-160 所示。

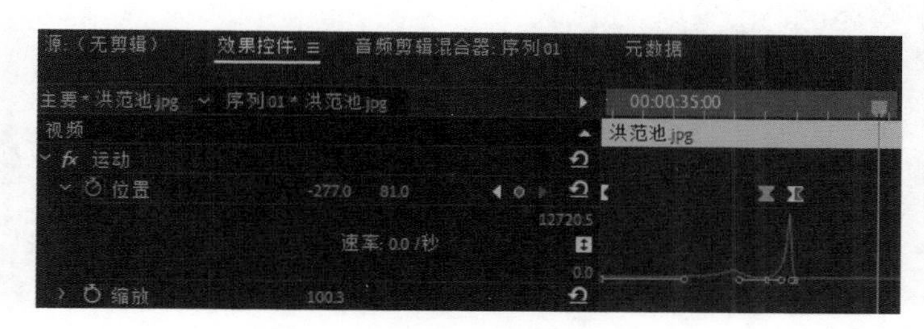

图 2-160　位置参数

18）在项目窗口中将“济南老城”素材拖曳到 V1 轨道，入点位置与前面素材对齐，持续时间长度为 5s。

19）在项目窗口中将“曲水亭街”素材拖曳到 V1 轨道，入点位置与前面素材对齐，持续时间长度为 5s。

20）在效果控件窗口中为“位置”和“缩放”选项在 47:12 和 50:20 处添加两个关键帧，值为 [(960,540),37] 和 [(1380,425),89]。

21）在项目窗口中打开“光晕”文件夹，将“光晕转场 1”拖曳到时间线窗口的 V2 轨道上，入点为 45:09，持续时间长度均为 1s。将“唯美梦幻虚焦光效”拖曳到时间线窗口的 V3 轨道上，参数设置同上，如图 2-161 所示。

22）选择“光晕转场 1”素材，在效果控件窗口中展开“不透明度”按钮，更改“混合模式”为滤色，如图 2-162 所示。

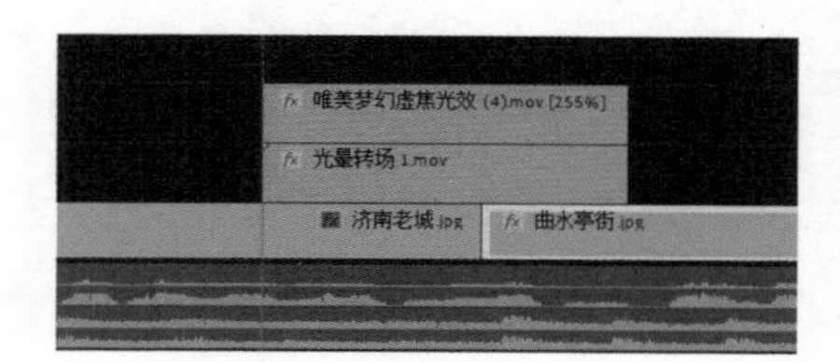

图 2-161　光晕位置

图 2-162　混合模式设置

23）在项目窗口中将“曲水亭街 2”素材拖曳到 V1 轨道，入点位置与前面素材对齐，持续时间长度为 24:02。

24）在效果控件窗口中为“位置”选项在 50:12 和 53:11 处添加两个关键帧，值为 (960,514) 和 (960,767)；为“缩放”选项在 50:12、53:11、1:09:07、1:14:10 处添加 4 个关键帧，值为 100、195、195、89；为“不透明度”选项在 52:17、53:11、1:08:07 和 1:09:08 处添加 4 个关键帧，值为 100%、60%、60%、100%，如图 2-163 所示。

25）在项目窗口中依次拖曳“黑虎泉”“泉城广场”“泉城路”“五龙潭”“大明湖”和“老东门”素材到时间线窗口的 V2、V3、V4、V5、V6、V7 轨道上，持续时间长度均为 5s，起始时间分别为 54:16、56:09、58:06、59:24 和 1:01:20 和 1:03:18 处，如图 2-164 所示。

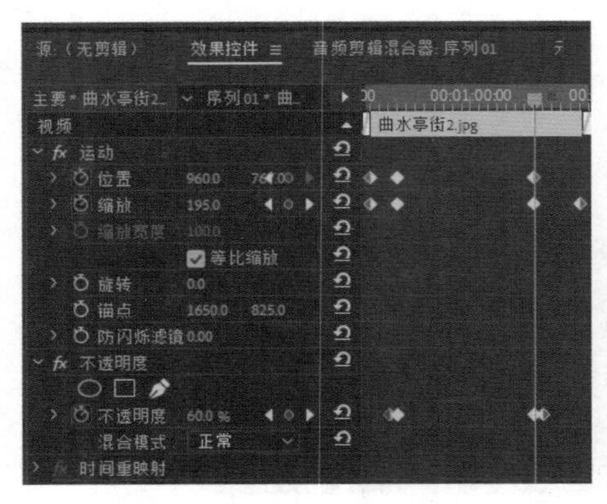

图 2-163　参数设置

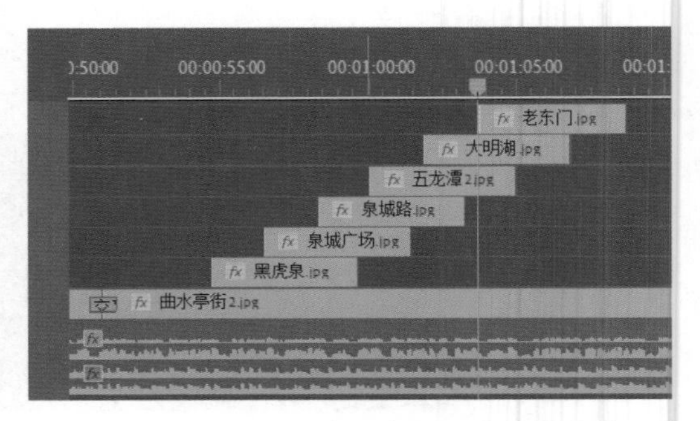

图 2-164　素材在时间线上的位置

26）在效果控件窗口中设置“缩放”分别为 20、20、23、30、40、22。

27）在时间线窗口的 V2 轨道上选择“黑虎泉”素材，在效果控件窗口中为“位置”选项在 54:17 和 59:06 处添加两个关键帧，值为 (2284,522) 和 (-478,522)。选择两个关键帧，按 Ctrl+C 组合键复制，时间指针分别移到“泉城广场”“泉城路”“五龙潭”“大明湖”“老东门”素材起始位置，按 Ctrl+V 组合键粘贴关键帧。

28）在项目窗口中，依次将“千佛山”“鹊山”和“华山”文件拖曳到时间线窗口的 V1 轨道上，入点位置与前面素材对齐，持续时间长度均为 2s，在效果控件窗口中设置“缩放”分别为 84、67、49。

29）在效果窗口中展开“视频过渡”→“内滑”→“推”，将“推”效果过渡应用于“曲水亭街 2”“千佛山”“鹊山”“华山”相邻的两个素材之间，如图 2-165 所示。

图 2-165　“推”效果的位置

30）在项目窗口中依次将“菊花 1”和“喷泉”文件拖曳到时间线窗口的 V1 轨道上，入点位置与前面素材对齐，持续时间长度均为 3s，在效果控件窗口中设置“缩放”分别为 392 和 73。

31）在项目窗口中单击右下角的“新建项目”按钮，从弹出的下拉菜单中选择“调整图层”选项，弹出“调整图层”对话框，单击“确定”按钮后将其拖曳到 V2 轨道上，入点为 1:23:16，持续时间为 10 帧，按 Alt 键移动复制 3 个，位置如图 2-166 所示。

32）在效果窗口中展开“视频效果”→“扭曲”→“旋转扭曲”，将“旋转扭曲”效果拖曳到 V2 轨道上的两个“调整图层”上，选择左“调整图层”，在效果控件窗口中为“旋转扭曲”→“角度”参数在 1:23:16 和 1:24:00 处添加两个关键帧，值为 0 和 90°。选择两个关键帧，按 Ctrl+C 组合键复制，将时间指针移到右“调整图层”上的起始位置，在效果控件窗口中按 Ctrl+V 组合键粘贴关键帧，参数改为 90° 和 0。

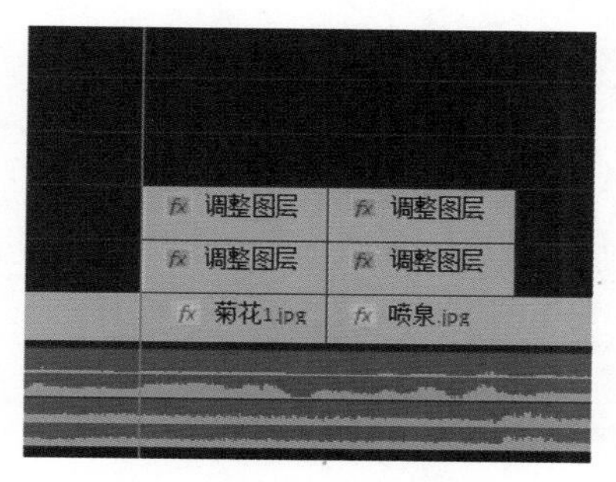

图 2-166 调整图层的位置

33）在效果窗口中展开“视频效果”→“扭曲”→“镜头扭曲”，将“镜头扭曲”效果拖曳到V3轨道的两个“调整图层”上，选择左“调整图层”，在效果控件窗口中为“曲率”参数在1:23:16和1:24:00处添加两个关键帧，值为-90°和0。选择两个关键帧，按Ctrl+C组合键复制，将时间指针移到右“调整图层”的起始位置，在效果控件窗口中按Ctrl+V组合键粘贴关键帧，参数改为0和-90°。

34）在项目窗口将“垂柳”文件拖曳到时间线窗口的V1轨道上，入点位置与前面素材对齐，持续时间为3s，在效果控件窗口中设置“缩放”分别为390。

35）在效果窗口中展开“视频过渡”→“3D运动”→“立方体旋转”，将“立方体旋转”过渡拖曳到“喷泉”和“垂柳”文件之间，保持默认参数不变。

36）在项目窗口中将“护城河”文件拖曳到时间线窗口的V1轨道上，入点位置与前面素材对齐，持续时间为3s，在效果控件窗口中设置“缩放”为125。

37）在效果窗口中展开“视频过渡”→“内滑”→“中心拆分”，将“中心拆分”过渡拖曳到“垂柳”和“护城河”文件之间，保持默认参数不变。

38）在项目窗口中将“花”文件拖曳到时间线窗口的V1轨道上，入点位置与前面素材对齐，持续时间为3s，在效果控件窗口中设置“缩放”为383。

39）复制时间线轨道上1:23:16处V2和V3轨道上的4个调整图层，粘贴到1:32:15处，如图2-167所示。

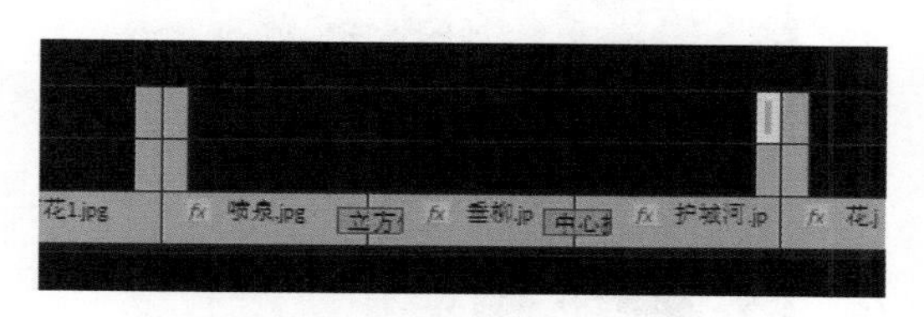

图 2-167 调整图层的位置

40）在项目窗口中将“油条”“糖醋鲤鱼”和“大包子”文件拖曳到时间线窗口的V1轨道上，入点位置与前面素材对齐，持续时间均为5s，在效果控件窗口中设置“缩放”分别为45、77、59。

41）在效果窗口中展开“视频过渡”→“划像”→“盒型划像”，将“盒型划像”过渡拖曳到“花”和“油条”素材之间，保持默认参数不变。

42）在效果窗口中展开“视频过渡”→“划像”→“圆型划像”，将“圆型划像”过渡拖曳到“油条”和“糖醋鲤鱼”素材之间，保持默认参数不变。

43）在效果窗口中展开“视频过渡”→“划像”→“菱型划像”，将“菱型划像”过渡拖曳到“糖醋鲤鱼”和“大包子”素材之间，保持默认参数不变，如图 2-168 所示。

44）在项目窗口中将“面食”“东荷西柳”文件拖曳到时间线窗口的 V1 轨道上，入点位置与前面素材对齐，持续时间均为 5s，在效果控件窗口中设置“缩放”选项分别为 43 和 53。

45）在时间线窗口中将时间指针定位到 1:53:13 处，选择“剃刀工具”剪切“面食”素材；将时间指针定位到 1:56:01，用“剃刀工具”剪切“东荷西柳”素材；在被剪断的素材上右击，从弹出的快捷菜单中选择“嵌套”选项，分别命名为“嵌套序列 09”和“嵌套序列 10”，如图 2-169 所示。

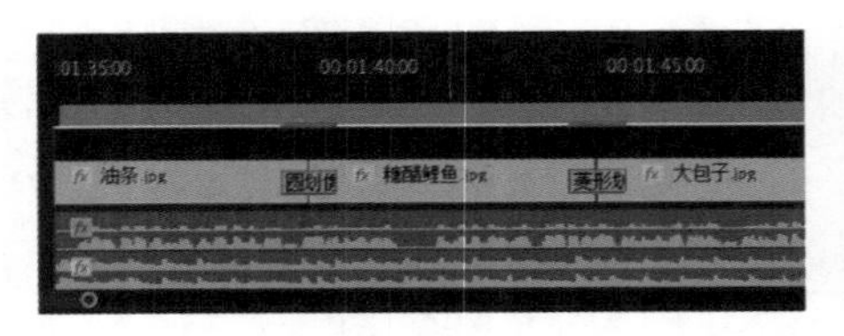

图 2-168　视频过渡的位置

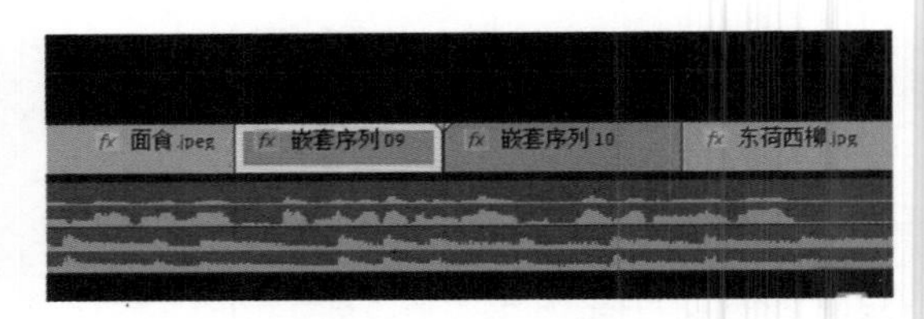

图 2-169　嵌套素材

46）在效果窗口的搜索框中输入“复制”，将“复制”拖曳到 V1 轨道上的“嵌套序列 09”上，在效果控件窗口中将“计数”改为“3”。

47）在效果窗口的搜索框中输入“镜像”，将“镜像”拖曳到 V1 轨道上的“嵌套序列 09”上 4 次。在效果控件窗口中依次设置“反射中心”为 (1920,720)、(1920,362)、(642,540) 和 (1311,540)，“反射角度”为 90°、-90°、180° 和 360°，如图 2-170 所示。

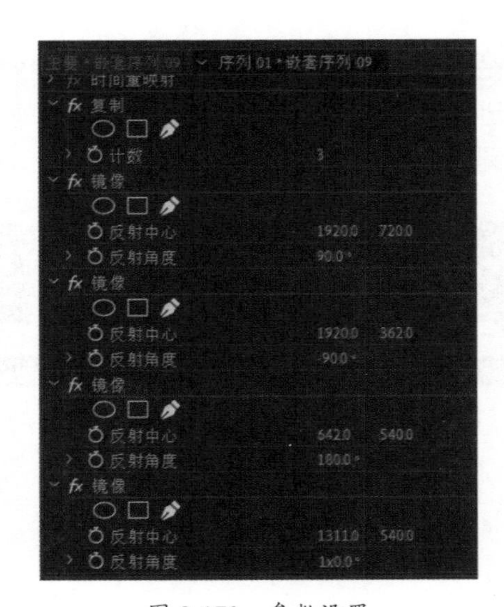

图 2-170　参数设置

48）在效果窗口的搜索框中输入“变换”，将“变换”拖曳到 V1 轨道上的“嵌套序列 09”上。

49）在效果控件窗口中设置“缩放”选项为300，为“旋转”选项在1:53:17和1:54:20添加两个关键帧，值为0和45°，设置“快门角度”为180°，取消对“使用合成的快门角度”复选项的勾选。

50）选择“嵌套序列09”，将效果控件窗口中的“复制”“镜像”和“变换”属性复制并粘贴到“嵌套序列10”上，在效果控件窗口中为“变换”→“旋转”选项在1:53:17和1:54:20处添加两个关键帧，值为45°和0。

51）在项目窗口中依次将“奥体中心”和“泉城路”文件拖曳到时间线窗口的V1轨道上，入点位置与前面素材对齐，持续时间长度均为5s，在效果控件窗口中设置“缩放”选项分别为68和55。

52）在效果窗口中展开“视频过渡”→“擦除”→“双侧平推门”，将“双侧平推门”过渡拖曳到“东荷西柳”和“奥体中心”、“奥体中心”和“泉城路”文件之间，保持默认参数不变。

53）在项目窗口中将“经十路”文件拖曳到时间线窗口的V1轨道上，入点位置与前面素材对齐，持续时间为4:20，在效果控件窗口中设置“缩放”为96。

54）在项目窗口中将“调整图层”拖曳到V2轨道上，入点为2:09:05，持续时间为18帧，复制一个调整图层，入点与前面的调整图层对齐，如图2-171所示。

55）在效果窗口中展开“视频效果”→“扭曲”→“变换”，将“变换”视频过渡拖曳到两个“调整图层”上，在效果控件窗口为“变换”→“缩放”选项在2:09:05和2:09:22处添加两个关键帧，值为100和300，选中两个关键帧，右击并选择“缓入”和“缓出”选项，单击“缩放”前面的折叠按钮调整贝塞尔曲线，将“快门角度”设置为360°，取消对“使用合成的快门角度”复选项的勾选，如图2-172所示。

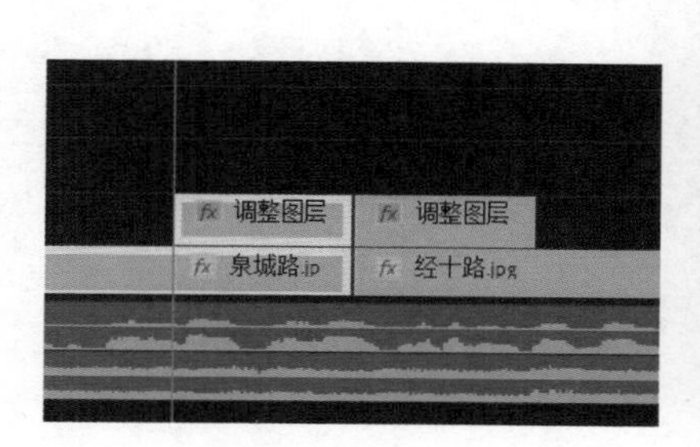

图2-171　调整图层的位置

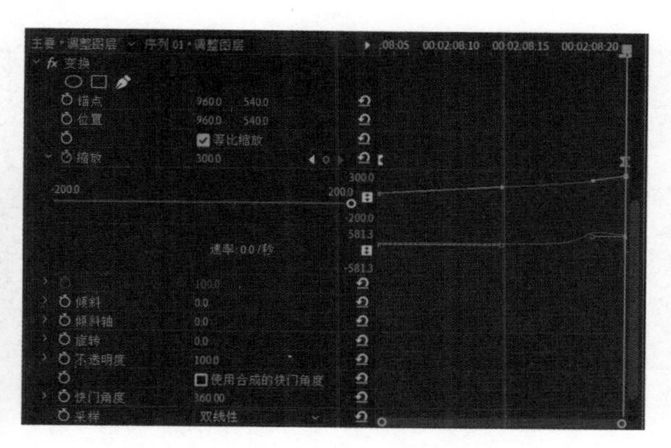

图2-172　变换的参数设置

56）选择“缩放”选项的两个关键帧，按Ctrl+C组合键复制，选择V2轨道上右边的“调整图层”，时间指针定位到最前面，在效果控件窗口中按Ctrl+V组合键粘贴关键帧，参数改为300和100，“快门角度”设置为360°，取消对“使用合成的快门角度”复选项的勾选。

素材片段在时间线上的位置如图2-173所示。

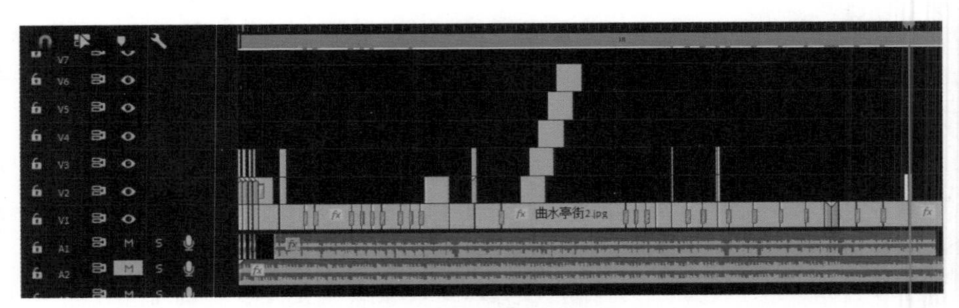

图 2-173　素材在时间线上的位置

（4）片尾制作。

1）执行菜单命令“文件”→“新建”→“旧版标题”，在打开的“新建字幕”对话框中输入字幕名称“片尾字幕”，单击“确定”按钮，打开字幕窗口。

2）单击字幕窗口上方的“滚动 / 游动选项”按钮，弹出“滚动 / 游动选项”对话框，设置“字幕类型”为滚动，勾选“开始于屏幕外”复选项，设置“缓入”为 50，“缓出”为 50，“过卷”为 75，单击“确定”按钮。

3）使用文字工具输入演职人员名单，在“旧版标题属性”选项卡中选择“字体”为“方正大黑简”，字体大小为 80，单击“描边”→“外描边”的“添加”按钮，效果如图 2-174 所示。

4）输入完演职人员名单后，按 Enter 键，拖动垂直滑块，将文字上移出屏为止。单击字幕设计窗口合适的位置，输入单位名称及日期，在“旧版标题属性”选项卡中选择“字体”为“经典粗黑简”，字体大小为 100，字符间距为 10，其余同上，效果如图 1-175 所示。

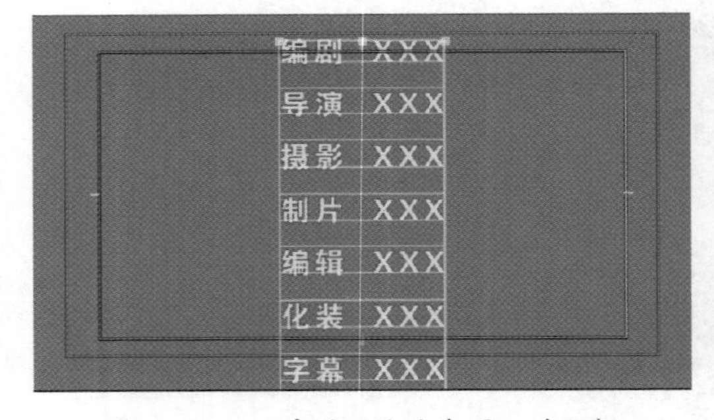

图 2-174　“滚动 / 游动选项”对话框

图 2-175　输入单位名称及日期

5）关闭字幕设计窗口，将当前时间指针定位到 2:15:04 位置，拖动“片尾”到时间线窗口 V1 轨道上，使其开始位置与当前时间指针对齐，持续时间设置为 12s。

3. 解说词字幕制作

（1）将翻译好的中英文字幕录入记事本，删去标点，控制每行的字数在 16 个汉字以内，保存为“双语字幕”文件。

（2）双击桌面上的图标，打开 Arctime Pro 软件。

（3）执行菜单命令“文件”→“导入双语字幕文稿”打开“选择 TXT 纯文本文件”

对话框，选择“双语字幕”文件，单击“打开”按钮。

（4）在导入双语文本窗口中，选择“文本编码”为UTF-8，选择“单数行为第一语言”，勾选“自动忽略空白行”，检查内容预览区域内的文字，无错码乱码即可。如果需要修改，勾选“允许编辑预览框中的内容”即可对字幕重新编辑。修改完毕后单击“继续”按钮。

（5）执行菜单命令“文件”→“导入音视频文件”，在弹出的对话框中选择音频文件“解说”，单击“打开”按钮。

（6）在工具栏中单击“快速创建工具”按钮，字幕将随着鼠标移动的轨迹运动，单击“播放 / 暂停”按钮，跟随视频和音频节奏在字幕轨道（最上面的轨道）上拖选，成行的字幕被加在对应的视频位置，如图2-176所示。继续在字幕轨道上拖选字幕，直到拖选完毕。

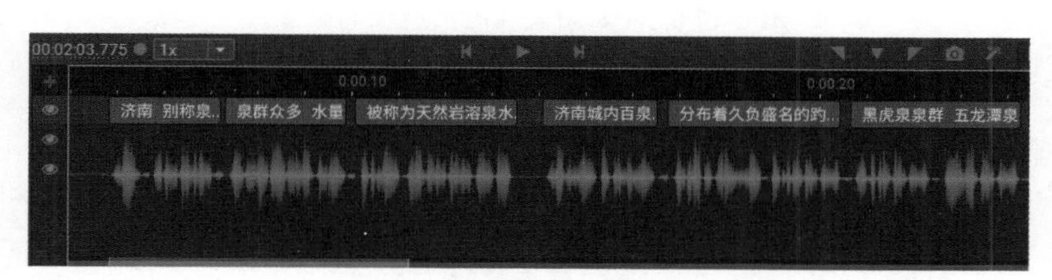

图2-176 加字幕后的时间线轨道

（7）执行菜单命令“语言处理”→“将双语字幕切分为双轨道”，字幕被拆分到两个轨道上，如图2-177所示。

图2-177 字幕被拆分

（8）导出中文字幕。关闭时间线窗口第2轨道上的可视图标，执行菜单命令“导出”→“到 Premiere Pro”→“XML+PNG序列”打开“XML+PNG序列 - 输出设置”对话框，设置“画面预设”为1920×1080，勾选“显示安全线”复选项，“字体”为经典粗黑简，描边宽度为3，阴影距离为1.2，“垂直边距”为150，保存路径选择“泉城济南电子相册”→“字幕序列”→“中文”，单击“导出”按钮。

（9）导出英文字幕。关闭时间线窗口第1轨道上的可视图标，执行菜单命令，“导出”→“到 Premiere Pro”→“XML+PNG序列”打开“XML+PNG序列 - 输出设置”对话框，设置“画面预设”为1920×1080，勾选“显示安全线”复选项，“字体”为Arial Black，描边宽度为3，阴影距离为1.2，“垂直边距”为100，保存路径选择“泉城济南电子相册”→“字幕序列”→“英文”，单击“导出”按钮。

（10）在Premiere Pro 2020工作窗口中，按Ctrl+I组合键打开“导入”对话框，分别选择“中文”和“英文”文件夹，单击“导入文件夹”按钮，在项目窗口中将中文“XML 字幕序列 _Subtitle_25.0p”序列拖曳到时间线窗口的 V8 轨道上，将英文“XML 字幕序列 _Subtitle_25.0p”序列拖曳到时间线窗口的 V7 轨道上，入点在 6:22，如图 2-178 所示。

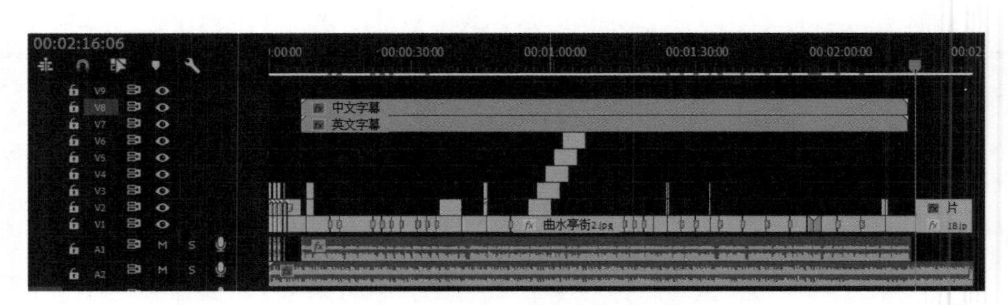

图 2-178　字幕列表在时间线上的位置

4. 文件输出

操作步骤如下：

（1）保存文件，单击时间线窗口。

（2）执行菜单命令“文件”→“导出”→“媒体”打开“导出设置”对话框。

（3）在右侧的“导出设置”中单击“格式”下拉列表框，选择 H.264 选项，“预设”为“匹配源 - 中等比特率”。

（4）单击“输出名称”后面的链接打开“另存为”对话框，在其中设置保存的名称和位置，单击“保存”按钮，再单击“导出”按钮。

任务拓展

请同学们自行完成一个以家乡为主题的电子相册。

提示：要有片头、背景音乐、解说、片尾，转场样式不少于 10 种，视频长度不低于 2 分钟，输出 MP4 格式。

思考与练习

一、选择题

1．在 Premiere 中，以下关于对素材片段施加转场特效描述正确的是（　）。

A．欲施加转场特效的素材片段可以是位于两个相邻轨道上的、有重叠部分的两个素材片段

B．欲施加转场特效的素材片段可以是位于同一个轨道上的两个相邻的素材片段

C．只能为两个素材片段施加转场特效

D．可以单独为一个素材片段施加转场特效

2．为影片添加转场特效后可以改变转场的长度，以下关于改变转场长度描述正确的是（　）。

A．在时间轴上选中转场部分拖动其边缘即可

B．可以在特效控制窗口中对转场部分进行进一步的调整

C．当把一个新的转场特效施加到一个现有的转场部分后，两转场效果将并存

D．当把一个新的转场特效施加到一个现有的转场部分后，新的转场特效将替换原有的转场方式

3．Premiere 不但提供了“视频切换效果”以实现视频间转场，在“视频特效”中还有一组“过渡”效果，关于这两组转场效果，以下各项描述中准确的是（　）。

A．在“过渡”中的特效只可以施加给一个素材片段

B．在“视频切换效果”中的转场特效只可以施加给位于两个相邻的轨道上的、有重叠部分的两个素材片段

C．在“过渡”中的特效需要设置关键帧才能产生过渡的效果

D．在“视频切换效果”中的转场特效无须设置关键帧

二、简答题

1．以 Arctime Pro 软件为例，简述批量生成双语字幕的制作流程。

2．简述图文转场的制作过程。

项目 3

电视栏目剧的编辑

项目导读

近年来，以重庆电视台播出的国内第一部真正意义上的栏目剧《雾都夜话》为代表，一系列电视栏目剧成为电视节目中的一大亮点，在保持较高收视率的同时引起了广泛的社会影响。栏目剧的出现拓宽了中国电视节目的形态领域，改变了中国电视传统的话语方式。

《雾都夜话》问世至今已有二十几年，然而关于电视栏目剧概念的标准阐释，至今在业界仍没有形成共识。《雾都夜话》的制片人曾在2004年国际情景剧研讨会上首次提出“电视栏目剧”的概念，即从内容上看，“它不是情景剧，不是喜剧，它是正剧”；从形式上看，具有“相对固定的时间、固定的长度，以栏目的形式加以发布”。更具体地说，栏目剧是以电视栏目的形式存在，具有统一的片头、主持人及由演员演绎的故事情节的电视节目形态。栏目化、故事化、生活化、参与性是它的基本要素，正是这几个要素使电视栏目剧得以蓬勃发展。栏目剧是以电视栏目的形式进行生产和播出的，有固定的制作班子、固定的节目样式和播出时间，制作周期短、成本低。可以说，栏目剧以栏目形式走向繁荣，占据了有利的时机。

教学目标

★熟悉效果的分类。

★掌握效果的施加、参数的设置及动画的创建。

★学会正确使用效果。

★掌握片头的制作。

★掌握栏目剧的编辑。

任务3.1 婚恋片头的制作

【任务描述】

通过一个婚恋片头的制作学习如何用简单的形式表现一个有独特风格的主题。片头是一种具有高度概括性的短片，要在短短的十几秒内表现结婚的喜庆，因此这类片头对制作人员的专业素养有很高的要求。一个好的电视片头不一定使用了很高超的制作技巧，但一定清晰地表现出了电视节目的主要特点。

【任务要求】

- 掌握效果的施加、参数的设置及动画的创建。
- 掌握片头的制作。

【知识链接】

Premiere Pro 2020 包含了大量音频和视频效果，可以在项目中施加给素材片段以增加其音频或视频的特性，还可以通过关键帧控制效果属性，从而产生动画。

每个素材片段都包含一些基本属性，视频素材片段或静态图片素材片段包含位置、比例、旋转和定位点这几个运动属性以及不透明度属性，音频素材片段包含音量属性，影片素材片段包含以上视频素材片段和音频素材片段所具有的所有基本属性。这些基本属性被称为固定效果，是素材片段固有的基本属性，无法删除或施加。

除了素材片段的固定效果属性，还可以为素材片段施加基础效果。Premiere Pro 2020 中包含了大量的效果插件，还支持使用 After Effects 和 Photoshop 中的效果插件。在效果窗口中，展开“视频效果”文件夹中的子文件夹，将其中的效果拖放到所需素材片段上，即可为其施加基础效果。

实例1 通过添加视频效果编辑海水波浪

实例要点：添加视频效果的操作方法。

思路分析：在 Premiere Pro 2020 的效果窗口中，“视频效果”文件夹提供了所有的视频效果，可以直接将需要的视频效果拖曳至视频轨道上的素材上；依次拖曳多个视频效果至时间线窗口的素材中，可以实现多个视频效果的添加。本实例的最终效果如图 3-1 所示。

操作步骤如下：

（1）在 Premiere Pro 2020 的工作窗口中，新建一个项目文件并创建 AVCHD 1080p25 的序列。导入一个素材文件“海水”。

（2）在项目窗口中双击“海水”素材文件，在源监视器窗口设置入点为 2s，出点为

7s，拖动“仅拖动视频”按钮，将其添加到时间线窗口中的 V1 轨道起始位置上。

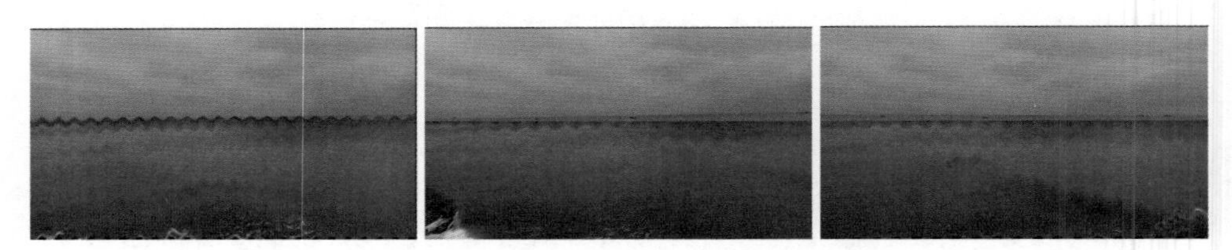

图 3-1 最终效果

（3）选择 V1 轨道上的素材，在效果窗口中选择“视频效果”→“变换”→“裁剪”效果并双击之，即可为“海水”素材添加视频效果，如图 3-2 所示。

（4）选择 V1 轨道上的素材，在效果控件窗口中展开“裁剪”选项，设置“底部”为 56%，如图 3-3 所示。

图 3-2 添加“裁剪”视频效果

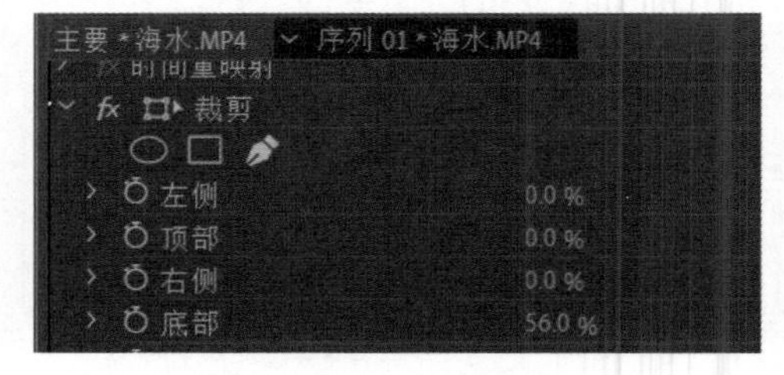

图 3-3 设置“裁剪”参数

（5）按住 Alt 键的同时拖动“海水”素材到 V2 轨道，如图 3-4 所示，在效果控件窗口中设置“顶部”为 42%。

（6）选择 V2 轨道上的素材，在效果窗口中选择“视频效果”→“扭曲”→“波形变形”效果并双击，即可为“海水”素材添加视频效果。

（7）选择 V2 轨道上的素材，在效果控件窗口中展开“波形变形”选项，为“波形类型”“波形高度”“波形宽度”“波形速度”和“固定”选项在 0s、2s 和 4s 处添加三个关键帧，其参数分别为 (正弦 ,10,40,1, 无)、(三角形 ,15,50,1, 所有边缘) 和 (圆形 ,10,50,2, 左边)，如图 3-5 所示。

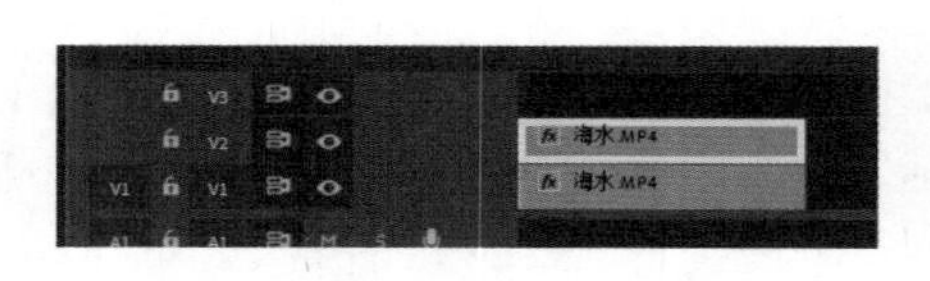

图 3-4 复制“海水”素材

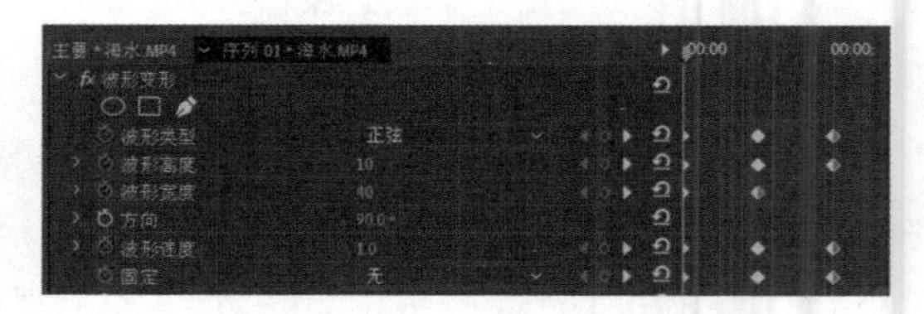

图 3-5 设置“波形变形”参数

（8）单击“播放 / 停止切换”按钮预览视频效果，如图 3-6 所示。

（9）选择 V2 轨道上的素材，在效果窗口中选择“视频效果”→“实用程序”选项，在其中选择“Cineon 转换器”视频效果，如图 3-7 所示。

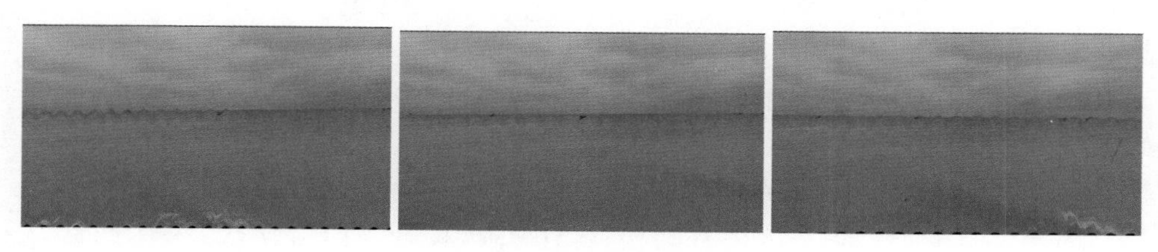

图 3-6 预览视频效果

（10）单击并拖曳“Cineon 转换器”效果至效果控件窗口中，如图 3-8 所示，释放即可添加视频效果。

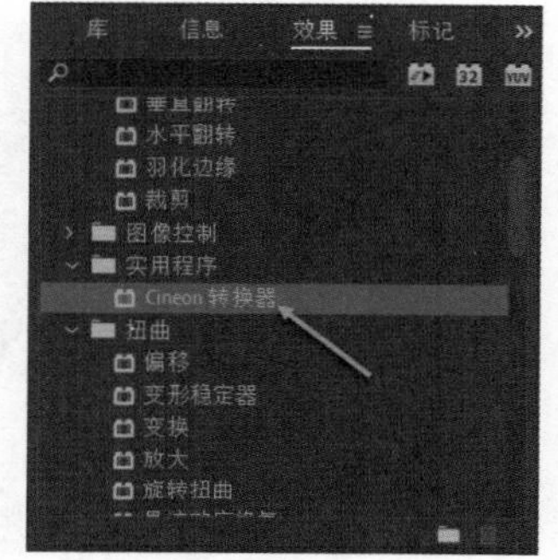

图 3-7 选择“Cineon 转换器”视频效果

图 3-8 拖曳“Cineon 转换器”效果

（11）在效果控件窗口中展开“Cineon 转换器”选项，在其中设置相应的参数，“转换类型”为线性到对数，“10 位白场”为 699，“高光滤除”为 32。

（12）执行上述操作即可设置添加的视频效果，单击“播放 / 停止切换”按钮预览视频效果，如图 3-1 所示。

实例2 通过复制与粘贴视频效果编辑火山熔岩

实例要点：复制与粘贴视频效果的操作方法。

思路分析：在编辑视频的过程中，往往需要对多个素材使用同样的视频效果。此时用户可以使用复制和粘贴视频效果的方法来制作多个相同的视频效果。本实例的最终效果如图 3-9 所示。

图 3-9 复制与粘贴视频效果

操作步骤如下：

（1）在 Premiere Pro 2020 的工作窗口中，创建一个 AVCHD 1080p25 的序列。导入两

个素材文件“浪花 4”和“火山熔岩 3”。

（2）在项目窗口中双击“浪花 4”素材文件，在源监视器窗口设置入点为 2s，出点为 7s，拖动“仅拖动视频”按钮，将其添加到时间线窗口中的 V1 轨道起始位置上，如图 3-10 所示。

（3）选择“浪花 4”素材文件，在效果窗口中依次展开“视频效果”→“调整”选项，在其中选择 ProcAmp 视频效果。

（4）切换至效果控件窗口，将 ProcAmp 视频效果拖曳至效果控件窗口中，设置“亮度”为 1，“对比度”为 108，“饱和度”为 155，在 ProcAmp 选项上右击，在弹出的快捷菜单中选择“复制”命令，如图 3-11 所示。

图 3-10　选择“浪花 4”素材

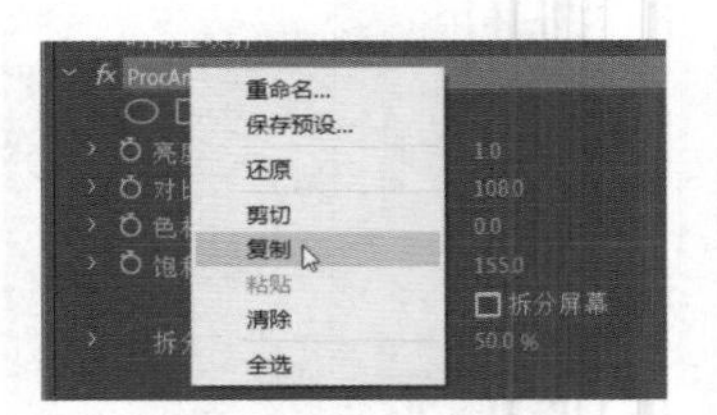

图 3-11　选择“复制”命令

（5）在项目窗口中双击“火山熔岩 3”素材文件，在源监视器窗口设置入点为 2s，出点为 7s，拖动“仅拖动视频”按钮，将其添加到时间线窗口中的 V1 轨道“浪花 4”结束点位置上，如图 3-12 所示。

（6）选择“火山熔岩 3”素材文件，在效果控件窗口中的空白位置右击，从弹出的快捷菜单中选择“粘贴”命令，如图 3-13 所示。

图 3-12　选择“火山熔岩 3”素材文件

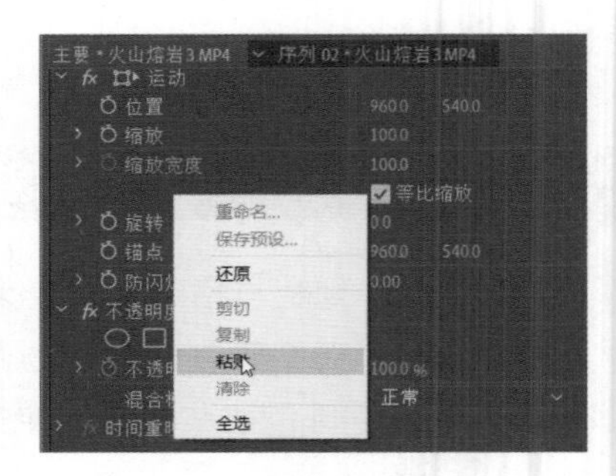

图 3-13　选择“粘贴”命令

（7）执行上述操作即可将复制的视频效果粘贴到“火山熔岩 3”素材中。

（8）单击“播放 / 停止切换”按钮预览视频效果，如图 3-9 所示。

实例 3　通过删除视频效果编辑海浪

实例要点：删除视频效果的操作方法。

思路分析：在 Premiere Pro 2020 中，在进行视频效果添加的过程中，如果对添加的视频效果不满意，可以通过“清除”命令将其删除。本实例的最终效果如图 3-14 所示。

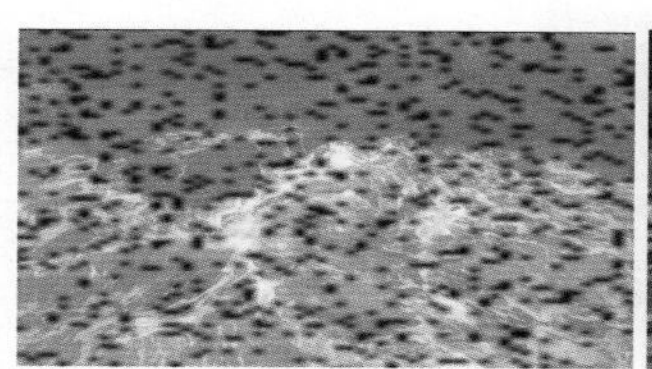

图 3-14 删除视频效果后的前后对比效果

操作步骤如下：

（1）在 Premiere Pro 2020 的工作窗口中，按 Ctrl+O 组合键打开一个项目文件，在节目监视器窗口中查看项目效果，如图 3-15 所示。

（2）在时间线窗口的 V1 轨道上选择素材文件，如图 3-16 所示。

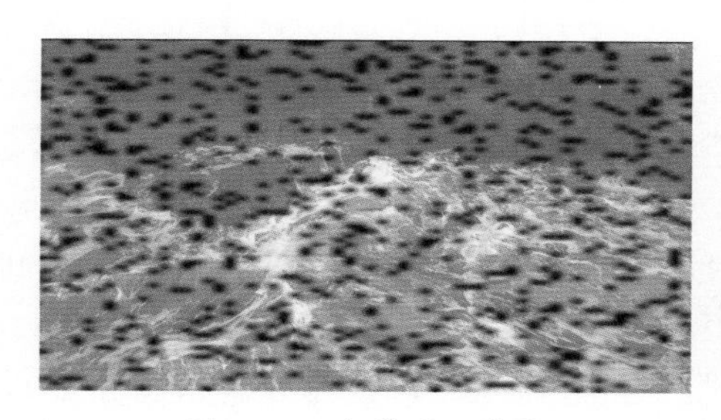

图 3-15 查看项目效果

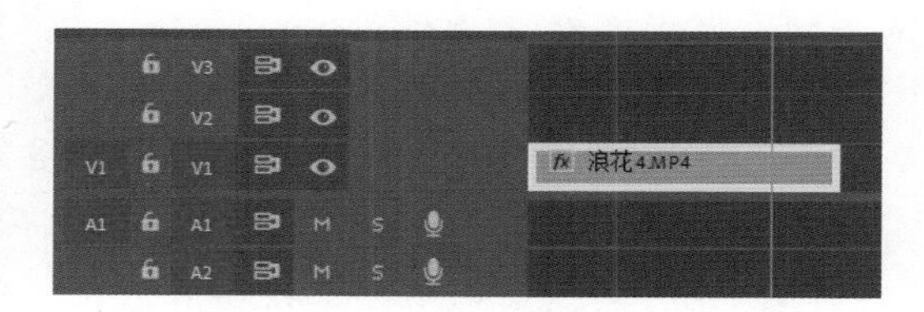

图 3-16 选择素材文件

（3）切换至效果控件窗口，在“色彩”选项上右击，从弹出的快捷菜单中选择“清除”命令，如图 3-17 所示。

（4）执行上述操作即可清除“色彩”视频效果，选择“块溶解”选项，如图 3-18 所示。

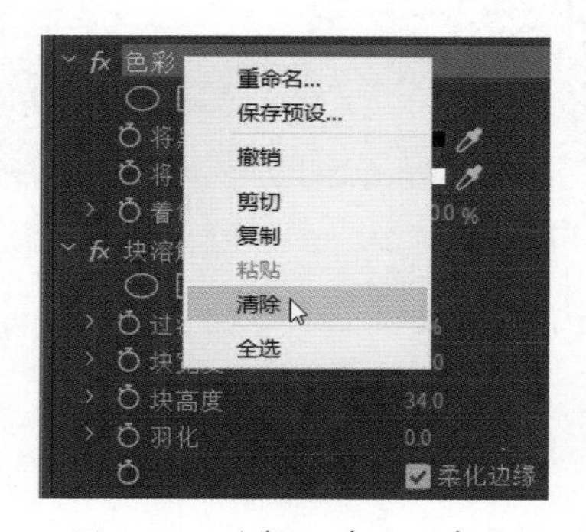

图 3-17 选择“清除”命令

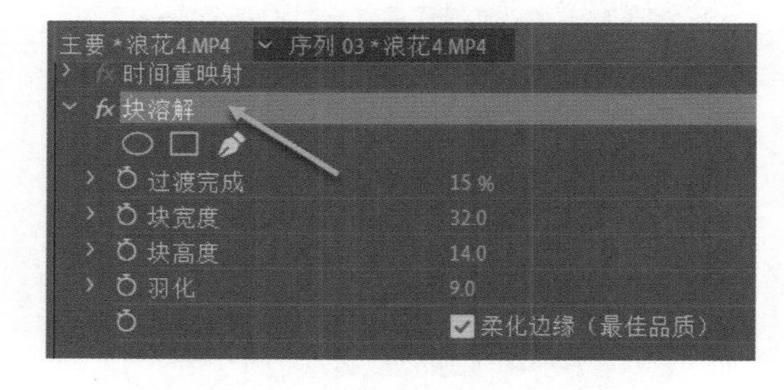

图 3-18 选择“块溶解”选项

（5）执行“编辑”→“清除”命令。

（6）执行上述操作即可清除“块溶解”视频效果，单击“播放 / 停止切换”按钮预览视频效果，如图 3-14 所示。

实例4 通过水平翻转视频效果编辑火山口

实例要点：“水平翻转”视频效果的应用。

思路分析："水平翻转"视频效果可以将当前的素材进行水平翻转。本实例的最终效果如图 3-19 所示。

图 3-19 "水平翻转"视频效果

操作步骤如下：

（1）在 Premiere Pro 2020 的工作窗口中，创建一个 AVCHD 1080p25 的序列。导入一个素材文件"远景"。

（2）在项目窗口中双击"远景"素材文件，在源监视器窗口设置入点为 2s，出点为 7s，拖动"仅拖动视频"按钮，将其添加到时间线窗口中的 V1 轨道起始位置上，如图 3-20 所示。

（3）在时间线窗口中添加素材后，在节目监视器窗口中可以查看该素材画面，如图 3-21 所示。

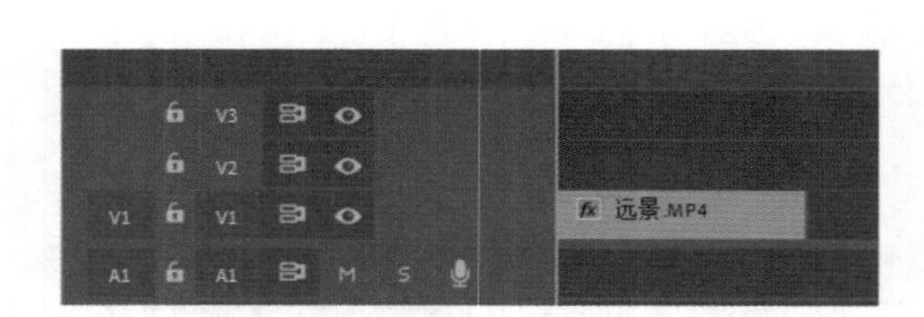

图 3-20 添加素材文件

图 3-21 查看素材画面

（4）选择"远景"素材，在效果窗口中选择"视频效果"→"变换"→"水平翻转"效果并双击（图 3-22），即可添加视频效果，如图 3-23 所示。

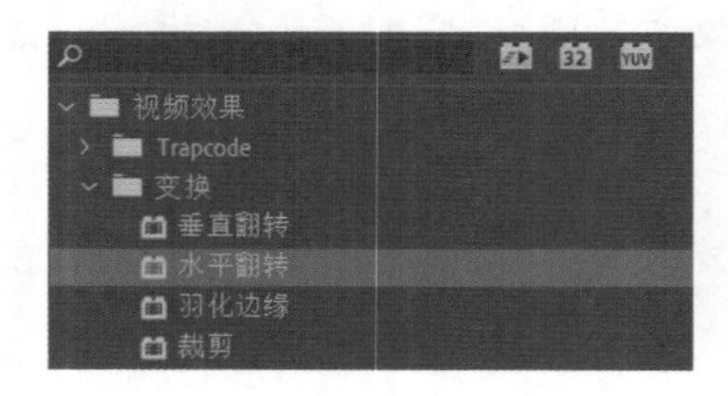

图 3-22 选择"水平翻转"视频效果

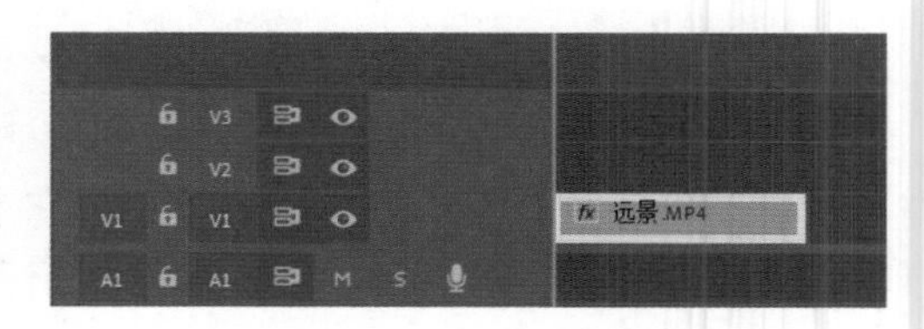

图 3-23 拖曳视频效果

（5）执行上述操作即可运用水平翻转视频效果编辑素材，单击"播放 / 停止切换"按钮预览视频效果，如图 3-19 所示。

实例5 通过“扭曲”视频效果制作放大文字

实例要点：“扭曲”视频效果的应用。

思路分析：“扭曲”视频效果包含了 12 种不同样式的效果，该效果可以对镜头画面进行变形扭曲。本实例最终效果如图 3-24 所示。

图 3-24　“扭曲”视频效果

操作步骤如下：

（1）在 Premiere Pro 2020 的工作窗口中，创建一个 AVCHD 1080p25 的序列。导入一个素材文件“全景”。

（2）在项目窗口中双击“全景”素材文件，在源监视器窗口设置入点为 2s，出点为 8s，拖动“仅拖动视频”按钮，将其添加到时间线窗口中的 V1 轨道起始位置上，如图 3-25 所示。

（3）在时间线窗口中添加素材后，在节目监视器窗口中可以查看该素材画面，如图 3-26 所示。

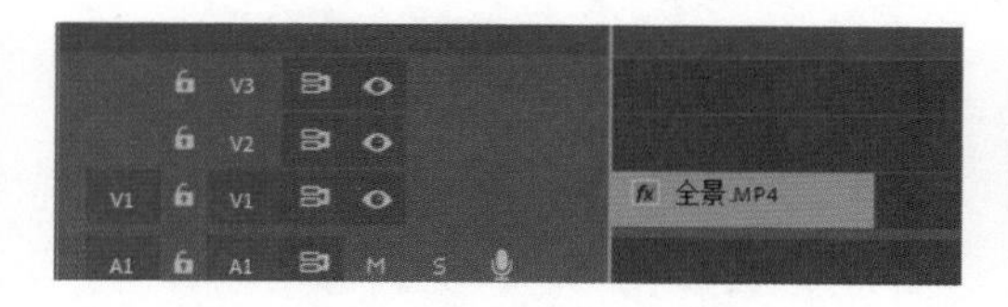

图 3-25　添加素材文件

图 3-26　查看素材画面

（4）在效果窗口中，依次展开“视频效果”→“扭曲”选项，在其中选择“放大”视频效果，如图 3-27 所示。

（5）单击并拖曳“放大”视频效果至时间线窗口中的素材文件上，选择 V1 轨道上的素材，在效果控件窗口中设置“羽化”为 20，“大小”为 150，为“中央”选项在 0s 和 5s 处添加两个关键帧，其值为 (765,30) 和 (765,750)，如图 3-28 所示。

（6）执行上述操作即可通过扭曲视频效果编辑素材，单击“播放 / 停止切换”按钮预览视频效果，如图 3-24 所示。

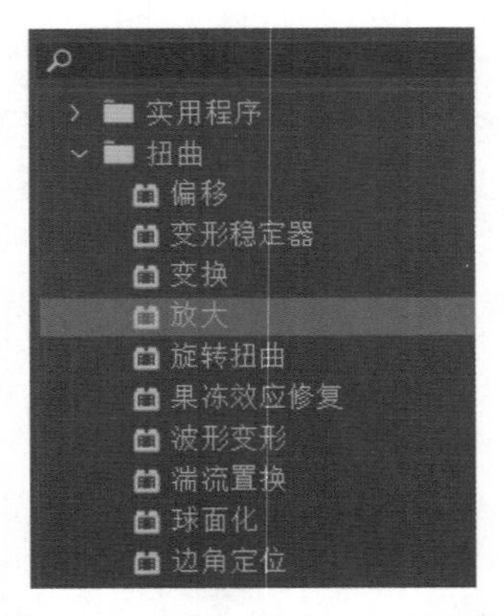

图 3-27 选择“放大”视频效果

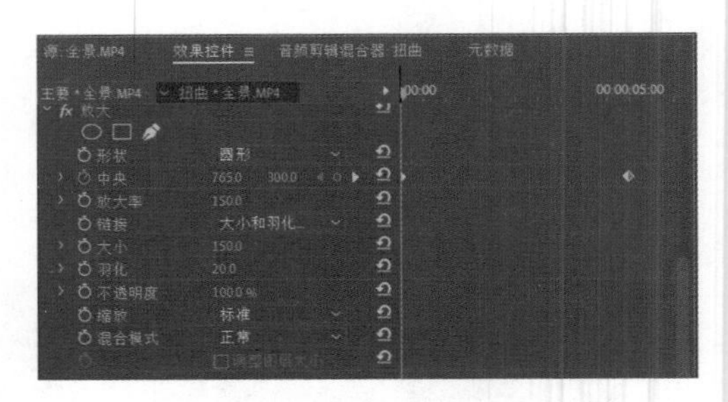
图 3-28 设置“放大”参数

实例6 通过蒙尘与划痕视频效果制作怀旧相片

实例要点：“蒙尘与划痕”视频效果的应用。

思路分析：“蒙尘与划痕”视频效果可产生一种朦胧的模糊效果。本实例最终效果如图 3-29 所示。

图 3-29 “蒙尘与划痕”视频效果

操作步骤如下：

（1）在 Premiere Pro 2020 的工作窗口中，创建一个 AVCHD 1080p25 的序列。导入一个素材文件“中景 2”。

（2）在项目窗口中双击“中景 2”素材文件，在源监视器窗口设置入点为 5:13，出点为 10:13，拖动“仅拖动视频”按钮，将其添加到时间线窗口中的 V1 轨道起始位置上，如图 3-30 所示。

图 3-30 添加素材文件

（3）在时间线窗口中添加素材后，在节目监视器窗口中可以查看该素材画面，如图 3-31 所示。

（4）在效果窗口中依次展开“视频效果”→“杂色与颗粒”选项，在其中选择“蒙尘与划痕”视频效果，如图 3-32 所示。

图 3-31 查看素材画面

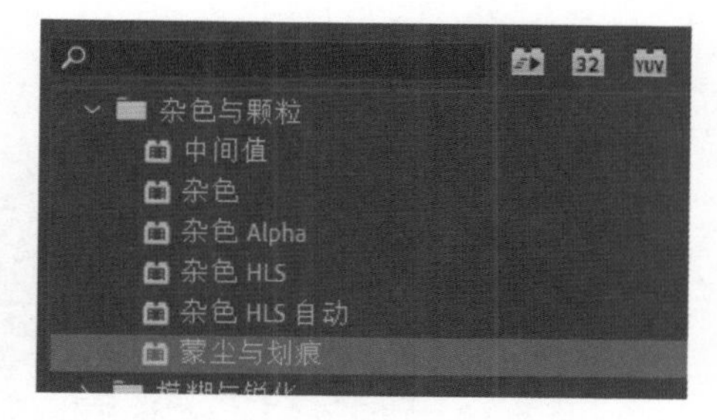

图 3-32 选择“蒙尘与划痕”视频效果

（5）将“蒙尘与划痕”视频效果拖曳至时间线窗口中的素材文件上，选择 V1 轨道上的素材，在效果控件窗口中展开“蒙尘与划痕”选项，设置“半径”为 6，如图 3-33 所示。

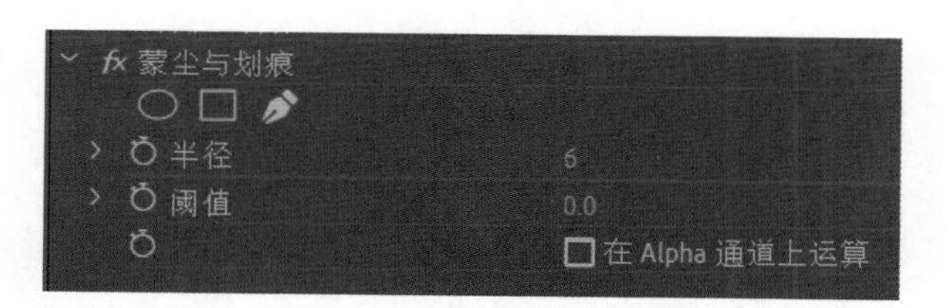

图 3-33 设置“半径”为 6

（6）执行上述操作即可通过蒙尘与划痕视频效果编辑素材，单击“播放 / 停止切换”按钮预览视频效果。

实例7 通过颜色平衡视频效果调整颜色

实例要点：颜色平衡视频效果的应用。

思路分析:“颜色平衡（RGB）”视频效果主要通过调整画面的色彩来实现画面校正，通过更改 RGB 值实现对图像色调和颜色的调整与控制 。本实例最终效果如图 3-34 所示。

图 3-34 “颜色平衡”视频效果

操作步骤如下：

（1）在 Premiere Pro 2020 的工作窗口中，创建一个 AVCHD 1080p25 的序列。导入一个素材文件“禾木村 1”。

（2）在项目窗口中双击“禾木村 1”素材文件，在源监视器窗口设置入点为 1:04，出点为 6:20，拖动“仅拖动视频”按钮，将其添加到时间线窗口中的 V1 轨道起始位置上，如图 3-35 所示。

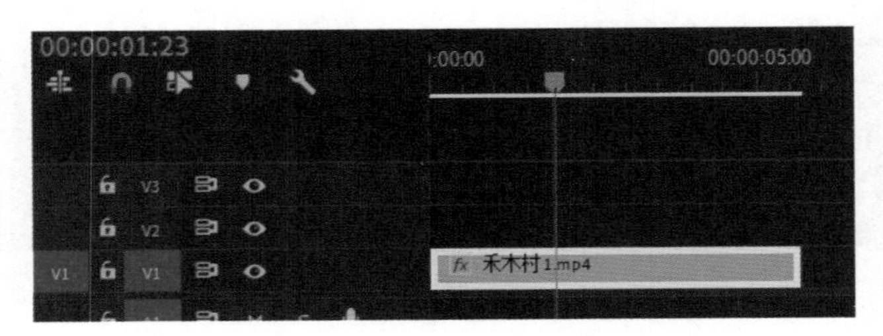

图 3-35　添加素材文件

（3）在时间线窗口中添加素材后，在节目监视器窗口中可以查看该素材画面，如图 3-36 所示。

（4）在效果窗口中依次展开“视频效果”→“图像控制”选项，在其中选择“颜色平衡（RGB）”视频效果，如图 3-37 所示。

图 3-36　查看素材画面

图 3-37　“颜色平衡（RGB）”视频效果

（5）将“颜色平衡（RGB）”视频效果拖曳至时间线窗口中的素材文件上，选择 V1 轨道上的素材，在效果控件窗口中展开“颜色平衡（RGB）”选项，为“红色”和“绿色”选项在 0s、2:15 和 5s 处添加三个关键帧，其值分别为 (100,100)、(197,180) 和 (169,136)，如图 3-38 所示。

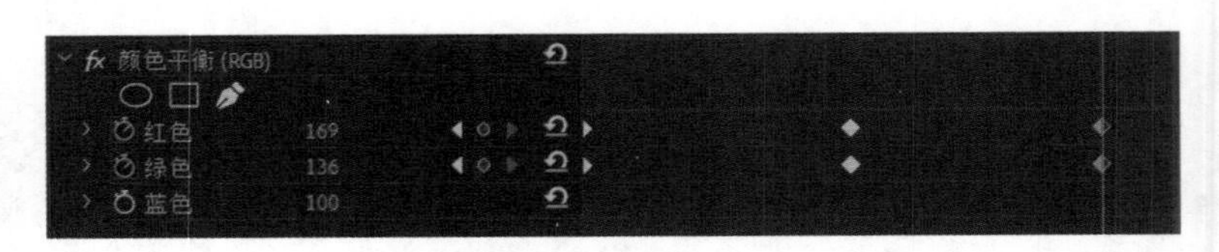

图 3-38　关键帧

（6）执行上述操作后，单击“播放 / 停止切换”按钮预览视频效果，如图 3-34 所示。

通过亮度键视频效果调整透明度

实例要点："亮度键"视频效果的应用。

思路分析："亮度键"视频效果就是根据亮度把部分视频图像抠出，最终生成前景物体与叠加背景相合成的图像。本实例最终效果如图 3-39 所示。

图 3-39 "亮度键"视频效果

操作步骤如下：

（1）在 Premiere Pro 2020 的工作窗口中，创建一个 AVCHD 1080p25 的序列。导入四个素材文件"夜景""焰火""书法"和"天池"。

（2）在项目窗口中双击"夜景"素材文件，在源监视器窗口设置入点为 0:24，出点为 4:20，拖动"仅拖动视频"按钮，将其添加到时间线窗口中的 V1 轨道起始位置上，如图 3-40 所示。

（3）打开"剪辑不匹配警告"对话框，单击"保持现在设置"按钮，右击"夜景"素材，从弹出的快捷菜单中选择"缩放为帧大小"命令，在节目监视器窗口中可以查看该素材画面，如图 3-41 所示。

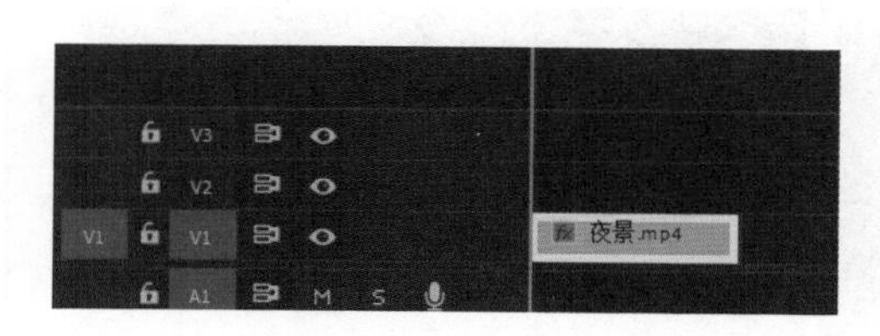

图 3-40 添加素材文件

图 3-41 查看素材画面

（4）在项目窗口将"焰火"素材拖曳到时间线窗口的 V2 轨道上，与"夜景"素材对齐，如图 3-42 所示。

（5）在时间线窗口中添加素材后，在节目监视器窗口中可以查看该素材画面，如图 3-43 所示。

（6）在效果窗口中，依次展开"视频效果"→"键控"选项，在其中选择"亮度键"视频效果，如图 3-44 所示。

（7）将"亮度键"视频效果拖曳至时间线窗口中 V2 轨道的素材文件上，效果如图 3-45 所示。

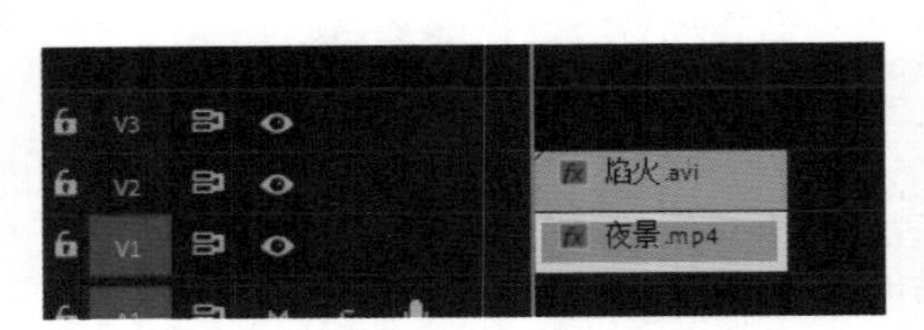

图 3-42 “夜景”素材的排列

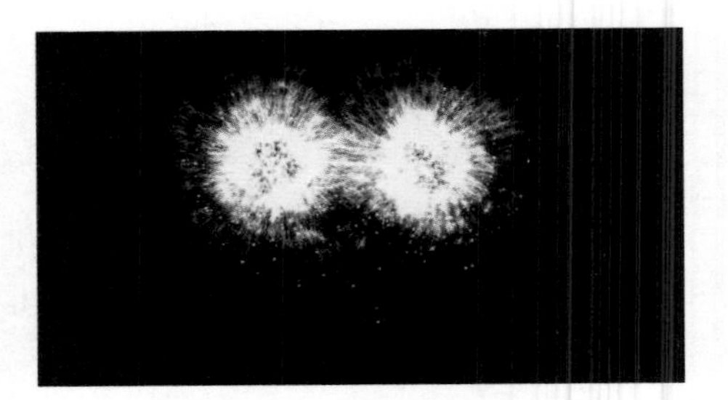

图 3-43 原始素材的效果

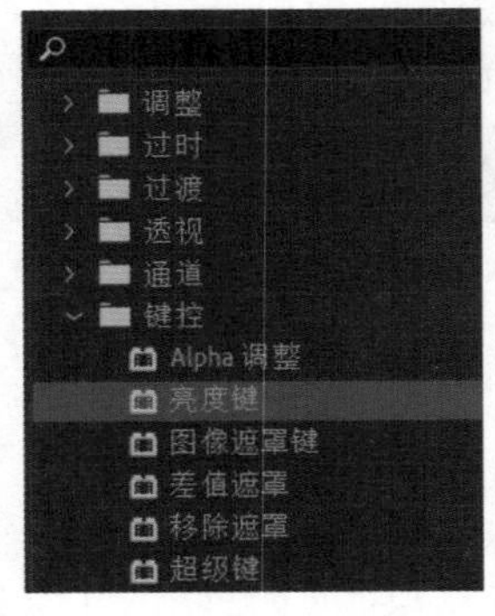

图 3-44 “亮度键”视频效果

图 3-45 黑背景抠像效果

（8）在项目窗口中双击“天池”素材文件，在源监视器窗口设置入点为 0:24，出点为 4:20，拖动“仅拖动视频”按钮，将其添加到时间线窗口中的 V1 轨道与前一素材的结束位置对齐，如图 3-46 所示。

（9）在项目窗口将“书法”素材拖曳到时间线窗口的 V2 轨道上，与“天池”素材对齐，如图 3-47 所示。

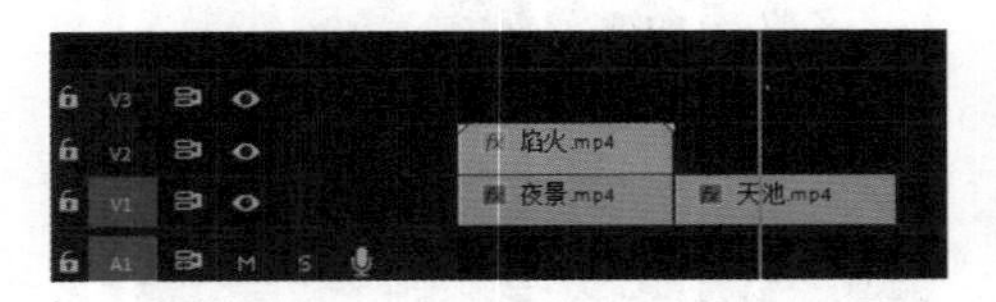

图 3-46 “天池”素材的排列

图 3-47 “书法”素材的排列

（10）右击“书法”素材，从弹出的快捷菜单中选择“缩放为帧大小”命令，在效果窗口中，依次展开“视频效果”→“变换”→“裁剪”并双击之，在效果控件窗口中设置“顶部”为 17，“底部”为 33，在节目监视器窗口中可以查看该素材画面，如图 3-48 所示。

（11）选择“书法”素材，在效果窗口中依次展开“视频效果”→“颜色校正”→“亮度与对比度”并双击，即可为“书法”素材添加“亮度与对比度”视频效果，在效果控件窗口中设置“对比度”为 60，效果如图 3-49 所示。

（12）选择“书法”素材，在效果窗口中依次展开“视频效果”→“键控”→“亮度键”并双击，即可为“书法”素材添加“亮度键”视频效果，在效果控件窗口中设置“阈值”为 0，“屏蔽度”为 70%。

图 3-48 “书法”效果

图 3-49 设置“高度与对比度”视频效果

（13）选择“书法”素材，在效果窗口中依次展开“视频效果”→“透视”→“斜面Alpha”并双击，即可为“书法”素材添加“斜面Alpha”视频效果，在效果控件窗口中设置“边缘厚度”为4，如图3-50所示，效果如图3-51所示。

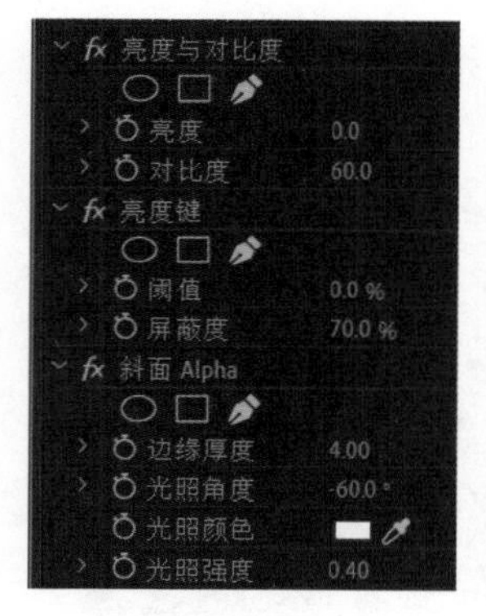

图 3-50 效果的设置

图 3-51 白背景抠像效果

（14）单击“播放/停止切换”按钮预览视频效果，如图3-39所示。

【任务实施】

本片头制作的操作过程将分为9个步骤，分别为导入背景素材、调整背景的色彩、导入字幕与鞭炮、为“喜”字添加辉光粒子效果、导入其他素材、创建字幕、添加字幕及运动效果、调整效果、添加音乐及影片输出。

操作步骤

1. 导入背景素材

导入背景素材的步骤如下：

（1）启动Premiere Pro 2020，单击“新建项目”按钮，打开“新建项目”对话框，设置“名称”为“婚恋片头”，设置文件的保存位置，单击“确定”按钮。

（2）执行“新建”→“序列”命令，打开“新建序列”对话框，设置“可用预设”模式为DV-PAL的“标准48kHz”，单击“确定”按钮。

（3）双击项目窗口的空白处，打开“导入”对话框，选择本书配套教学素材“项目3\婚恋片头\素材”文件夹下的“红色背景.m2v”“戒指.m2v”“龙凤背景.avi”和“背景音乐.mp3”，单击“打开”按钮。

（4）在项目窗口选择并拖曳“红色背景”到时间线窗口中的 V1 轨道中，右击当前的片段，从弹出的快捷菜单中选择“速度 / 持续时间”命令，打开“速度 / 持续时间”对话框，在“持续时间”文本框中输入 800（即 8s），单击“确定”按钮。

（5）在项目窗口中将“戒指”拖曳到 V1 轨道中并与红色背景的末端对齐，选择“戒指”素材，在效果控件窗口中为“不透明度”在 20:22 和 22:03 处添加两个关键帧，其值分别为 100 和 0，制作淡出效果，如图 3-52 所示。

（6）将当前时间指针定位在 20:21 的位置上，在项目窗口中将“龙凤背景”添加到 V2 轨道中，使其起始点与当前时间指针对齐，并制作 1s 的淡入效果，如图 3-53 所示。

图 3-52　拖动片段

图 3-53　添加片段

2. 调整背景的色彩

由于制作的是喜庆的片头，背景素材的颜色要调整得喜庆一些，因此要对背景素材的颜色进行调整。调整背景的色彩的步骤如下：

（1）选择“红色背景”素材，在效果窗口中选择“视频效果”→“图像控制”→“颜色平衡（RGB）”效果并双击，在效果控件窗口中，设置“红色”“绿色”和“蓝色”的值分别为 170、95 和 0，此时节目窗口中的颜色变为了红色，如图 3-54 所示。

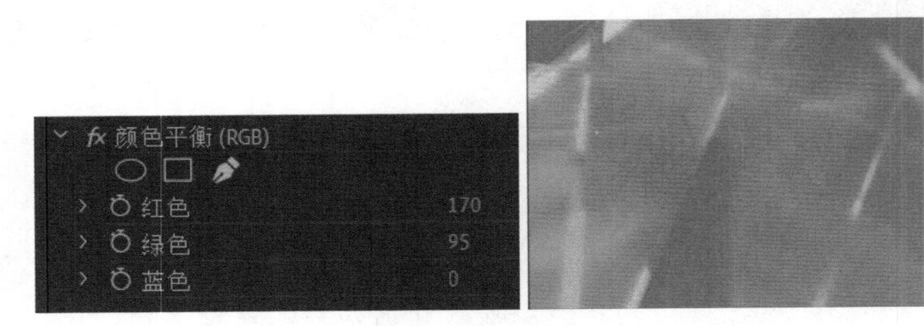

图 3-54　“颜色平衡（RGB）”参数“红色”

（2）选择“戒指”素材，在效果窗口中选择“视频效果”→“图像控制”→“颜色平衡（RGB）”效果并双击，在效果控件窗口中，设置“红色”“绿色”和“蓝色”的值分别为 173、101 和 64，此时节目窗口中的颜色变为了金黄色，如图 3-55 所示。

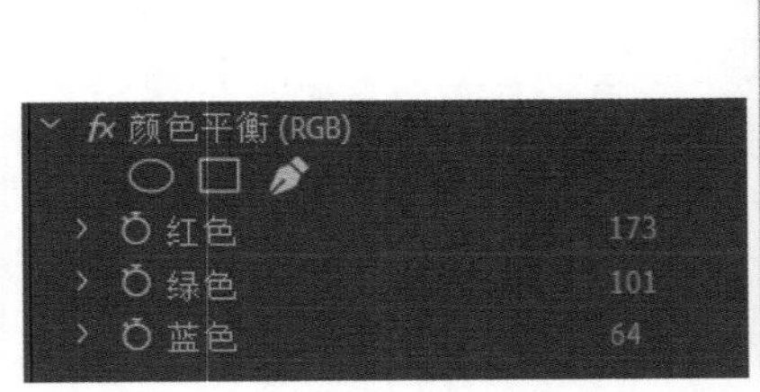

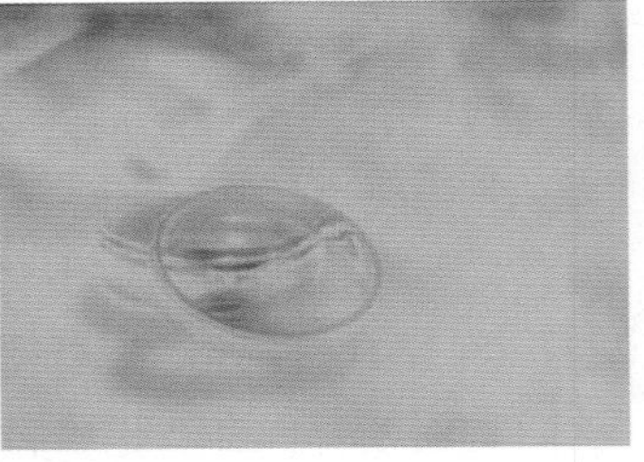

图 3-55　“颜色平衡”参数“金黄色”

3. 导入字幕与鞭炮

导入字幕与鞭炮的步骤如下：

（1）双击项目窗口中的空白处，打开“导入”对话框，选择本书配套教学素材“项目 3\ 婚恋片头 \ 素材 \ 鞭炮”文件夹中的“彩色鞭炮 0001.tga”文件，勾选对话框下方的“图片序列”复选框，单击“打开”按钮将序列素材导入项目窗口。

（2）在项目窗口中将“彩色鞭炮 0001”拖曳到时间线窗口中的 V3 轨道中，与起始位置对齐，将画面放大到与屏幕相同大小，效果如图 3-56 所示。

（3）双击项目窗口中的空白处，打开“导入”对话框，选择本书配套教学素材“项目 3\ 婚恋片头 \ 素材 \ 喜字序列”文件夹中的“喜字 0000.tga”文件，勾选对话框下方的“图片序列”复选框，单击“打开”按钮将序列素材导入项目窗口。

（4）在项目窗口中将“喜字 0000”拖曳到时间线窗口中的 V2 轨道中，与 V3 轨道中的“彩色鞭炮”素材的末端对齐，将画面放大到与屏幕相同大小，如图 3-57 所示。

图 3-56　添加“彩色鞭炮”

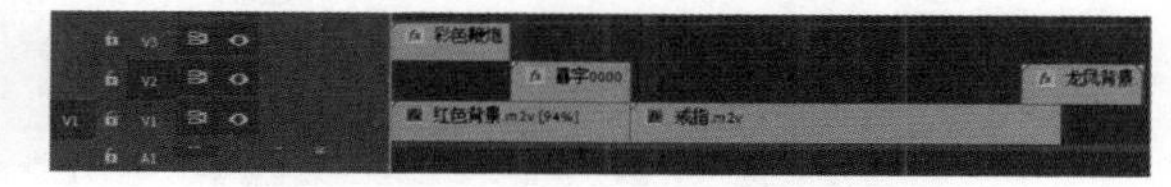

图 3-57　添加“喜字”

4. 为“喜”字添加辉光粒子效果

为“喜”字添加辉光粒子效果的步骤如下：

（1）执行“序列”→“添加轨道”命令，打开“添加轨道”对话框，在“视频轨道”选项组中的“添加”文本框中输入 3，其他参数都设置为 0，单击“确定”按钮，在时间线窗口中加入 V4、V5 及 V6 轨道。

（2）双击项目窗口中的空白处，打开“导入”对话框，选择本书配套教学素材“项目 3\ 婚恋片头 \ 素材 \ 辉光序列”文件夹中的“辉光 0001.tga”，勾选对话框下方的“图片序列”复选框，单击“打开”按钮将序列素材导入项目窗口。

（3）在项目窗口中将“辉光”拖曳到时间线窗口中的 V4 轨道中，与 V3 轨道中的鞭炮素材的末端对齐，将画面放大到与屏幕相同大小，如图 3-58 所示。

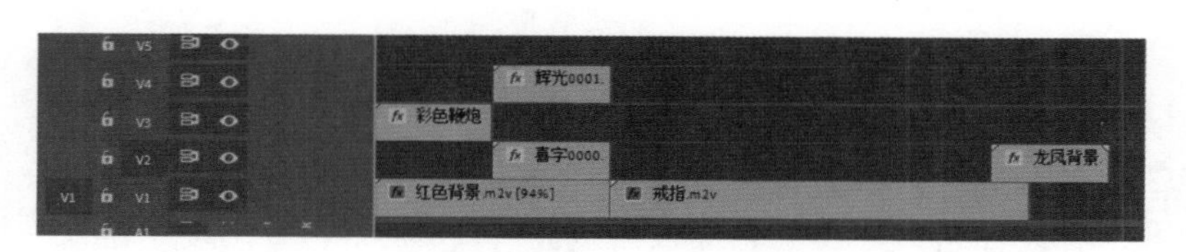

图 3-58　添加“辉光”

5. 导入其他素材

导入其他素材的步骤如下：

（1）双击项目窗口中的空白处，打开“导入”对话框，按住 Ctrl 键，选择本书配套教学素材“项目 3\ 婚恋片头 \ 素材”文件夹中的“灯笼 .avi”“花瓣雨 .avi”和“飘动的心 .avi”文件，单击“打开”按钮将序列素材导入项目窗口。

（2）在项目窗口中将“灯笼”拖曳到时间线窗口中的 V3 轨道中，将起始点调整到 6:17 的位置上，如图 3-59 所示。

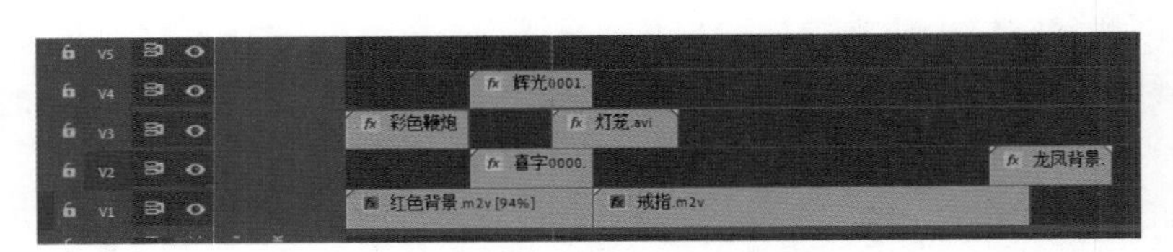

图 3-59 添加“灯笼”

（3）在项目窗口中将“花瓣雨”拖曳到时间线窗口中的 V3 轨道中，与“灯笼”的末端对齐。将当前时间指针定位在 21:14 位置上，将“花瓣雨”片段的末端与当前时间指针对齐，如图 3-60 所示。

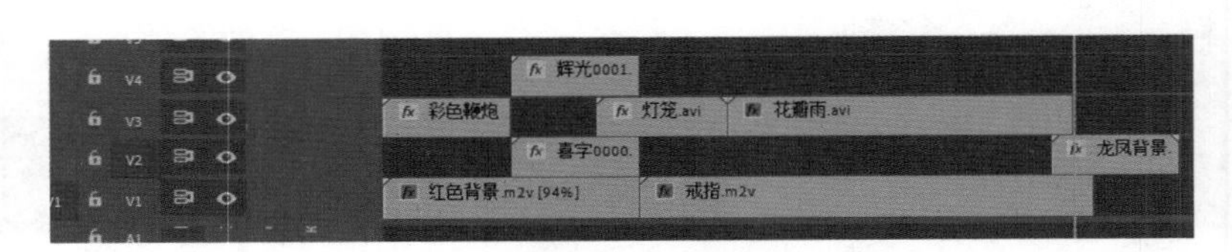

图 3-60 添加“花瓣雨”

（4）在项目窗口中将“飘动的心”拖曳到时间线窗口中的 V3 轨道中，与“花瓣雨”的末端对齐，如图 3-61 所示。

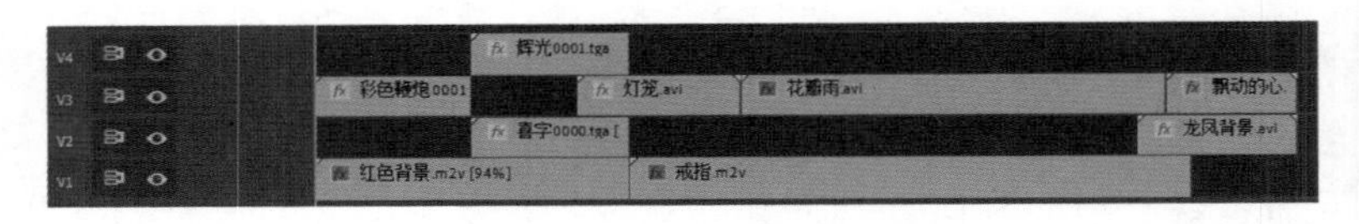

图 3-61 添加“飘动的心”

（5）选择“花瓣雨”素材，在效果窗口中选择“视频效果”→“键控”→“亮度键”效果并双击，将黑色背景去除。同样，再将此效果应用到“飘动的心”片段上，两段片段会直接产生抠像叠加效果。

6. 创建字幕

创建字幕的步骤如下：

（1）执行“文件”→“新建”→“旧版本标题”命令，打开“新建字幕”对话框，在“名称”文本框中输入文字“喜结连理”，单击“确定”按钮。

（2）打开字幕设计窗口，在工具面板中选择“文本工具”，单击字幕设计窗口并输入文字“喜结连理”（位置偏上），设置“字体”为方正舒体简，“字体大小”为 76，“填充类型”

为实底，“颜色”为#F2B54A，选择“外描边”，“类型”为边缘，“大小”为15，字幕效果如图3-62所示。

（3）单击“基于当前字幕新建字幕”按钮，打开“新建字幕”对话框，在“名称”文本框中输入“花好月圆”，单击“确定”按钮。

（4）删除“喜结连理”字幕，在其下方输入“花好月圆”，“字体”为汉仪菱心体简，“字体大小”为76，字幕效果如图3-63所示。

图3-62 制作“喜结连理”

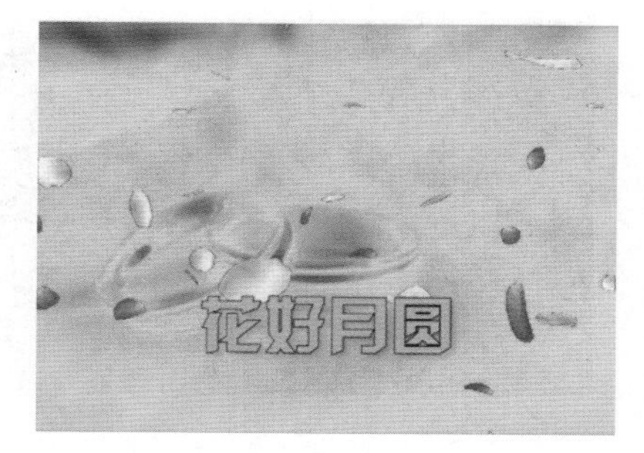

图3-63 制作“花好月圆”

（5）单击“基于当前字幕新建字幕”按钮，打开“新建字幕”对话框，在“名称”文本框中输入“比翼双飞”，单击“确定”按钮。

（6）删除“花好月圆”字幕，在其中间输入“比翼双飞”，“字体”为方正水柱简体，“字体大小”为65，字幕效果如图3-64所示。

（7）单击“基于当前字幕新建字幕”按钮，打开“新建字幕”对话框，在“名称”文本框中输入“结婚纪念”，单击“确定”按钮。

（8）删除“比翼双飞”字幕，在其中间输入“结婚纪念”和“JIE HUN JI NIAN”，“字体”分别为经典粗黑简和华文新魏，“字体大小”分别为90和43，字幕效果如图3-65所示。

图3-64 制作“比翼双飞”

图3-65 制作“结婚纪念”

（9）完成字幕制作后关闭字幕窗口。

7. 添加字幕及运动效果

添加字幕及运动效果的步骤如下：

（1）在项目窗口中将“喜结连理”字幕添加到时间线窗口中的V4轨道中，起点调整为11:18，持续时间8:12。

（2）将“花好月圆”字幕添加到时间线窗口中的 V5 轨道中，起点调整为 10:18，持续时间 8:18。

（3）将“比翼双飞”字幕添加到时间线窗口中的 V6 轨道中，起点调整为 12:05，持续时间 8:14。

（4）将“结婚纪念”字幕拖动到时间线窗口中的 V4 轨道中，起点调整为 20:06，持续时间 4:17，如图 3-66 所示。

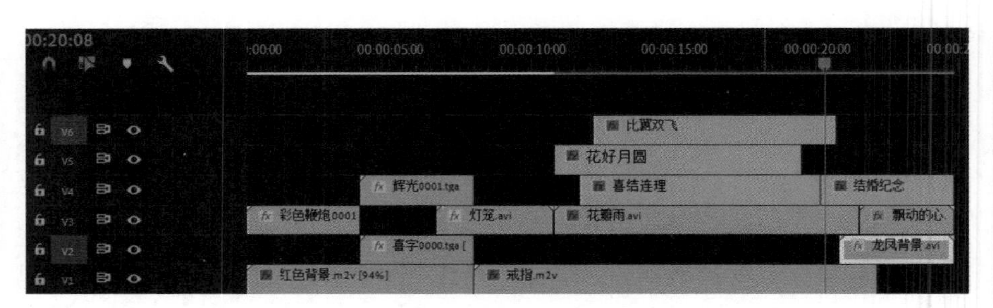

图 3-66　添加片段

（5）选择 V4 轨道中的“喜结连理”字幕，在效果控件窗口中展开“运动”参数，为“位置”参数在 11:18 和 20:05 处添加两个关键帧，其对应参数分别为 (-230,288) 和 (952,288)。

（6）选择 V5 轨道中的“花好月圆”字幕，在效果控件窗口中展开“运动”参数，为“位置”参数在 10:18 和 19:13 处添加两个关键帧，其对应参数为 (952,360) 和 (-230,360)。

（7）选择 V6 轨道中的“比翼双飞”字幕，在效果控件窗口中展开“运动”参数，为“位置”参数在 12:05 和 20:19 处添加两个关键帧，其对应参数分别为 (780,288) 和 (195,288)，将“不透明度”参数调整为 56%，这样字幕之间会产生空间感。

（8）选择 V5 轨道中的“结婚纪念”字幕，在效果控件窗口中展开“运动”参数，为“位置”参数在 20:06 和 21:01 处添加两个关键帧，其对应参数分别为 (360,-73) 和 (360,288)。

（9）选择“结婚纪念”字幕，在效果窗口中选择“视频效果”→ Trapcode → Shine 效果并双击，在效果控件窗口中为 Source Point 参数在 21:10 和 23:18 处添加两个关键帧，其值分别为 (130,288) 和 (650,288)。为“Ray Length”参数在 21:01、21:10、23:19 和 24:01 处添加四个关键帧，其对应参数分别为 0、4、4 和 0。

（10）将 Colorize → Base On... 设置为 Alpha，Colorize... 设置为 None，Transfer Mode 设置为 hue，如图 3-67 所示。

（11）在时间线窗口中分别选择“喜结连理”“花好月圆”“比翼双飞”和“结婚纪念”字幕，在效果窗口中选择“视频效果”→“透视”→“斜面 Alpha”效果并双击，在效果控件窗口中设置“边缘厚度”为 3。

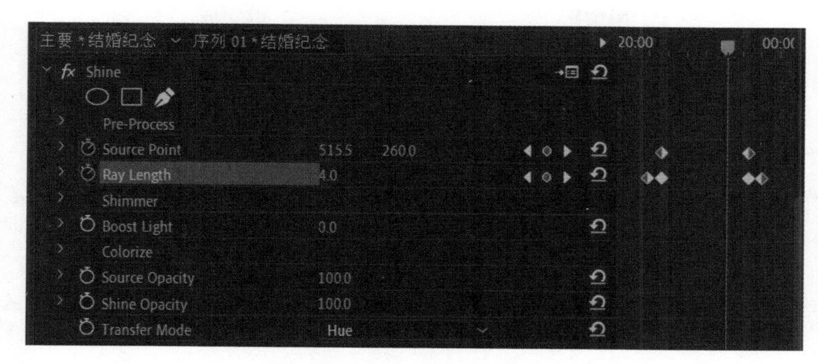

图 3-67　发光参数

8. 调整效果

调整效果的步骤如下：

（1）针对“灯笼”素材，在效果控件窗口中展开“不透明度”选项，为其在 6:17、7:17、9:20 和 10:20 处添加关键帧，其值为 0、100、100、0，这样素材就实现了淡入、淡出的效果，如图 3-68 所示。

（2）用同样的方法为“花瓣雨”的“不透明度”选项在 20:08 和 21:14 加入淡出效果，如图 3-69 所示。

图 3-68　为“灯笼”加入淡入淡出效果

图 3-69　为“花瓣雨”加入淡出效果

9. 添加音乐及影片输出

添加音乐及影片输出的步骤如下：

（1）在项目窗口中将“背景音乐”拖曳到时间线窗口中的 A1 轨道中，将音频的终止点拖动到与“龙凤背景”终止点相同的位置上。

（2）选择“铅笔工具”，在时间线窗口的“背景音乐”素材上 23:08 和 24:19 处单击添加关键帧，将 24:19 处的关键帧下拖到底，为音乐加入淡出效果，如图 3-70 所示。

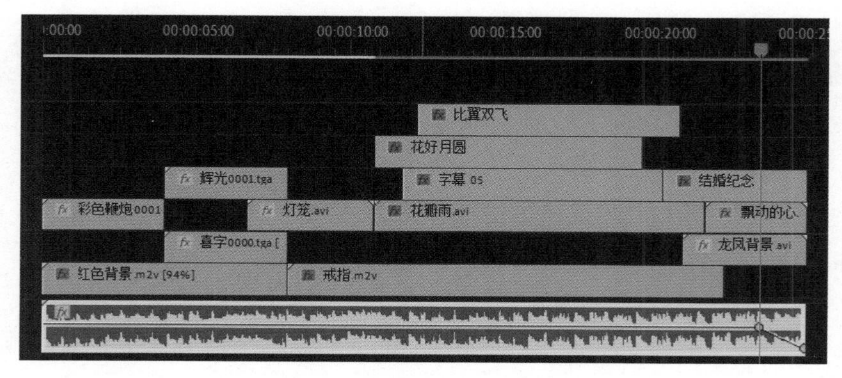

图 3-70　为音乐加入淡出效果

（3）执行“文件”→“导出”→“媒体”命令，在打开的“导出设置”对话框中设置“格式”为H.264，“预设”为匹配源 - 中等比特率，“输出名称”为“婚恋片头”，单击“导出”按钮开始输出。至此片头的制作完成了。

任务拓展

请同学们自行完成一个影片片头的制作。

提示：要有片头字幕动画及背景动画。

思考与练习

一、填空题

1. 在效果控件窗口中选择 ________ 项，影像会出现控制框。
2. Premiere Pro 2020 的效果可分为 ________ 和 ________ 效果。
3. “自动颜色”效果可以自动调节影像的 ________。
4. 在扭曲效果文件夹中共包括 ________ 种扭曲效果。
5. 合成一般分为 ________ 和 ________。
6. 差异蒙版键控是使用 ________ 实现抠像的。
7. 利用 ________ 键可以将图像和背景完美地结合在一起。

二、选择题

1. 调整滤镜效果使用的是（　）。

   A．效果控件窗口　　B．节目窗口

   C．效果窗口　　D．项目窗口

2. 下面（　）效果不属于风格化效果。

   A．Alpha 辉光　　B．画笔描绘

   C．彩色浮雕　　D．偏移

3. 使用图像蒙版键控时，蒙版中的（　）产生遮挡的作用。

   A．黑色　　B．白色

   C．灰色　　D．蓝色

4. 效果控件窗口包含了一个时间线、（　）、缩放控制和一个类似时间线窗口中的导航区域。

   A．分针　　B．秒针

   C．当前时间指针　　D．时针

三、简答题

1. 简述在片段中加入视频效果的方法。
2. 简述裁剪效果的使用。

任务3.2 影视频道的制作

【任务描述】

镜头四周由不断变化的画面环绕着，“影视频道”4 个金属字在镜头的中间闪光出现。这一特殊效果的制作使用了 Premiere Pro 2020 的多种功能，充分发挥了空间的想象力。

【任务要求】

- 掌握遮罩的制作。
- 掌握效果的施加、参数的设置及动画的创建。
- 掌握片头的制作。

【知识链接】

Premiere Pro 2020 的视频特效很多，通过下面的学习掌握更多的特效使用方法。

实例1 通过锐化和模糊视频效果编辑清新美女

在 Premiere Pro 2020 中，“模糊和锐化”效果可以对镜头画面进行模糊或清晰处理。下面介绍运用模糊和锐化视频效果编辑素材的操作方法。

1. 通过锐化视频效果编辑清新美女

实例要点：“锐化”视频效果的应用。

思路分析：“锐化”视频效果通过增加颜色变化位置的对比度，对镜头画面进行清晰处理。本实例最终效果如图 3-71 所示。

图 3-71 “锐化”视频效果

操作步骤如下：

（1）在 Premiere Pro 2020 的工作窗口中，创建一个 AVCHD 1080p25 的序列。导入一个素材文件“近景”。

（2）在项目窗口中双击“近景”素材文件，在源监视器窗口设置入点为 1s，出点为

6s，拖动“仅拖动视频”按钮，将其添加到时间线窗口中的 V1 轨道起始位置上，如图 3-72 所示。

（3）在时间线窗口中添加素材后，在节目监视器窗口中可以查看该素材画面，如图 3-73 所示。

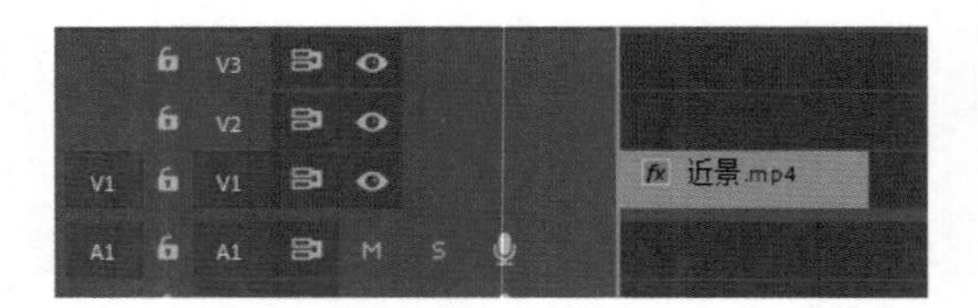

图 3-72　添加素材文件

图 3-73　查看素材画面

（4）在效果窗口中依次展开“视频效果”→“模糊与锐化”选项，在其中选择“锐化”视频效果，如图 3-74 所示。

（5）将“锐化”视频效果拖曳至时间线窗口中的素材文件上，选择 V1 轨道上的素材，在效果控件窗口中展开“锐化”选项，设置“锐化量”为 90，如图 3-75 所示。

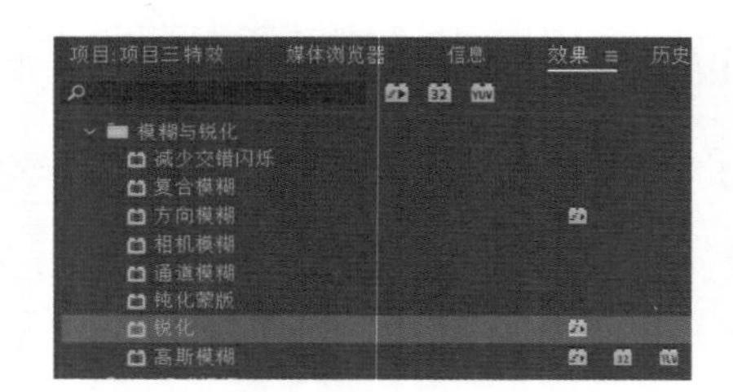

图 3-74　选择“锐化”视频效果

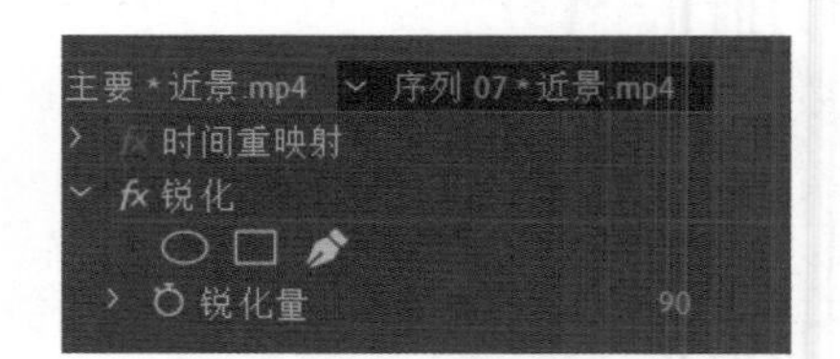

图 3-75　设置“锐化量”为 90

（6）执行上述操作即可运用“锐化”视频效果编辑素材，单击“播放 / 停止切换”按钮预览视频效果，如图 3-71 所示。

2. 通过模糊视频效果编辑清新美女

实例要点 ：“高斯模糊”视频效果的应用。

思路分析 ：与“锐化”视频效果相反，“高新模糊”视频效果能对镜头画面进行模糊化处理。本实例最终效果如图 3-76 所示。

图 3-76　“高斯模糊”视频效果

操作步骤如下：

（1）在 Premiere Pro 2020 的工作窗口中，创建一个 AVCHD 1080p25 的序列。导入一个素（材文件“近景 1”。

（2）在项目窗口中双击“近景 1”素材文件，在源监视器窗口设置入点为 1s，出点为 6s，拖动“仅拖动视频”按钮，将其添加到时间线窗口中的 V1 轨道起始位置上，如图 3-77 所示。

（3）在时间线窗口中添加素材后，在节目监视器窗口中可以查看该素材画面，如图 3-78 所示。

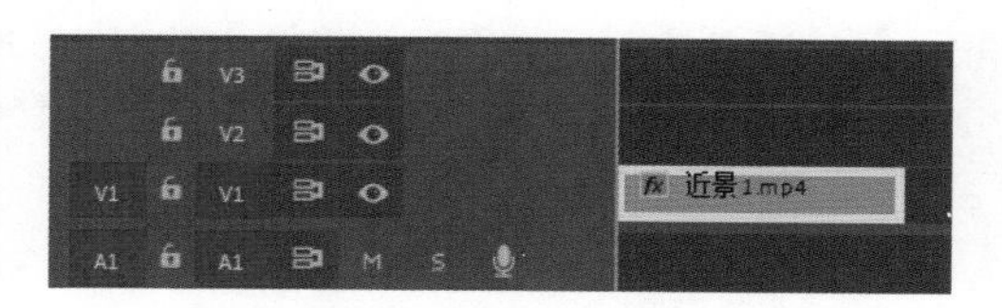

图 3-77　添加素材文件

图 3-78　查看素材画面

（4）在效果窗口中依次展开“视频效果”→“模糊与锐化”选项，在其中选择“高斯模糊”视频效果，如图 3-79 所示。

（5）将“高斯模糊”视频效果拖曳至时间线窗口中的素材文件上，选择 V1 轨道上的素材，在效果控件窗口中展开“高斯模糊”选项，设置“模糊度”为 47，如图 3-80 所示。

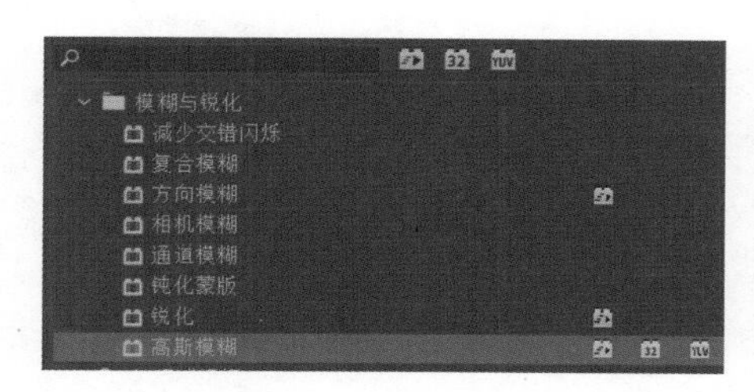

图 3-79　选择“高斯模糊”视频效果

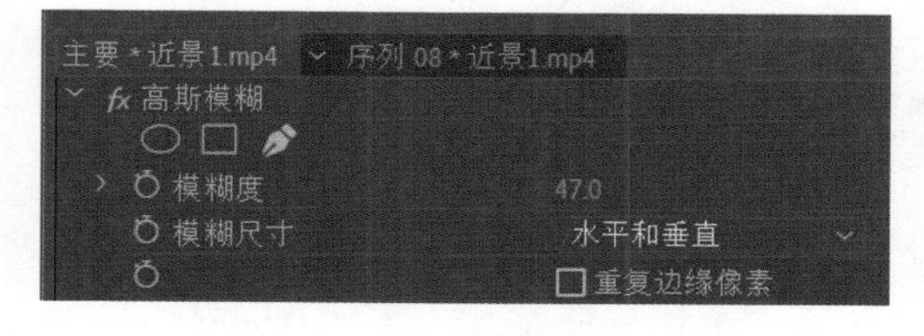

图 3-80　设置“模糊度”为 47

（6）执行上述操作即可运用“高斯模糊”视频效果编辑素材，单击“播放 / 停止切换”按钮预览视频效果，如图 3-76 所示。

实例2　通过镜头光晕视频效果编辑冰雕

实例要点：“镜头光晕”视频效果的应用。

思路分析：“镜头光晕”视频效果可以在素材画面上模拟出摄像机镜头上的光晕效果，本实例最终效果如图 3-81 所示。

图 3-81　“镜头光晕”视频效果

操作步骤如下：

（1）在 Premiere Pro 2020 的工作窗口中，创建一个 AVCHD 1080p25 的序列。导入一个素材文件“冰雕”。

（2）在项目窗口中双击“冰雕”素材文件，在源监视器窗口设置入点为 1s，出点为 6s，拖动“仅拖动视频”按钮，将其添加到时间线窗口中的 V1 轨道起始位置上，如图 3-82 所示。素材画面如图 3-83 所示。

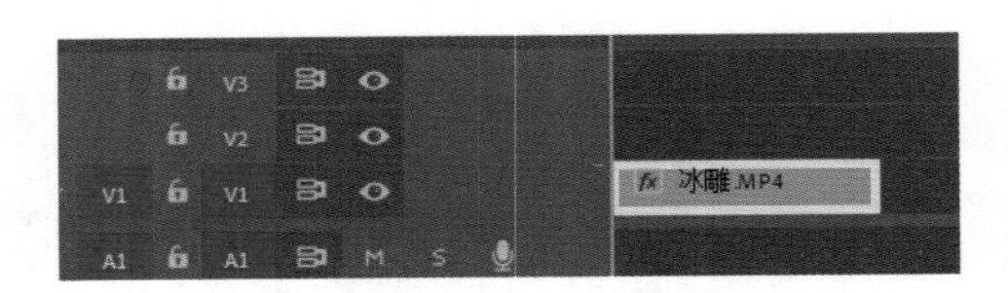

图 3-82　添加素材文件

图 3-83　查看素材画面

（3）在效果窗口中依次展开“视频效果”→“生成”选项，在其中选择“镜头光晕”视频效果，如图 3-84 所示。

（4）将“镜头光晕”视频效果拖曳至时间线窗口中的素材文件上，选择 V1 轨道上的素材，在效果控件窗口中展开“镜头光晕”选项，设置“光晕中心”的坐标参数值分别为 480、260，“光晕亮度”为 120%，如图 3-85 所示。

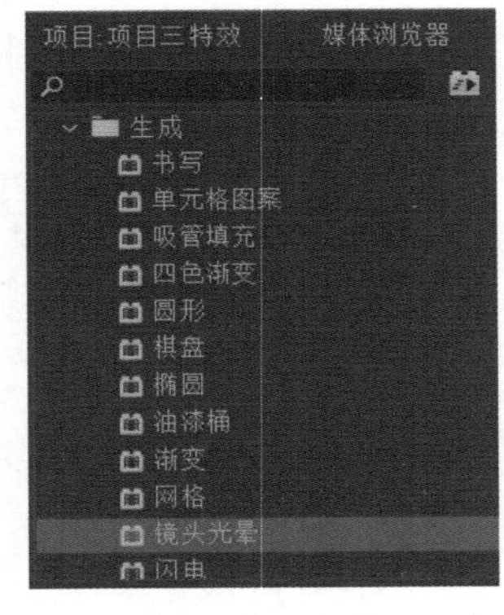

图 3-84　选择“镜头光晕”视频效果

图 3-85　设置参数

（5）执行上述操作即可运用“镜头光晕”视频效果编辑素材，单击“播放 / 停止切换”按钮预览视频效果，如图 3-81 所示。

实例3 通过闪电视频效果制作闪电惊雷

实例要点：“闪电”视频效果的应用。

思路分析：“闪电”视频效果可以在视频画面中添加“闪电”效果。本实例最终效果如图 3-86 所示。

图 3-86 “闪电”视频效果

操作步骤如下：

（1）在 Premiere Pro 2020 的工作窗口中，创建一个 AVCHD 1080p25 的序列。导入一个素材文件“海边”。

（2）在项目窗口中双击“海边”素材文件，在源监视器窗口中设置入点为 1s，出点为 6s，拖动“仅拖动视频”按钮，将其添加到时间线窗口中的 V1 轨道起始位置上，如图 3-87 所示。

（3）在时间线窗口中添加素材后，在节目监视器窗口中可以查看该素材画面，如图 3-88 所示。

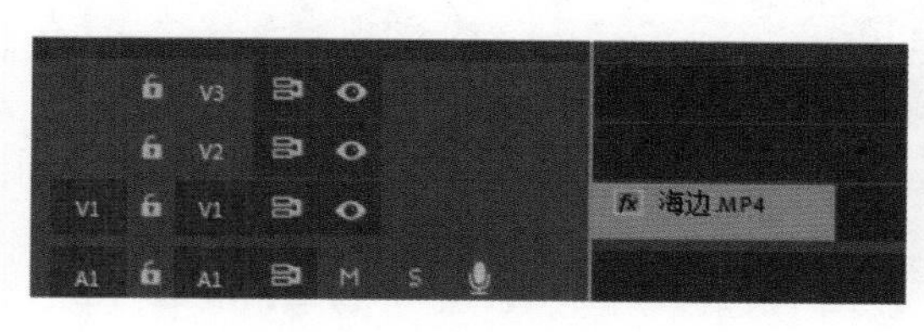

图 3-87 添加素材文件

图 3-88 查看素材画面

（4）在效果窗口中依次展开“视频效果”→“生成”选项，在其中选择“闪电”视频效果，如图 3-89 所示。

（5）将“闪电”视频效果拖曳至时间线窗口中的素材文件上，然后选择 V1 轨道上的素材，在效果控件窗口中展开“闪电”选项，设置“起始点”为 (1034,33)，“结束点”为 (1234,1096)，“分段”为 25，“振幅”为 10，“细节级别”为 8，“分支”为 1，“再分支”为 1，“分支角度”为 30，“分支段”为 5，“宽度变化”为 0.2，“拖拉方向”为 11°，其余参数默认不变，如图 3-90 所示。

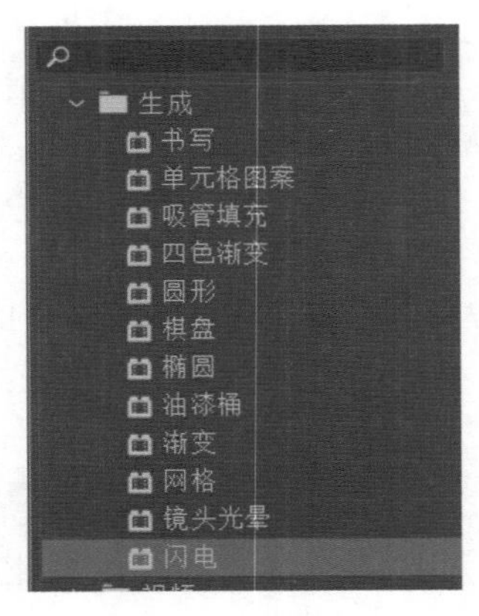

图 3-89　选择“闪电”视频效果

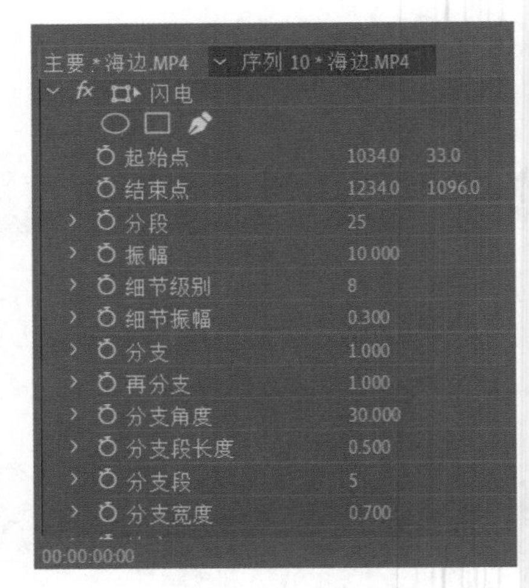

图 3-90　设置参数

（6）执行上述操作即可运用“闪电”视频效果编辑素材，单击“播放 / 停止切换”按钮预览视频效果，如图 3-86 所示。

实例4　通过时间码视频效果制作小船航行

实例要点：“时间码”视频效果的应用。

思路分析：“时间码”视频效果可以在视频画面中添加一个时间码。本实例最终效果如图 3-91 所示。

图 3-91　“时间码”视频效果

操作步骤如下：

（1）在 Premiere Pro 2020 的工作窗口中，创建一个 AVCHD 1080p25 的序列。导入一个素材文件“小船航行”。

（2）在项目窗口中双击“小船航行”素材文件，在源监视器窗口设置入点为 2s，出点为 7s，拖动“仅拖动视频”按钮，将其添加到时间线窗口中的 V1 轨道起始位置上，如图 3-92 所示。

（3）在时间线窗口中添加素材后，在节目监视器窗口中可以查看该素材画面，如图 3-93 所示。

（4）在效果窗口中依次展开“视频效果”→“视频”选项，在其中选择“时间码”视频效果，如图 3-94 所示。

图 3-92　添加素材文件

图 3-93　查看素材画面

（5）将“时间码”视频效果拖曳至时间线窗口中的素材文件上，然后选择 V1 轨道上的素材，在效果控件窗口中展开“时间码”选项，调整时间码的显示“位置”为 (960,950.4)，设置“大小”为 15%，“不透明度”为 35%，如图 3-95 所示。

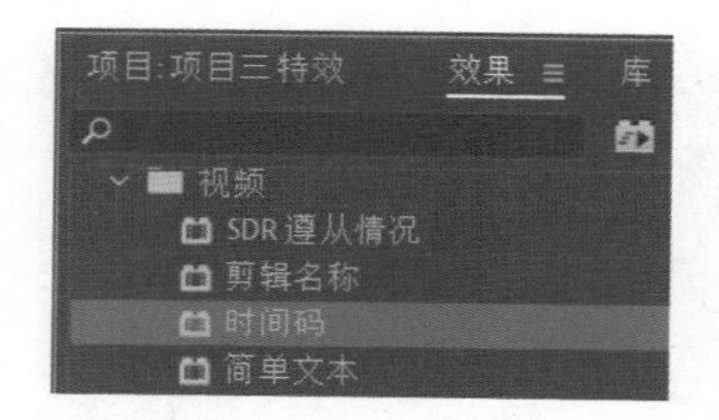

图 3-94　选择“时间码”视频效果

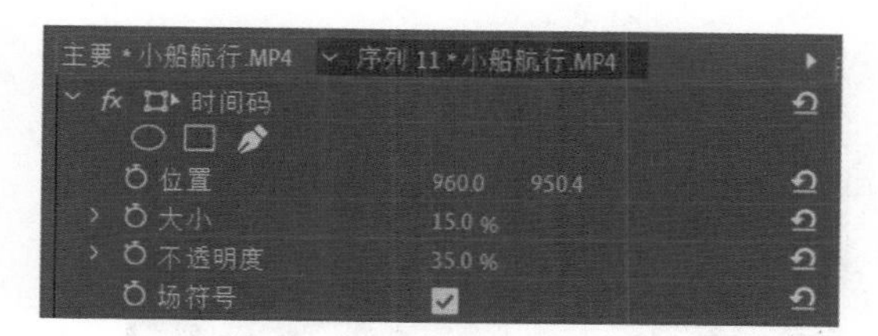

图 3-95　设置参数

（6）执行上述操作即可运用“时间码”视频效果编辑素材，单击“播放 / 停止切换”按钮预览视频效果，如图 3-91 所示。

实例5　通过透视视频效果制作华丽都市

实例要点：“透视”视频效果的应用。

思路分析：“透视”视频效果主要用于在视频画面上添加透视效果。本实例最终效果如图 3-96 所示。

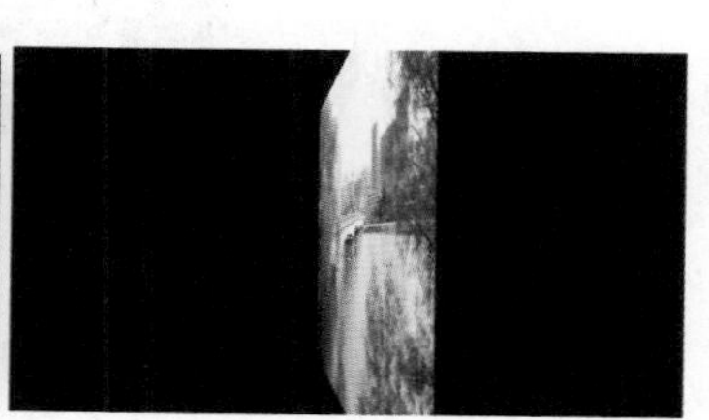

图 3-96　“透视”视频效果

操作步骤如下：

（1）在 Premiere Pro 2020 的工作窗口中，创建一个 AVCHD 1080p25 的序列。导入一个素材文件“黄河大桥”。

（2）在项目窗口中双击“黄河大桥”素材文件，在源监视器窗口设置入点为 2s，出点为 7s，拖动“仅拖动视频”按钮，将其添加到时间线窗口中的 V1 轨道起始位置上，如图 3-97 所示。

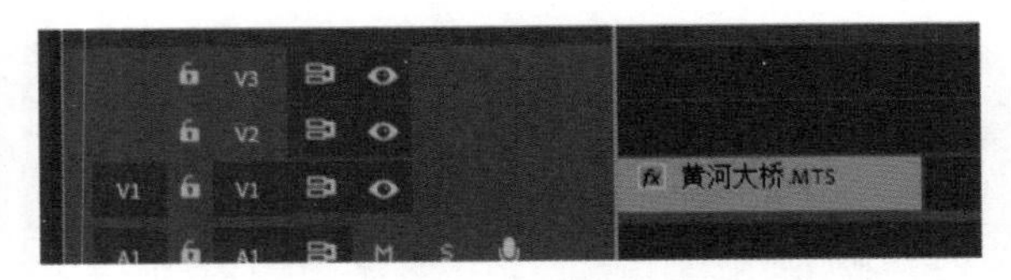

图 3-97 添加素材文件

（3）在时间线窗口中添加素材后，在节目监视器窗口中可以查看该素材画面，如图 3-98 所示。

（4）在效果窗口中依次展开“视频效果”→“透视”选项，在其中选择“基本 3D”视频效果，如图 3-99 所示。

图 3-98 查看素材画面

图 3-99 选择“基本 3D”视频效果

（5）将“基本 3D”视频效果拖曳至时间线窗口中的素材文件上，选择 V1 轨道上的素材，在效果控件窗口中展开“基本 3D”选项。

（6）为“旋转”选项在 0s 和 5s 处添加两个关键帧，其值分别为 0 和 -100，如图 3-100 所示。

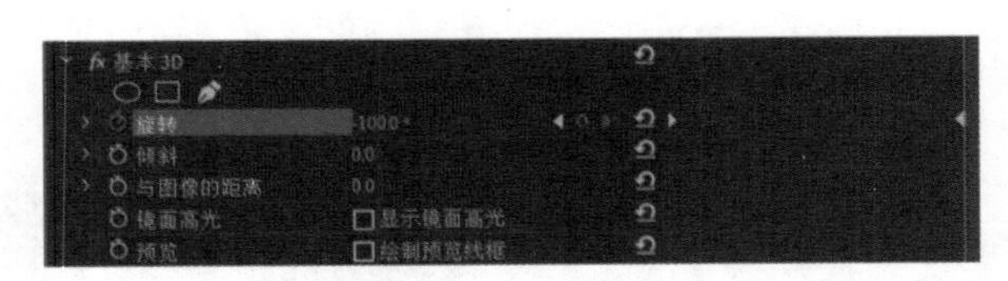

图 3-100 设置“旋转”为 -100

（7）执行上述操作即可运用“基本 3D”视频效果调整素材，单击“播放 / 停止切换”按钮预览视频效果，如图 3-96 所示。

实例 6 通过通道视频效果制作清新美女

实例要点：“通道”视频效果的应用。

思路分析：“通道”视频效果主要用于对画面的 RGB 通道进行特殊处理。本实例最终效果如图 3-101 所示。

图 3-101　“通道”视频效果

操作步骤如下：

（1）在 Premiere Pro 2020 的工作窗口中，创建一个 AVCHD 1080p25 的序列。导入一个素材文件“近景”。

（2）在项目窗口中双击“近景”素材文件，在源监视器窗口设置入点为 1s，出点为 6s，拖动“仅拖动视频”按钮，将其添加到时间线窗口中的 V1 轨道起始位置上，如图 3-102 所示。

（3）在时间线窗口中添加素材后，在节目监视器窗口中可以查看该素材画面，如图 3-103 所示。

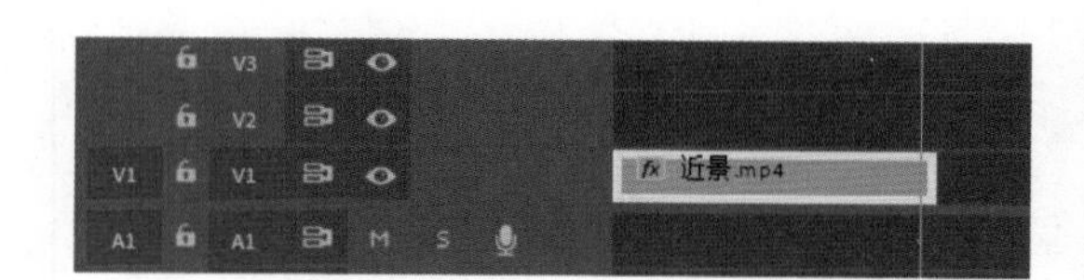

图 3-102　添加素材文件

图 3-103　查看素材画面

（4）在效果窗口中依次展开“视频效果”→“通道”选项，在其中选择“纯色合成”视频效果，如图 3-104 所示。

（5）将“纯色合成”视频效果拖曳至时间线窗口中的素材文件上，选择 V1 轨道上的素材，在效果控件窗口中展开“纯色合成”选项，为“源不透明度”与“颜色”选项在 0s 和 4s 处添加两个关键帧，其值分别为 (100%, 白色) 和 (50%,FFCDCD)，如图 3-105 所示。

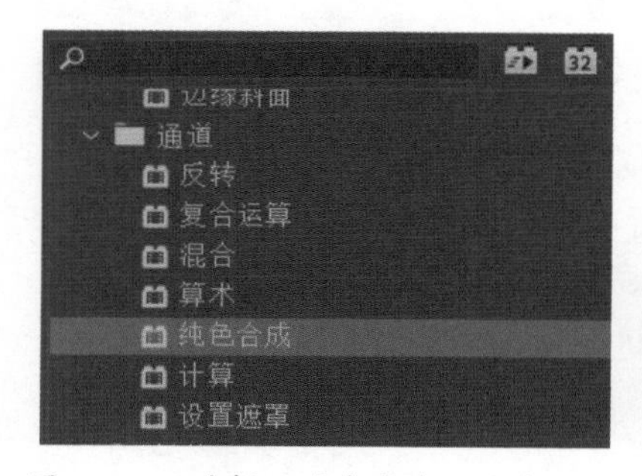

图 3-104　选择“纯色合成”视频效果

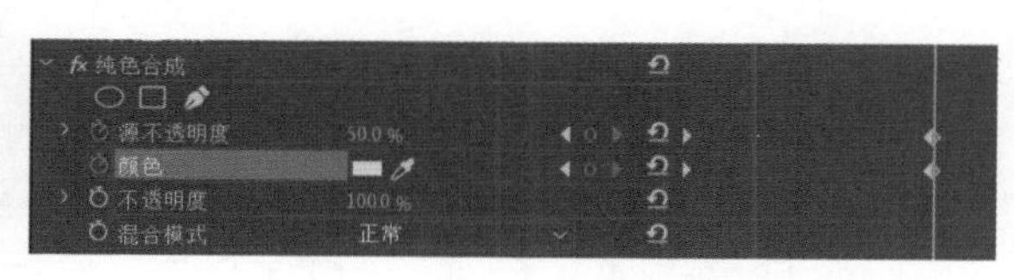

图 3-105　设置参数

（6）单击“播放 / 停止切换”按钮预览视频效果，如图 3-101 所示。

实例7 通过位置制作向下移动效果

实例要点：“位置”动画的制作。

思路分析：使用“位置”选项制作图像上下移动效果，使用蒙版和“轨道遮罩键”效果制作素材中间的黑色矩形区域，使用“镜头扭曲”效果加入凹进效果。本实例最终效果如图 3-106 所示。

图 3-106 最终效果

操作步骤如下：

（1）在 Premiere Pro 2020 的工作窗口中，创建一个 AVCHD 1080p25 的序列。导入五个素材文件“北海老街”“冰雕”“火山熔岩”“浪花 1”和“火山熔岩 2”。

（2）在项目窗口中双击“北海老街”素材文件，在源监视器窗口设置入点为 1s，出点为 4s，拖动“仅拖动视频”按钮，将其添加到时间线窗口中的 V1 轨道起始位置上，如图 3-107 所示。

（3）在时间线窗口中添加素材后，在节目监视器窗口中可以查看该素材画面，如图 3-108 所示。

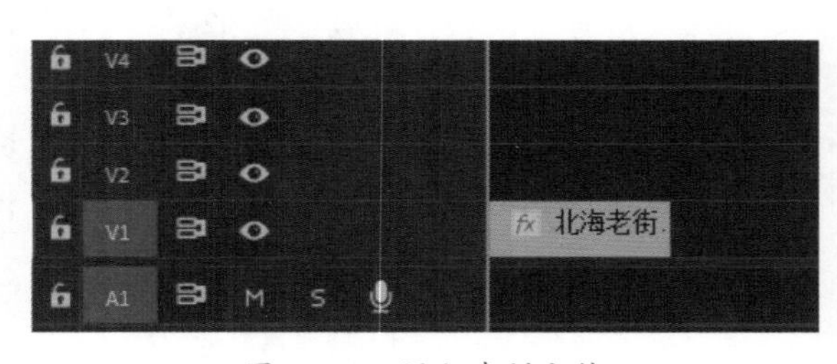

图 3-107 添加素材文件

图 3-108 查看素材画面

（4）在项目窗口中双击“冰雕”素材文件，在源监视器窗口设置入点为 1s，出点为 4s，拖动“仅拖动视频”按钮，将其添加到时间线窗口中的 V2 轨道 1:13 位置上。

（5）在项目窗口中双击“火山熔岩”素材文件，在源监视器窗口设置入点为 1s，出点为 4s，拖动“仅拖动视频”按钮，将其添加到时间线窗口中的 V3 轨道 3s 位置上。

（6）在项目窗口中双击“浪花 1”素材文件，在源监视器窗口设置入点为 1s，出点为 4s，拖动“仅拖动视频”按钮，将其添加到时间线窗口中的 V4 轨道 4:13 位置上。

（7）在项目窗口中双击“火山熔岩 2”素材文件，在源监视器窗口设置入点为 1s，出点为 4s，拖动“仅拖动视频”按钮，将其添加到时间线窗口中的 V5 轨道 6s 位置上，如图 3-109 所示。

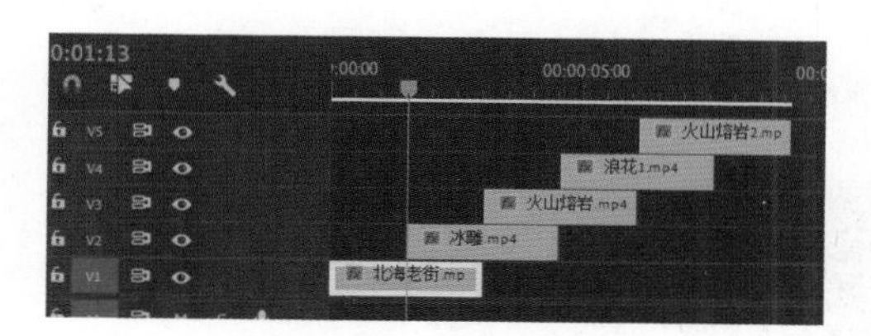

图 3-109 素材的排列

（8）选择“北海老街”素材，在效果控件窗口中为“位置”选项在 0s 和 3s 处添加两个关键帧，其值为 (960,-540) 和 (960,1620)。

（9）选择“北海老街”素材，按 Ctrl+C 组合键复制，依次选择“冰雕”“火山熔岩”“浪花 1”和“火山熔岩 2”素材并右击，从弹出的快捷菜单中选择“粘贴属性”命令，打开“粘贴属性”对话框，单击“确定”按钮。

（10）按 Ctrl+A 组合键全选并右击，从弹出的快捷菜单中选择“嵌套”命令，打开“嵌套序列名称”对话框，在“名称”文本框中输入“向下移动”，如图 3-110 所示，单击“确定”按钮。

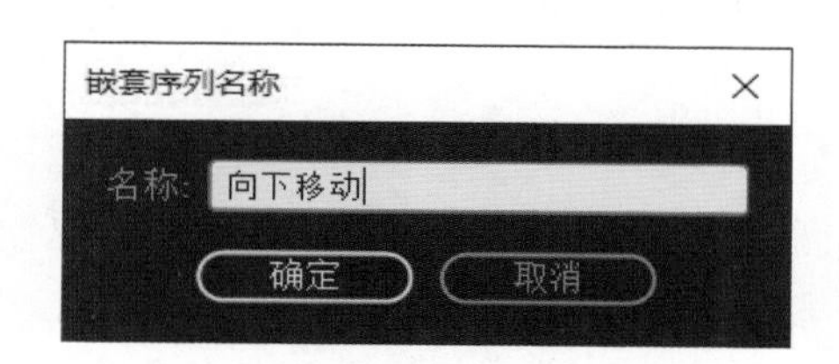

图 3-110 嵌套序列

（11）执行“文件”→“新建”→“旧版本标题”命令，打开“新建字幕”对话框，在“名称”文本框中输入文字“蒙版”，单击“确定”按钮。

（12）打开字幕设计窗口，在工具面板中选择“矩形工具”，在字幕设计窗口绘制一个白板和一个黑条，如图 3-111 所示，单击“关闭”按钮。

（13）在项目窗口中将“蒙版”素材拖曳到时间线窗口的 V2 轨道上，与起始位置对齐，如图 3-112 所示。

图 3-111 绘制黑白条

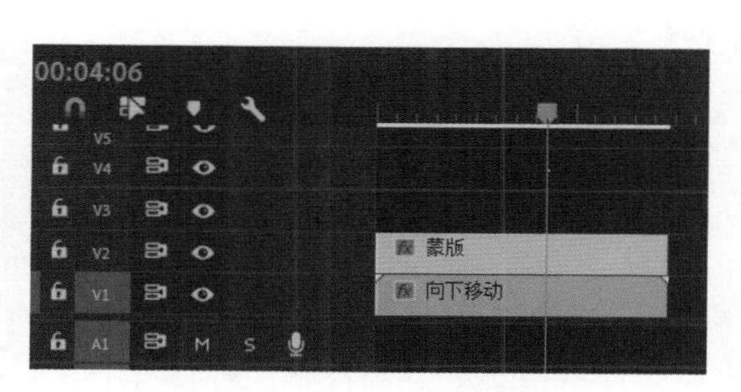

图 3-112 蒙版位置

（14）选择“向下移动”序列在效果窗口中依次展开“视频效果”→“键控”→“轨道遮罩键”选项并双击，如图 3-113 所示。

（15）在效果控件窗口中设置“遮罩”为视频 2，“合成方式”为亮度遮罩，如图 3-114 所示。

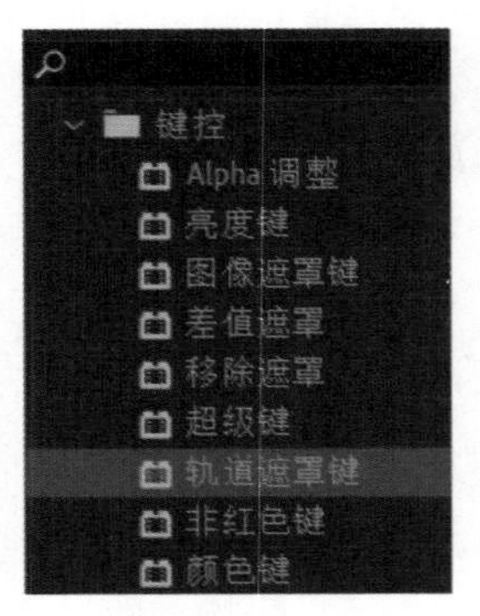

图 3-113　选择“轨道遮罩键”视频效果

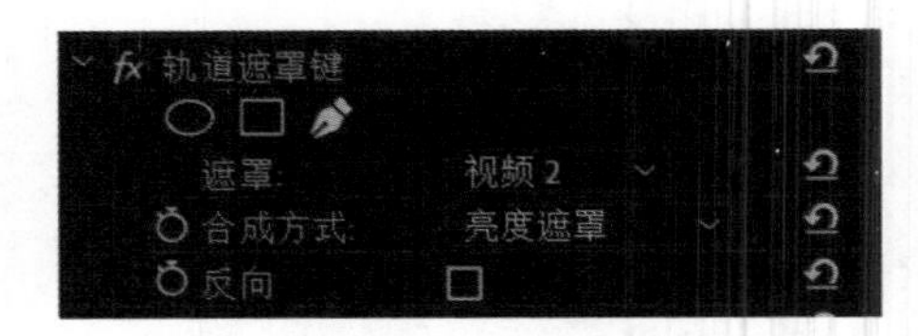

图 3-114　设置参数

（16）选择“向下移动”序列，在效果窗口中依次展开“视频效果”→“扭曲”→“镜头扭曲”并双击，在效果控件窗口中设置“曲度”为 -40。

（17）单击“播放 / 停止切换”按钮预览视频效果，如图 3-106 所示。

【任务实施】

本案例操作过程将分为 8 个步骤，分别为使用 Photoshop 软件制作遮罩、导入素材并设置片断持续时间、设置素材从上向下的移动效果、设置素材中间的黑色矩形区域并加入凹进效果、制作素材的横向滚动效果、将横向滚动的素材和上下移动的素材进行合成、加入字幕、输出。

操作步骤

1. 使用 Photoshop 软件制作遮罩

使用 Photoshop 软件制作遮罩的步骤如下：

（1）打开 Photoshop 软件，执行“文件”→“打开”命令，打开“打开”对话框，选择本书配套教学素材“项目 3\影视频道\素材”文件夹中的“图片 1.jpg”，单击“确定”按钮。

（2）在工具箱中选择 ⬚（范围选取工具），把图片中前景的中间部分全部选择，如图 3-115 所示。

（3）执行“选择”→“羽化”命令，打开“羽化选区”对话框，设置“羽化半径”为 3 像素，单击“确定”按钮退出，如图 3-116 所示。

（4）执行“编辑”→“填充”命令，打开“填充”对话框，选择使用“前景色”填充，单击“确定”按钮退出，如图 3-117 所示。画面的湖面已经填充了黑色，效果如图 3-118 所示。

（5）执行“选择”→“反选”命令，把图像中的选择区域进行反向选择，从而选中除黑色区域以外的其他区域，如图 3-119 所示。

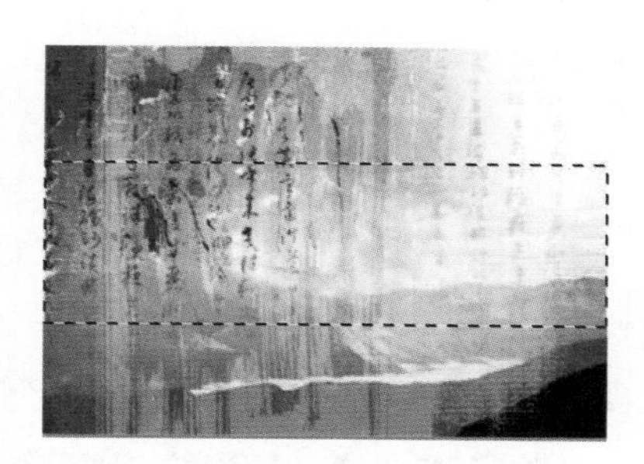

图 3-115　选择范围

图 3-116　“羽化选区”对话框

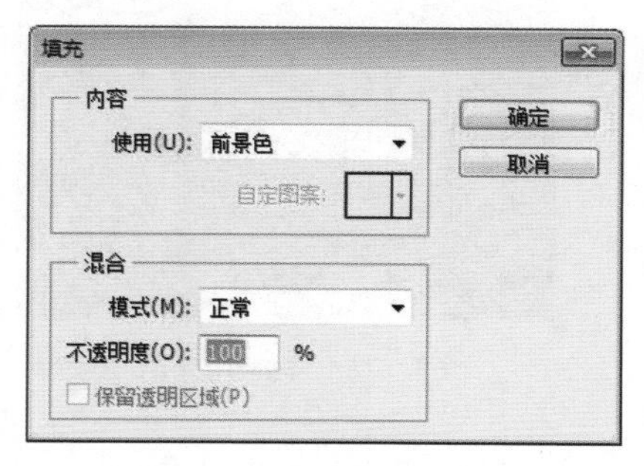

图 3-117　“填充”对话框

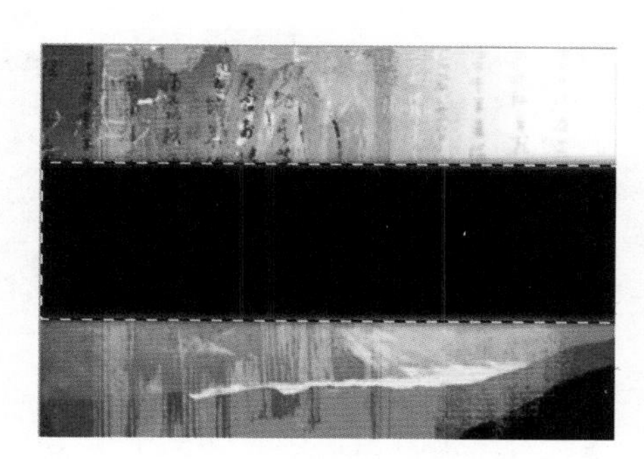

图 3-118　填充效果

（6）执行“选择”→“羽化”命令，打开“羽化选区”对话框，设置“羽化半径”为 3 像素，单击“确定”按钮。

（7）执行“编辑”→“填充”命令，打开“填充”对话框，选择使用“背景色”填充，单击“确定”按钮。此时图片被黑色和白色所填充，原图中间的矩形部分为黑色，其他部分为白色，如图 3-120 所示。

图 3-119　反向选择

图 3-120　填充效果

（8）执行“文件”→“另存为”命令，将文件命名为“蒙版 .jpg”并进行保存。

2. 导入素材并设置片断持续时间

导入素材并设置片断持续时间的步骤如下：

（1）启动 Premiere Pro 2020，单击“新建项目”按钮，打开“新建项目”对话框，设置“名称”为“影视频道”，并设置文件的保存位置，单击“确定”按钮。

（2）按 Ctrl+N 组合键打开“新建序列”对话框，设置“可用预设”模式为 DV-

PAL 的“标准 48kHz”，“序列名称”为“向下移动”，单击“确定”按钮。

（3）按 Ctrl+I 组合键打开“导入”对话框，导入本书配套教学素材“项目 3\影视频道\素材”文件夹内的所有文件，如图 3-121 所示。

（4）执行“序列”→“添加轨道”命令，打开“添加轨道”对话框，在“视频轨道”中输入 2，添加 2 条视频轨道，如图 3-122 所示，单击“确定”按钮。

图 3-121　“导入”对话框

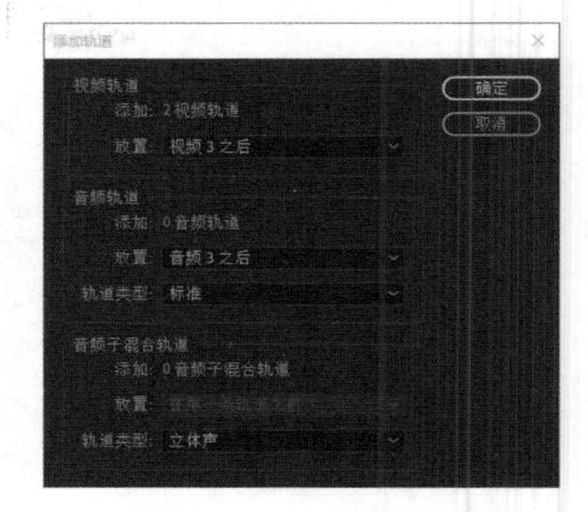

图 3-122　添加视频轨道

（5）右击项目窗口的“图片 1”，从弹出的快捷菜单中选择“速度 / 持续时间”命令，打开“剪辑速度 / 持续时间”对话框，设置“持续时间”为 3s，单击“确定”按钮，如图 3-123 所示。

（6）重复步骤（5），将项目窗口的“图片 2”“图片 3”“图片 4”和“图片 5”的“持续时间”都设为 3s。

3. 设置素材从上向下的移动效果

设置素材从上向下的移动效果的步骤如下：

（1）将项目窗口中的“图片 1”添加到 V1 轨道中，使起始位置与 0 对齐。

（2）右击当前的图片，从弹出的快捷菜单中选择“缩放为帧大小”命令，将当前片段放大到与当前画幅适配，如图 3-124 所示。

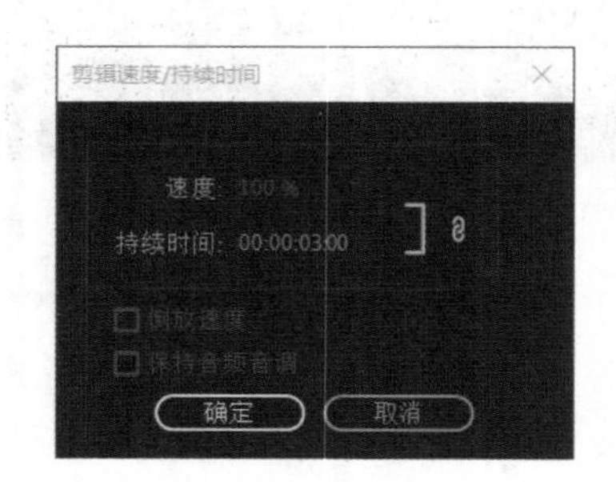

图 3-123　“剪辑速度 / 持续时间”对话框

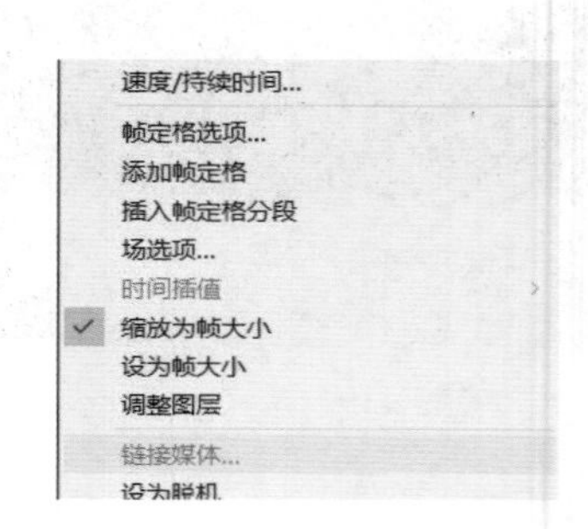

图 3-124　画幅适配

（3）选择“图片 1”，在效果控件窗口中展开“运动”选项，为“位置”选项在 0s 和 3s 处添加两个关键帧，对应的参数分别为 (360,-285) 和 (360,850)，如图 3-125 所示。

（4）拖动鼠标在时间线上预览，发现素材从上向下的移动效果已经做出来了，如图 3-126 所示。

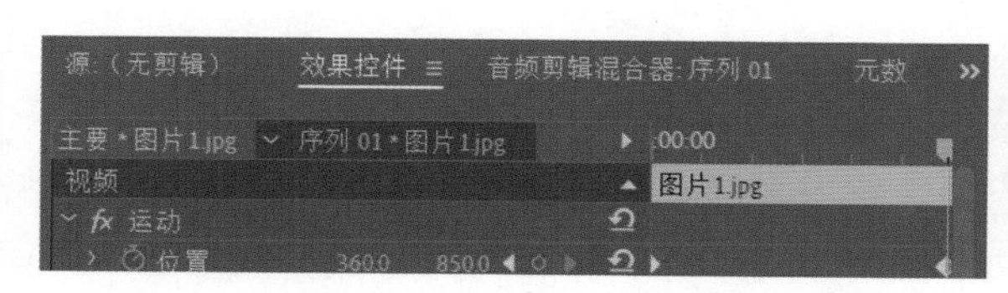

图 3-125 设置位置参数

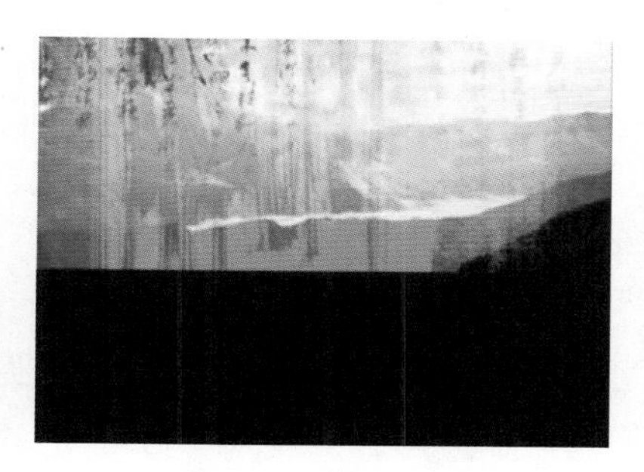

图 3-126 合成效果

（5）在项目窗口中将“图片 2”拖曳到 V2 轨道，将其起始时间设置为 1:12，重复步骤（2），将当前片段放大到与当前画幅适配。

（6）在项目窗口中将“图片 3”拖曳到 V3 轨道，将其起始时间设置为 30s，重复步骤（2），将当前片段放大到与当前画幅适配。

（7）在项目窗口中将“图片 4”拖曳到 V4 轨道，将其起始时间设置为 4:12，重复步骤（2），将当前片段放大到与当前画幅适配。

（8）在项目窗口中将“图片 5”拖曳到 V5 轨道，将其起始时间设置为 6s，重复步骤（2），将当前片段放大到与当前画幅适配，如图 3-127 所示。

（9）在时间线窗口中，选择 V1 轨道上的“图片 1”，按 Ctrl+C 组合键，分别右击“图片 2”“图片 3”“图片 4”和“图片 5”，从弹出的快捷菜单中选择“粘贴属性”命令，如图 3-128 所示。

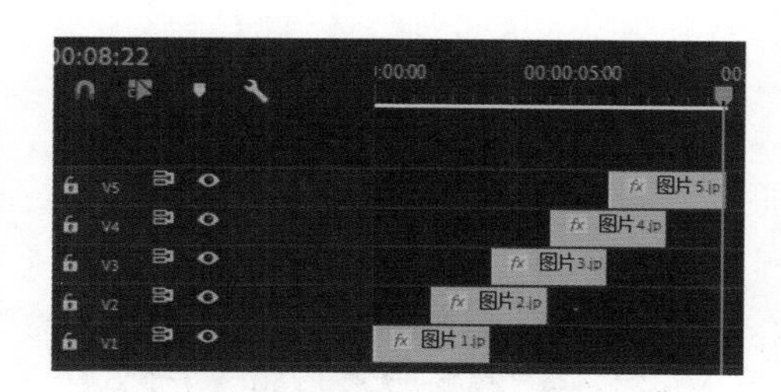

图 3-127 素材的排列

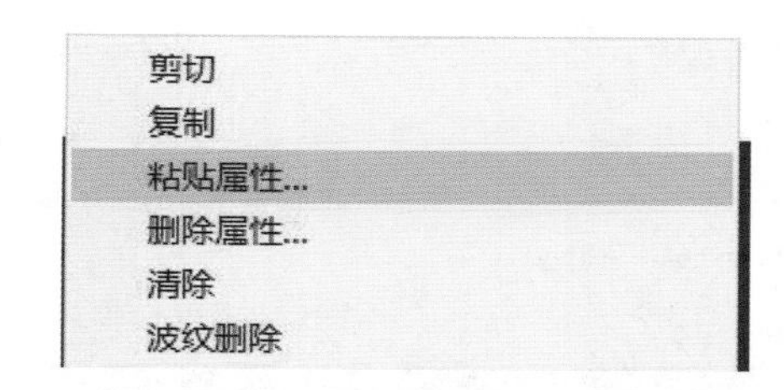

图 3-128 选择“粘贴属性”命令

（10）拖动鼠标在时间线上预览，发现几段素材从上向下的移动效果已经衔接起来了，如图 3-129 所示。

图 3-129 合成效果

4. 设置素材中间的黑色矩形区域并加入凹进效果

设置素材中间的黑色矩形区域并加入凹进效果的步骤如下：

（1）按 Ctrl+N 组合键打开“新建序列”对话框，设置“可用预设”模式为 DV-PAL“标准 48kHz”，“序列名称”为“素材的上下滚动”，单击“确定”按钮。

（2）在项目窗口中将“向下移动”序列拖曳到 V1 轨道中。

（3）在项目窗口中将“蒙版”拖曳到 V2 轨道中，利用“选择工具”把“蒙版”的持续时间长度拖至与 V1 轨道中“向下移动”相同，将“蒙版”放大到与当前画幅适配，如图 3-130 所示。

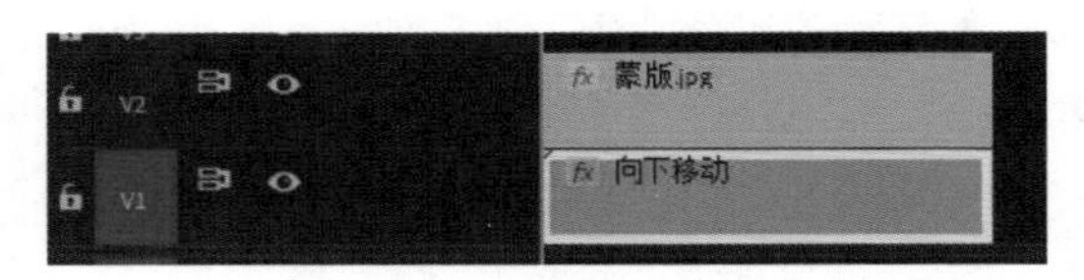

图 3-130　时间线设置

（4）选择“向下移动”片段，在效果窗口中选择“视频效果”→“键控”→“轨道遮罩键”效果并双击，在效果控件窗口中设置“遮罩”为视频 2，“合成方式”为亮度遮罩，如图 3-131 所示。

（5）选择“向下移动”片段，在效果窗口中选择“视频效果”→“扭曲”→“镜头扭曲”效果并双击，在效果控件窗口中设置“曲率”为 -40。

（6）拖动鼠标在时间线上预览，发现镜头中影片的中间部分有一个黑色矩形区域，此区域为横向滚动的素材区域，在黑色区域以后滚动的素材应有一种向内凹进的效果，如图 3-132 所示。

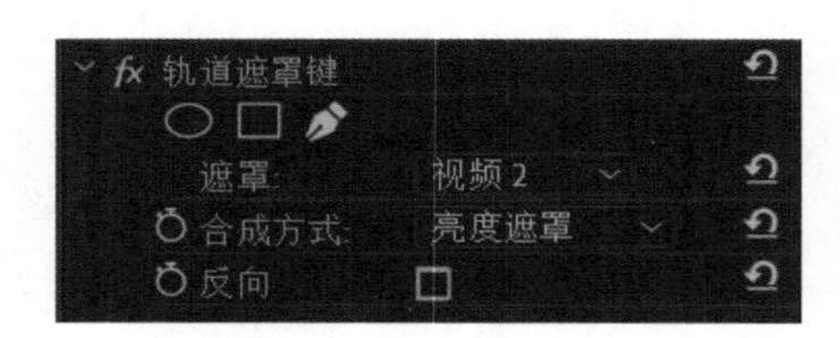

图 3-131　设置参数

图 3-132　合成效果

5. 制作素材的横向滚动效果

制作素材的横向滚动效果的步骤如下：

（1）按 Ctrl+N 组合键，打开“新建序列”对话框，设置“可用预设”模式为 DV-PAL 的“标准 48kHz”，“序列名称”为“素材的从右至左平移”，单击“确定”按钮。

（2）将项目窗口中的“图片 1”拖曳到 V1 轨道中，使起始位置与 0 对齐。

（3）选择“图片 1”，在效果控件窗口中展开“运动”属性，为“位置”参数在 0s 和 3s 处添加两个关键帧，其对应参数分别为 (850,288) 和 (-126,288)，“缩放”参数设置为 85。

（4）将项目窗口中的“图片 2”拖曳到 V2 轨道中，将其起始位置设置为 1:10。在项目窗口中将“图片 3”拖曳到 V3 轨道中，将其起始位置设置为 3s。在项目窗口中将“图片 4”拖曳到 V4 轨道中，将其起始位置设置为 4:10。在项目窗口中将“图片 5”拖曳到 V5 轨道中，将其起始位置设置为 6s，如图 3-133 所示。

（5）在时间线窗口中，选择 V1 轨道上的“图片 1”，按 Ctrl+C 组合键，分别右击“图片 2”“图片 3”“图片 4”和“图片 5”，从弹出的快捷菜单中选择“粘贴属性”命令，粘贴运动属性。

（6）拖动鼠标在时间线上预览，发现镜头中素材的运动是连续从右向左的平移运动，如图 3-134 所示。

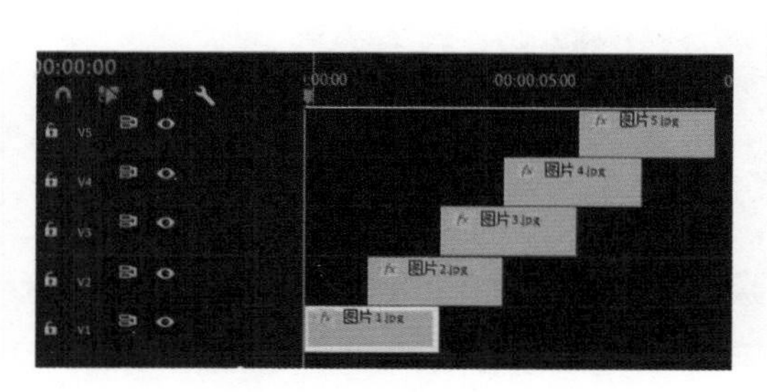

图 3-133　素材的排列

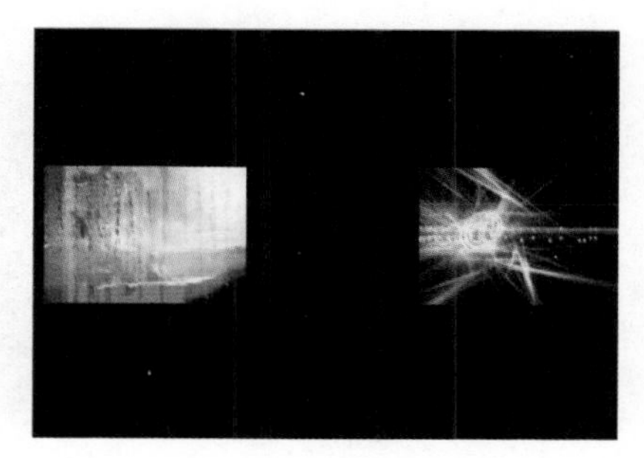
图 3-134　合成效果

6. 将横向滚动的素材和上下移动的素材进行合成

将横向滚动的素材和上下移动的素材进行合成的步骤如下：

（1）按 Ctrl+N 组合键打开“新建序列”对话框，设置“可用预设”模式为 DV-PAL 的“标准 48kHz”，“序列名称”为“循环底”，单击“确定”按钮。

（2）在项目窗口中将“素材的上下滚动”序列拖曳到 V1 轨道中，使其起始位置与 0 对齐。在项目窗口中将“素材的从右至左平移”序列拖曳到 V2 轨道中，使其起始位置与 0 对齐。

（3）拖动鼠标在时间线上预览，合成效果如图 3-135 所示，一段素材从上向下滚动，屏幕中间的黑色矩形部分是素材的从右至左的平移运动。

7. 加入字幕

（1）按 Ctrl+N 组合键打开“新建序列”对话框，设置“可用预设”模式为 DV-PAL 的“标准 48kHz”，“序列名称”为“最终效果”，单击“确定”按钮。

（2）在项目窗口中将“循环底”拖曳到 V1 轨道中，使其起始位置与 0 对齐。

（3）选择工具箱的“文字工具”，将时间指针拖曳到 1:15 处，单击节目监视器窗口，输入影视频道，选择“选择工具”，在效果控件窗口展开“文本（影视频道）”，设置“字体”为 FZXingKai-S04S，“大小”为 100，“填充”色为 #F2B54A，“描边”为黑色，“大小”为 5，持续时间为 6s，如图 3-136 所示，时间线排列如图 3-137 所示。

（4）在时间线上，使用（选择工具）选择 V1 轨道上的“循环底”，执行“剪辑”→“重命名”命令，打开“重命名素材”对话框，在“素材名”文本框中输入“最终循环底”，单击“确定”按钮。

图 3-135 合成效果

图 3-136 字幕设计

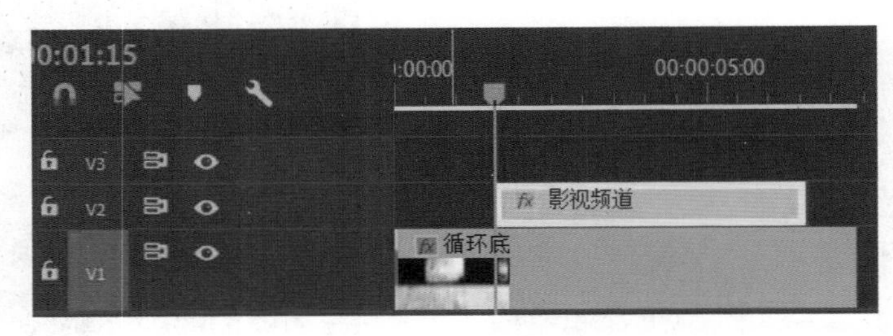

图 3-137 时间线排列

（5）在时间线窗口，使用（剃刀工具）沿 V2 轨道上的“标题”素材的前边缘将 V1 轨道上的“最终循环底”片段剪开，把剪开后多出的素材删除。

（6）将视频轨道的片段与位置 0 对齐，如图 3-138 所示。

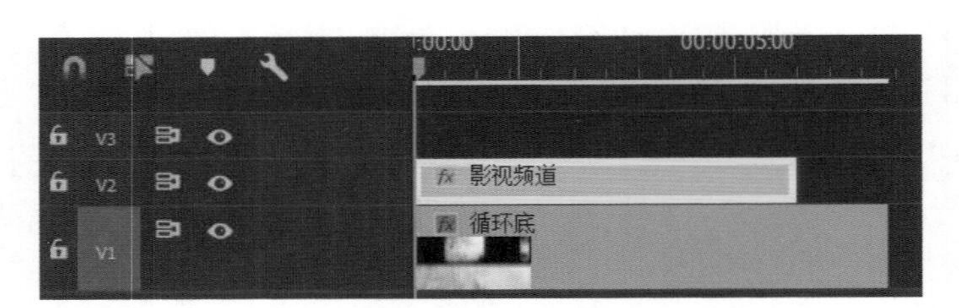

图 3-138 对齐方式

（7）在效果窗口中选择“视频过渡”→“擦除”→“划出”，将其拖曳到“影视频道”字幕的起始位置，在效果控件窗口中，设置“持续时间”设置为 4s，如图 3-139 所示。

（8）选择“影视频道”字幕，在效果窗口中选择“视频效果”→ Trapcode → Shine 效果并双击。

（9）在效果控件窗口中，为 Source Point 参数在 0:16 和 4s 处添加两个关键帧，其对应参数分别为 (95,288) 和 (632,288)。为 Ray Lenght 参数在 4s 和 4:12 处添加两个关键帧，其对应参数分别为 4 和 0。

（10）将 Colorize → Base On... 设置为 Alpha，Colorize... 设置为 None，Transfer Mode 设置为 Overlay，如图 3-140 所示。

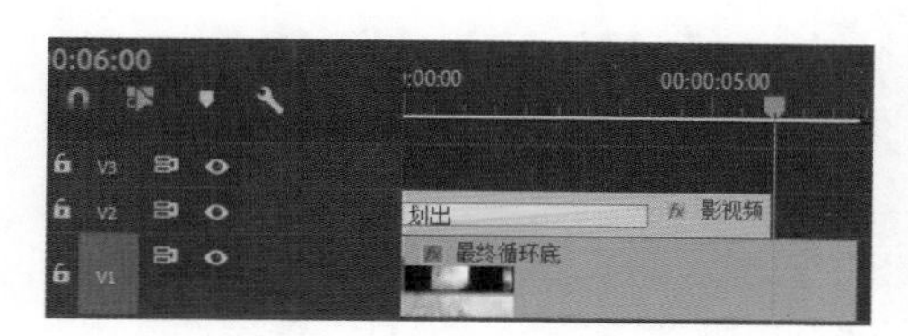

图 3-139 划出效果“持续时间”

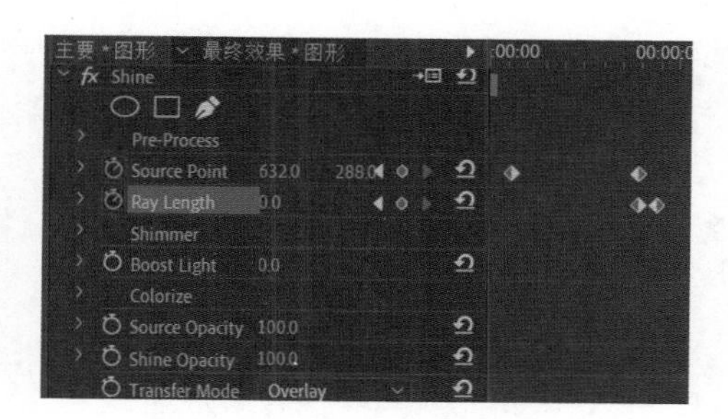

图 3-140 发光参数

（11）选择“影视频道”字幕，在效果窗口中选择“视频效果”→“透视”→“斜面Alpha”效果并双击，在效果控件窗口中设置“边缘厚度”为3。

（12）剪辑一段音频添加到A1轨道上，用“钢笔工具”在6:02和7:09处添加两个关键帧，并将7:09处的关键帧拖到最低处，在如图3-141所示。

（13）拖动鼠标在时间线上预览，合成效果如图3-142所示，在上下左右穿梭的素材的前面，“影视频道”4个字闪耀着金色的光芒。

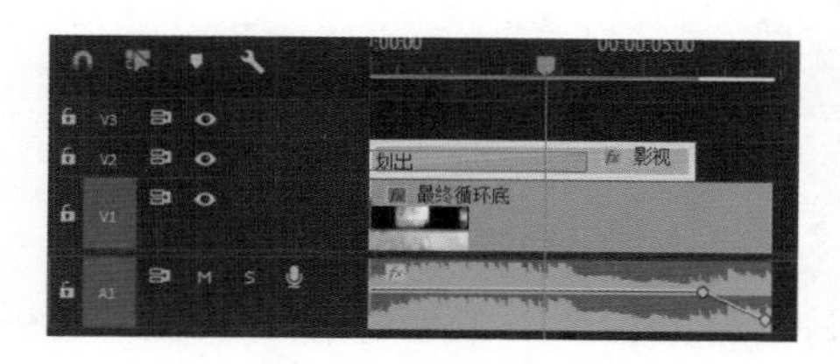

图 3-141 设置音频关键帧

图 3-142 合成效果

8. 输出

执行“文件”→“导出”→“媒体”命令，在打开的“导出设置”对话框中，设置“格式”为H.264，“预设”为匹配源 - 中等比特率，将文件命名为“影视频道片头”，单击“导出”按钮开始输出。至此片头的制作完成了。

任务拓展

请同学们自行完成一个影视频道的制作。

提示：要有片头字幕动画及背景动画。

思考与练习

一、选择题

1. 以下（ ）键控特效可以调整遮罩、溢出和颜色校正。

A. Alpha 调整　B. 亮度键　C. 非红色键　D. 超级键

2．在抠像时，（　）特效可以比较两个图像的不同部分并保留。

A．Alpha 调整　B．图像遮罩键　C．差值遮罩　D．轨道遮罩键

3．添加关键帧的作用是（　）。

A．便于设置滤镜效果　B．创建动画

C．调整影像　D．锁定素材

4．下面（　）效果不属于风格化效果。

A．Alpha 辉光　B．纹理　C．彩色浮雕　D．查找边缘

5．使用图像蒙版键控时，蒙版中的（　）产生遮挡的作用。

A．白色　B．黑色　C．灰色　D．蓝色

二、填空题

1．合成一般分为 ________ 和 ________。

2．Premiere Pro 2020 的效果可分为 ________ 和 ________ 效果。

3．Premiere Pro 2020 中，在扭曲效果文件夹中共包括 ________ 种扭曲效果。

4．差值遮罩是使用两个影像的比较 ________ 实现抠像的。

任务 3.3 栏目剧片段的编辑

【任务描述】

电视栏目剧制作首先是剧本的创作，其次是素材的拍摄，最后是编辑。编辑过程包括片头的制作，视频、音频素材的剪辑，加入音乐和台词字幕及输出影片等过程。

作为一个电视栏目剧，首先出现的是光彩夺目的背景及片名，为了使片头有动感、不呆板，需要将其做成动画，添加一些动态或光效。

【任务要求】

- 掌握效果的施加、参数的设置及动画的创建。
- 掌握抠像的应用。
- 掌握栏目剧片头的制作及正片编辑。

【知识链接】

Premiere Pro 2020 的视频效果数量较多，通过下面的学习将掌握更多特效使用方法。

实例 1 通过键控视频效果制作可爱女孩

实例要点："键控"视频效果的应用。

思路分析："键控"视频效果主要针对视频图像的特定键进行处理。本实例最终效果如图 3-143 所示。

图 3-143 "键控"视频效果

操作步骤如下：

（1）在 Premiere Pro 2020 的工作窗口中，创建一个 AVCHD 1080p25 的序列。导入两个素材文件"人物全景 1"和"海水"，如图 3-144 所示。

图 3-144 导入素材文件

（2）在项目窗口中双击"海水"素材文件，在源监视器窗口设置入点为 2s，出点为 7s，拖动"仅拖动视频"按钮，将其添加到时间线窗口中的 V1 轨道起始位置上。

（3）在项目窗口中双击"人物全景 1"素材文件，在源监视器窗口设置入点为 0s，出点为 5s，拖动"仅拖动视频"按钮，将其添加到时间线窗口中的 V2 轨道起始位置上，如图 3-145 所示。

（4）使用绿屏抠像打光要均匀，如果光线不均匀，可在效果窗口中依次展开"视频效果"→"变换"选项，在其中选择"裁剪"视频效果，如图 3-146 所示。

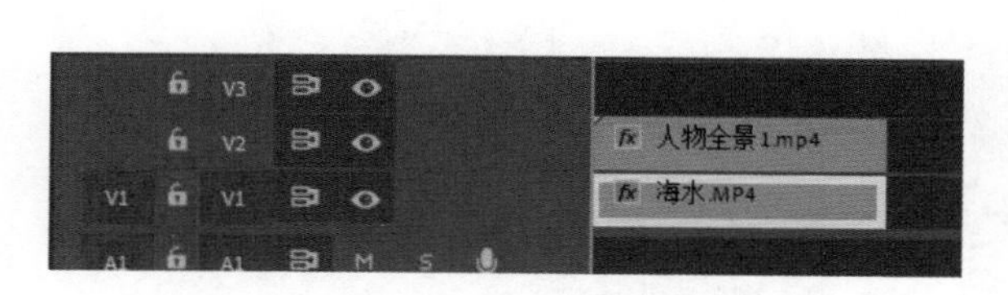

图 3-145 选择素材文件

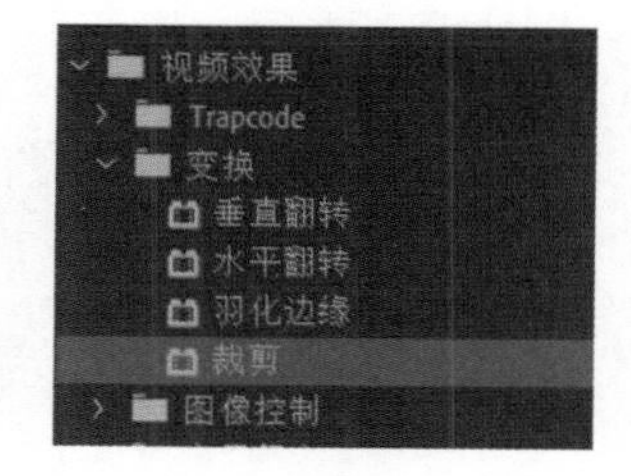

图 3-146 选择"裁剪"视频效果

（5）将"裁剪"视频效果拖曳至时间线窗口中 V2 轨道素材文件上，选择 V2 轨道上的素材，在效果控件窗口中设置"左侧"为 34%，"顶部"为 6%，"底部"为 6%，为"右侧"

选项在 0s、4:02 和 5s 处添加三个关键帧，其值分别为 44%、46% 和 50%，如图 3-147 所示，效果如图 3-148 所示。

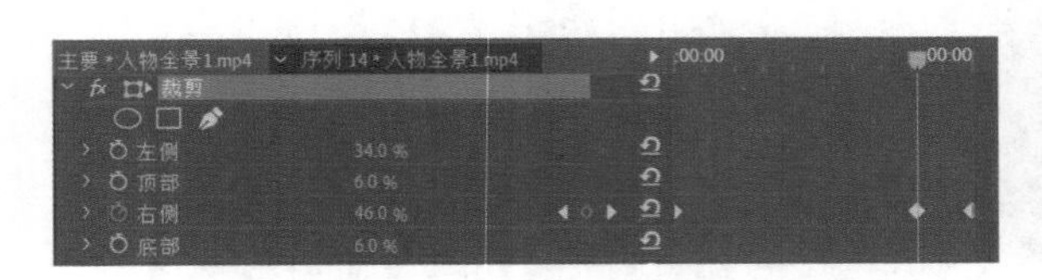

图 3-147 设置相应的选项

图 3-148 查看素材画面

（6）在效果窗口中依次展开“视频效果”→“键控”选项，在其中选择“颜色键”视频效果，如图 3-149 所示。

（7）将“颜色键”视频效果拖曳至时间线窗口中的 V2 轨道素材文件上，选择 V2 轨道上的素材，在效果控件窗口中选择“滴管”工具，在节目监视器窗口单击绿色背景，设置“颜色容差”为 60，如图 3-150 所示。

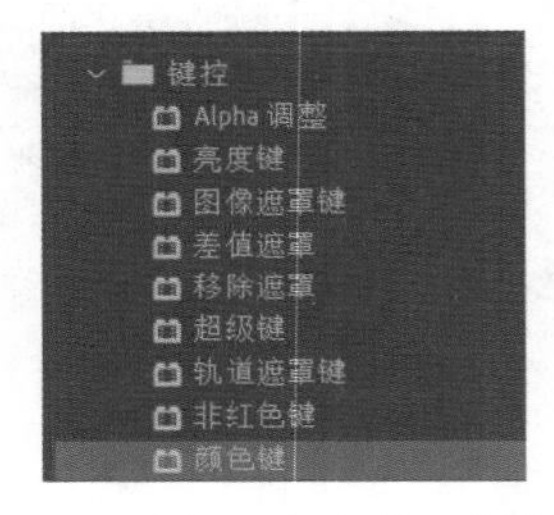

图 3-149 选择“颜色键”视频效果

图 3-150 设置“颜色容差”为 60

（8）单击“播放 / 停止切换”按钮预览视频效果，如图 3-143 所示。

实例2 通过风格化视频效果制作水墨画

实例要点：“风格化”视频效果的应用。

思路分析：“风格化”视频效果主要用于创建印象或其他画派的绘画效果。本实例最终效果如图 3-151 所示。

图 3-151 “风格化”视频效果

操作步骤如下：

（1）在 Premiere Pro 2020 的工作窗口中，新建一个项目文件并创建序列，导入一个素材文件“冰雕”。

（2）在项目窗口中双击“冰雕”素材文件，在源监视器窗口设置入点为 2s，出点为 7s，拖动“仅拖动视频”按钮，将其添加到时间线窗口中的 V1 轨道起始位置上，如图 3-152 所示。

（3）在时间线窗口中添加素材后，在节目监视器窗口中可以查看该素材画面，如图 3-153 所示。

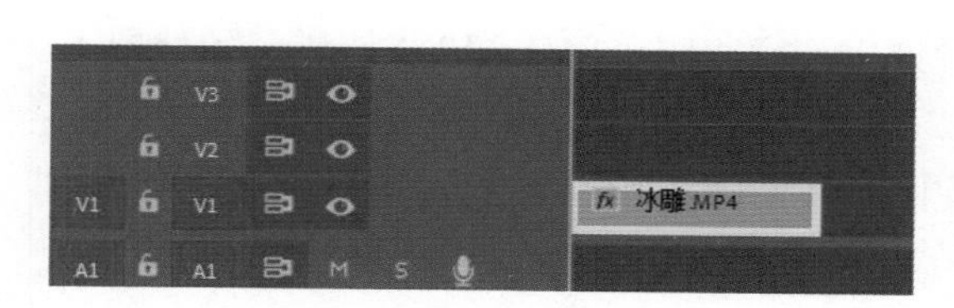

图 3-152　添加素材文件

图 3-153　查看素材画面

（4）在效果窗口中依次展开“视频效果”→“风格化”选项，在其中选择“查找边缘”视频效果，如图 3-154 所示。

（5）将“查找边缘”视频效果拖曳至时间线窗口中的素材文件上，选择 V1 轨道上的素材，在效果控件窗口中展开“查找边缘”选项，为“与原始图像混合”在 0s 和 4s 处添加两个关键帧，其参数为 0 和 20%，如图 3-155 所示。

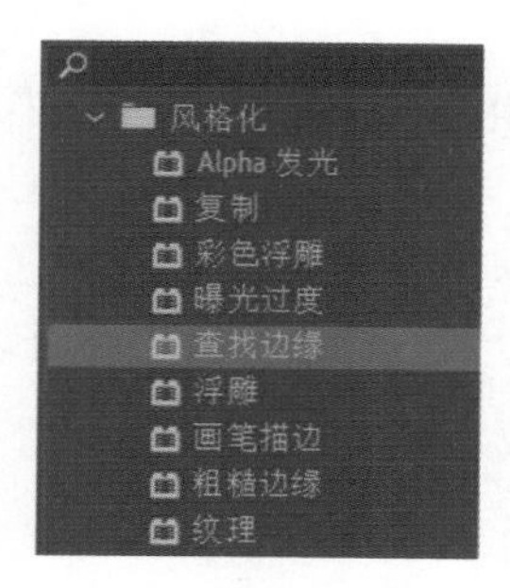

图 3-154　选择“查找边缘”视频效果

图 3-155　设置参数

（6）单击“播放 / 停止切换”按钮预览视频效果，如图 3-151 所示。

实例3　通过风格化视频效果制作马赛克

实例要点：“风格化”视频效果的应用。

思路分析：使用固态颜色的长方形对素材画面进行填充，生成马赛克效果。

在新闻报道中，有时候为了保护被采访者，会将被采访者的面貌用马赛克隐藏起来。本实例最终效果如图 3-156 所示。

图 3-156 “马赛克”视频效果

（1）在 Premiere Pro 2020 的工作窗口中，创建一个 AVCHD 1080p25 的序列。导入一个素材文件“人物中景”。

（2）在项目窗口中双击“人物中景”素材文件，在源监视器窗口设置入点为 1s，出点为 6s，拖动“仅拖动视频”按钮，将其添加到时间线窗口中的 V1 和 V2 轨道起始位置上，如图 3-157 所示。

（3）在时间线窗口中添加素材后，在节目监视器窗口中可以查看该素材画面，如图 3-158 所示。

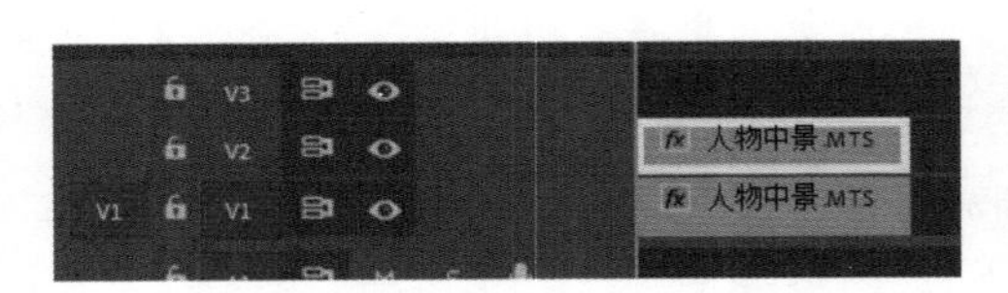

图 3-157 添加素材文件

图 3-158 查看素材画面

（4）在效果窗口中依次展开“视频效果”→“风格化”选项，在其中选择“马赛克”视频效果，如图 3-159 所示。

（5）将“马赛克”视频效果拖曳至时间线窗口 V2 轨道素材文件上，选择 V2 轨道上的素材，在效果控件窗口中展开“马赛克”选项，设置“水平块”和“垂直块”参数为 50，如图 3-160 所示。

图 3-159 选择“马赛克”视频效果

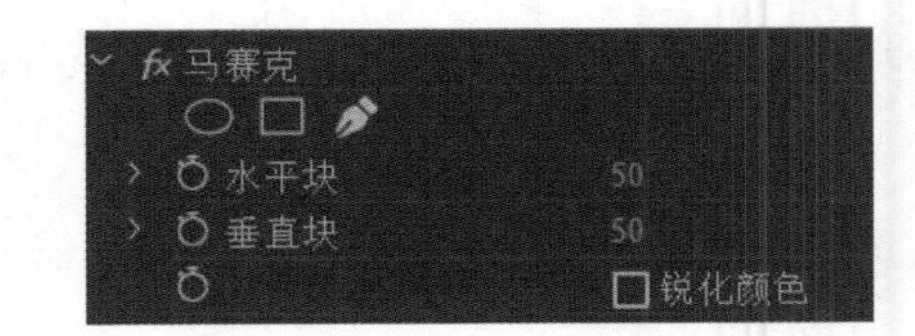

图 3-160 设置参数

(6)在效果窗口中依次展开“视频效果”→“变换”选项,在其中选择“裁剪”视频效果,如图 3-161 所示。

(7)将“裁剪”视频效果拖曳至时间线窗口 V2 轨道素材文件上,选择 V2 轨道上的素材,在效果控件窗口中展开“裁剪”选项,设置“左侧”为 60%,“顶部”为 4%,“右侧”为 29%,“底部”为 66%,使马赛克正好覆盖人的脸为止,如图 3-162 所示。

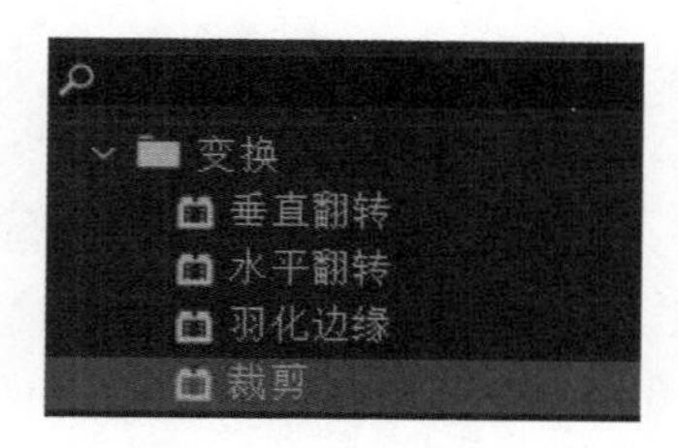

图 3-161 选择“裁剪”视频效果

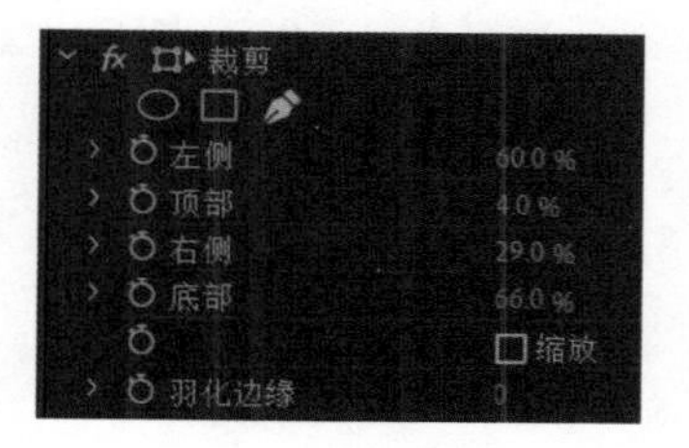

图 3-162 设置参数

(8)单击“播放 / 停止切换”按钮预览视频效果,如图 3-156 所示。

实例4 通过扭曲视频效果制作边角定位

实例要点:“扭曲”视频效果的应用。

思路分析:通过改变画面 4 个边角的位置,对画面进行变形。使用此效果可以对画面进行伸展、收缩、倾斜或扭曲等。本实例最终效果如图 3-163 所示。

图 3-163 “边角定位”视频效果

(1)在 Premiere Pro 2020 的工作窗口中,创建一个 AVCHD 1080p25 的序列。导入一个素材文件“海水”和“冰雕”。

(2)在项目窗口中双击“海水”素材文件,在源监视器窗口设置入点为 1s,出点为 6s,拖动“仅拖动视频”按钮,将其添加到时间线窗口中的 V1 轨道起始位置上。

(3)在项目窗口中双击“冰雕”素材文件,在源监视器窗口设置入点为 1s,出点为 6s,拖动“仅拖动视频”按钮,将其添加到时间线窗口中的 V2 轨道起始位置上,如图 3-164 所示。

(4)在时间线窗口中添加素材后,在节目监视器窗口中可以查看该素材画面,如图 3-165 所示。

(5)在效果窗口中依次展开“视频效果”→“扭曲”选项,在其中选择“边角定位”视频效果,如图 3-166 所示。

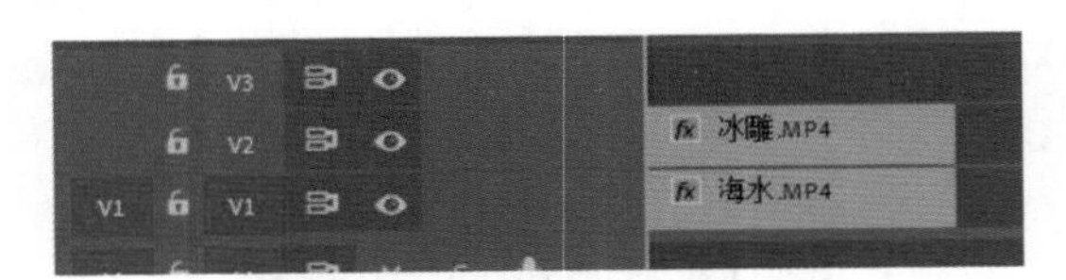

图 3-164　添加素材文件

图 3-165　查看素材画面

（6）将“边角定位”视频效果拖曳至时间线窗口 V2 轨道素材文件上，选择 V2 轨道上的素材，在效果控件窗口中展开“边角定位”选项，为“右上”和“右下”参数在 0s 和 1s 处添加两个关键帧，其参数分别为默认值和 [(900,200)、(900,880)]，如图 3-167 所示。

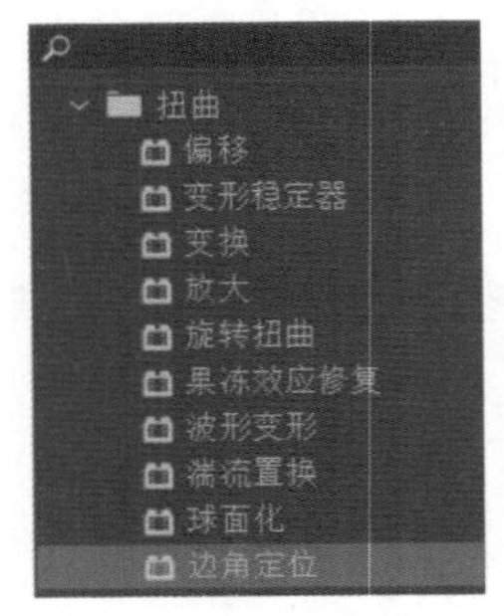

图 3-166　选择“边角定位”视频效果

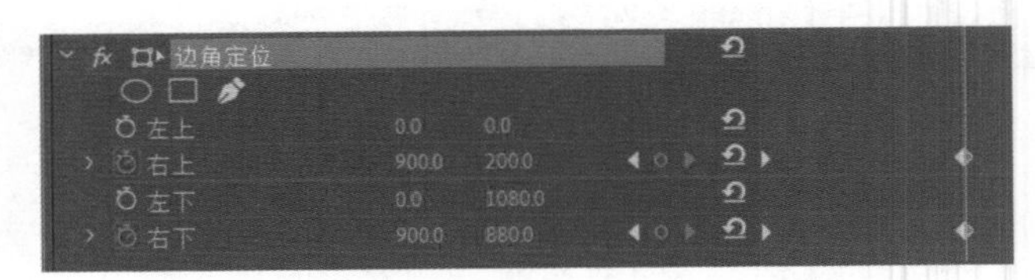

图 3-167　设置参数

（7）单击“播放 / 停止切换”按钮，预览视频效果，如图 3-163 所示。

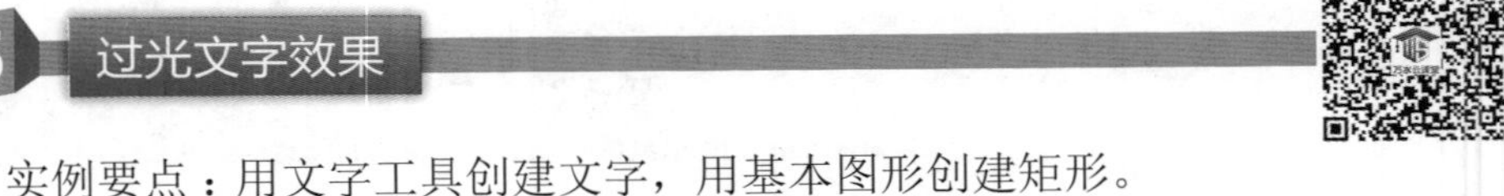

实例 5　过光文字效果

实例要点：用文字工具创建文字，用基本图形创建矩形。

思路分析：通过轨道遮罩键创建过光文字效果。本实例最终效果如图 3-168 所示。

图 3-168　过光文字效果

具体操作过程如下：

（1）在 Premiere Pro 2020 的工作窗口中，按 Ctrl+N 组合键打开“新建序列”对话框，设置“可用预设”为 AVCHD → 1080p → AVCHD 1080p25，“序列名称”为“过光文字效果”，单击“确定”按钮。

（2）按 Ctrl+I 组合键，打开“导入文件”对话框，选择相应的素材文件，单击“打开”按钮导入一个“小船航行”素材，将其拖曳到 V1 轨道。

（3）选择“文字工具”，将时间指针拖曳到 0s 处，单击节目监视器合适位置，输入文字“小船航行”。

（4）选择“选择工具”在效果控件窗口选择文本，设置“字体”为华文行楷，“字体大小”值为 230，“填充”为红色，在 V2 轨道上产生字幕素材，效果如图 3-169 所示。

（5）取消 V2 轨道素材的选择，选择 V3 轨道，执行“窗口”→“基本图形”命令，打开“基本图形”窗口，单击“编辑”→“新建图形” →“矩形”，在“变换”选项卡中调节其参数，在 V3 轨道上产生图形素材，如图 3-170 所示。

图 3-169　填充颜色后的文字

图 3-170　添加图形

（6）为“位置”选项在 0s 和 4:13 处添加两个关键帧，其值为 (370,590) 和 (2051,591)，如图 3-171 所示。

（7）添加 V4 轨道，选择“小船航行”字幕，按 Ctrl+C 组合键，选择 V4 轨道，取消对 V1 轨道的选择，将时间指针放到 0 位置，按 Ctrl+V 组合键进行粘贴，设置“填充”为白色，如图 3-172 所示，素材排列如图 3-173 所示。

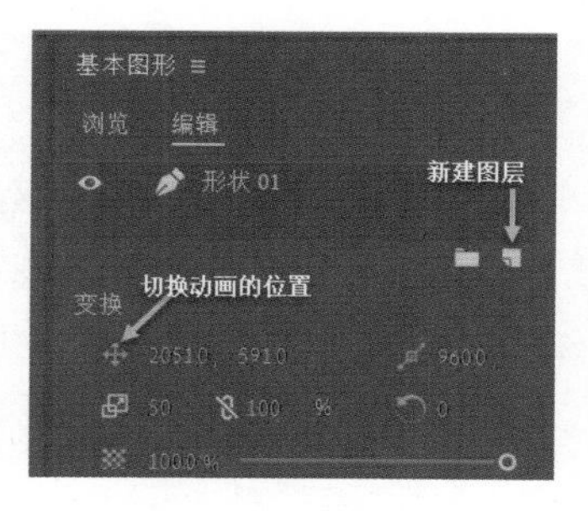

图 3-171　基本图形

图 3-172　图形位移

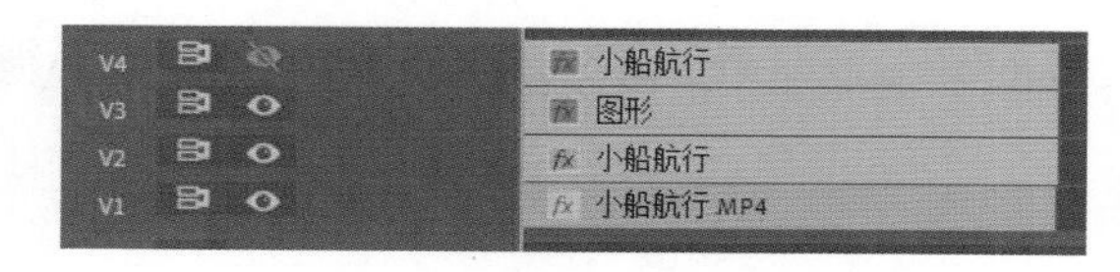

图 3-173　素材排列

（8）选择 V3 的“图形”素材，在效果窗口中选择“视频效果”→“键控”→“轨道遮罩键”效果并双击之在效果控件窗口中，设置“遮罩”为视频 4、“合成方式”为亮度遮罩，如图 3-174 所示。

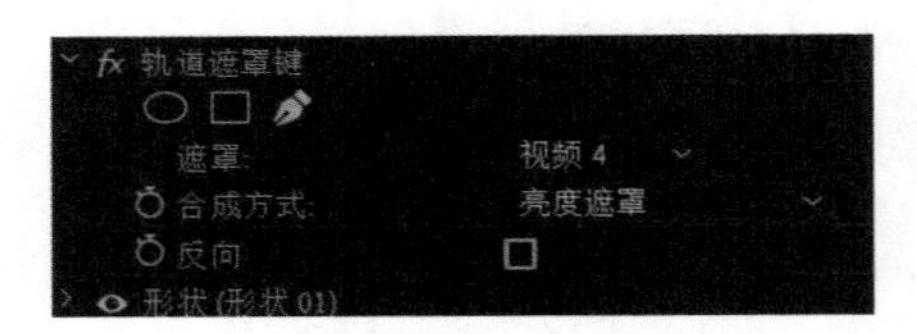

图 3-174　设置参数

（9）单击“播放 / 停止切换”按钮预览视频效果，字幕效果如图 3-168 所示。

【任务实施】

《贫困生柳红》剧本片段（陈静）

校园路上　夜

空旷的马路上，路灯昏黄，树影晃动，柳红提着大包小包的行李，艰难地走着。她有些胆怯地前后左右看了看，马路上空无一人，柳红稍微加快了脚步。突然一声女人的尖叫。（紧张的音乐）一个人影快速地从柳红身边跑过，柳红手中的包被撞掉在地上，柳红正在俯身去捡，身后突然冲出一个女孩子，女孩子被地上的包绊倒，摔在地上。柳红疑惑地看着她。女孩焦急地看着前方，挣扎着想爬起来。

女孩：（慌乱地）小偷，小偷！快！我的手机！

柳红：（赶紧去扶女孩）……

女孩挣扎着起来，顾不得手边的行李就要冲出去，柳红追上她，硬是把她拉住，要把行李递给她。

柳红：同学，东西掉落了……

女孩焦急地看着前方，小偷快速地跑，马上要不见影了，柳红仍然拉着她，要把行李给她。她无奈地挣扎着，眼看着小偷的身影没入黑夜里，女孩挫败，气得直跺脚。她用力甩开柳红的手，恶狠狠地瞪着她。

女孩：你要做啥子？我手机遭抢了，你拉倒我做啥子？

柳红被吼得愣住了，疑惑地、怯怯地看着女孩。女孩狠狠瞪了柳红一眼，气愤地抢过行李往前走。

女孩：（抱怨的）飞机晚点，手机遭抢，还遇到个神经病……

女孩又怨愤地瞪了柳红一眼，泄愤地拍了拍身上的灰，扭头走了。

柳红怯怯地看着女孩的背影，又看了看小偷跑走的方向，内心很愧疚。

女生寝室　夜

门被大力推开，（按开关的声音）房里大亮，空旷的四人间学生寝室呈现在眼前。之前被抢手机的女孩周婷提着行李走进来。她打量了一下四周的环境，选了一张桌子，放下行李，打开行李箱收拾东西。突然，门边悄悄弹出一只手抓住门框，周婷感觉不对劲，疑惑地回头看，看见一个人影快速地缩回门后。周婷吓一跳，怯怯地向门口走去。周婷站在门内仔细听了听，不敢走出去。

周婷：（怯怯的）哪个？

没回应，周婷想了想，鼓足勇气走出去，看见柳红提着行李低头站在门边。

周婷：（疑惑的，生气的）是你？你跟踪我？

柳红：（低头，支支吾吾）我，我……你住那里？

周婷上下去打量柳红，柳红一身乡土打扮，衣服有些旧了，行李包也旧旧的、脏脏的，周婷皱眉看着她。

周婷：（手叉腰）是！难道……你也住那里？

柳红：（看了看她，点头）嗯，你好，我叫柳红……

周婷有些惊讶，表情稍缓和，她又打量着柳红，想了想让到一边，让柳红进门。柳红提着行李，怯怯地走进寝室。

周婷：你哪个也半夜到？

柳红：（支支吾吾）火车到得晚，不晓得怎么坐车，转了几趟才找到。

周婷：（看了看床位）好像还有一个同学没来……

柳红：（观察周婷）你……你的手机真的遭抢了？是不是该报警啊？

周婷：（冷哼一声）算了，人早就跑了，到哪里去找嘛，再换个新的咯……

柳红：（愧疚的）对不起，都是因为我……

周婷：（挥挥手，打断她）算了，没什么。

周婷转身继续收拾行李，不再看柳红，柳红无奈地看了看她。

本实例操作过程分为导入素材、片头制作、正片制作、片尾制作、加入音乐、输出MP4文件。

操作步骤

1．导入素材

导入素材的步骤如下：

（1）启动 Premiere Pro 2020，单击“新建项目”按钮，打开“新建项目”对话框，设置“名称”为“贫困生柳红”，设置文件的保存位置，单击“确定”按钮。

（2）按 Ctrl+N 组合键打开“新建序列”对话框，设置“有效预设”模式为 DV-PAL 的标准 48kHz，在“序列名称”文本框中输入序列名，单击“确定”按钮，进入 Premiere Pro 2020 的工作界面。

（3）单击项目窗口下的“新建文件夹”按钮，新建两个文件夹，分别取名为“视频”和“音频”。

（4）分别选择“视频”和“音频”文件夹，按 Ctrl+I 组合键打开“导入”对话框，在该对话框中选择本书配套教学素材“项目 3\ 电视栏目剧 \ 素材 \ 视频、音频”文件夹中的视频及音频素材。

（5）单击“打开”按钮，将所选的素材导入项目窗口中。

（6）在项目窗口分别双击“0～6”视频素材，将其在源监视器窗口中打开。

2. 片头制作

片头制作的步骤如下：

（1）在项目窗口双击“0”素材文件，在源监视器窗口拖曳“仅拖动视频”按钮到时间线的 V1 轨道上，与起始位置对齐。

（2）从项目窗口的“音频”文件夹中选择“雾都夜话片头音乐”拖曳到 A1 轨道上，如图 3-175 所示。

（3）在源监视器窗口中选择“1.mpg”素材，确定入点为 8:14，出点为 25:13，将其拖到时间线窗口，并与前一片段的末尾对齐。

（4）执行“文件”→“新建”→“旧版标题”命令，打开“新建字幕”对话框，设置“名称”为标题 1，单击“确定”按钮。

（5）在屏幕上单击，输入“贫困生柳红”5 个字，选择“贫困生柳红”字幕，在旧版标题样式中选择 Arial Black yellow orange gradient 样式。

（6）在旧版标题属性中，选择“字体系列”为经典行楷简，“字体大小”为 80，效果如图 3-176 所示。

图 3-175　加入片头

图 3-176　输入文字

（7）单击“基于当前字幕新建字幕”按钮，打开“新建字幕”对话框，在“名称”文本框中输入“标题 2”，单击“确定”按钮，“填充类型”为实底，“颜色”为白色，如图 3-177 所示。

（8）单击“基于当前字幕新建字幕”按钮，打开“新建字幕”对话框，在“名称”文本框中输入“标题 3”，单击“确定”按钮。

（9）删除“贫困生柳红”字幕，并在其下方输入“Pin kun sheng liu hong”，在“旧版标题样式”中，选择 Arial Black yellow orange gradient 样式，“字体系列”为 Arial，“字体大小”为 50，如图 3-178 所示。

图 3-177　改变文字样式

图 3-178　设置拼音字幕

（10）单击“基于当前字幕新建字幕”按钮，打开“新建字幕”对话框，在“名称”文本框中输入“遮罩 01”，单击“确定”按钮。

（11）将拼音字幕删除，在屏幕上绘制一个白色倾斜矩形，如图 3-179 所示。

（12）关闭字幕设置窗口，在时间线窗口中将当前时间指针定位到 43:03 位置。

（13）将“标题 01”字幕添加到 V2 轨道中，使其开始位置与当前时间指针对齐，长度为 10s。

（14）将“标题 02”字幕添加到 V3 轨道中，使其开始位置与当前时间指针对齐，长度为 6s。

（15）将“标题 03”字幕添加到 V3 轨道中，使其开始位置与“标题 2”末尾对齐，长度为 4s。

（16）在时间线窗口中将当前时间指针定位到 45s 位置。将“遮罩”拖曳到 V3 轨道上方，自动添加视频轨道，使其开始位置与当前时间指针对齐，结束位置与“标题 2”的结束位置对齐，如图 3-180 所示。

图 3-179　遮罩

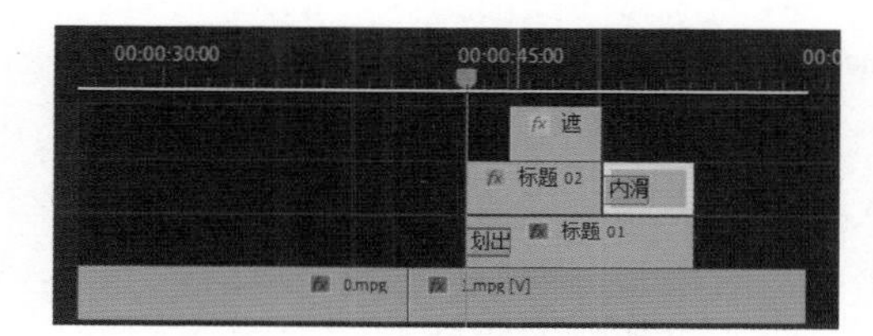

图 3-180　添加遮罩

（17）在效果窗口中选择“视频过渡”→“擦除”→“划出”，添加到“标题 1”字幕的起始位置。

（18）单击“划出”过渡，在效果控件窗口展开“划出”选项，设置“持续时间”为 2s，使标题逐步显现。

（19）选择 V4 轨道上的“遮罩”，在效果控件窗口展开“运动”选项，为“位置”选项在 45s 和 49s 处添加两个关键帧，其值分别为 (360,270) 和 (900,270)，如图 3-181 所示。

（20）选择“标题 2”字幕，在效果窗口中选择“视频效果”→“键控”→“轨道遮罩键”效果并双击，在效果控件窗口中设置“遮罩”为“视频 4”，合成方式为“亮度遮罩”，如图 3-182 所示。

图 3-181　将“遮罩”设置在右边

图 3-182　设置参数

（21）在效果窗口中选择“视频切换”→“内滑”→“内滑”，拖曳到“标题 3”字幕的起始位置。

（22）单击“内滑”视频效果，在效果控件窗口展开“内滑”特技，设置“持续时间”为 2s，“内滑方向”为自南向北，如图 3-183 所示，使标题从下逐步滑出。时间线窗口如图 3-184 所示。

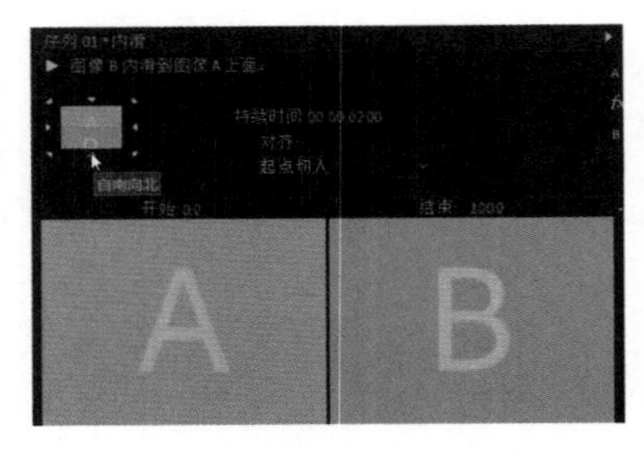

图 3-183　设置“内滑”参数

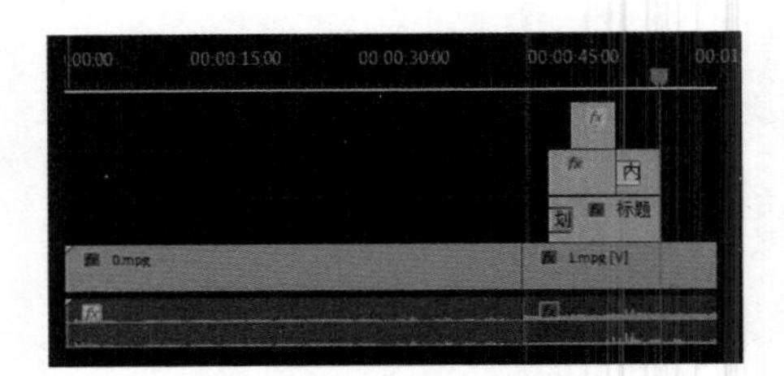

图 3-184　时代线窗口

3. 正片制作

对于人物对白的剪辑，根据对白内容和戏剧动作的不同，有平行剪辑和交错剪辑两种方法。对白的平行剪辑是指上一个镜头对白和画面同时同位切出或下一个镜头对白和画面同时同位切入，因而显得平稳、严肃而庄重，但稍嫌呆板，应用于人物空间距离较大、人物对话交流语气比较平稳、情绪节奏比较缓慢的对白剪辑。对白的交错剪辑是指上一个镜头对白和画面不同时同位切出，或下一个镜头对白和画面不同时同位切入，而将上一个镜头里的对白延续到下一个镜头人物动作上来，从而加强上下镜头的呼应，使人物的对话显得生动、活泼、明快流畅。应用于人物空间距离较小、人物对话情绪交流紧密、语言节奏较快的对白剪辑。

正片制作的步骤如下：

（1）编辑视频。

1）按 Ctrl+N 组合键打开“新建序列”对话框，在“序列名称”中输入序列名称，单击“确定”按钮。

2）将当前时间指针定位到 0 的位置，将项目窗口中的“序列 01”添加到 V1 轨道中，使起始位置与当前时间指针对齐。

3）在源监视器窗口中按照电视画面编辑技巧，依次设置素材的入出点，添加到时间线的 V1 轨道中，与前一片段对齐，具体设置见表 3-1。

表 3-1　设置视频片段

视频片段序号	素材来源	入点	出点
片段 1	6.mpg	02:01	04:22
片段 2	1.mpg	31:11	34:24
片段 3	6.mpg	06:18	07:14
片段 4	1.mpg	36:02	38:00

续表

视频片段序号	素材来源	入点	出点
片段 5	1.mpg	45:12	48:09
片段 6	1.mpg	49:09	53:15
片段 7	1.mpg	54:23	59:13
片段 8	1.mpg	1:49:15	1:55:03
片段 9	1.mpg	2:10:20	2:12:14
片段 10	4.mpg	6:05	18:10
片段 11	5.mpg	11:03	18:14
片段 12	4.mpg	25:23	44:21
片段 13	2.mpg	56:03	1:21:00
片段 14	3.mpg	00:24	03:08
片段 15	2.mpg	1:25:01	1:27:06
片段 16	2.mpg	3:02:03	3:04:21
片段 17	2.mpg	1:48:07	1:50:01
片段 18	2.mpg	3:59:06	4:02:00
片段 19	2.mpg	3:10:00	3:13:05
片段 20	2.mpg	4:05:02	4:11:08
片段 21	2.mpg	3:21:02	3:24:15
片段 22	2.mpg	4:52:05	4:54:19
片段 23	2.mpg	5:18:11	5:22:15
片段 24	2.mpg	6:43:08	6:49:13
片段 25	2.mpg	5:55:12	6:00:08
片段 26	2.mpg	6:54:09	6:55:14
片段 27	2.mpg	6:05:21	6:07:21
片段 28	2.mpg	6:57:10	7:01:04
片段 29	2.mpg	7:01:04	7:03:18
片段 30	2.mpg	6:15:06	6:17:07
片段 31	2.mpg	7:06:20	7:12:17

4）选择片段 12，在效果控件窗口中为“不透明度”选项在 2:01:20 和 2:03:21 处添加两个关键帧，其对应的参数为 100 和 0，加入淡出效果。

5）选择片段 13，在效果控件窗口中为“不透明度”选项在 2:04:07 和 2:05:21 处添加两个关键帧，其对应参数为 0 和 100，加入淡入效果，如图 3-185 所示。

图 3-185　添加多个片段

（2）对白字幕的制作。

本例解说词如下：

“喂，小心一点啊。”“东西掉了，快，帮我抓住他，抢东西了，站住，站住。”“喂，同学，东西掉了。”“站住，站住，站住。”“站住，站住，站住，抢东西了，你不要跑，给我站住。”“喂，东西掉了。”“站住，站住，我的包包，站住，不要跑”“站住，站住，等等，我的包包、手机。你的包包”“你给我拉着做什么”“你的包包”“哎呀，哎，你要做什么。你的包包”“我的包包被抢了，你抓住我做什么？”“我的手机、钱包全部在那里面。”“飞机晚点，手机被抢，还遇到个神经病。”“哪个？是你，你跟踪我吗？”“你住这里？是啊，你难道也住这里？”“嗯，我叫柳红。”“你怎么半夜到？”“火车到得晚，转了几趟才找到。”“好像还有一个同学没来。嗯，你的手机真的被抢了？”“那你报警了吗？算了，人早就跑了，到哪里去找啊？”“只有再买个新的了。对不起，都是因为我。”“算了，算了，没关系。”

将解说词分段复制到记事本中，并对其进行编排，编排完毕，单击“退出”按钮，保存文件名为“对白文字”。

在 Premiere Pro 2020 中，将编辑好的节目的音频输出，输出格式为 MP3，输出文件名为“配音输出”用于解说词字幕的音乐。

1）在桌面上双击“Sayatoo 卡拉字幕精灵 2”图标，启动 SubtitleMaker 字幕设计窗口。

2）打开 SubtitleMaker 对话框并右击项目窗口的空白处，从弹出的快捷菜单中选择“导入字幕文件”命令，打开“导入歌词”对话框，选择“解说词文字”文件，单击“打开”按钮，导入解说词。

3）执行“文件”→“导入媒体”命令，打开“导入媒体”对话框，选择音频文件“配音输出”，单击“打开”按钮。

4）单击第一句歌词，让其在窗口上显示。在基本属性中设置“宽度”为 720，“高度”为 576，“排列”为单行，“对齐”为居中，“偏移 Y”为 500，如图 3-186 所示。在字幕选项中设置“名称”为经典粗黑简，“大小”为 32，“填充颜色”为白色，“描边颜色”为黑色，“描边宽度”为 2，取消“阴影”复选框的勾选，如图 3-187 所示。在特效属性中取消“字幕特效”“过渡转场”和“指示灯”复选框的勾选。

5）单击控制台上的“录制歌词”按钮，打开“录制设置”对话框，选中“逐行录制”单选按钮，如图 3-188 所示。

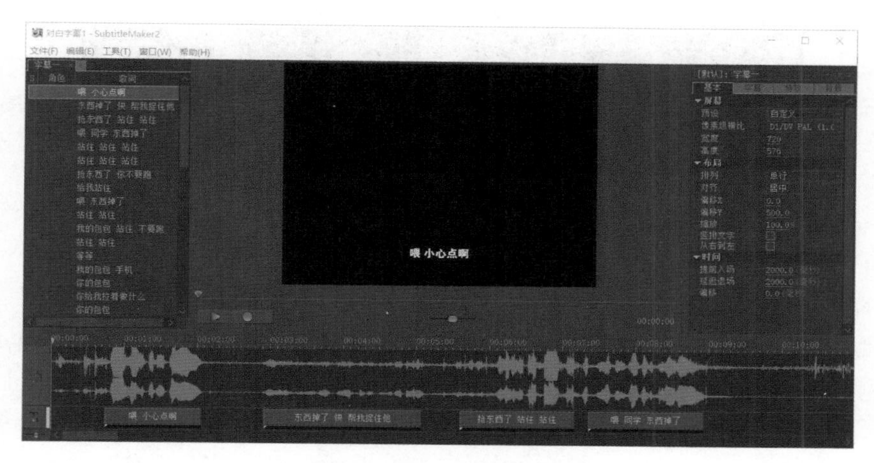

图 3-186　配音字幕制作

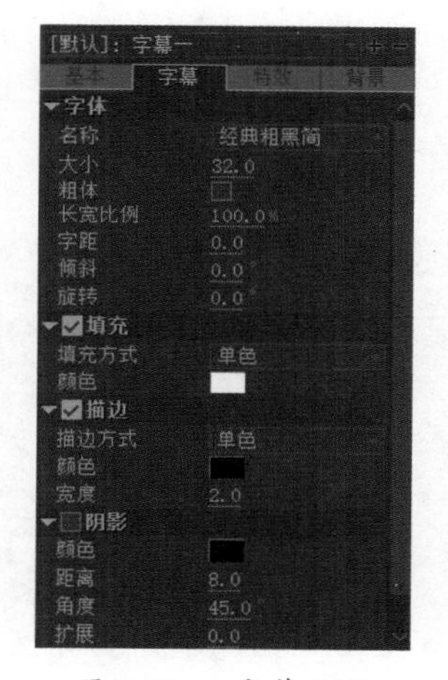

图 3-187　字幕设置

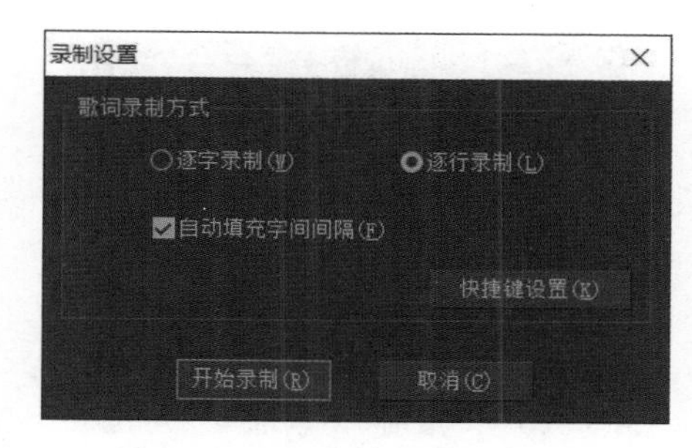

图 3-188　“录制设置”对话框

6）单击“开始录制”按钮，开始录制歌词，使用键盘的空格键获取解说词的时间信息，解说词一行开始按下键盘的空格键，结束时松开键；下一行开始再按下空格键，结束时松开键，周而复始，直至完成。

7）歌词录制完成后，在时间线窗口中会显示出所有录制歌词的时间位置。可以直接用鼠标修改歌词的开始时间和结束时间，或者移动歌词的位置。

8）执行“文件”→“保存项目”命令打开“保存项目”对话框，在“文件名称”文本框中输入名称“对白字幕”，单击“保存”按钮并关闭。

9）在 Premiere Pro 2020 中，按 Ctrl+I 组合键，导入“对白字幕”和“配音输出”文件。

10）将“对白字幕”文件从项目窗口中拖动到 V2 轨道上，与配音的开始位置对齐，如图 3-189 所示。

11）执行“文件”→“保存”命令保存项目文件，完成正片制作。

图 3-189　对白字幕的位置

4. 片尾制作

片尾制作的步骤如下：

（1）执行“文件”→“新建”→“旧版标题”命令，打开“新建字幕”对话框，设置“名称”为片尾，单击“确定”按钮，打开字幕窗口。

（2）单击按钮，打开“滚动 / 游动选项”对话框，勾选“开始于屏幕外”复选框，设置“缓入”为 50，“缓出”为 50，“过卷”为 75，使字幕从屏幕外滚动进入，如图 3-190 所示，单击“确定”按钮。

（3）使用文字工具输入演职人员名单，在“旧版标题属性”中，设置“字体系列”为经典粗宋简，“字体大小”为 45，设置“描边”为“外描边”，其“类型”为边缘，“大小”为 20，“颜色”为黑色，字幕效果如图 3-191 所示。

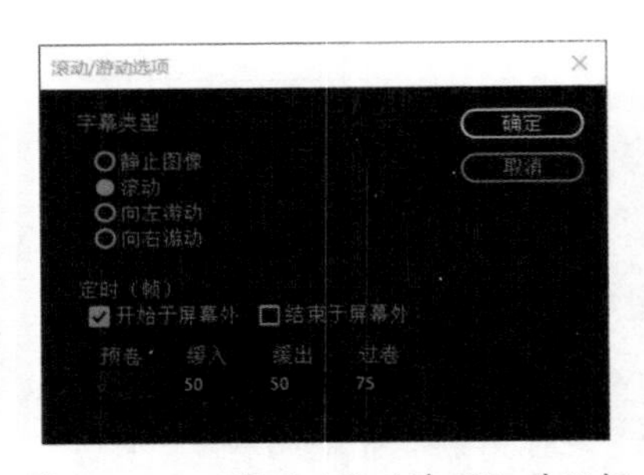

图 3-190　“滚动 / 游动选项”对话框

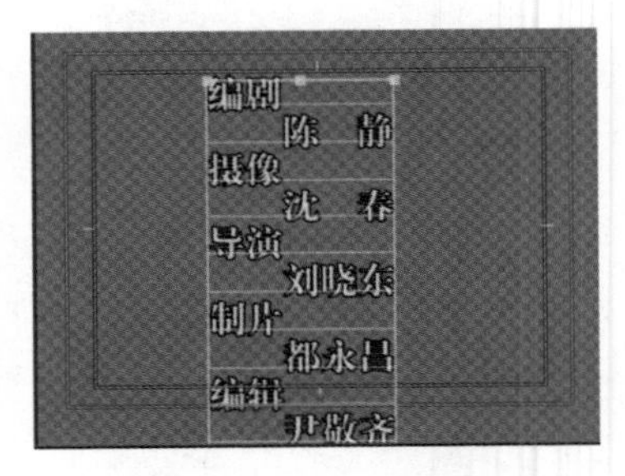

图 3-191　输入演职人员名单

（4）输入完演职人员名单后，按 Enter 健，拖动垂直滑块，将文字上移出屏幕为止。单击字幕设计窗口合适的位置，输入单位名称及日期，字号为 41，其余同上，如图 3-192 所示。

（5）关闭字幕设置窗口，将当前时间指针定位到 3:30:22 位置，拖曳“片尾”到时间线窗口 V2 轨道上的相应位置，使其开始位置与当前时间指针对齐，持续时间设置为 12s，如图 3-193 所示。

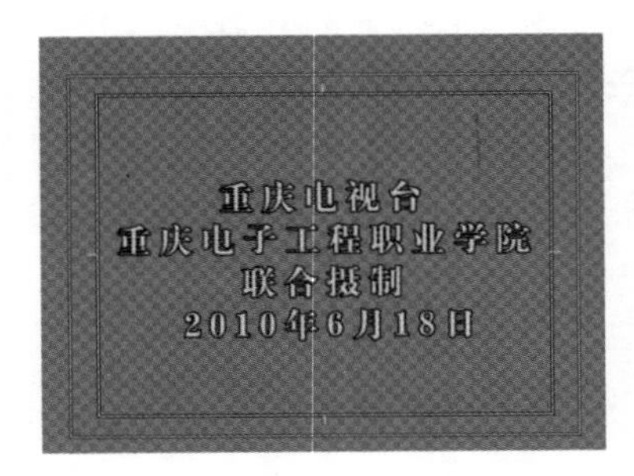

图 3-192　输入单位名称及日期

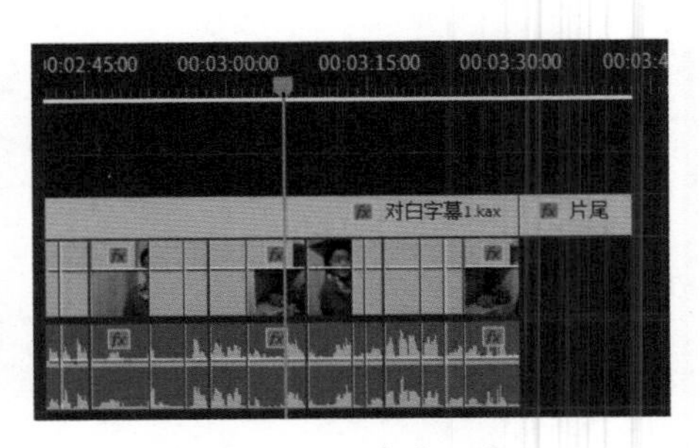

图 3-193　片尾位置

（6）将当前时间指针拖到最后一帧输出为单帧，效果如图 3-194 所示。

图 3-194　单帧位置画面

（7）执行“文件”→“导出”→“媒体”命令打开“导出设置”对话框，在“格式”下拉列表中选择 Targa，“输出名称”为静帧，在“视频”选项卡中，取消“导出为序列”复选框的勾选，如图 3-195 所示，单击“导出”按钮导出单帧文件。

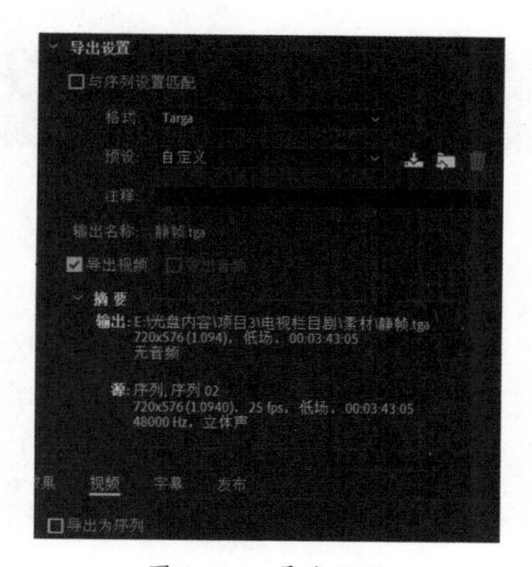

图 3-195　导出设置

（8）将单帧文件导入项目窗口，将其拖到 V1 轨道上，与“片尾”对齐，如图 3-196 所示。

图 3-196　单帧的位置

5. 加入音乐

加入音乐的步骤如下：

（1）在项目窗口将“003.mp3”拖曳到源监视器窗口，在 23:06 设置入点，1:02:14 处设置出点。

（2）将当前时间指针定位在 54:09 位置，选择 A2 轨道，单击素材源监视器窗口的“覆盖”按钮，加入片头音乐。

（3）向下拖动 A2 轨道右边 按钮，展开 A2 轨道，在工具箱中选择“钢笔工具”，在 54:09、56:09、1:31:17 和 1:33:17 的位置单击，加入 4 个关键帧。

（4）将起始点的关键帧拖到最低点位置，这样素材就出现了淡入淡出的效果。

（5）在项目窗口将“01.mp3”拖曳到源监视器窗口，在 45:15 处设置入点，1:00:01 设置出点。

（6）将当前时间指针定位在 3:31:07 位置，单击源监视器窗口的“覆盖”按钮，添加片尾音乐，如图 3-197 所示。

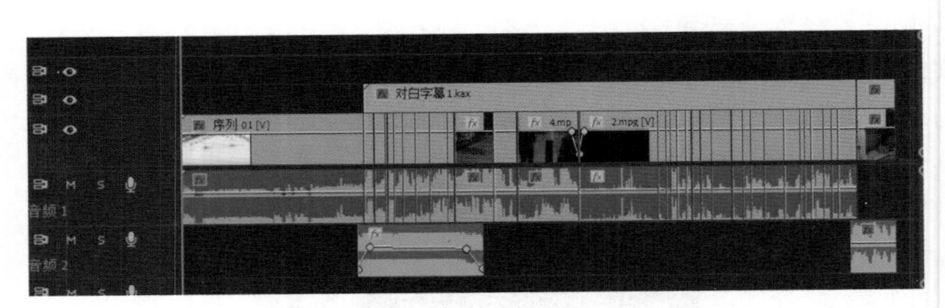

图 3-197　添加音乐

6. 输出 MP4 文件

输出 MP4 文件的步骤如下：

（1）执行“文件”→“导出”→“媒体”命令打开“导出设置”对话框，设置“格式”为 H.264，“预设”为匹配源 - 中等比特率。

（2）单击“输出名称”后面的链接，打开“另存为”对话框，在对话框中设置保存的名称和位置，单击“保存”按钮，然后单击“导出”按钮，开始输出。

任务拓展

由教师提供片头的视频素材，学生根据影片内容制作一个片头。

一、填空题

1. 栏目化、________、________ 和参与性是电视栏目剧的基本要素。

2. 栏目剧是以电视栏目的形式进行生产和播出的，有固定的 ________、固定的节目样式和 ________，制作周期短、成本低。

3．栏目剧是以电视栏目的形式存在，具有统一的 ________、________ 及由演员演绎的故事情节的电视节目形态。

4．在效果窗口中，展开“视频效果”文件夹或“音频效果”文件夹中的子文件夹，将其中的效果 ________ 到所需素材片段上，即可为其施加 ________ 效果。

二、选择题

1．当对动态影像进行抠像时，虚边产生半透明效果是（　）。

A．不正常的　　B．正常的，会增加动感

C．会产生与背景分离的效果　　D．产生硬边

2．固定效果和基础效果都可以在效果（　）窗口进行设置。

A．效果　　B．合成　　C．控件　　D．字幕

3．基础效果以（　）的方式存储于效果窗口中，按照两个主要类别存储于视频效果和音频效果两个文件夹中。

A．列表　　B．项目　　C．图标　　D．文字

4．在效果窗口的底端单击“新建自定义文件夹”按钮，可以在窗口中新建一个效果文件夹，可以通过（　）将其激活，进行重命名。

A．单击　　B．双击　　C．Ctrl+ 双击　　D．Alt+ 单击

5．黄种人使用（　）背景录制比较容易抠像。

A．红色　　B．绿色　　C．蓝色　　D．单色

三、简答题

1．抠像后容易产生两种不和谐的色彩，需要如何设置？

2．轨道遮罩键和差值遮罩键的特点是什么？

项目 4

电视纪录片的编辑

项目导读

电视纪录片是因电视的诞生而衍生出来的一种全新的、在表现领域里极大地影响观众并受到观众支持的电视节目类型。

- 纪录片是不包含一切戏剧化的虚构、将事实用写实的手法表现出来的电影的一种形式。
- 纪录片是用事实来述说真实，并且不使用任何导演手法的一种节目形式。
- 纪录片原则上应尽量避免再现和设计，在无法按拍摄方案拍摄时，可以改变拍摄方案或修改解说词。
- 对于纪录片来说，最重要的是传达真实。但是，事实经常会发生变化，并不总是能够体现出真实。可以由制作者来判断是否需要在经过前期调查、在事实的基础上使用导演手段将真实加以传播。
- 对于纪录片来说，关键要看它是否通过节目本身揭示了真实，不需要流水账式的说明及编辑。
- 纪录片是以事实为基础进行戏剧化再现的节目。在由于时间或气象条件等原因致使拍摄无法进行的情况下，可以进行再现导演。

教学目标

★了解运动效果的概念。

★掌握添加、设置运动效果的方法。

★学会关键帧动画的制作。

★掌握栏目片头、影视广告的制作。

★掌握纪录片的制作。

任务4.1 电影频道片头的制作

【任务描述】

通过配合使用转换效果和运动效果，制作一个名为“电影频道”的电视栏目包装片头。以动态视频为背景，应用视频转换来展开前景图片，创作重点在于通过丰富的动画效果，展示与主题紧密联系的栏目片头内容。

【任务要求】

- 掌握用 Photoshop 软件制作胶片效果。
- 掌握常用片头字幕的制作。
- 掌握栏目片头的制作。

【知识链接】

Premiere Pro 2020 可以在影片和静止图像中添加运动效果，这十分类似于使用动画摄像机，可以通过为对象建立运动来改变对象在影片中的空间位置和状态等。

视频轨道上的对象都具有运动的属性，可以对目标进行移动、调整大小和旋转等操作。如果添加关键帧并调整参数，则能产生动画。

在动画发展的早期阶段，动画是依靠手绘逐帧渐变的画面内容，在快速连续的播放过程中产生连续的动作效果。而在 CG（将利用计算机技术进行视觉设计和生产的领域通称为 CG）动画时代，只需要在物体阶段运动的端点设置关键帧，端点之间则会自动生成连续的动画，即关键帧动画。

1. 关键帧动画概述

使用关键帧可以创建动画并控制动画、效果、音频属性以及其他一些随时间变化而变化的属性。关键帧标记指示设置属性的位置，例如空间位置、不透明度、音频的音量等。关键帧之间的属性数值会被自动计算出来。当使用关键帧创建随时间变化而产生的变化时，至少需要两个关键帧，一个处于变化起始位置的状态，而另一个处于变化结束位置的新状态。使用多个关键帧可以为属性创建复杂的变化效果。

当使用关键帧为属性创建动画时，可以在效果控件窗口或时间线窗口中观察并编辑关键帧。使用时间线窗口设置关键帧可以更方便直观地对其进行调节。在设置关键帧时，遵循以下方针可以大大增加工作的方便性与提高工作效率。

- 在时间线窗口中编辑关键帧，适用于只具有一维数值参数的属性，例如不透明度或音频的音量，而效果控件窗口则更适合二维或多维数值参数的属性，比如色阶、旋转或比例等。
- 在时间线窗口中，关键帧数值的变化会以图表的形式展现，因此可以直观分析数值随时间变化的大体趋势。在默认状态下，关键帧之间的数值以线性的方式进行变化，但可以通过改变关键帧的插值，以贝塞尔曲线的方式控制参数的变化，从而改变数值变化的速率。

- 效果控件窗口可以一次性显示多个属性的关键帧，但只能显示所选素材片段的，而时间线窗口可以一次性显示多轨道或多素材的关键帧，但每个轨道或素材仅显示一种属性。
- 和时间线窗口一样，效果控件窗口也可以图像化显示关键帧。一旦某个效果属性的关键帧功能被激活，便可以显示其数值及其速率图。速率图以变化的属性数值曲线显示关键帧的变化过程，显示可供调节用的柄，以调节其变化速率和平滑度。
- 音频轨道效果的关键帧可以在时间线窗口或音频混合器窗口中进行调节，而音频素材片段效果的关键帧则像视频片段效果一样，只可以在时间线窗口或效果控件窗口中进行调节。

2. 操作关键帧的基本方法

使用关键帧可以为效果属性创建动画，可以在效果控件窗口或时间线窗口添加并控制关键帧。

在效果控件窗口中，单击效果属性名称左边的“切换动画”按钮激活关键帧功能，在时间指针当前位置自动添加一个关键帧。单击“添加 / 删除关键帧”按钮可以添加或删除当前时间指针所在位置的关键帧。单击此按钮前后的三角形箭头按钮可以将时间指针移动到前一个或后一个关键帧的位置。改变属性的数值可以在空白地方自动添加包含此数值的关键帧，如果此处有关键帧则更改关键帧数值。单击属性名称左边的三角形按钮可以展开此属性的曲线图表，包括数值图表和速率图表。再次单击“秒表”按钮可以关闭属性的关键帧功能，设置的所有关键帧将被删除。

在时间线窗口中，音频轨道可以选择显示素材片段的关键帧，还以数值线的形式显示数值的变化，关键帧位置的高低表示数值的大小。使用钢笔工具或选择工具拖曳关键帧可以对其数值进行调节。使用钢笔工具单击数值线上的空白位置可以添加关键帧，右击关键帧后，从弹出的快捷菜单中选择“贝塞尔曲线”命令可以改变其插值方法，在线性关键帧和“贝塞尔曲线”关键帧中进行转换，如图 4-1 所示。当关键帧转化为“贝塞尔曲线”插值时，可以使用钢笔工具调节其控制柄的方向和长度，从而改变关键帧之间的数值曲线。

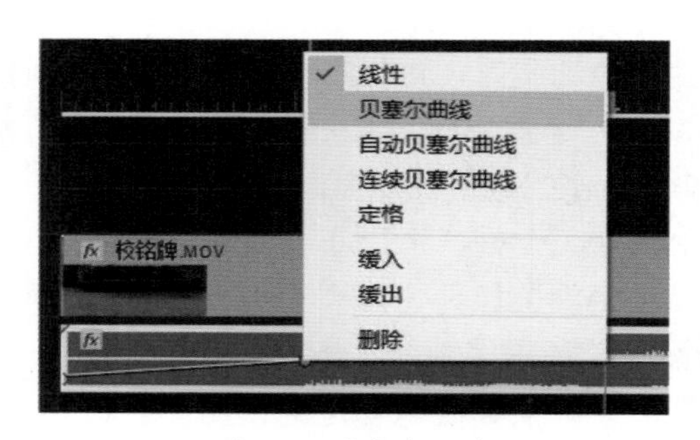

图 4-1　贝塞尔曲线

使用钢笔工具或选择工具单击关键帧，将其选中后按住 Shift 键可以连续选择多个关键帧。使用钢笔工具拖曳出一个区域，可以将区域内的关键帧全部选中。执行“编辑”→“剪切 / 复制 / 粘贴 / 清除”命令，可以对选中的关键帧进行剪切、复制、粘贴及清除的操作，其对应的快捷键分别为 Ctrl+X、Ctrl+C、Ctrl+V 和 Backspace。粘贴多个关键帧时，从时间指针位置开始顺序粘贴。

实例1 通过设置位置运动方向制作花的移动

实例要点：通过位置选项设置运动方向。

思路分析：在 Premiere Pro 2020 中制作运动效果时，可以根据需要设置运动方向。本实例的最终效果如图 4-2 所示。

图 4-2　最终效果

操作步骤如下：

（1）启动 Premiere Pro 2020，新建一个项目文件并创建一个 AVCHD 1080p25 的序列。导入两个素材文件“特写 7”和“俯拍 4”，如图 4-3 所示。

图 4-3　导入素材文件

（2）在项目窗口中选择相应的素材文件，分别将其添加到源监视器窗口，“俯拍 4”入点为 2:07，出点为 8:02，“特写 7”入点为 3:14，出点为 9:09，分别将其拖曳到时间线窗口中的 V1 与 V2 轨道上，如图 4-4 所示。

（3）选择 V2 轨道上的素材文件，在效果控件窗口中设置“缩放”为 70%，在效果窗口中选择“视频效果”→“生成”→“圆形”效果并双击，添加到“特写 7”素材上。

（4）在效果控件窗口中设置“圆”的中心为 (795,540)，“半径”为 330，“羽化”为 30，“混合模式”为模板 Alpha，如图 4-5 所示，效果如图 4-6 所示。

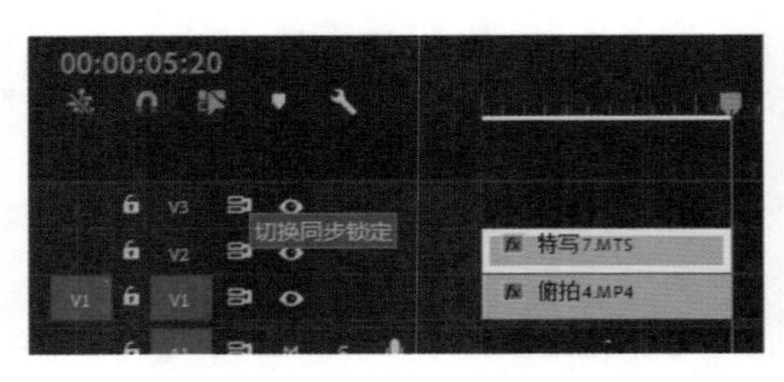

图 4-4　添加素材文件

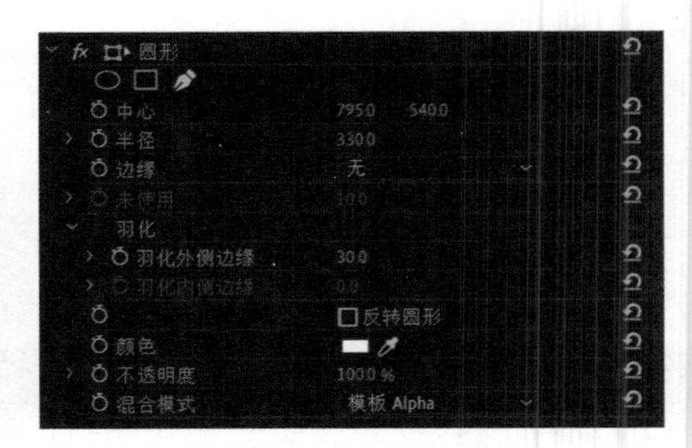

图 4-5　设置“圆形”参数

（5）拖曳时间指针至 0s 的位置，在效果控件窗口中设置“位置”为 (1800,230)，效果如图 4-7 所示。

图 4-6　效果

图 4-7　第一个关键帧效果

（6）拖曳时间指针至 2s 的位置，在效果控件窗口中设置“位置”为 (368,620)，效果如图 4-8 所示。

（7）拖曳时间指针至 5:18 的位置，在效果控件窗口中设置“位置”为 (1520,1300)，效果如图 4-9 所示。

图 4-8　第 2 个关键帧效果

图 4-9　第 3 个关键帧效果

（8）单击“播放 / 停止切换”按钮预览视频效果，如图 4-2 所示。

实例2　通过缩放运动效果制作字幕移动

实例要点：通过“缩放”选项制作画面缩放运动效果。

思路分析：在 Premiere Pro 2020 中，缩放运动效果是指对象从小到大或从大到小的形式。本实例的最终效果如图 4-10 所示。

图 4-10　缩放运动效果

操作步骤如下：

（1）在 Premiere Pro 2020 的工作窗口中，创建一个 AVCHD 1080p25 的序列，导入素材文件“花 2”，如图 4-11 所示。

（2）在项目窗口中选择“花 2”素材文件，将其添加到时间线窗口的 V1 轨道中，选择 V1 轨道上的素材文件，在效果控件窗口中设置“缩放高度”为 20，“缩放宽度”为 25，效果如图 4-12 所示。

图 4-11　导入素材文件

图 4-12　设置“缩放”

（3）执行菜单命令“文件”→“新建”→“旧版标题”，打开“新建字幕”对话框，设置“名称”为非线性编辑，单击“确定”按钮，如图 4-13 所示。

（4）进入字幕编辑窗口，在工具栏中选择椭圆工具，在“字幕工作区”中绘制一个圆形，在工具栏中选择文字工具，在“字幕工作区”中输入“依恋”，如图 4-14 所示。效果如图 4-15 所示。

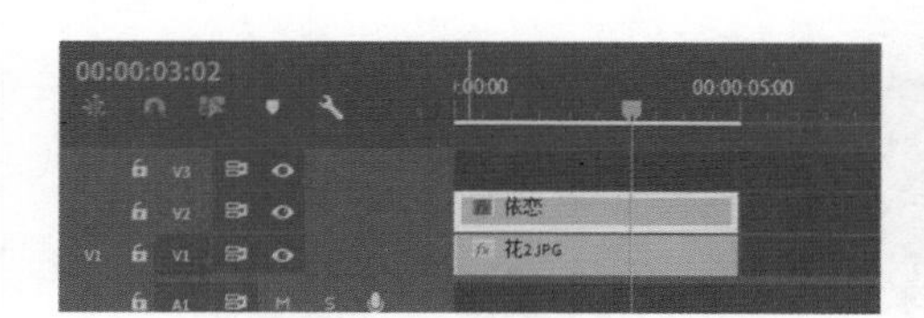

图 4-13　添加素材文件

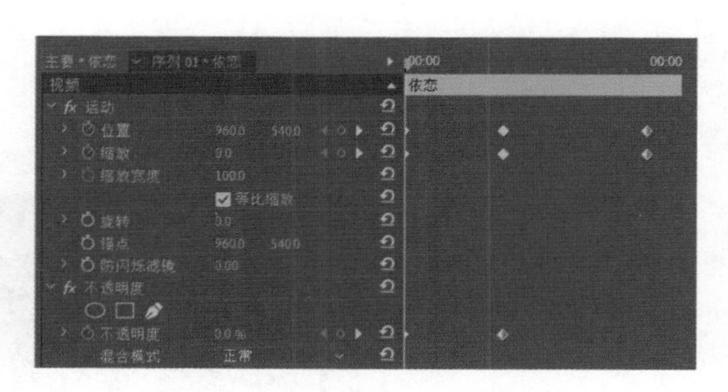

图 4-14　添加第 1 组关键帧

（5）在旧版标题属性中，设置“字体系列”为“经典行楷简”，“字体大小”为 220，“行距”为 14，“填充类型”为四色渐变，左上角“颜色”为 #F2B54A，左下角“颜色”为 #F2FF1E，右上角“颜色”为 #FF9664，右下角“颜色”为 #F2B54A，如图 4-16 所示。

图 4-15　拖到素材

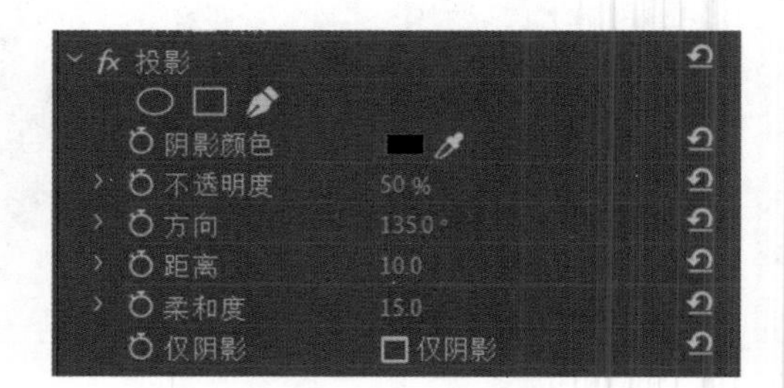

图 4-16　投影设置

（6）分别单击“垂直居中”和“水平居中”，单击“关闭”按钮。

（7）在项目窗口中选择“依恋”字幕文件，将其添加到时间轴窗口的 V2 轨道中，如图 4-13 所示。

实例 3　通过旋转制作降落效果

实例要点：通过“旋转”选项制作物体旋转效果，通过“位置”选项制作物体降落效果。

思路分析：在 Premiere Pro 2020 中，旋转降落效果可以将素材围绕指定的轴进行旋转，本实例的最终效果如图 4-17 所示。

图 4-17　旋转降落效果

操作步骤如下：

（1）在 Premiere Pro 2020 工作窗口中，创建一个 AVCHD 1080p25 的序列。导入两个素材文件“黄河”和“草莓”。

（2）在项目窗口中分别选择“黄河”和“草莓”素材文件，添加到时间线窗口中的 V1 与 V2 轨道中，如图 4-18 所示。

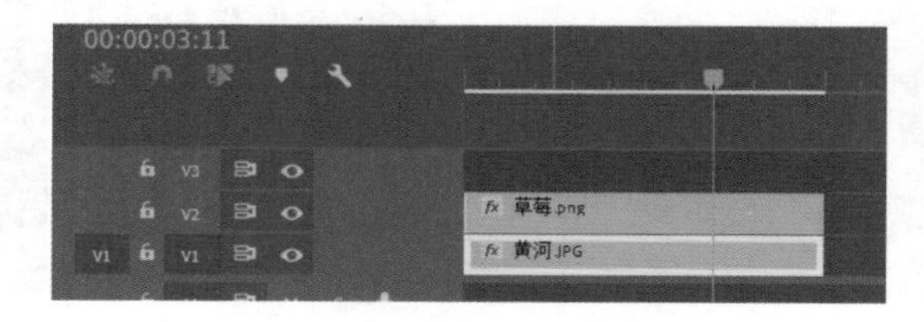

图 4-18　添加素材文件

（3）选择 V1 轨道中的“黄河”素材文件，在效果控件窗口中设置“缩放高度”为 20，“缩放宽度”为 25，如图 4-19 所示。

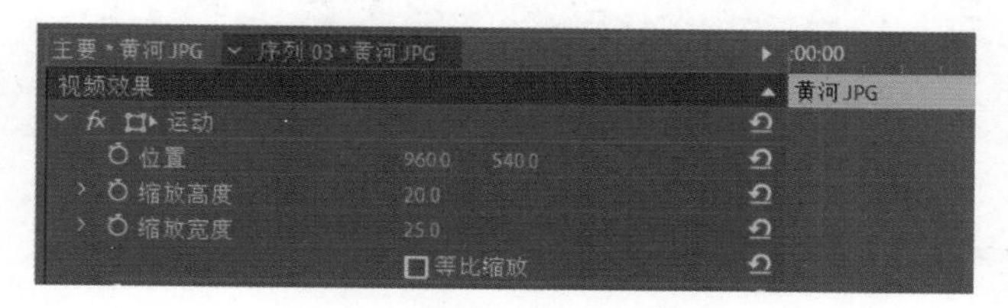

图 4-19 设置“缩放”参数

（4）选择 V2 轨道上的素材文件，在效果控件窗口中设置“位置”为 (960,-65)，“缩放”为 20，如图 4-20 所示。

图 4-20 设置参数

（5）为“位置”和“旋转”选项在 0s、0:13、1s、1:13、2s、2:08、2:19、3:08、3:19 和 4:06 处添加 10 个关键帧，其值分别为 [(960,-65),20]、[(960,100),-180]、[(960,280),-360]、[(960,460),-540]、[(960,640),-720]、[(960,690),-790]、[(778,652),-990]、[(539,768),-1200]、[(458,586),-1270] 和 [(420,860),-5990]，如图 4-21 所示。

图 4-21 添加第 10 个关键帧

（6）单击“播放 / 停止切换”按钮预览视频效果，如图 4-17 所示。

实例4 通过镜头推拉与平移效果制作节日快乐

实例要点：通过“缩放”选项制作镜头推拉效果，通过“位置”选项制作镜头平移效果。

思路分析：在 Premiere Pro 2020 中，制作镜头的推拉与平移可以增加画面的视觉效果。本实例的最终效果如图 4-22 所示。

图 4-22　镜头推拉与平移效果

操作步骤如下：

（1）在 Premiere Pro 2020 工作窗口中，创建一个 AVCHD 1080p25 的序列。导入素材文件“道路”。

（2）在项目窗口中选择“道路”素材文件，并将其添加到时间轴窗口的 V1 轨道中。

（3）选择 V1 轨道上的素材文件，在效果控件窗口中设置“缩放高度”为 20，“缩放宽度”为 25。

（4）在工具箱选择“文字工具”，单击节目监视器窗口，输入文字“节日快乐”，选择“选择工具”，在效果控件窗口中展开“文本”选项，设置“字体”为 FZHuPo-M04S，“填充色”为 #0FBCF2，位置为屏幕的左上角，如图 4-23 所示。

（5）选择“节日快乐”字幕，在效果窗口中选择“视频效果”→“透视”→“斜面 Alpha”效果并双击，即可为选择的素材添加立体效果，在效果控件窗口中设置“边缘厚度”为 5，效果如图 4-24 所示。

图 4-23　输入文字

图 4-24　添加效果

（6）选择“节日快乐”字幕，在效果控件窗口中为“位置”与“缩放”选项在 0s、2s 和 3:10 处添加 3 个关键帧，其值为 [(960,540),100]、[(2090,540),100] 和 [(2462,1488),250]，如图 4-25 所示。

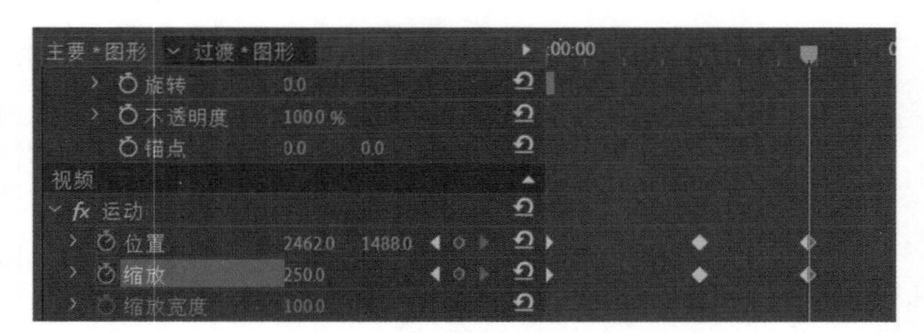

图 4-25　添加第 3 个关键帧

（7）单击“播放 / 停止切换”按钮预览视频效果，如图 4-22 所示。

实例5 通过时钟式擦除制作时钟字幕

实例要点：“时钟式擦除”视频转场的应用。

思路分析：在 Premiere Pro 2020 中，通过时钟式擦除制作时钟字幕可以增加画面的视觉效果。本实例的最终效果如图 4-26 所示。

图 4-26　时钟式擦除效果

操作步骤如下：

（1）在 Premiere Pro 2020 工作界面中，创建一个 AVCHD 1080p25 的序列。导入素材文件“北海老街”。

（2）在项目窗口中双击“北海老街”素材，在源监视器窗口设置“入点”为 2:18，“出点”为 17:12，拖动“仅拖动视频”按钮将其拖到时间线窗口的 V1 轨道中，与起始位置对齐，如图 4-27 所示。

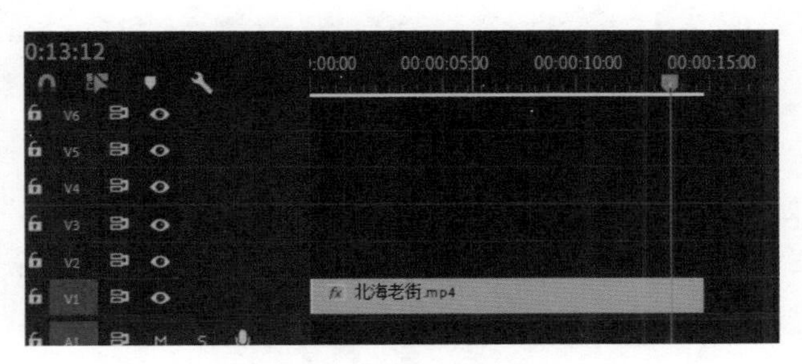

图 4-27　添加素材文件

（3）执行“文件”→“新建”→“旧版标题”命令，打开“新建字幕”对话框，设置“名称”为“非线性编辑”，单击“确定”按钮。

（4）进入字幕编辑窗口，在工具栏中选择椭圆工具，在“字幕工作区”中绘制一个圆形，在工具栏中选择文字工具，在“字幕工作区”中输入“非线性编辑”。

（5）在旧版标题属性中，设置“字体系列”为方正大黑简，“字体大小”为 100，“行距”为 14，“填充颜色”为白色，效果如图 4-28 所示。

（6）单击“基于当前字幕新建字幕”按钮打开“新建字幕”对话框，在“名称”中输入“影视特效制作”，单击“确定”按钮。

（7）删除“非线性编辑”字幕，输入“影视特效制作”，如图 4-29 所示。

图 4-28 “非线性编辑”字幕

图 4-29 “影视特效制作”字幕

（8）重复步骤（6）～（7），分别制作“三维基础建模”“虚拟现实程序开发”和“虚拟现实蓝图交互”字幕，单击“关闭”按钮。

（9）在项目窗口中将“非线性编辑”字幕拖到时间线窗口 V2 轨道中并与“北海老街”素材对齐。

（10）将时间指针拖到 2:13 位置，在项目窗口中拖动“影视特效制作”字幕到时间线窗口，与时间指针和结束位置对齐。以此类推，每间隔 2:13 拖动一个字幕到时间线窗口，如图 4-30 所示。

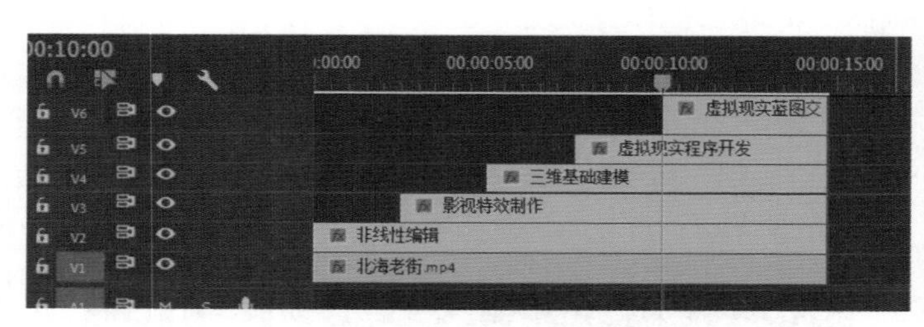

图 4-30 素材的排列

（11）在时间线窗口中选择“北海老街”素材，在效果窗口中展开“视频效果”→“模糊与锐化”→“高斯模糊”并双击，在效果控件窗口中设置“模糊度”为 20。

（12）在效果窗口中展开“视频过渡”→“擦除”→“时钟式擦除”，将其分别拖到 5 个字幕的开始位置，如图 4-31 所示。

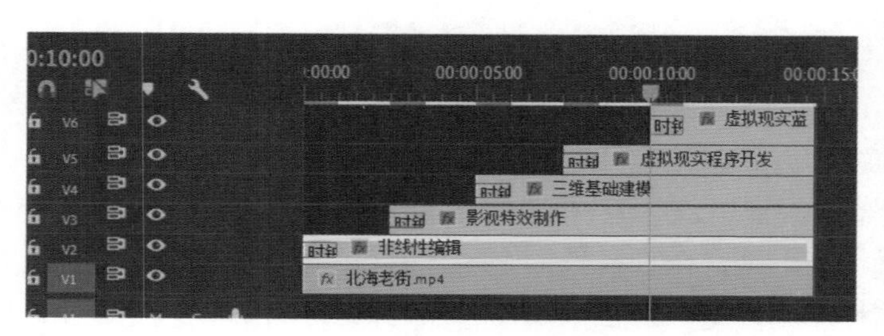

图 4-31 添加视频过渡

（13）右击“非线性编辑”字幕，从弹出的快捷菜单中选择“嵌套”命令，打开“嵌套序列名称”对话框，在“名称”文本框中输入“非线性编辑”，单击“确定”按钮。

（14）重复步骤（13），直到完成嵌套设置，如图 4-32 所示。

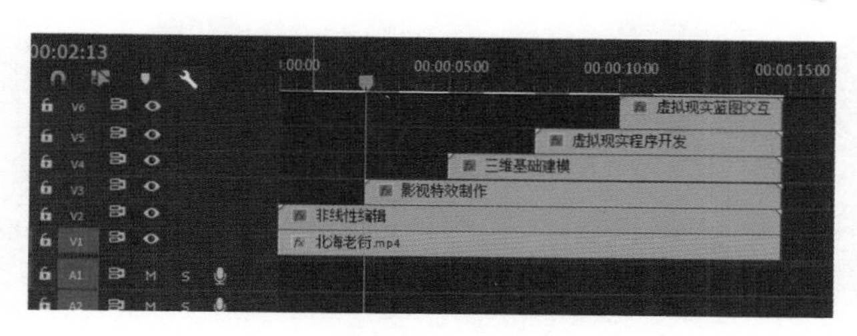

图 4-32　嵌套设置

（15）选择“非线性编辑”字幕，在效果控件窗口中设置“位置”为 (1450,740)，“缩放”为 80。

（16）选择“影视特效制作”字幕，在效果控件窗口中设置“位置”为 (470,740)，“缩放”为 80。

（17）选择“三维基础建模”字幕，在效果控件窗口中设置“位置”为 (1450,330)，“缩放”为 80。

（18）选择“虚拟现实程序开发”字幕，在效果控件窗口中设置“位置”为 (470,330)，“缩放”为 80。

（19）单击“播放 / 停止切换”按钮预览视频效果，如图 4-26 所示。

【任务实施】

整个影片的制作为 4 个步骤：在 Photoshop 中制作出所需的图形和文字图片，以 PSD 格式保存；以正确的方式导入影片素材，在时间线窗口中编排素材的出场顺序；为时间线窗口中的素材添加运动效果和视频转换，依次编辑出丰富的动画展示效果；添加背景音乐，对影片文件进行输出。最终效果如图 4-33 所示。

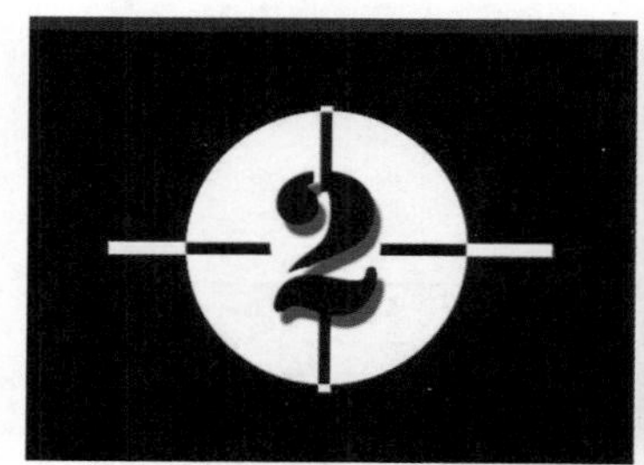

图 4-33　最终效果

操作步骤

1. 制作图形和文字素材

为了得到清晰美观的影片画面质量，本实例中所用到的部分图形使用 Photoshop CS6 来编辑制作，并以 PSD 格式保存文件，然后导入项目文件中进行编辑处理。

制作图形和文字素材的步骤如下：

（1）启动 Photoshop CC 2019，打开一个名为“电影胶片 .psd”的文档，如图 4-34 所示。

（2）在“图层”面板中单击“新建图层”按钮，新建 9 个图层，如图 4-35 所示。

图 4-34　打开 PSD 文档

（3）选择“文件”→“打开”命令，打开本书配套教学素材中“项目 4\ 电影频道 \ 素材”文件夹中的“图片 1.jpg”文件，使用“矩形选框”工具框选中全部图像，如图 4-36 所示。

图 4-35　新建图层

图 4-36　打开图形并选中

（4）将选中的图形复制并粘贴到“电影胶片 .psd”中，然后右击，在弹出的快捷菜单中选择“自由变换”命令。

（5）持续按下 Ctrl+ + 组合键放大画面，便于图形变换操作。拖动图形周围的控制锚点调整图形的大小，使图形与胶片中的矩形框大小一致。

（6）按照相同的方法打开图形素材“图片 2.jpg”～“图片 8.jpg”，将其分别粘贴到“电影胶片 .psd”文件的各个图层中，调整好其尺寸和位置。操作完成后，将“电影胶片 .psd”文件另存为“风云电影 .psd”文件，如图 4-37 所示。

图 4-37　保存文档

2. 导入素材

导入素材的步骤如下：

（1）启动 Premiere Pro 2020，单击“新建项目”按钮，打开“新建项目”对话框。设置“名称”为“电影频道”，“位置”为 E:\ 光盘内容 \ 项目 4\ 电影频道 \ 效果，单击“确定”按钮。

（2）按 Ctrl+N 组合键打开“新建序列”对话框，选择“有效预设”→ DV-PAL →“标准 48kHz”，单击“确定”按钮。

（3）按 Ctrl+I 组合键打开“导入”对话框，选择本书配套光盘中“项目 4\ 电影频道 \ 素材”文件夹中的“动态背景 .mp4”“背景 .psd”和“风云电影 .psd”素材。

（4）在导入“风云电影 .psd”素材时会弹出“导入分层文件：风云电影”对话框，在对话框中保持默认选项“合并所有图层”，单击“确定”按钮导入该素材文件，如图 4-38 所示。

（5）导入“背景 .psd”素材时，在“导入分层文件：背景”对话框中单击“导入为”下拉列表按钮，选择“序列”选项，在下面的素材列表框勾选“1”“2”和“3”复选框，如图 4-39 所示。

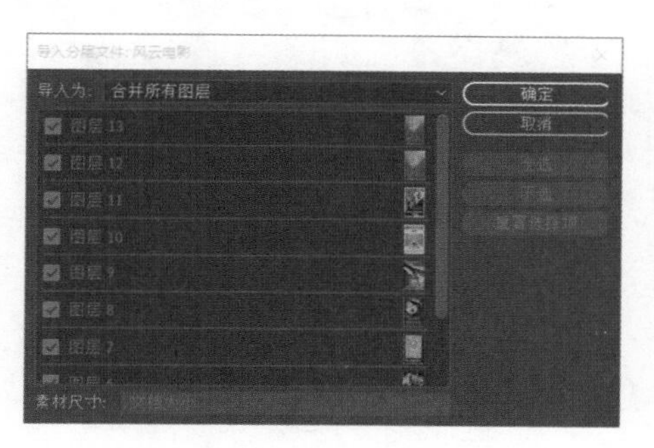

图 4-38　按默认方式导入系材

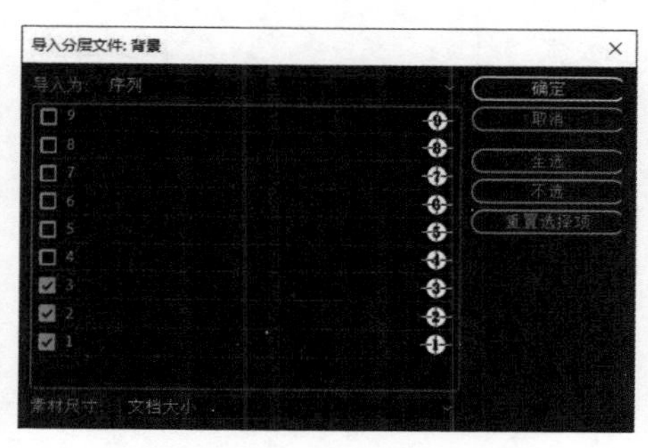

图 4-39　按序列方式导入图层

（6）单击“确定”按钮，将选择的素材文件按序列方式导入项目窗口，如图 4-40 所示。

3. 对素材进行编辑

对素材进行编辑的步骤如下：

（1）在项目窗口中选择“背景”文件夹中的“1/ 背景”文件，执行“素材”→速度 / 持续时间”命令，在打开的“剪辑速度 / 持续时间”对话框中将持续时间改为 2s，如图 4-41 所示。

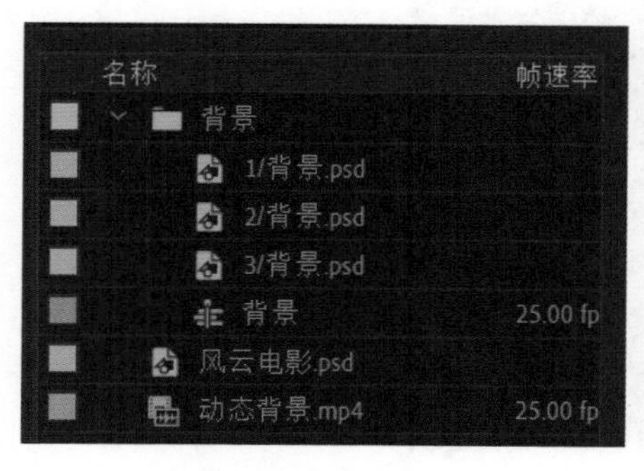

图 4-40　导入素材

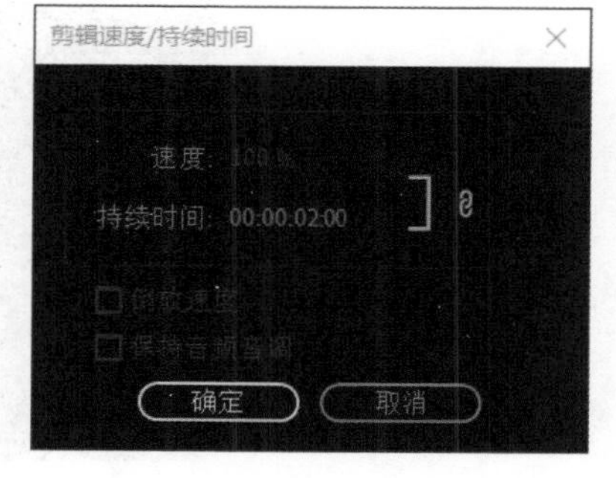

图 4-41　修改持续时间

（2）用相同的方法将“2/ 背景”和“3/ 背景”素材的持续时间也改为 2s。

4. 制作字幕素材

制作字幕素材的步骤如下：

（1）执行“文件”→“新建”→“旧版标题”命令，在打开的“新建字幕”对话框中设置“名称”为“品电影频道”，单击“确定”按钮。

（2）打开字幕编辑窗口，在窗口中输入文本“品电影频道”，设置字体为“汉仪凌心体”，“字号”为 70，为其填充颜色和描边效果，效果如图 4-42 所示。

（3）单击“基于当前字幕新建字幕”按钮，在打开的“新建字幕”对话框的“名称”文本框中输入“赏精彩人生”，单击“确定”按钮。

（4）在字幕编辑窗口中删除“品电影频道”，输入文本“赏精彩人生”，在旧版标题样式中选择 Arial Black yellow orange gradient 样式，设置字体为“华文行楷”，“字号”为 70，效果如图 4-43 所示。

图 4-42 “品电影频道”字幕

图 4-43 “赏精彩人生”字幕

5. 组合素材片段

组合素材片段的步骤如下：

（1）执行“序列”→“添加轨道”命令打开“添加轨道”对话框，设置添加视频轨道的数量为 3，单声道音频轨道数量为 1，如图 4-44 所示，单击“确定”按钮，在时间线中添加 3 条视频轨道。

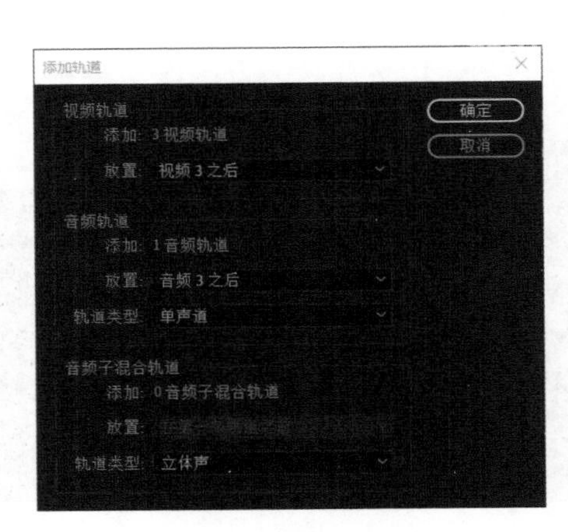

图 4-44 添加视频轨道

（2）在项目窗口中选择素材“3/ 背景 .psd”“2/ 背景 .psd”“1/ 背景 .psd”，将其依序拖动到时间线窗口的 V1 轨道上，将“3/ 背景 .psd”入点放在起始位置，如图 4-45 所示。

（3）在项目窗口中选择“动态背景”素材，将其拖动到时间线窗口 V1 轨道的“1/ 背景 .psd”素材后面。

图 4-45　在时间线窗口中添加素材

（4）在项目窗口中选择“风云电影 .psd”素材，将其拖动到时间线窗口 V2 轨道，将入点、出点位置分别设置为 6s、8:10，如图 4-46 所示。

（5）按照相同的方法将“风云电影 .psd”素材添加到 V3 和 V4 轨道，分别设置其入点位置为 7:12 和 8:23，如图 4-47 所示。

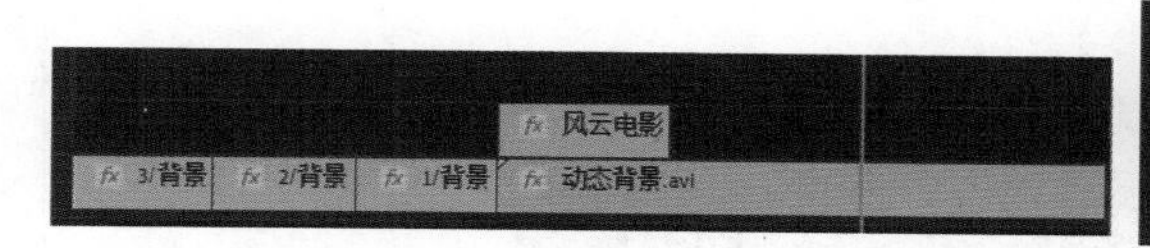

图 4-46　添加素材到时间线 1

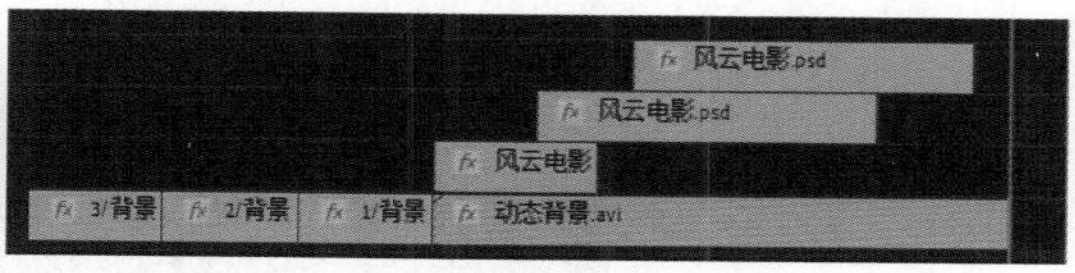

图 4-47　添加素材到时间线 2

（6）按照相同的方法，将“品电影频道”和“赏精彩人生”字幕添加到 V5 和 V6 轨道上，分别设置其入点位置为 9:18 和 10:19，如图 4-48 所示。

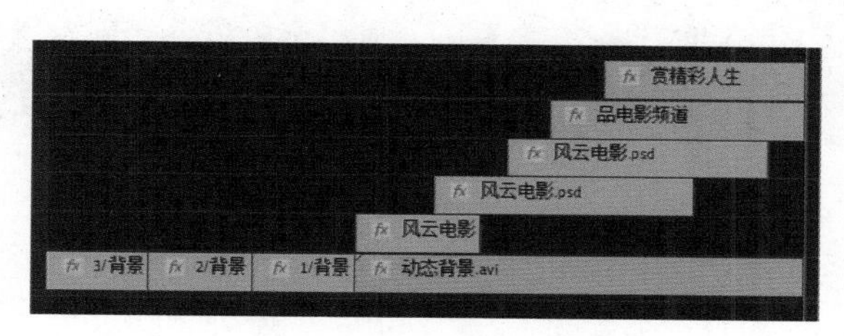

图 4-48　添加字幕到时间线

（7）按 Ctrl+S 组合键保存目前编辑完成的工作。

6. 为素材制作运动效果

为素材制作运动效果的步骤如下：

（1）分别选择素材“3/ 背景 .psd”“2/ 背景 .psd”和“1/ 背景 .psd”，在效果控件窗口中展开“运动”选项，将“缩放比例”分别设置为 50、80 和 110。

（2）在效果窗口中选择“视频切换”→“擦除”→“时钟式划变”，拖曳到时间线窗口的“3/ 背景 .psd”素材的结束点上。

（3）按照相同的方法为素材“2/ 背景 .psd”和“1/ 背景 .psd”添加“时钟式划变”过渡，如图 4-49 所示。

图 4-49　添加过渡

（4）选中 V2 轨道上的“风云电影 .psd”素材，将当前播放指针移到上面。

（5）在效果控件窗口为“位置”选项在 6s 和 8:09 处添加两个关键帧，将其值设置为

(-562.0,427.0) 和 (1305,427)。

（6）选择 V3 轨道上的“风云电影 .psd”片段，在效果控件窗口中为“位置”选项在 7:12 和 10:04 处添加两个关键帧，其对应参数分别为 (-423.0,-400) 和 (1152,976); 设置“旋转”为 39。

（7）选择 V4 轨道上的“风云电影 .psd”片段，在效果控件窗口中展开“运动”，为“位置”选项在 8:23 和 11:11 处添加两个关键帧，其对应参数分别为 (1157,-391) 和 (-474,925)；设置“旋转”为 -35。

（8）为 V4 轨道上的“风云电影 .psd”片段的“不透明度”选项在 10:12 和 11:11 处添加两个关键帧，其对应参数分别为 100% 和 10%，如图 4-50 所示。

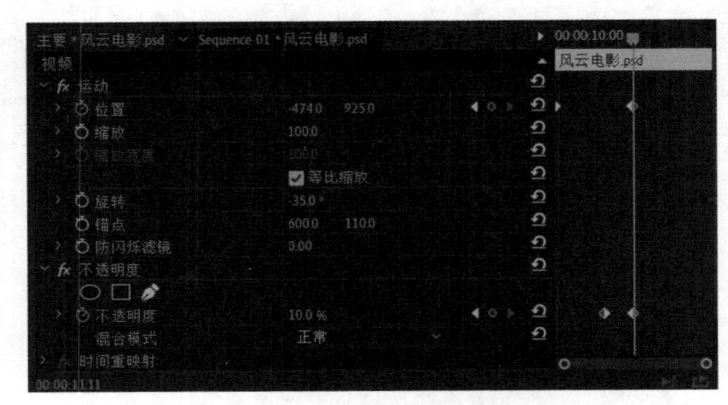

图 4-50 设置“不透明度”参数

（9）选择 V5 轨道上的“品电影频道”片段，为“缩放”参数在 9:18、10:10、10:13、10:18、10:20 和 11:15 处添加 6 个关键帧，其对应参数分别为 300、70、90、110、100 和 70，如图 4-51 所示。

图 4-51 设置“缩放”参数

（10）为“品电影频道”片段的“透明度”参数在 13s 和 14:13 处添加两个关键帧，对应参数分别为 100% 和 0。

（11）按照相同的方法为“赏精彩人生”字幕添加“缩放”和“不透明度”效果。

（12）按 Ctrl+S 组合键保存目前编辑完成的工作。

7. 添加音频效果

添加音频效果的步骤如下：

（1）选择“文件”→“导入”命令，将本书配套资源“项目 4/ 电影频道 / 素材”文件夹中的“音效 01.wav”“音效 02.wav”和“片头音乐 009.wav”音乐文件导入项目窗口，音乐文件为单声道文件。

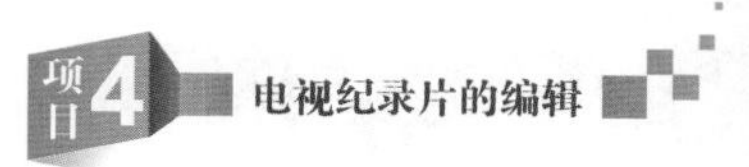

（2）将项目窗口中的“音效 01”音频素材拖动到时间线窗口的 A1 轨道上，分别将其入点设置为 0:20 和 2:20。

（3）将项目窗口中的“音效 02”音频素材拖动到时间线窗口的 A1 轨道上，将其入点设置为 4:20，为影片添加音频效果，如图 4-52 所示。

（4）将项目窗口中的“片头音乐 009.wav”音频素材拖放到时间线窗口的 A1 轨道上，将其入点设置为 5:02，如图 4-53 所示。

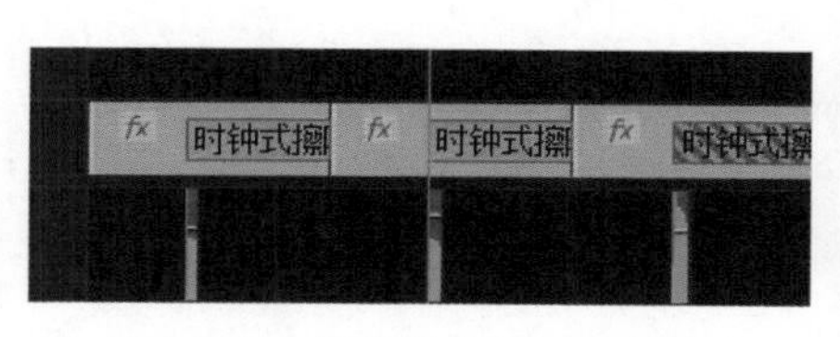

图 4-52　将音频素材添加到时间线窗口

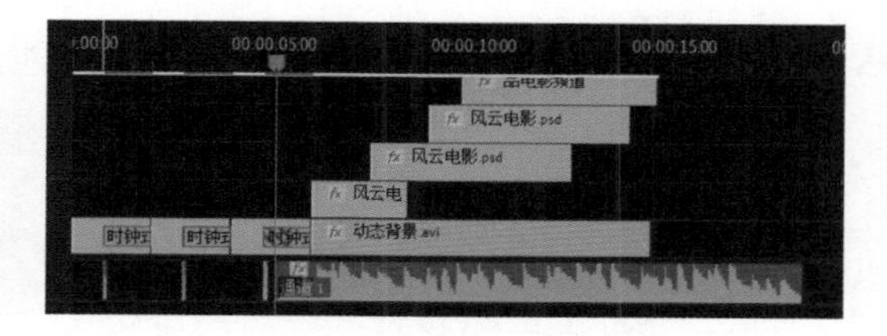

图 4-53　添加音频素材

（5）将时间指针移到 14:13 位置，使用“选择工具”将结束点拖曳到时间指针位置，如图 4-54 所示。

（6）在音频轨道的 13:13 和 14:13 位置添加两个关键帧，选中 14:13 位置的关键帧，往下方拖动，实现音频的淡出效果，如图 4-55 所示。

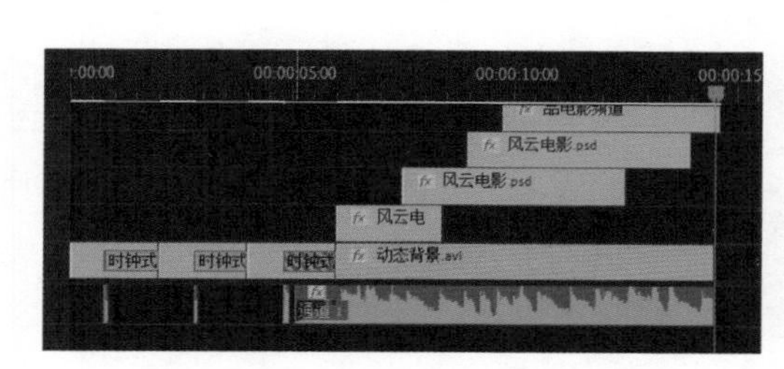

图 4-54　对齐音频素材

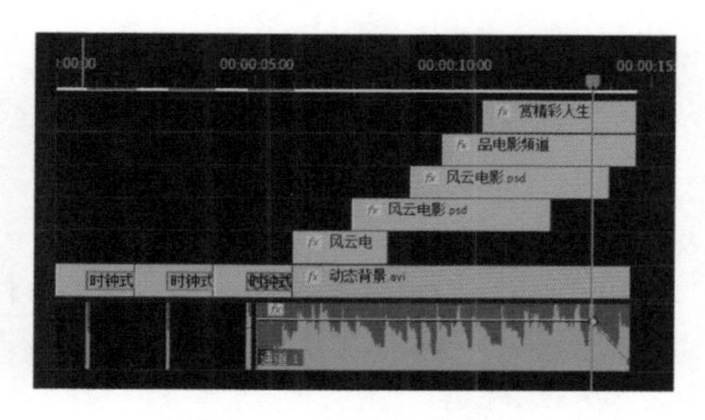

图 4-55　设置淡出效果

（7）按 Ctrl+S 组合键，对目前编辑完成的工作进行保存。

8. 预览并输出影片

预览并输出影片的步骤如下：

（1）在节目监视器窗口中单击“播放 / 停止切换”按钮，对编辑完成的影片内容进行预览，效果如图 4-33 所示。

（2）执行“文件”→“导出”→“媒体”命令，打开“导出设置”对话框，设置“格式”为 H.264，“预设”为匹配源 - 中等比特率，单击“输出名称”后面的链接，打开“另存为”对话框，在对话框中设置保存的名称和位置，单击“保存”按钮。

（3）单击“导出”按钮，打开“编码序列 01”对话框，开始进行影片输出处理。

任务拓展

请同学们自行完成一个影片片头的制作。

提示：要有片头字幕动画及背景动画。

思考与练习

一、填空题

1. 调整 ________ 是最常见的设置动画方法。
2. 在调整缩放比例时 ________ 处于选择状态，宽和高同时被调整。
3. 使用多个 ________，可以为属性创建 ________ 的变化效果。

二、选择题

1. 运动路径上的点越疏，表示层运动（　）。
   A．越快　　B．越慢　　C．由快到慢　　D．由慢到快
2. 旋转 650° 表示为（　）。
   A．1×290°　　B．0°　　C．620°+30°　　D．650°
3. “透明度”参数越高，画面就（　）。
   A．越透明　　B．越不透明　　C．与参数无关　　D．低
4. 添加关键帧的目的是（　）。
   A．更方便地设置滤镜效果　　B．创建动画效果
   C．调整影像　　D．锁定素材

任务4.2 情侣对戒视频广告的制作

【任务描述】

通过浪漫温馨的色彩搭配柔和感人的音乐，制作代表着爱情和温馨的情侣对戒视频广告。以动态视频为背景，通过牵手图和文字内容来烘托渐显的戒指。片头以两只牵着的手渐渐显示的效果来展开广告主题内容，接下来用“海枯石烂”和“同心永结”文字内容渲染爱情的美好；同时，让戒指旋转着由小到大、由无到有渐渐显示出来，结束时画面定格在广告主题内容上。

【任务要求】

- 掌握 Premiere Pro 2020 视频的编辑。
- 掌握字幕的制作。
- 掌握插件特效的使用和制作。
- 掌握电视广告的制作。

【知识链接】

通过字幕漂浮效果制作小船摇摇

实例要点："波形变形"视频效果的应用。

思路分析：在 Premiere Pro 2020 中，当出现一个背景图像时，通过漂浮的字幕来介绍这个图像，可以使视频内容变得更加丰富。本实例最终效果如图 4-56 所示。

图 4-56　字幕漂浮效果

操作步骤如下：

（1）在 Premiere Pro 2020 工作界面中，创建一个 AVCHD 1080p25 的序列，导入一个素材文件"小船"。

（2）在项目窗口中选择"小船"素材文件，并将其添加到时间线窗口中的 V1 轨道中。

（3）选择 V1 轨道上的素材文件，在效果控件窗口中设置"缩放高度"为 30，"缩放宽度"为 40。

（4）将时间指针拖动到起始位置，在工具箱选择"垂直文字工具"，单击节目监视器窗口，输入文字"小船摇摇"，选择"选择工具"，在效果控件窗口中展开"文本"选项，设置"字体"为 FZZongYi-M05S，大小为 150，填充颜色为 #EA1033，效果如图 4-57 所示。

（5）选择"小船摇摇"素材，在效果窗口中选择"视频效果"→"扭曲"→"波形变形"效果并双击，即可为选择的素材添加波形变形效果，如图 4-58 所示。

图 4-57　添加字幕文件

图 4-58　波形变形效果

（6）在效果控件窗口中，为"位置"与"不透明度"选项在 0s、2s 和 4s 处添加 3 个关键帧，其值为 [(960,540),20%]、[(1220,540),60%] 和 [(1600,540),100%]，如图 4-59 所示。

（7）单击"播放 / 停止切换"按钮预览视频效果，如图 4-56 所示。

图 4-59　添加第 3 个关键帧

实例2　通过字幕逐字输出效果制作花的赞美

实例要点：通过“裁剪”视频效果裁剪部分字幕，配合效果关键帧制作字幕逐字输出效果。

思路分析：在 Premiere Pro 2020 中，可以通过“裁剪”视频效果制作字幕逐字输出效果。本实例最终效果如图 4-60 所示。

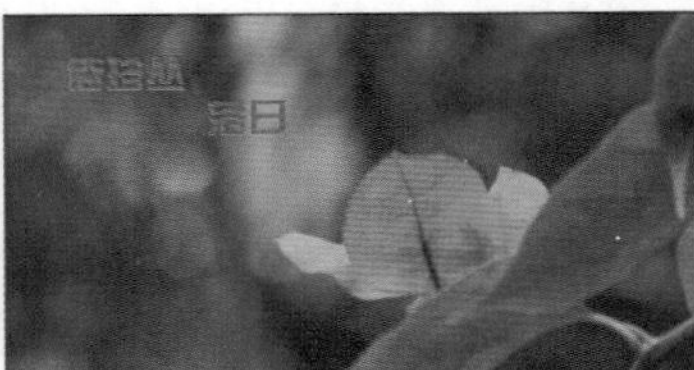

图 4-60　字幕逐字输出效果

操作步骤如下：

（1）在 Premiere Pro 2020 工作界面中，创建一个 AVCHD 1080p25 的序列。导入一个素材文件“花 1”视频。

（2）在项目窗口中双击“花 1”素材文件，并将其添加到源监视器窗口，设置入点为 2:22，出点为 9:22，拖动“仅拖动视频”按钮，将其添加到中的 V1 轨道上。

（3）在工具箱选择“文字工具”，单击节目监视器窗口，输入文字“倚珍丛落日掩首海云东”，就会在 V2 轨道出现文字素材，选择“选择工具”，将字幕素材结束位置拖曳至“花 1”结束位置，在效果控件窗口中展开“文本”选项，设置“字体”为 FZZongYi-M05S，大小为 112，填充颜色为 #EA10CC，位置为 (230,207)，效果如图 4-61 所示。

图 4-61　添加素材文件

（4）选择 V2 轨道文字素材，在效果窗口中选择“视频效果”→“变换”→“裁剪”效果并双击，即可为选择的素材添加裁剪效果。

（5）在效果控件窗口中，为“右侧”选项在 0:12、0:13、0:24、1s、1:12、1:13、1:24、2s、2:12、2:13、2:24、3s、3:12、3:13、3:24、4s、4:12、4:13、4:24 和 5s 处添加关键帧，其值分别为 100%、82%、82%、76%、76%、70%、70%、63%、63%、57%、57%、51%、51%、45%、45%、40%、40%、34%、34% 和 28%，如图 4-62 所示。

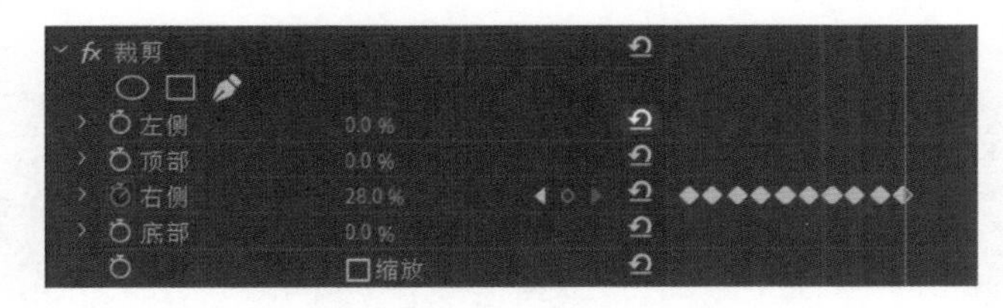

图 4-62　添加“右侧”关键帧

（6）为“底部”选项在 0:12 和 2s 处添加两个关键帧，其值分别为 80%、60%，如图 4-63 所示。

（7）执行上述操作后，在节目监视器可以查看素材画面，如图 4-64 所示。

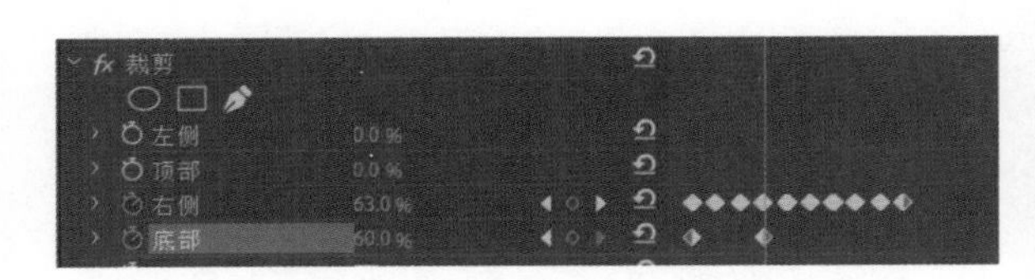

图 4-63　添加“底部”关键帧

图 4-64　起始效果

（8）单击“播放 / 停止切换”按钮预览视频效果，如图 4-60 所示。

实例3　通过字幕立体旋转效果制作美丽沙滩

实例要点：基本 3D 效果的应用。

思路分析：在 Premiere Pro 2020 中，可以通过“基本 3D”视频效果制作字幕立体旋转效果。本实例最终效果如图 4-65 所示。

图 4-65　字幕立体旋转效果

操作步骤如下：

（1）在 Premiere Pro 2020 工作界面中，创建一个 AVCHD 1080p25 的序列。导入一个素材文件“沙滩”。

（2）在项目窗口中选择“沙滩”素材文件，并将其添加到时间线窗口中的 V1 轨道上，如图 4-66 所示。

（3）选择 V1 轨道上的素材文件，在效果控件窗口中设置“缩放高度”为 20，“缩放宽度”为 25，如图 4-67 所示。

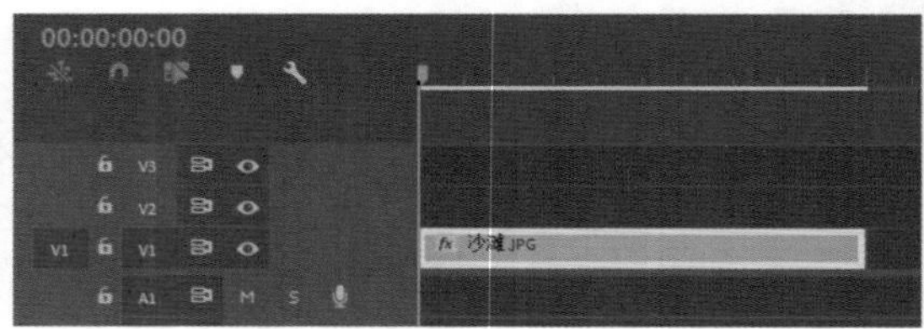

图 4-66　添加素材文件

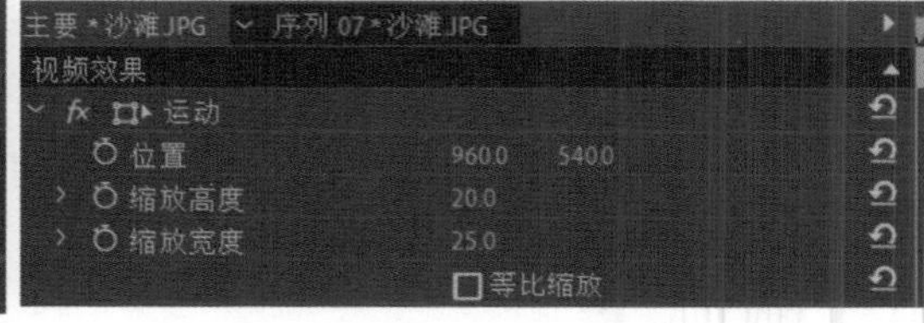

图 4-67　运动设置

（4）将时间指针拖动到起始位置，在工具箱选择“文字工具”，单击节目监视器窗口，输入文字“美丽沙滩”，单击“选择工具”，在效果控件窗口中展开“文本”选项，设置“字体”为 HYLingXinJ，“大小”为 160，“字距调整”为 100，选择“仿斜体”，填充颜色为 #AF09CB，勾选“描边”复选框，“颜色”为白色，其值为 10，“位置”为 (600,520)，如图 4-68 所示。时间线窗口如图 4-69 所示。

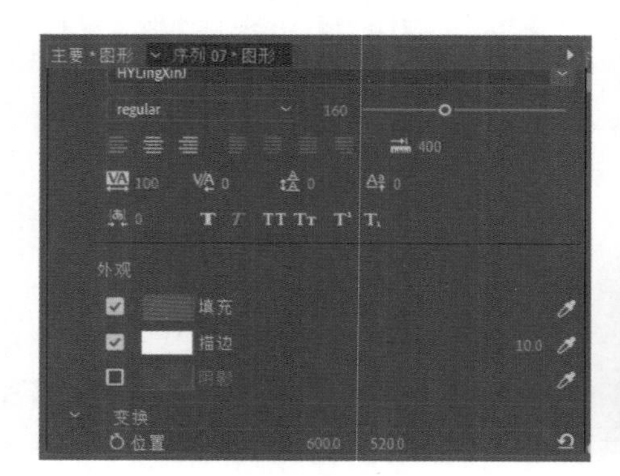

图 4-68　字幕设置

图 4-69　素材分布

（5）执行上述操作后，在节目监视器窗口中可以查看素材画面，如图 4-70 所示。

图 4-70　查看素材画面

（6）选择“美丽沙滩”字幕，在效果窗口中选择“视频效果”→“透视”→“基本3D”效果并双击，即可为选择的素材添加基本3D效果。

（7）选择“斜面 Alpha”效果并双击即可为选择的素材添加立体效果。在效果控件窗口中，设置“边缘厚度”为5。

（8）在效果控件窗口中，为“基本3D”效果的“旋转”“倾斜”及“与图像的距离”选项在0s、1s、2s和4s处添加4个关键帧，其值分别为(0,0,300)、(360°,0,200)、(360°,360°,100)和(720°,720°,0)，如图4-71所示。

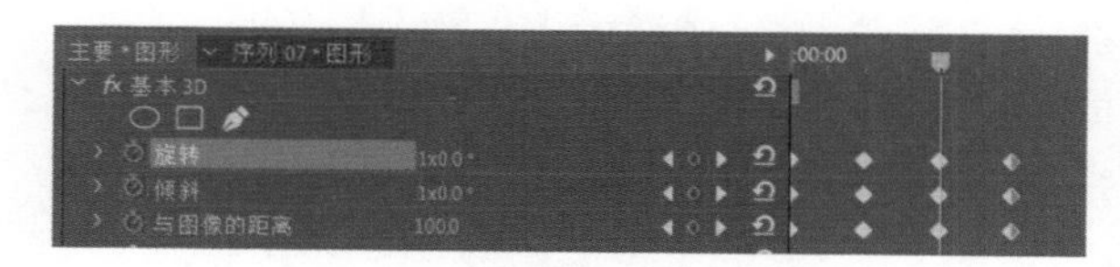

图 4-71　添加 4 个关键帧

（9）单击“播放 / 停止切换”按钮预览视频效果，如图4-65所示。

实例4 制作水中倒影字幕效果

在字幕编辑窗口中输入并设置文字属性后，为文字添加垂直翻转特效，制作倒影效果，然后为文字添加波形弯曲特效、快速模糊特效，通过设置相关参数，使倒影效果更加自然、逼真，从而制作出水中倒影字幕效果。

知识要点：制作辉光描边文字，添加垂直翻转特效，添加波浪特效，添加快速模糊特效，设置波浪特效参数，设置快速模糊特效参数。本实例最终效果如图4-72所示。

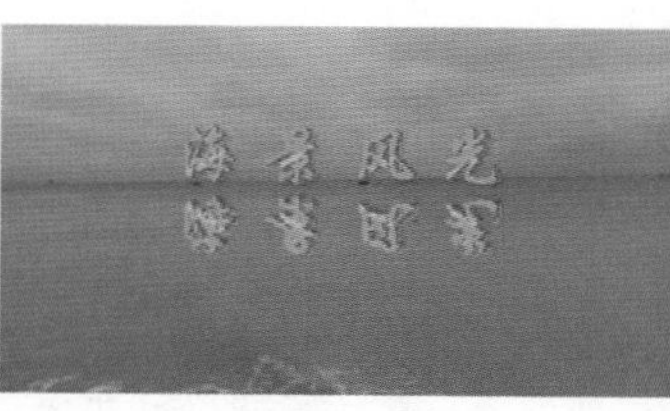

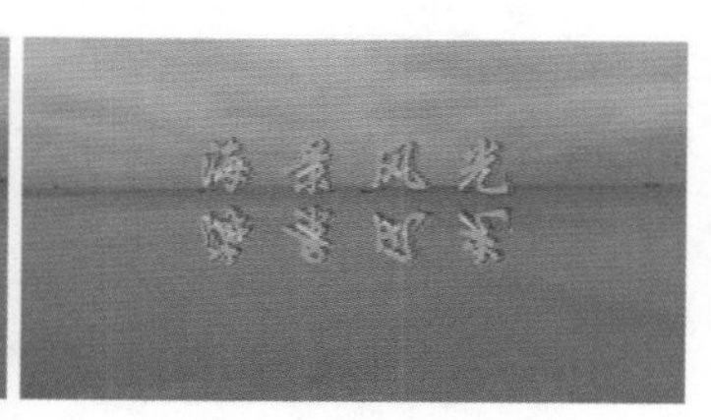

图 4-72　水中倒影字幕效果

操作步骤如下：

（1）在 Premiere Pro 2020 的工作窗口中，按 Ctrl+N 组合键，打开“新建序列”对话框，设置“可用预设”为 AVCHD → 1080p → AVCHD 1080p25，“序列名称”为“海景风光”，单击“确定”按钮。

（2）按 Ctrl+I 组合键打开“导入文件”对话框，选择相应的素材文件，单击“打开”按钮，导入一个“海水”素材。

（3）右击“海水”素材，从弹出的快捷菜单中选择“修改”→“时间码”命令，打开“修改剪辑”对话框，将“时间码”设置为0，单击“确定”按钮。

（4）在项目窗口双击导入的“海水”素材，将其在素材源监视器窗口中打开。

（5）在源监视器窗口中，设置“海水”的入点、出点为1s和9s，按住“仅拖动视频”按钮不放，将其拖到时间线的V1轨道中，使其与起始位置对齐，如图4-73所示。

（6）执行“文件”→“新建”→“旧版标题”命令，在“新建字幕”对话框中输入“海景风光”名称，单击“确定”按钮，打开字幕窗口，单击“海景风光”右边的按钮，分别选择工具、动作和属性。

（7）利用文本工具在字幕编辑窗口中输入“海景风光”，设置“文字系列”为方正行楷简体，“字体大小”为180，“字符间距”为30，“填充类型”为实色，设置“颜色”为青黄色（#57F527）。

（8）勾选“光泽”复选框并展开，设置“角度”为329。单击“外侧边”右侧的“添加”字样展开该选项，设置“类型”为深度，“填充类型”为实底，“大小”为25，“颜色”为#F728A0，勾选“阴影”复选框，单击“垂直居中”按钮，效果如图4-74所示。

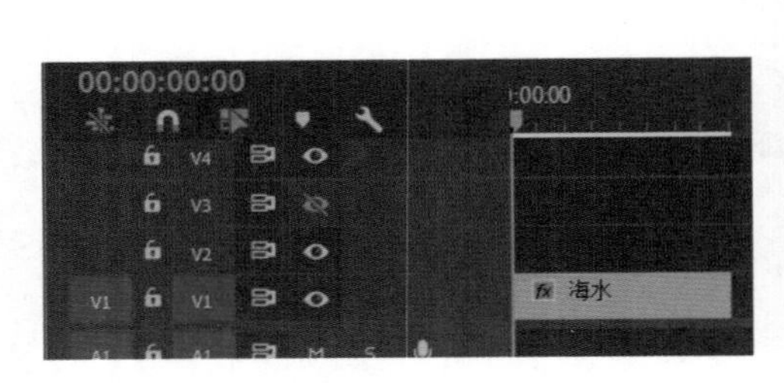

图4-73　素材

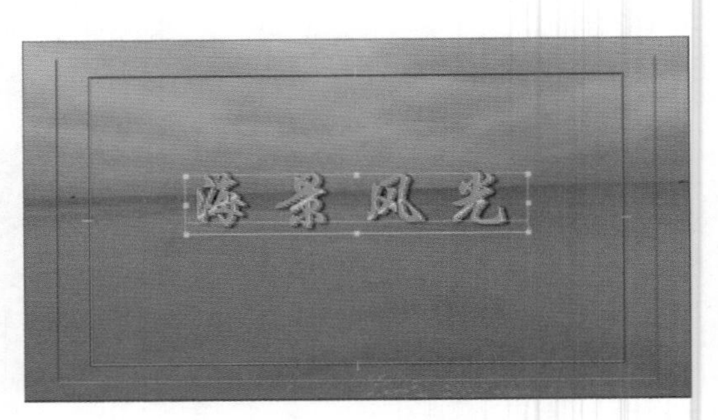

图4-74　文字描边效果

（9）关闭字幕编辑窗口，返回Premiere Pro 2020的工作界面。

（10）在项目窗口中选择字幕“海景风光”，将其添加到V2轨道上，结束点与海水素材对齐，如图4-75所示。

（11）选中V2轨道上的字幕，在效果控件窗口中展开“运动”选项，设置“位置”值为(960,460)，效果如图4-76所示。

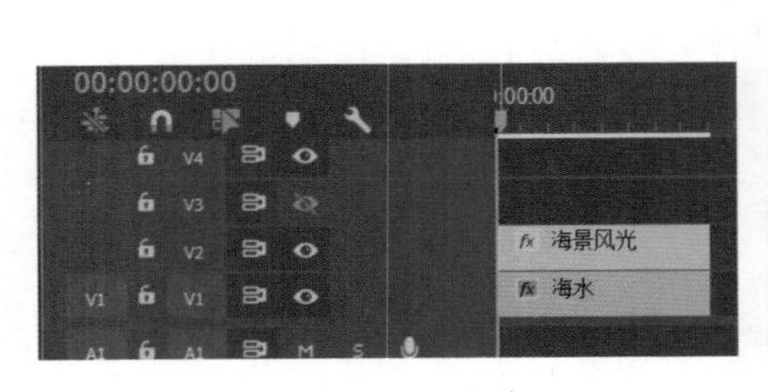

图4-75　添加字幕

图4-76　文字的位置

（12）在项目窗口中再次选择字幕“海景风光”，将其添加到V3轨道上，结束点与“海水”素材对齐。

（13）选择V3轨道上的字幕文件，在效果窗口中选择“视频效果”→“变换”→“垂直翻转”效果并双击，将其添加到 V3 轨道的字幕文件上，此时 V3 轨道上的字幕已经垂直翻转。

（14）选中 V3 轨道上的字幕文件，在效果控件窗口中展开“运动”选项，设置“位置”值为 (960,530)，调整字幕的位置，效果如图 4-77 所示。

（15）选择 V3 轨道上的字幕文件，在效果窗口中选择“视频效果”→“扭曲”→“波形变形”效果并双击，将其添加到 V3 轨道的字幕文件上，此时 V3 轨道上的字幕已经具有了波浪效果，如图 4-78 所示。

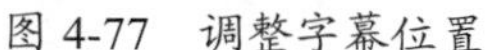
图 4-77　调整字幕位置

图 4-78　文字效果

（16）选择 V3 轨道上的字幕文件，在效果窗口中选择“视频效果”→“过时”→“快速模糊”效果并双击，将其添加到 V3 轨道的字幕文件上。

（17）选中 V3 轨道上的字幕文件，在效果控件窗口中为“波形变形”和“快速模糊”选项的“波形类型”“波形高度”“波形宽度”“方向”“波形速度”“固定”“相位”“模糊度”和“模糊维度”，在 0s、2s 和 4s 处添加 3 个关键帧，其参数分别为 (正弦 ,15,40,90°,1, 无 , 0,6, 水平与垂直)、(平滑杂色 ,20,59,86°,2, 垂直边 ,3,4, 水平) 和 (正弦 ,10,42,39°,1, 中心 , 1,0, 水平与垂直)，如图 4-79 所示。

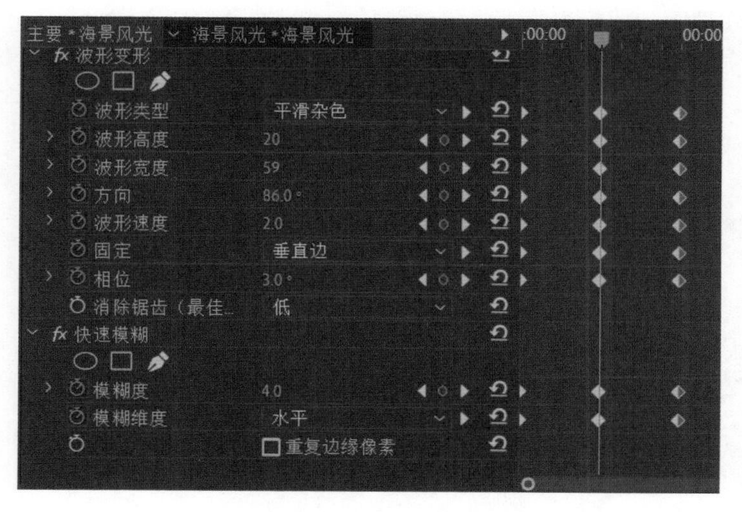

图 4-79　添加“波形弯曲”效果

（18）单击“播放 / 停止切换”按钮，字幕效果如图 4-72 所示。

【任务实施】

整个影片项目制作的主要步骤包括导入素材，创建字幕、组合素材片段、为素材制作运动效果、添加音频效果、预览并输出影片。最终效果如图 4-80 所示。

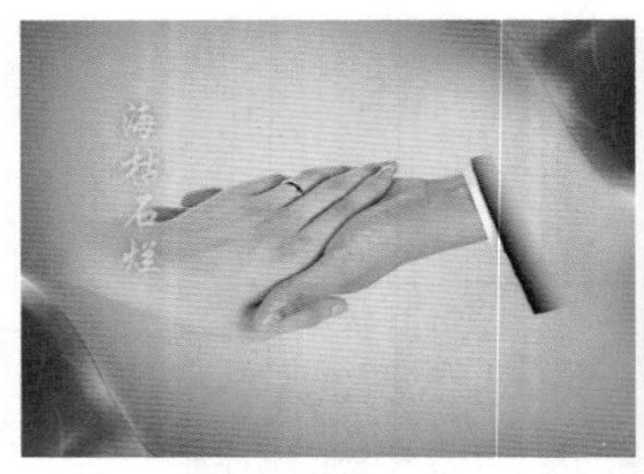

图 4-80　最终效果

操作步骤

1．导入素材

导入素材的步骤如下：

（1）启动 Premiere Pro 2020，单击“新建项目”按钮，打开“新建项目”对话框，设置“名称”为“情侣对戒”，“位置”为 E:\ 光盘内容 \ 项目 4\ 情侣对戒 \ 效果，单击“确定”按钮。

（2）按 Ctrl+N 组合键，打开的“新建序列”对话框，设置“有效预置”→“DV-PAL”→“标准 48kHz”选项，单击“确定”按钮。

（3）按 Ctrl+I 组合键，打开“导入”对话框，选择本书配套资源“项目 4\ 视频广告 \ 素材”\“背景 1.m2v”“2.psd”和“片头音乐 058.wav”，单击“打开”按钮。

（4）在弹出“导入分层文件”对话框中直接单击“确定”按钮，以默认方式将“2.psd”素材以图片形式导入到项目窗口中。将“背景 1.m2v”素材拖曳到项目窗口中。

（5）按 Ctrl+I 组合键打开“导入”对话框，选择本书配套教学素材“项目 4\ 视频广告 \ 素材 \ 戒指”文件夹中的“3DCGl-004-01P-A02000.psd”，将其以序列图像的方式导入，将名称改为“戒指”。

2．创建字幕

创建字幕的步骤如下：

（1）执行“文件”→“新建”→“旧版标题”命令，打开字幕编辑窗口，使用“垂直文字工具”输入文字“海枯石烂”；在“旧版标题样式”中选择 Times New Roman Regular Red Glow，在“旧版标题属性”中将“字体系列”设置为方正行楷简体，“字体大小”为 60，效果如图 4-81 所示。

（2）单击“基于当前字幕新建字幕”按钮，在打开的“新建字幕”对话框中的“名称”文本框中输入“同心永结”，单击“确定”按钮。

（3）在字幕编辑窗口中删除“海枯石烂”，输入文本“同心永结”，在“旧版标题样式”中选择 Arial Black yellow orange gradient 样式，设置“字体系列”为方正行楷简体，“字体大小”为 60，效果如图 4-82 所示。

图 4-81 创建字幕

图 4-82 字幕“同心永结”

（4）单击“基于当前字幕新建字幕”按钮，在打开的“新建字幕”对话框中的“名称”文本框中输入“同心伴侣”，单击“确定”按钮。

（5）在字幕编辑窗口中删除“同心永结”，输入文本“同心伴侣喜双飞”，为“同心”和“双飞”在“旧版标题样式”中选择 Arial Black yellow orange gradient 样式，设置“字体系列”为方正行楷简体，“字体大小”为 60。为“伴侣喜”在“旧版标题样式”中选择 Arial Black gold 样式，设置“字体系列”为方正行楷简体，“字体大小”为 72，效果如图 4-83 所示。

图 4-83 字幕“同心伴侣喜双飞”

3. 组合素材片段

组合素材片段的步骤如下：

（1）在项目窗口中选择“背景 1.m2v”，将其拖曳到时间线窗口中的 V1 轨道中，与起始位置对齐。

（2）在项目窗口中选择“2.psd”，将其拖曳到 V2 轨道，调整其持续时间，并与“背景 1.m2v”对齐。

（3）在项目窗口中选择“戒指”，将其拖到 V3 轨道，入点与 5:01 对齐，“持续时间”为 5:17，如图 4-84 所示。

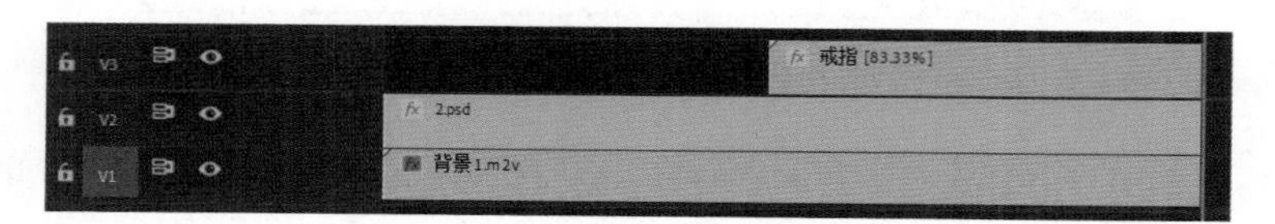

图 4-84 时间线窗口

（4）右击项目窗口中的字幕“海枯石烂”，从弹出的快捷菜单中选择“速度 / 持续时间”命令，在打开的“剪辑速度 / 持续时间”对话框中将“持续时间”修改为5s，单击“确定”按钮。

（5）按照相同的方法将字幕“同心伴侣喜双飞”的持续时间设置为4:12。

（6）将字幕“海枯石烂”“同心永结”和“同心伴侣喜双飞”分别插入时间线中，按如图4-85所示的位置排列。

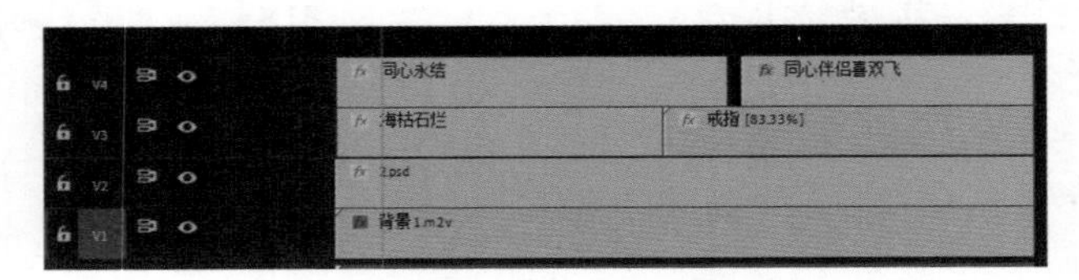

图 4-85 添加素材

4. 为素材制作运动效果

为素材制作运动效果的步骤如下：

（1）在时间线窗口中展开V3轨道，选择“钢笔工具”，分别单击字幕“海枯石烂”素材0:01、2:01、3:22和5s位置，拖动0:01和5s处的关键帧到最低点位置，添加淡入、淡出效果。

（2）选择“海枯石烂”字幕，在效果控件窗口中为“不透明度”选项在0s、2:01、3:22和4:22处添加4个关键帧，其值分别为0、100、100、0。

（3）选择“同心永结”字幕，在效果控件窗口中为“不透明度”选项在1:15、3:13、5s和6s处添加4个关键帧，其值分别为0、100、100、0。

（4）选择“戒指”素材，在效果控件窗口中为“不透明度”选项在5:01和6s处添加两个关键帧，其值分别为0和100。

（5）选择“戒指”素材，在效果控件窗口中为“缩放”选项在5:01和7:07处添加两个关键帧，其对应参数分别为0和50。

（6）选择“2.psd”素材，在效果控件窗口中为“不透明度”选项在0s和0:18处添加两个关键帧，其对应参数为0和100%。

（7）在效果窗口中选择“视频过渡”→“擦除”→“划出”，拖曳到“同心伴侣喜双飞”字幕的开始位置，如图4-86所示。

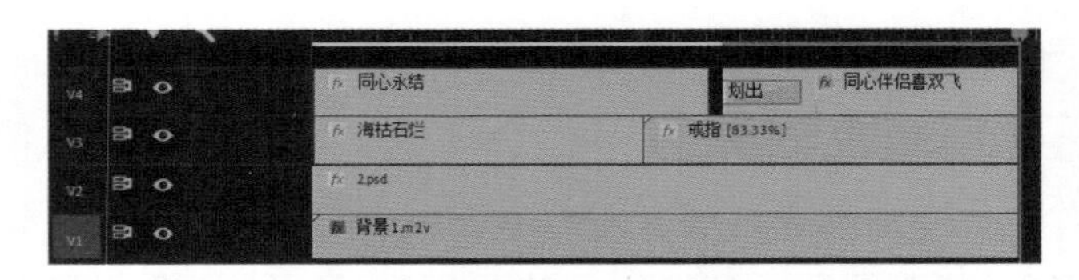

图 4-86 添加“划出”效果

（8）选择“同心伴侣喜双飞”字幕，在效果窗口中选择“视频效果”→Trapcode→Shine效果并双击，在效果控件窗口中为Source Point选项在7:14和9:23处添加两个关键帧，其对应参数分别为(102,280)和(605,280)。

（9）为 Ray Length 选项在 7:10、7:14、9:24 和 10:03 处添加 4 个关键帧，其对应参数分别为 0、4、4 和 0。

（10）将 Colorize → Base on... 设置为 Alpha，Colorize... 设置为 None，Transfer Mode 设置为 Hue，如图 4-87 所示。

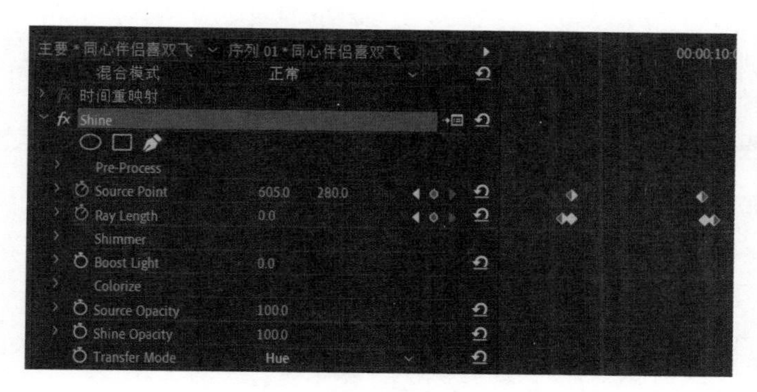

图 4-87　Shine 效果

5. 添加音频效果

添加音频效果的步骤如下：

（1）将项目窗口中的“片头音乐 058.wav”音频素材拖曳到时间线窗口的 A1 轨道上，将其入点放置在 0s 处，如图 4-88 所示。

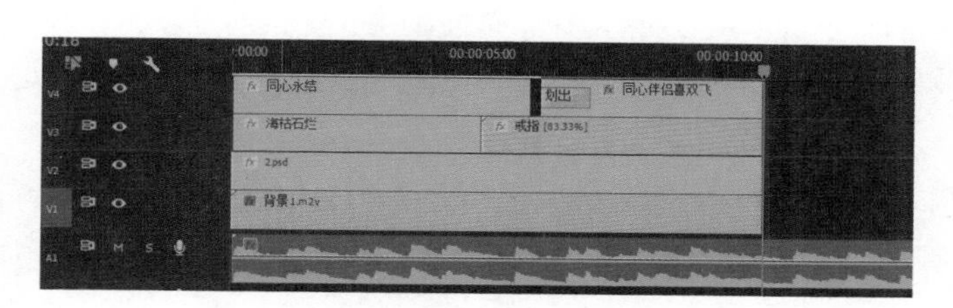

图 4-88　将音频素材添加到时间线窗口

（2）在工具窗口中选择“选择工具”，按住鼠标左键拖动，将音乐素材结束位置定位在 10:18，删除多余素材，如图 4-89 所示。

（3）展开 A1 轨道，将时间线分别移动到 0s、1:20、7:22 和 10:18 位置，为 A1 轨道添加 4 个关键帧。用鼠标将 0s 和 10:18 位置的关键帧向下拖动到最低点位置，制作音频的淡入、淡出效果，如图 4-90 所示。

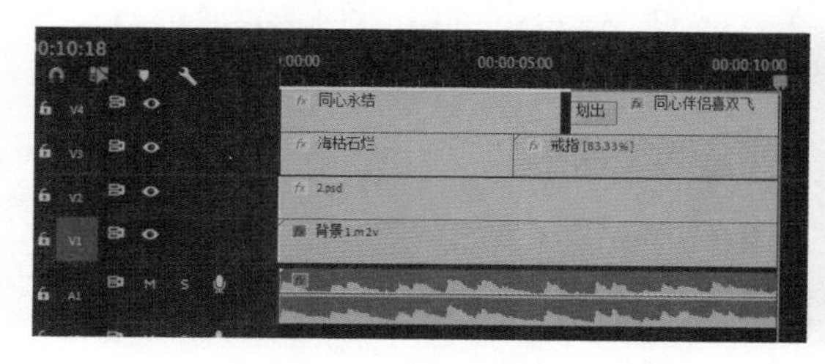

图 4-89　删除多余素材

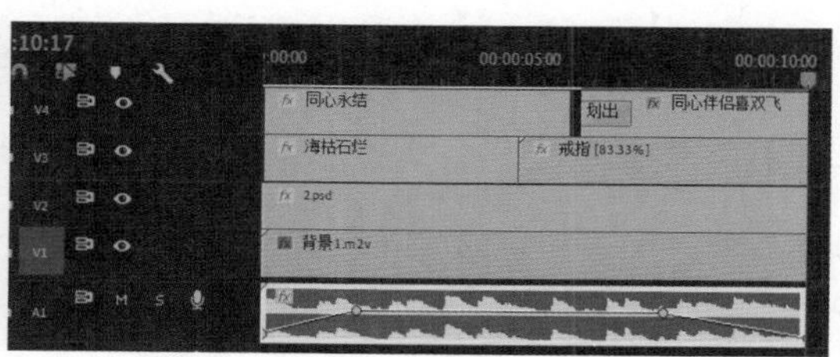

图 4-90　制作淡入、淡出效果

（4）按 Ctrl+S 组合键保存目前编辑完成的工作。

（5）在监视器窗口中单击“播放 / 停止切换”按钮预览视频效果，如图 4-80 所示。

6. 预览并输出影片

预览并输出影片的步骤如下：

（1）执行“文件”→“导出”→“媒体”命令，打开“导出设置”对话框，设置“格式”为 AVI，“预设”为 DV-PAL，单击“输出名称”后面的链接，打开“另存为”对话框，在对话框中设置保存的名称和位置，单击“保存”按钮。

（2）单击“导出”按钮，打开“编码”对话框，开始进行影片输出处理。

任务拓展

请同学们自行完成一个影片片头的制作。

提示：要有片头字幕动画及背景动画。

思考与练习

一、填空题

1．在时间线窗口中，关键帧数值的变化会以 ________ 的形式展现，因此可以直观分析数值随 ________ 变化的大体趋势。

2．效果控件窗口可以一次性显示多个属性的 ________，但只能显示所选素材片段的；而时间线窗口可以一次性显示 ________ 或多素材的关键帧，但每个轨道或素材仅显示一种属性。

3．在时间线窗口中编辑关键帧，适用于只具有 ________ 数值参数的属性；而效果控件窗口则更适合二维或 ________ 数值参数的属性。

二、选择题

1．使用钢笔工具或选择工具单击关键帧，将其选中并按住（　）键，可以连续选择多个关键帧。

A．Enter　　B．Ctrl　　C．Alt　　D．Shift

2．使用钢笔工具或选择工具拖曳关键帧，可以对其（　）进行调节。

A．参数　　B. 位置　　C．数值　　D. 大小

3．单击“添加 / 删除关键帧”按钮，可以添加或删除当前时间指针所在位置的（　）。

A．关键点　　B. 关键帧

C．关键词　　D．关键时间

4．在特效控制台窗口中，单击效果属性名称左边的“切换动画”按钮激活关键帧功能，在（　）当前位置自动添加一个关键帧。

A．时间指针　　B．时间空针

C．指针位置　　D．切换指针

任务4.3 《美丽的新疆》纪录片的制作

【任务描述】

通过设置“运动”参数调整素材，运用转场效果，为叠加素材制作运动效果，制作运动标题，为文字添加基本 3D 效果制作立体旋转效果，精确剪辑音频，输出影片，完成一个纪录片的制作。

【任务要求】

- 掌握 Premiere Pro 2020 视频的编辑。
- 掌握运动效果及关键帧动画的制作。
- 练习制作纪录片《美丽的新疆》。

【知识链接】

实例1 制作燃烧字幕效果

实例要点：添加 Alpha 辉光特效，设置发光效果，添加波浪特效制作燃烧动态效果，自定义燃烧颜色。

思路分析：在字幕编辑窗口中输入并设置文字属性后，为文字添加 Alpha 辉光特效，通过设置相关参数为文字制作发光效果，再为文字添加波浪特效模拟燃烧时的动态效果，从而制作出燃烧的字幕效果。本实例最终效果如图 4-91 所示。

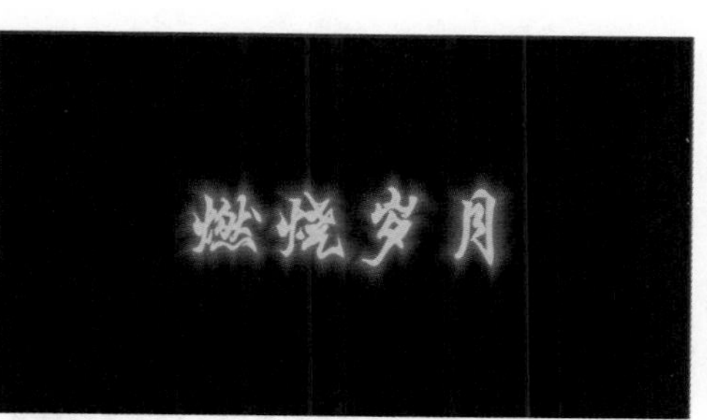

图 4-91 燃烧字幕效果

具体操作过程如下：

（1）在 Premiere Pro 2020 的工作窗口中，按 Ctrl+N 组合键打开“新建序列”对话框，设置“可用预设”为 AVCHD → 1080p → AVCHD 1080p25，“序列名称”为“燃烧字幕”，单击“确定”按钮。

（2）执行“文件”→“新建”→“旧版标题”命令打开“新建字幕”对话框，在该对话框的“名称”文本框中输入“燃烧字幕”，单击“确定”按钮，进入字幕编辑窗口。

（3）利用“文本工具”，在字幕编辑窗口中输入“燃烧岁月”，选中输入的文字，选择“字体系列”为华文行楷，设置“字体大小”为 180，在“字幕属性”选项区中展开“填充”选项，设置“填充类型”为实色，设置“色彩”为黄色（#F6FA07），效果如图 4-92 所示。

（4）关闭字幕窗口，返回 Premiere Pro 2020 的工作窗口。

（5）在项目窗口中选择字幕“燃烧岁月”，将其添加到 V1 轨道上，如图 4-93 所示。

图 4-92　填充颜色后的文字

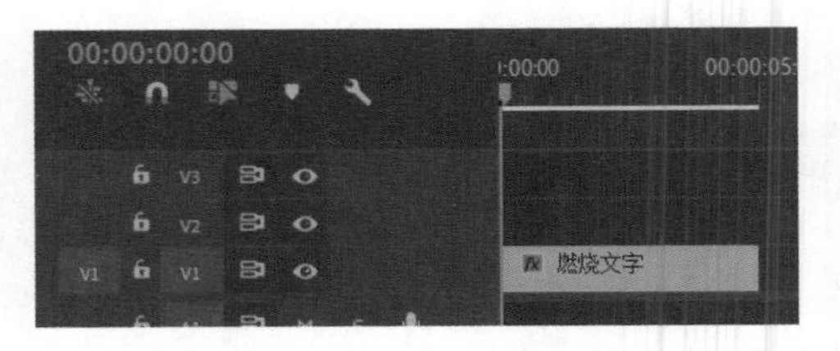

图 4-93　添加字幕

（6）选择“燃烧文字”字幕，在效果窗口中选择“视频效果”→“风格化”→“Alpha 发光”并双击，在效果控件窗口中为“发光”“亮度”和“起始色”在 0s、2s 和 4s 处添加 3 个关键帧，其参数为 (25,255,#E0E332)、(70,250,#E3C230) 和 (100,245,#D48224)，如图 4-94 所示。

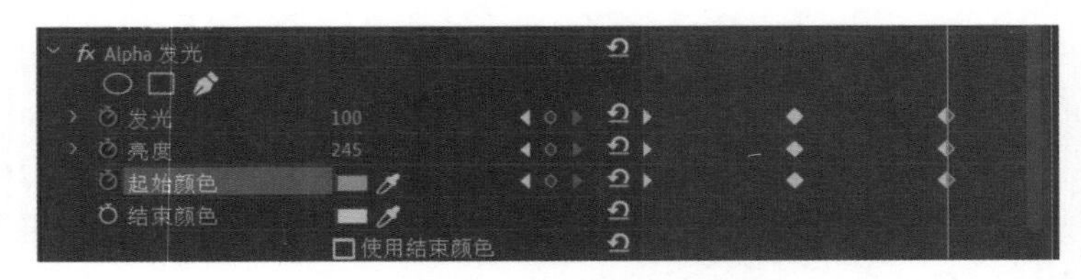

图 4-94　添加关键帧

（7）单击“播放 / 停止切换”按钮，字幕效果如图 4-95 所示。

图 4-95　预览效果

（8）选择“燃烧文字”字幕，在效果窗口中选择“视频效果”→“扭曲”→“波形变化”并双击，设置参数为默认值，单击“播放 / 停止切换”按钮，燃烧字幕效果如图 4-91 所示。

制作开放式解说词字幕

实例要点：通过开放式字幕制作解说词字幕。

思路分析：可以使用开放式字幕制作解说词字幕，添加、复制和改变字幕的位置，实现前行消失的情况下，下一行又出现的效果。本例介绍制作开放式字幕的制作方法，最终效果如图 4-96 所示。

图 4-96　最终效果

具体操作步骤如下：

（1）在 Premiere Pro 2020 的工作窗口中，按 Ctrl+N 组合键打开“新建序列”对话框，设置“可用预设”为 AVCHD → 1080p → AVCHD 1080p25,“序列名称”为“解说词字幕”，单击“确定”按钮。

（2）按 Ctrl+I 组合键打开“导入”对话框，选择解说词字幕文件夹，单击“导入文件夹”按钮，在项目窗口中展开解说词文件夹。

（3）在项目窗口将“禾木村 1.mp3”音频素材拖曳到时间线窗口 A1 轨道，

（4）在项目窗口双击“禾木公园门口”到源监视器窗口，选择入出点为 (1:05,6:03)，按住“仅拖动视频”按钮，将其拖曳到时间线窗口的 V1 轨道，与起始位置对齐。

（5）在项目窗口双击“禾木村”到源监视器窗口，选择入出点为 (1:19,9:10)，按住“仅拖动视频”按钮，将其拖曳到时间线窗口的 V1 轨道，与前素材的结束位置对齐。

（6）在项目窗口双击“禾木村 1”到源监视器窗口，选择入出点为 (3:13,7:14)，按住“仅拖动视频”按钮，将其拖曳到时间线窗口的 V1 轨道，与前素材的结束位置对齐。

（7）在项目窗口双击“禾木村全景”到源监视器窗口，选择入出点为 (2:19,7:13)，按住“仅拖动视频”按钮，将其拖曳到时间线窗口的 V1 轨道，与前素材的结束位置对齐。

（8）在项目窗口双击“禾木村小河 3”到源监视器窗口，选择入出点为 (2:23,7:17)，按住“仅拖动视频”按钮，将其拖曳到时间线窗口的 V1 轨道，与前素材的结束位置对齐，如图 4-97 所示。

图 4-97　素材的排列

（9）执行“文件”→“新建”→“字幕”命令，打开“新建字幕”对话框，单击“标准”后的小三角形按钮，从弹出的快捷菜单中选择“开放式字幕”命令，如图 4-98 所示，单击“确定”按钮。

（10）在项目窗口就会出现“开放式字幕”选项，将其拖曳到时间线窗口，并拖长至配音结束，在时间线窗口中双击字幕素材，如图 4-99 所示。

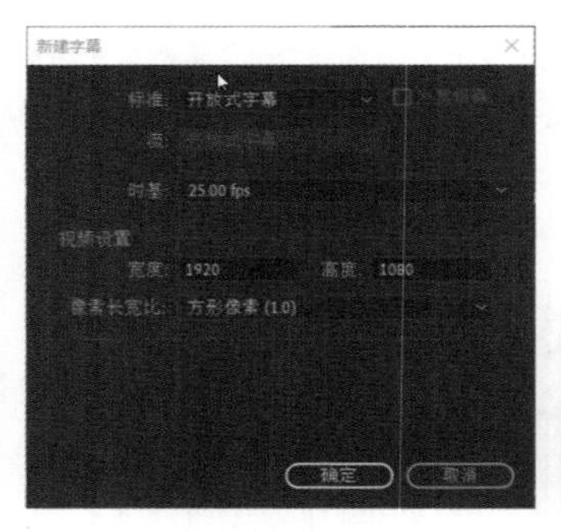

图 4-98 “新建字幕”对话框

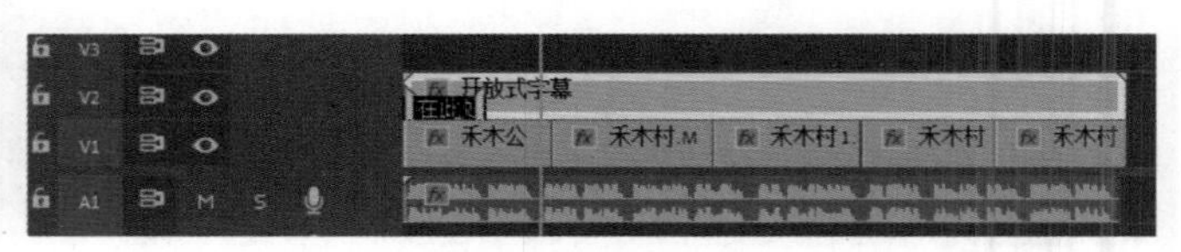

图 4-99 插入字幕

（11）复制第一段解说词到字幕窗口右边的文本框内，选择“背景颜色”按钮，设置“不透明度”为 0，使其背景透明，单击“文本颜色”按钮，设置颜色为白色，“大小”为 50，“字体”为方正大黑简，选择“边缘颜色”按钮，设置“颜色”为黑色，“不透明度”为 100%，“边缘”为 4，如图 4-100 所示。

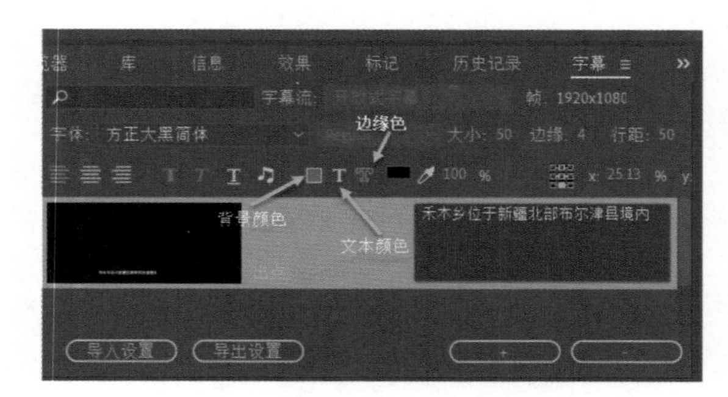

图 4-100 字幕窗口

（12）设置当前时间出点为 4:21，按 Enter 键，如图 4-101 所示。

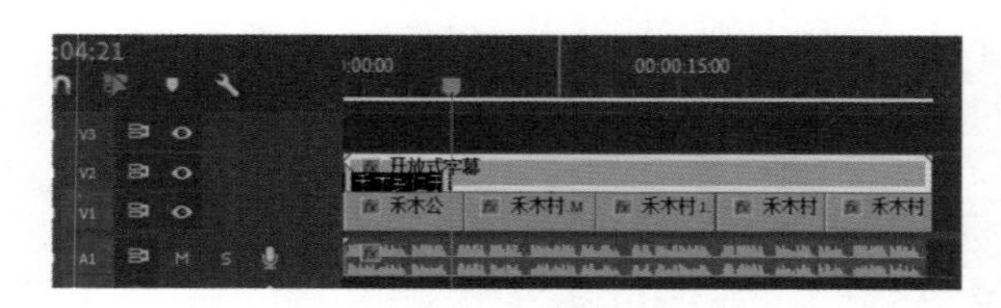

图 4-101 第一句结束位置

（13）单击字幕窗口的“添加字幕”按钮，复制第二句解说词到字幕窗口右边的文本框内，设置当前时间出点为 8:03，按 Enter 键，如图 4-102 所示。

（14）单击字幕窗口的“添加字幕”按钮，复制第三句解说词到字幕窗口右边的文本框内，设置当前时间出点为 12:15，按 Enter 键。

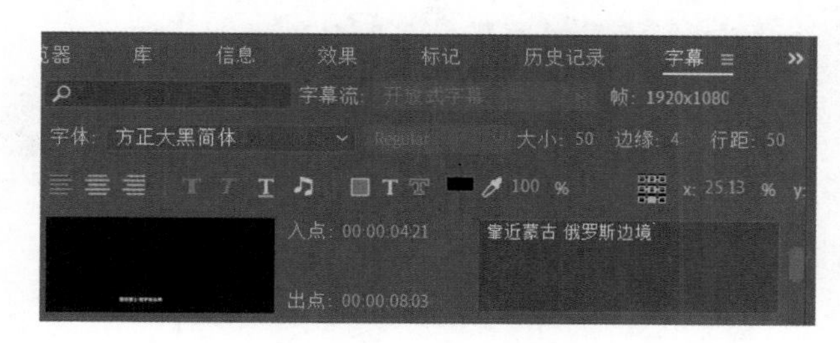

图 4-102　复制第二句解说词

（15）单击字幕窗口的“添加字幕”按钮，复制第四句解说词到字幕窗口右边的文本框内，设置当前时间出点为 16:16，按 Enter 键。

（16）单击字幕窗口的“添加字幕”按钮，复制第五句解说词到字幕窗口右边的文本框内，设置当前时间出点为 19:02，按 Enter 键。

（17）单击字幕窗口的“添加字幕”按钮，复制第六句解说词到字幕窗口右边的文本框内，设置当前时间出点为 22:14，按 Enter 键。

（18）单击字幕窗口的“添加字幕”按钮，复制第七句解说词到字幕窗口右边的文本框内，设置当前时间出点为 25:23，按 Enter 键，如图 4-103 所示，效果如图 4-96 所示。

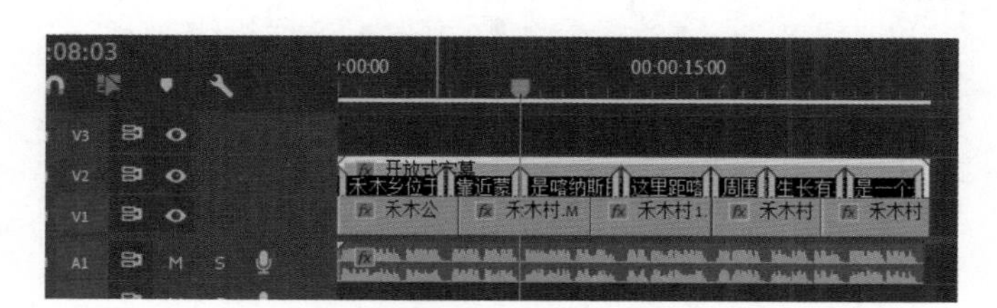

图 4-103　解说词排列

（19）返回项目窗口，在项目窗口双击“蓝色的多瑙河”，将其在源监视器窗口打开，设置入点为 54:12，出点为 1:20:15，将其拖曳到时间线窗口的 A2 轨道。

（20）单击“音频”选项卡，打开基本声音窗口，选择“禾木村 .mp3”，在基本声音窗口中单击“对话”选项，选择“蓝色多瑙河 .mp3”，在基本声音窗口中单击“音乐”选项，勾选“回避”复选框，单击“生成关键帧”按钮，背景音乐随解说词音量增大而减小，随解说词音量减小而增大。

实例3　制作画中画效果

实例要点：通过“位置”与“缩放”选项使两个素材画面都出现在镜头中，制作画中画效果。

思路分析：可以将普通的平面图像转化为层次分明、全景多变的精彩画面。通过数字化处理，生成景物远近不同、具有强烈视觉冲击力的全景图像，给人一种身在画中的全新视觉享受。本实例介绍制作画中画效果的操作方法。本实例最终效果如图 4-104 所示。

图 4-104　画中画效果

操作步骤如下：

（1）在 Premiere Pro 2020 的工作窗口中，创建一个 AVCHD 1080p25 的序列。导入两个素材文件“天池”和“卧龙湾固”。

（2）在项目窗口中双击“天池”素材文件，在源监视器上设置入点为 0s，出点为 9s，拖动“仅拖动视频”按钮到时间线窗口中的 V2 轨道上，与起始位置对齐。

（3）在项目窗口中双击“卧龙湾固”素材文件，在源监视器上设置入点为 2s，出点为 7s，拖动“仅拖动视频”按钮到时间线窗口中的 V1 轨道上，与起始位置对齐。

（4）在源监视器上设置“卧龙湾固”的入点为 2s，出点为 6s，拖动“仅拖动视频”按钮到时间线窗口中的 V3 轨道上，与“天池”的结束位置对齐，如图 4-105 所示。

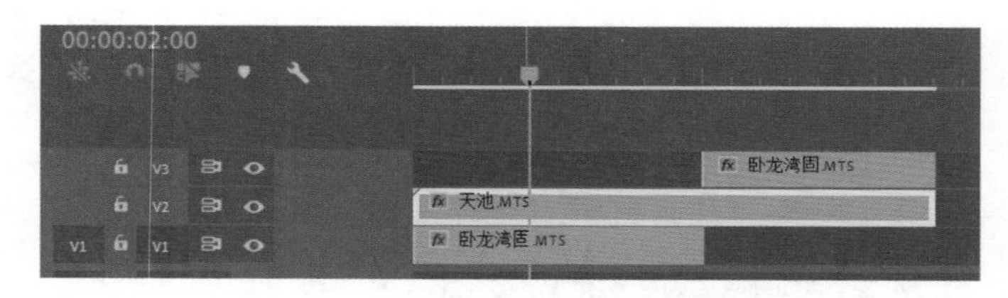

图 4-105　素材的排列

（5）选择 V2 轨道上的素材，为“位置”和“缩放”选项在 2s 和 3:20 处添加两个关键帧，其值分别为 [(370,356),0] 和 [(1530,684),45]，如图 4-106 所示。

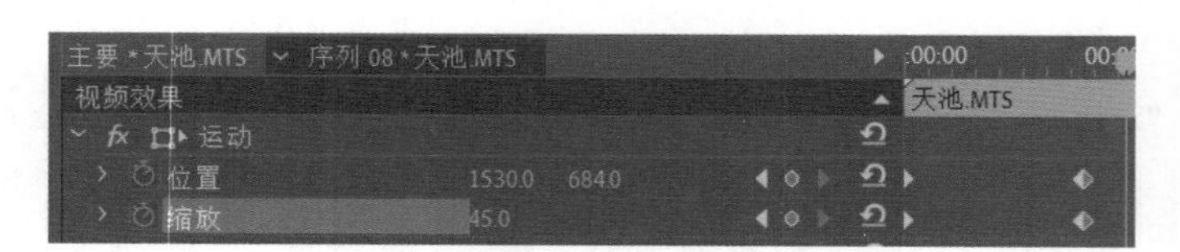

图 4-106　添加第一组关键帧

（6）选择 V3 轨道上的素材，为“位置”和“缩放”选项在 5s 和 6:20 处添加两个关键帧，其值分别为 [(960,540),1000] 和 [(560,340),50]，如图 4-107 所示。效果如图 4-108 所示。

图 4-107　添加第二组关键帧

图 4-108　6:20 处效果

（7）单击“播放 / 停止切换”按钮预览视频效果，如图 4-104 所示。

实例4 制作多行打字效果

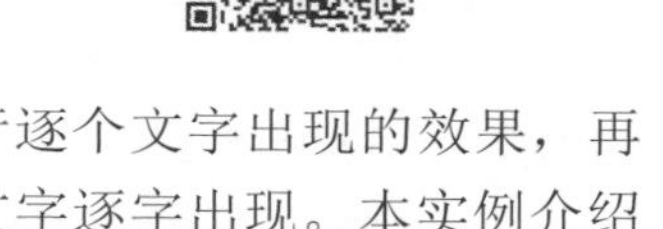

实例要点：通过“裁剪”效果制作多行打字效果。

思路分析：可以两次使用“裁剪”视频效果制作一行一行逐个文字出现的效果，再通过复制和改变关键帧的设置使前行不消失的情况下，该行文字逐字出现。本实例介绍制作多行打字效果的操作方法。本实例最终效果如图 4-109 所示。

图 4-109　多行打字效果

具体操作步骤如下：

（1）创建字幕。

1）在 Premiere Pro 2020 的工作窗口中，按 Ctrl+N 组合键新建序列，在打开的“新建序列”对话框中设置参数，设置“可用预设”为 AVCHD → 1080p → AVCHD 1080p25，“序列名称”为“多行打字效果”，单击“确定”按钮。

2）按 Ctrl+I 组合键打开“导入”对话框，选择“禾木村 1”配音，单击“导入”按钮。

3）在时间线窗口中将播放指针拖到 0s 处，在工具栏中选择“文字工具”按钮，单击节目监视器窗口适当位置，输入文字“禾木乡位于新疆北部布尔津县境内，靠近蒙古、俄罗斯边境，是喀纳斯民族乡的乡政府所在地，这里距喀纳斯湖大约 70 公里，周围群山环抱，生长有丰茂的白桦树林，是一个美丽的北疆山村。”，并对文字进行编辑。选择“选择工具”，在效果控件窗口中设置“字体系列”为 FZHei-B01S，“字体大小”为 95，“字距调整”为 15，“行距”为 30，“位置”为 (1162,265)，效果如图 4-110 所示。

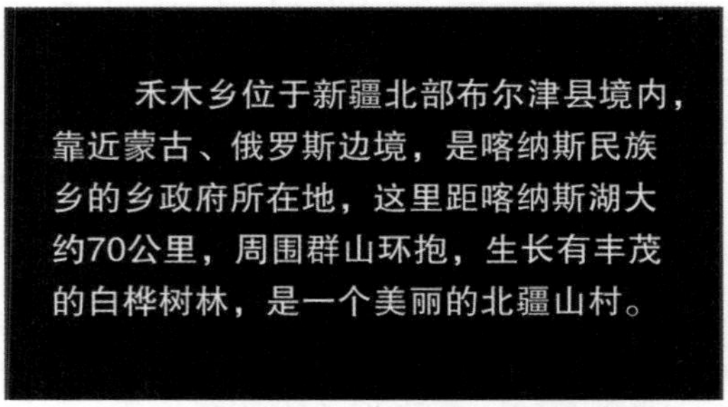

禾木乡位于新疆北部布尔津县境内，靠近蒙古、俄罗斯边境，是喀纳斯民族乡的乡政府所在地，这里距喀纳斯湖大约70公里，周围群山环抱，生长有丰茂的白桦树林，是一个美丽的北疆山村。

图 4-110　创建字幕

（2）制作第 1 行文字的打字效果。

1）从项目窗口中将“禾木村 1”音频拖曳到时间线窗口的 A1 轨道中，如图 4-111 所示。

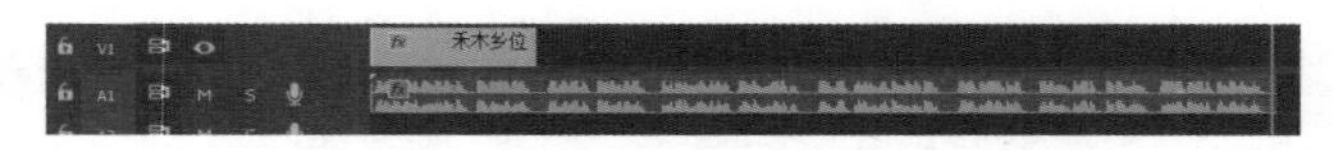

图 4-111　添加配音素材

2）选择“字幕”素材，在效果窗口中选择“视频效果”→“变换”→“裁剪”效果并双击，将其添加到“字幕”素材上。在效果控件窗口中设置“底部”为 73%。

3）选择“字幕”素材，在效果窗口中双击“裁剪”效果，从而为它添加第 2 个“裁剪”效果。为“右侧”选项在 0s 和 4:20 处添加两个关键帧，其值为 82% 和 5%，如图 4-112 所示。效果如图 4-113 所示。

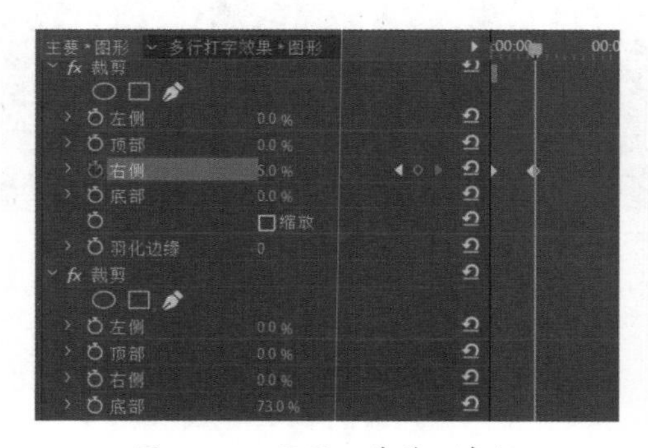

fx 裁剪
左侧
顶部
右侧
底部
缩放
羽化边缘
fx 裁剪
左侧
顶部
右侧
底部

图 4-112　设置“裁剪”参数

禾木乡位于新疆北部布尔津县境内，

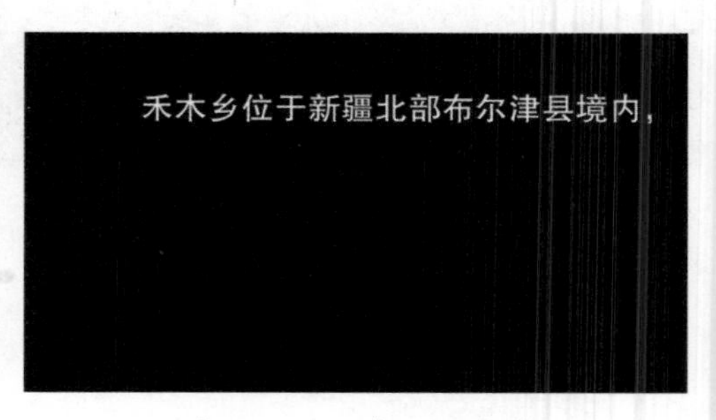

图 4-113　逐个显示效果

（3）制作第 2 ～ 5 行文字的打字效果。

1）选择 V1 轨道中的“字幕”素材，然后按 Ctrl+C 组合键进行复制，在 4:20 处按 Ctrl+V 组合键进行粘贴，如图 4-114 所示。

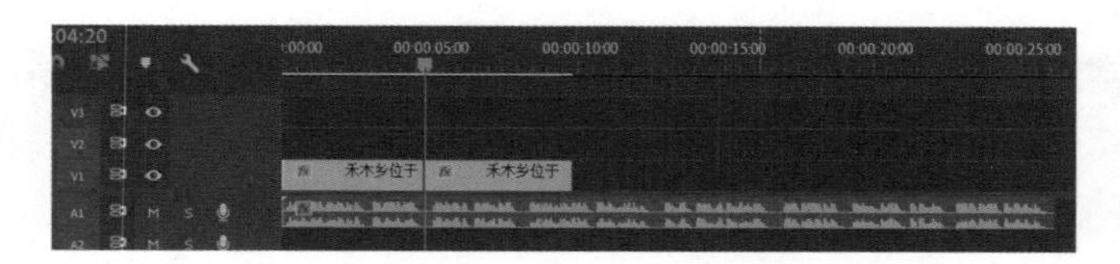

图 4-114　“粘贴”字幕

2）选择 V1 轨道中的第 2 个“字幕”素材，然后在效果控件窗口中将第 1 个（下面一个）“裁剪”效果的“顶部”数值设置为 28%，将“底部”数值设置为 61%，第 2 个“裁剪”效果的“右侧”数值设置为 95% 和 5%，文字的速度与音速不匹配，中间可以添加关键帧，如图 4-115 所示，从而只显示出第 2 行文字。在节目监视器窗口上单击“播放 / 停止切换”按钮，即可看到第 2 行文字逐个出现的效果。

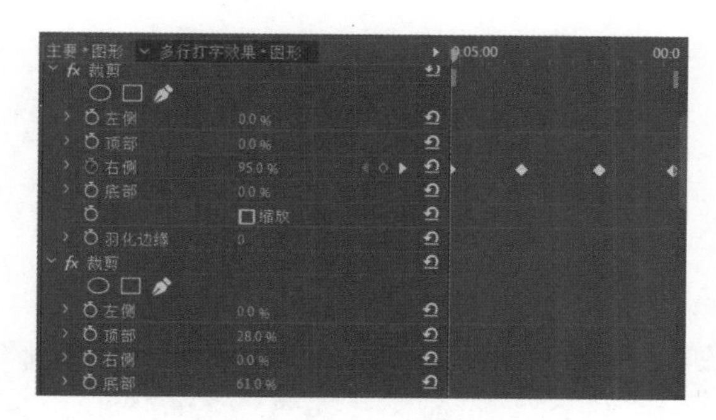

图 4-115 设置“裁剪”参数

3）选择 V1 轨道中的第 2 个“字幕”素材，然后按 Ctrl+C 组合键进行复制，接着依次在 9:21、14:23 和 20:18 处按 Ctrl+V 组合键进行粘贴，如图 4-116 所示。

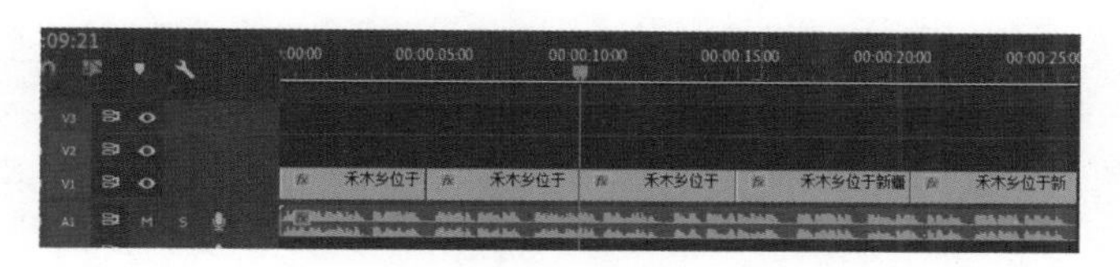

图 4-116 字幕排列

4）选择“V1”轨道中的第 3 段“字幕”素材，然后在效果控件窗口中将第 1 个“裁剪”效果的“顶部”数值设置为 40%，将“底部”数值设置为 47%，从而只显示出第 3 行文字。在节目监视器窗口上单击“播放 / 停止切换”按钮，即可看到第 3 行文字逐个出现的效果，如图 4-117 所示。

5）选中 V1 轨道中的第 4 段“字幕”素材，然后在效果控件窗口中将第 1 个“裁剪”效果的“顶部”数值设置为 50%，将“底部”数值设置为 41%，从而只显示出第 4 行文字。在节目监视器窗口上单击“播放 / 停止切换”按钮，即可看到第 4 行文字逐个出现的效果，如图 4-118 所示。

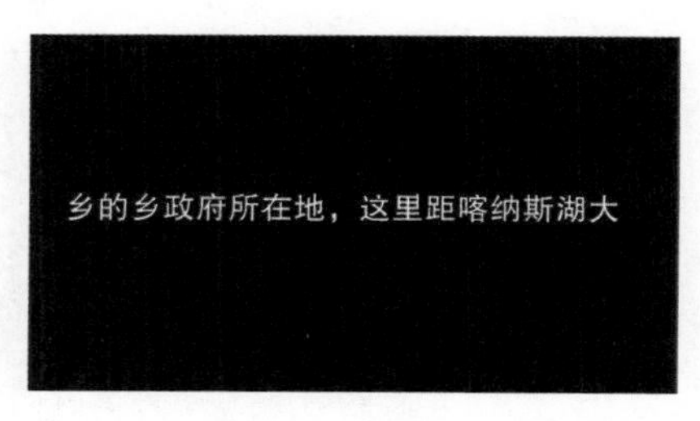

图 4-117 第 3 行文字逐个出现的效果

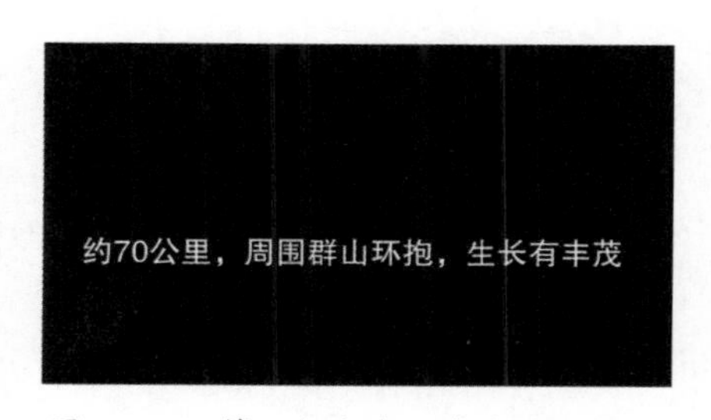

图 4-118 第 4 行文字逐个出现的效果

6）选择 V1 轨道中的第 5 段“字幕”素材，然后在效果控件窗口中将第 1 个“裁剪”效果的“顶部”数值设置为 67%，将“底部”数值设置为 20%，从而只显示出第 5 行文字。在节目监视器窗口上单击“播放 / 停止切换”按钮，即可看到第 5 行文字逐个出现的效果。

（4）制作文字不消失的效果。

通过以上步骤文字换入下一行后，前面的文字便消失了，这是不正常的，下面就来解决这个问题。具体步骤如下：

1）选中 V1 轨道中的第 1 段“字幕”素材，按 Ctrl+C 组合键进行复制，然后选中 V2 轨道使其高亮显示，接着将时间滑块移动到 4:20 的位置，按 Ctrl+V 组合键进行粘贴，如果长度不够可以拖长，如图 4-119 所示。最后选择粘贴后的素材，在效果控件窗口中将第 2 个“裁剪”效果进行删除。此时在节目监视器窗口上单击“播放 / 停止切换”按钮，即可看到在第 1 行文字不消失的情况下第 2 行文字逐个出现的效果，如图 4-120 所示。

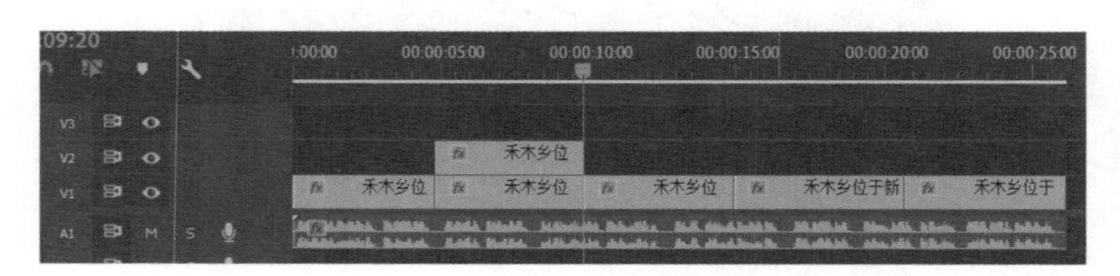

图 4-119　复制并拖长

2）选中 V1 轨道上的第 2 段素材，按 Ctrl+C 组合键进行复制，然后选中 V2 轨道使其高亮显示，接着将时间滑块移动到 9:21 的位置，按 Ctrl+V 组合键进行粘贴。最后选择粘贴后的素材，在效果控件窗口中将第 2 个“裁剪”效果删除，并将第 1 个“裁剪”效果中的“顶部”的数值设置为 0%，“底部”的数值设置为 61%。此时在节目监视器窗口上单击“播放 / 停止切换”按钮，即可看到在第 1、2 行文字不消失的情况下第 3 行文字逐个出现的效果，如图 4-121 所示。

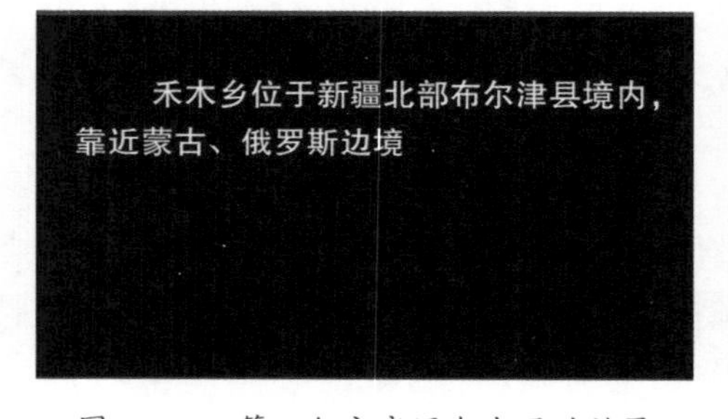

图 4-120　第 2 行文字逐个出现的效果

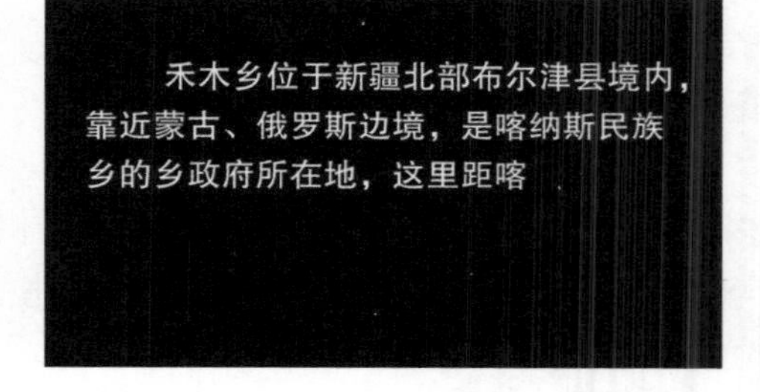

图 4-121　第 3 行文字逐个出现的效果

3）选中 V1 轨道上的第 3 段“字幕 01”素材，按 Ctrl+C 组合键进行复制，然后选中 V2 轨道使其高亮显示，接着将时间滑块移动到 14:23 的位置，按 Ctrl+V 组合键进行粘贴。最后选中粘贴后的素材，在效果控件窗口中将第 2 个“裁剪”效果删除，并将第 1 个“裁剪”效果中的“顶部”的数值设置为 0%，“底部”的数值设置为 47%。此时在节目监视器窗口上单击“播放 / 停止切换”按钮，即可看到在第 1 ～ 3 行文字不消失的情况下第 4 行文字逐个出现的效果，如图 4-122 所示。

4）选择 V1 轨道上的第 4 段“字幕 01”素材，按 Ctrl+C 组合键进行复制，然后选中 V2 轨道使其高亮显示，接着将时间滑块移动到 20:18 的位置，按 Ctrl+V 组合键进行粘贴，如图 4-123 所示。最后选中粘贴后的素材，在效果控件窗口中将第 2 个“裁剪”效果删除，并将第 1 个“裁剪”效果中的“顶部”的数值设置为 0%，“底部”的数值设置为 30%，如图 4-124 所示。此时在节目监视器窗口上单击“播放 / 停止切换”按钮，即可看到在第 1 ～ 4 行文字不消失的情况下第 5 行文字逐个出现的效果，如图 4-125 所示。

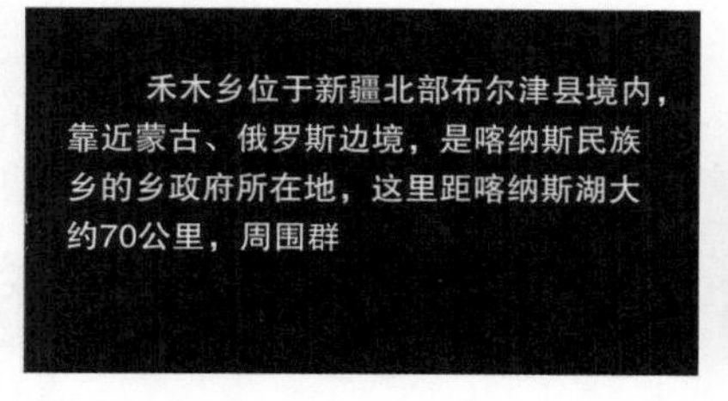

图 4-122　第 4 行文字逐个出现的效果

图 4-123　复制后的排列

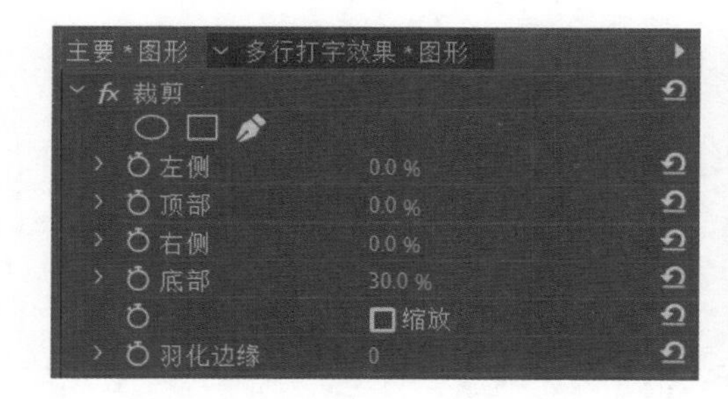

图 4-124　设置“裁剪”参数

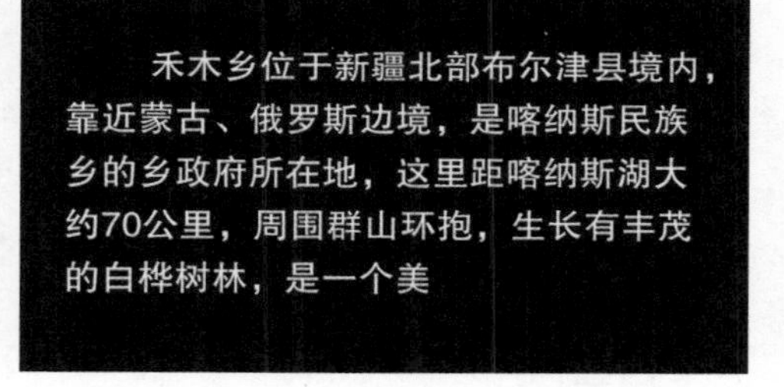

图 4-125　第 5 行文字逐个出现的效果

5）选择 V1 轨道上的第 2 段字幕，在 6:11 处添加关键帧，其“右侧”值为 68；在 8:03 处添加关键帧，其“右侧”值为 38；选择 V1 轨道上的第 3 段字幕，在 10:11 处添加关键帧，其“右侧”值为 83；在 12:15 处添加关键帧，其“右侧”值为 48；选择 V1 轨道上的第 4 段字幕，在 16:15 处添加关键帧，其“右侧”值为 70；在 19:01 处添加关键帧，其“右侧”值为 37；选择 V1 轨道上的第 5 段字幕，在 22:13 处添加关键帧，其“右侧”值为 69；在 24:09 处添加关键帧，其“右侧”值为 38。将最后一个关键帧移至 25:17 处。

6）至此，多行打字效果制作完毕，执行“文件”→“导出”→“媒体”命令，将其输出为“多行打字效果 .mp4”文件。

实例5　制作立体切换效果

实例要点：通过“基本 3D”视频效果制作图像立体切换效果。

思路分析：可以使用“基本 3D”视频效果制作图像立体切换效果，前面图像逐步消失时后面图像逐步显现。本实例介绍制作“基本 3D”视频效果的操作方法。本实例最终效果如图 4-126 所示。

图 4-126　立体切换效果

具体操作步骤如下：

（1）在 Premiere Pro 2020 的工作窗口中，按 Ctrl+N 组合键新建序列，在打开的“新建序列”对话框中设置参数，设置“可用预设”为 AVCHD → 1080p → AVCHD 1080p25，序列“名称”为“立体切换效果”，单击“确定”按钮。

（2）按 Ctrl+I 组合键打开“导入”对话框，选择“浪花 2”“海浪拍打”和“冰雕”素材，单击“导入”按钮。

（3）在项目窗口中双击“浪花 2”素材文件，在源监视器上设置入点为 2:07，出点为 7:06，拖动“仅拖动视频”按钮到时间线窗口中的 V2 轨道上，与起始位置对齐。

（4）执行“文件”→“新建”→“颜色遮罩”命令，打开“新建颜色遮罩”对话框，单击“确定”按钮。

（5）打开“拾色器”对话框，设置颜色为红色，单击“确定”按钮。

（6）打开“选择名称”对话框，输入名称“红色遮罩”，单击“确定”按钮。

（7）在项目窗口中拖动“红色遮罩”素材至时间线窗口的 V1 轨道中，与起始位置对齐，如图 4-127 所示。

（8）选择“浪花”素材，在效果控件窗口中取消“等比缩放”的勾选，设置“缩放高度”为 94，“缩放宽度”为 96，效果如图 4-128 所示。

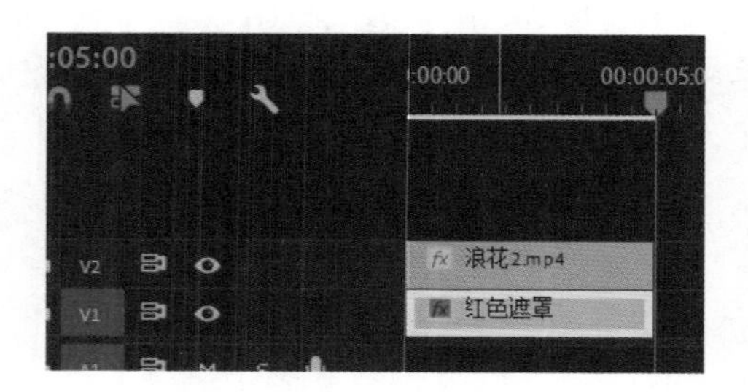

图 4-127　素材的排列

图 4-128　效果

（9）选择“海花”和“红色遮罩”素材并右击，从弹出的快捷菜单中选择“嵌套”命令，打开“嵌套序列名称”对话框，在“名称”文本框中输入“浪花”，单击“确定”按钮，如图 4-129 所示。

（10）在项目窗口中双击“海浪拍打”素材文件，在源监视器上设置入点为 2:07，出点为 9:06，拖动“仅拖动视频”按钮到时间线窗口中的 V3 轨道上，与起始位置对齐。

（11）在项目窗口中拖动“红色遮罩”素材至时间线窗口的 V2 轨道中，与起始位置对齐，如图 4-130 所示。

图 4-129　第一个嵌套

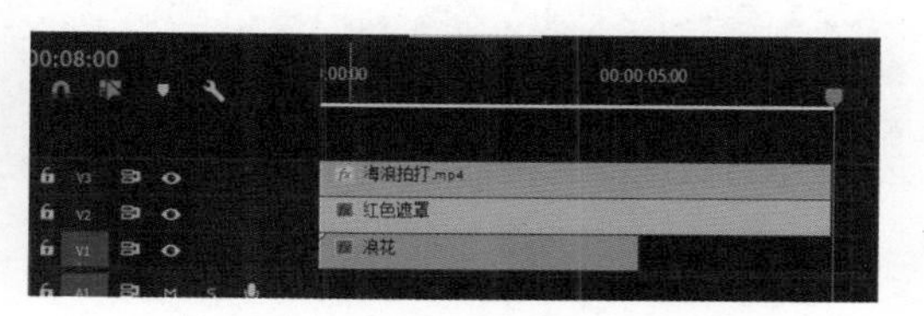

图 4-130　素材的排列

（12）重复步骤（8）～（9），如图 4-131 所示。

（13）分别选择“浪花”和“海浪拍打”序列，在效果窗口中展开“视频效果”→“透视”→“基本 3D”并双击。

（14）选择“浪花”序列，在效果控件窗口中为“位置”“缩放”和“基本 3D”的“旋转”选项在 1s、1:17、2:07 和 3s 处添加 4 个关键帧，其值为 [（-,-),100,0]、[(960,540),90,-20]、[(-237,540),80,-20] 和 [(-960,540),100,0]，如图 4-132 所示。

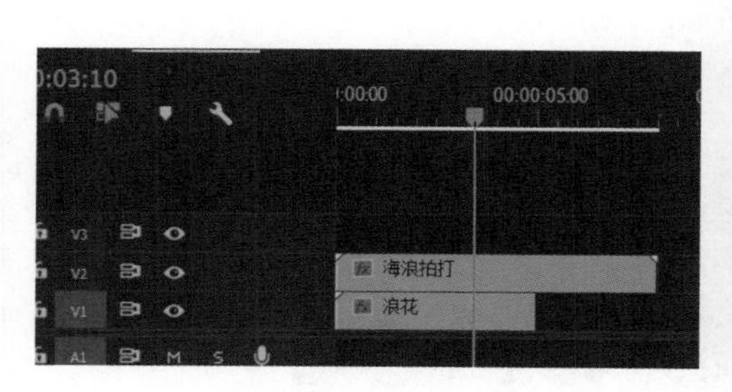

图 4-131　第二个嵌套

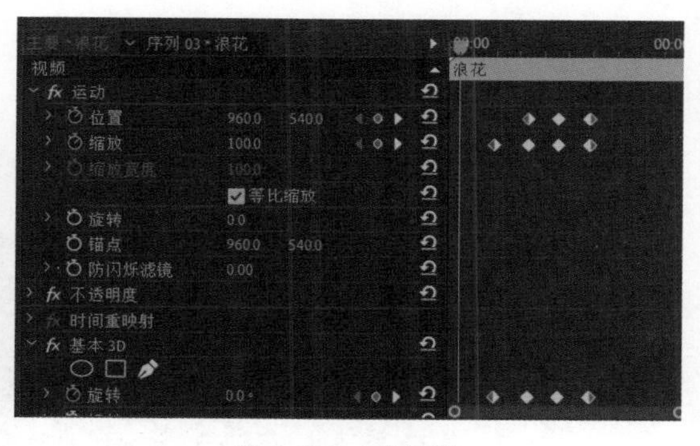

图 4-132　关键帧

（15）选择“海浪拍打”序列，在效果控件窗口中为“位置”“缩放”和“基本 3D”的“旋转”选项在 1s、1:17、2:07 和 3s 处添加 4 个关键帧，其值为 [(2700,540),100,-]、[(2355,540),90,-]、[(1305,540),80,20] 和 [(960,540),100,0]。

（16）在项目窗口中双击“冰雕”素材，在源监视器上设置入点为 2:01，出点为 7s，拖动“仅拖动视频”按钮到时间线窗口中的 V2 轨道上，与 10s 位置对齐。

（17）在项目窗口中拖动“红色遮罩”素材至时间线窗口的 V1 轨道中，与“冰雕”素材位置对齐。

（18）重复步骤（8）～（9），如图 4-133 所示，再将“冰雕”序列与“浪花”结束位置对齐，如图 4-134 所示。

（19）选择“冰雕”序列，在效果窗口中展开“视频效果”→“透视”→“基本 3D”并双击。

（20）将时间指针定位在 5s 处，选择“浪花”序列，在效果控件窗口中选择所有关键帧，按 Ctrl+C 组合键复制，选择“海浪拍打”序列，按 Ctrl+V 组合键粘贴，如图 4-135 所示。

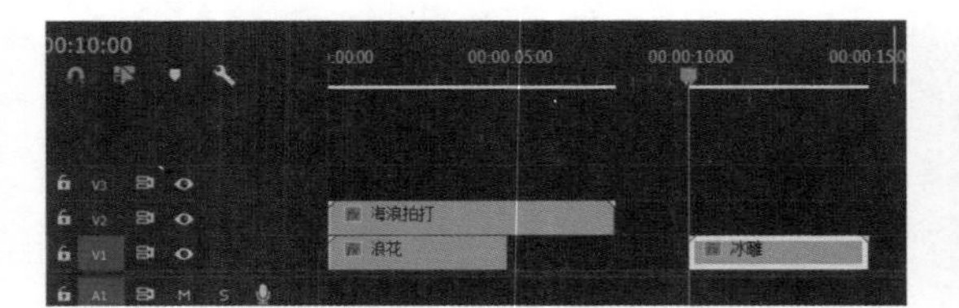

图 4-133　第三个嵌套

图 4-134　移动序列素材

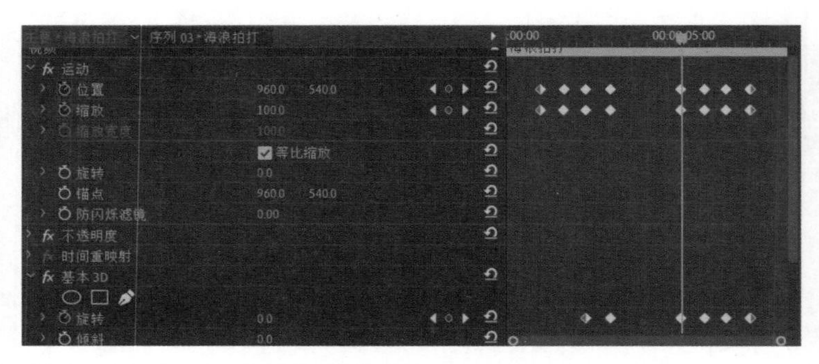

图 4-135　复制关键帧

（21）选择“海浪拍打”序列，在效果控件窗口中选择前一组关键帧，按 Ctrl+C 组合键复制，选择“冰雕”序列，按 Ctrl+V 组合键粘贴，如图 4-136 所示。

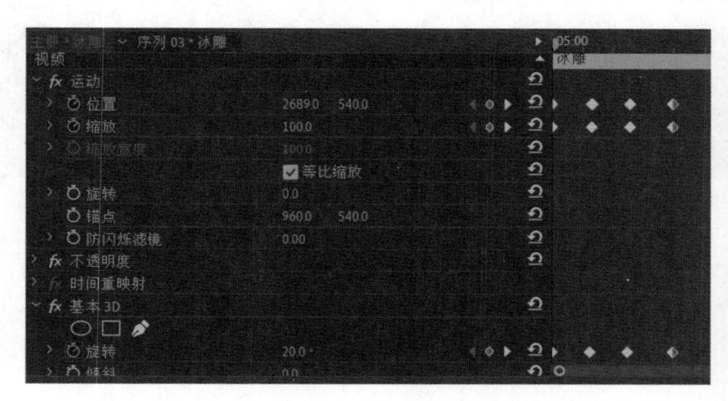

图 4-136　复制关键帧 1

（22）单击“播放 / 停止切换”按钮预览视频效果，如图 4-126 所示。

实例 6　制作抠像效果

实例要点：通过“轨道遮罩键”视频效果制作抠像效果。

思路分析：使用“轨道遮罩键”视频效果制作抠像效果，通过制作遮罩和“轨道遮罩键”效果的使用将图像的部分抠去。本实例介绍制作“轨道遮罩键”视频效果的操作方法。本实例最终效果如图 4-137 所示。

图 4-137　抠像效果

具体操作步骤如下：

（1）在 Premiere Pro 2020 的工作窗口中，按 Ctrl+N 组合键新建序列，在打开的“新建序列”对话框中设置参数，设置“可用预设”为 AVCHD → 1080p → AVCHD 1080p25，“序列名称”为“抠像”，单击“确定”按钮。

（2）按 Ctrl+I 组合键打开“导入”对话框，选择“近景 1”和“冰雕”素材，单击“打开”按钮。

（3）在项目窗口中双击“近景 1”素材文件，在源监视器上设置入点为 0s，出点为 5s，拖动“仅拖动视频”按钮到时间线窗口中的 V2 轨道上，与起始位置对齐。

（4）在项目窗口中双击“冰雕”素材文件，在源监视器上设置入点为 1:05，出点为 6:04，拖动“仅拖动视频”按钮到时间线窗口中的 V1 轨道上，与起始位置对齐。

（5）执行“文件”→“新建”→“旧版标题”命令，打开“新建字幕”对话框，设置“名称”为“遮罩”，单击“确定”按钮。

（6）进入字幕编辑窗口，在工具栏中选择矩形工具，在“字幕工作区”中绘制一个黑色矩形，在工具栏中选择椭圆工具，在“字幕工作区”中绘制一个白色椭圆，如图 4-138 所示。单击“关闭”按钮。

（7）从项目窗口中将“遮罩”素材拖到时间线窗口的 V3 轨道中，如图 4-139 所示。

图 4-138　遮罩

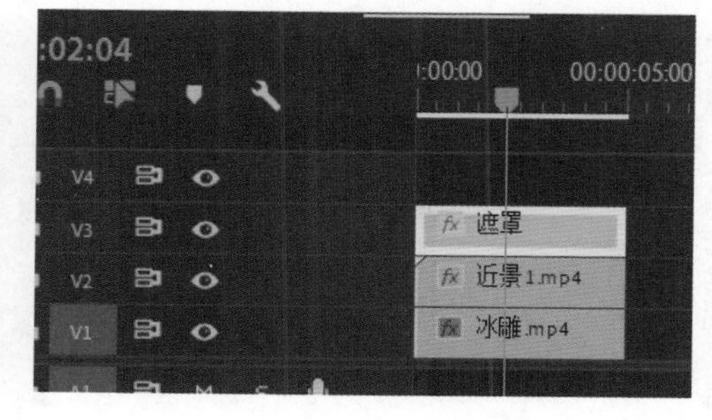

图 4-139　素材的排列

（8）选择“近景 1”素材，在效果窗口中选择“视频效果”→“键控”→“轨道遮罩键”并双击，在效果控件窗口中设置“遮罩”为视频 3，“合成方式”为亮度遮罩。

（9）为“位置”选项在 0s 处添加关键帧，其值为 (1430,540)，在 4s 处添加关键帧，其值为 (240,540)。

（10）单击“播放 / 停止切换”按钮预览视频效果，如图 4-137 所示。

【任务实施】

阅读资料：美丽的新疆地处亚欧大陆腹地，中国西北边陲，新疆北部有阿尔泰山，南部有昆仑山、阿尔金山和天山。天山作为新疆象征，横贯中部，形成南部的塔里木盆地和北部的准噶尔盆地。现将在新疆五彩滩等地旅游时拍摄的美丽风景的视频编辑、组合在一起，通过添加转场、制作叠加效果、添加标题字幕及音频等，制作出旅游纪录影片永远珍藏。

本实训操作过程分别为导入素材、片头制作、配解说词、视频剪辑、加入字幕、片尾制作、加入音乐和输出 MP4 文件。

操作步骤

1. 导入素材

导入素材的步骤如下：

（1）启动 Premiere Pro 2020，单击“新建项目”按钮，打开“新建项目”对话框，设置“名称”为“美丽的新疆”，并设置文件的保存位置，单击“确定”按钮。

（2）按 Ctrl+ N 组合键，打开“新建序列”对话框，在“可用设置”窗口中选择 AVCHD → 1080p → AVCHD 1080p25，“序列名称”为“片头”，单击“确定”按钮。

（3）单击“新建自定义素材箱”按钮，将其命名为“片头素材”，选择“片头素材”，按 Ctrl+I 组合键打开“导入”对话框，选择本书配套资源“项目 4\ 美丽的新疆 \ 素材”文件夹中的素材“背景 .m2v”“星光 .m2v”和“花瓣雨 .m2v”，如图 4-140 所示。

（4）单击“打开”按钮，将所选的素材导入项目窗口中。

（5）单击“新建自定义素材箱”按钮，将其命名为“音频”，选择“音频”文件夹，按 Ctrl+I 组合键打开“导入”对话框，选择五彩滩、禾木村、那拉提和天池音频，单击“打开”按钮。

（6）单击“新建自定义素材箱”按钮，将其命名为“五彩滩视频”，选择“五彩滩视频”文件夹，按 Ctrl+I 组合键打开“导入”对话框，选择所有五彩滩视频，如图 4-141 所示。单击“打开”按钮。

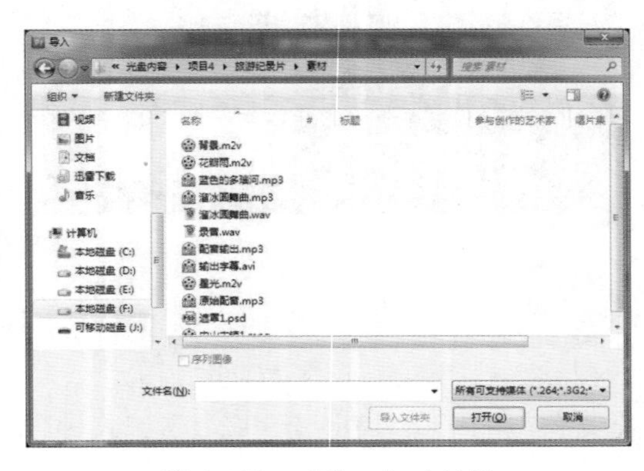

图 4-140 “导入”对话框

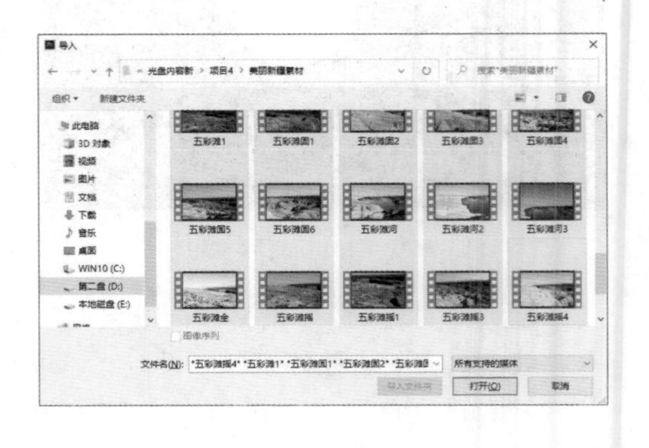

图 4-141 素材源窗口

（7）单击“新建自定义素材箱”按钮，将其命名为“禾木村视频”，选择“禾木村视频”文件夹，按 Ctrl+I 组合键打开“导入”对话框，选择所有禾木村视频，单击“打开”按钮。

（8）单击“新建自定义素材箱”按钮，将其命名为“那拉提”，选择“那拉提”文件夹，按 Ctrl+I 组合键打开“导入”对话框，选择所有那拉提视频，单击“打开”按钮。

（9）单击“新建自定义素材箱”按钮，将其命名为“天池”，选择“天池”文件夹，按 Ctrl+I 组合键打开“导入”对话框，选择所有天池视频，单击“打开”按钮。

2. 片头制作

片头制作的步骤如下：

（1）将当前时间指针定位到 2:13 位置，在项目窗口中双击“五彩滩固 2”素材，在源监视器窗口中选择入点 2s 及出点 4s，将其拖到 V1 轨道中，与当前时间指针对齐。

（2）将当前时间指针定位到 2:00 位置，在项目窗口中双击“禾木村小河 2”素材，在源监视器窗口中选择入点 0s 及出点 2:13，将其拖到 V2 轨道中，与当前时间指针对齐。

（3）将当前时间指针定位到 1:13 位置，在项目窗口双击“那拉提摇”素材，在源监视器窗口中选择入点 2:08 及出点 5:08，将其拖到 V3 轨道上，与当前时间指针对齐。

（4）将当前时间指针定位到 1s 位置，在项目窗口中双击“天池”素材，在源监视器窗口中选择入点 0s 及出点 3:15，将其拖到上方的空白处，并自动添加 V4 轨道，与当前时间指针对齐。

（5）将当前时间指针定位到 0:13 位置，在项目窗口双击“五彩滩摇 3”素材，在源监视器窗口中选择入点 4:22 及出点 8:23，将其拖到上方的空白处，并自动添加 V5 轨道，与当前时间指针对齐。

（6）将当前时间指针定位到 0s 位置，在项目窗口双击“禾木村全景”素材，在源监视器窗口中选择入点 0:19 及出点 5:08，将其拖到上方的空白处，并自动添加 V6 轨道，与起始位置对齐，如图 4-142 所示。

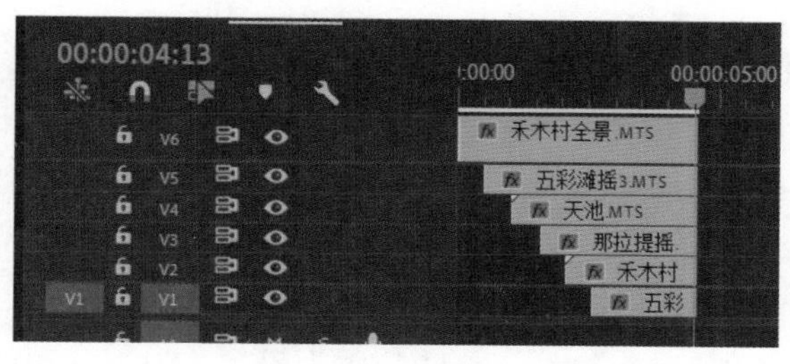

图 4-142　素材的排列

（7）选择 V6 轨道的片段，在效果控件窗口中展开“运动”属性，取消“等比缩放”的勾选，为“缩放高度”和“缩放宽度”在 0s 和 4s 处添加两个关键帧，其对应的参数分别为 (22.8,22.8) 和 (44.4,43.1)，将“位置”设置为 (600,400)，如图 4-143 所示。

图 4-143　设置“运动”参数

（8）选择V6轨道上的“禾木村全景”素材，在效果窗口中选择“视频效果”→“风格化”→“粗糙边缘”并双击，在效果控件窗口中设置“边缘类型”为粗糙色，“边缘颜色”为白色，“边框”为117，“复杂度”为7，其余参数默认不变，如图4-144所示。

（9）选择V6轨道上的“禾木村全景”素材，在效果窗口中选择“视频效果”→“模糊与锐化”→“高斯模糊”并双击，在效果控件窗口中为“模糊度”选项在0s和3s处添加两个关键帧，其值分别为10和0，如图4-145所示。

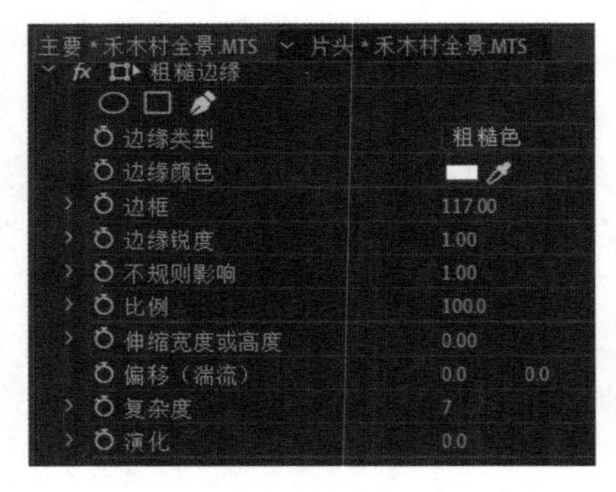

图4-144　设置“粗糙边缘”参数

图4-145　设置“高斯模糊”参数

（10）选择V5轨道上的“五彩滩摇3”素材，在效果控件窗口中展开“运动”属性，取消“等比缩放”的勾选，为“缩放高度”和“缩放宽度”在0s和4s处添加两个关键帧，其对应的参数分别为(24.4,20.8)、(39.8,35.4)，将“位置”设置为(1360,800)。

（11）选择V5轨道上的“五彩滩摇3”素材，在效果窗口中选择“视频效果”→“风格化”→“粗糙边缘”并双击，在效果控件窗口中设置“边缘类型”为粗糙色，“边缘颜色”为红色，“边框”为98，其余参数默认不变。

（12）选择V5轨道上的“五彩滩摇3”素材，在效果窗口中选择“视频效果”→“模糊与锐化”→“高斯模糊”并双击，在效果控件窗口中为“模糊度”选项在0:13和4s处添加两个关键帧，其值分别为35和5。

（13）选择V4轨道上的“天池”素材，在效果控件窗口中展开“运动”属性，取消“等比缩放”的勾选，为“缩放高度”和“缩放宽度”在0s和4s处添加两个关键帧，其对应的参数分别为(24.4,19.4)、(30.6,23.6)，将“位置”设置为(600,820)。

（14）选择V4轨道上的“天池”素材，在效果窗口中选择“视频效果”→“风格化”→“粗糙边缘”并双击，在效果控件窗口中设置“边缘类型”为粗糙色，“边缘颜色”为黄色，“边框”为204，“偏移”为(-33,540)，其余参数默认不变。

（15）选择V4轨道上的“天池”素材，在效果窗口中选择“视频效果”→“模糊与锐化”→“高斯模糊”并双击。在效果控件窗口中为“模糊度”参数在1s和4s处添加两个关键帧，其值分别为40和8。

（16）选择V3轨道上的“那拉提摇”素材，在效果控件窗口中展开“运动”属性，取消“等比缩放”的勾选，为“缩放高度”和“缩放宽度”在0s和4s处添加两个关键帧，其对应的参数分别为(12.8,9.7)和(23.9,18.8)，将“位置”设置为(1300,450)。

（17）选择V3轨道上的“那拉提摇”素材，在效果窗口中选择“视频效果”→“风格化”→“粗糙边缘”并双击。在效果控件窗口中设置“边缘类型”为粗糙色,“边缘颜色”为#D909D2,“边框”为207,其余参数默认不变。

(18)选择V3轨道上的“那拉提摇”素材,在效果窗口中选择“视频效果”→“模糊与锐化”→“高斯模糊”并双击。在效果控件窗口中为“模糊度”选项在1:13和4s处添加两个关键帧,其值为40和8。

(19)选择V2轨道上的“禾木村”素材,在效果控件窗口中展开“运动”属性,取消“等比缩放”的勾选,为“缩放高度”和“缩放宽度”在0s和4s处添加两个关键帧,其对应的参数分别为(18.9,16.7)、(33.3,26.4),将“位置”设置为(1404,240)。

(20)选择V2轨道上的“禾木村”素材,在效果窗口中选择“视频效果”→“风格化”→“粗糙边缘”并双击。在效果控件窗口中,设置“边缘类型”为粗糙色,“边缘颜色”为#199900,“边框”为208,其余参数默认不变。

(21)选择V2轨道上的“禾木村”素材,在效果窗口中选择“视频效果”→“模糊与锐化”→“高斯模糊”并双击。在效果控件窗口中为“模糊度”选项在2s和4s处添加两个关键帧,其值分别为45和10。

(22)选择V1轨道上的“五彩滩固2”素材,在效果控件窗口中展开“运动”属性,取消“等比缩放”的勾选,为“缩放高度”和“缩放宽度”在0s和4s处添加两个关键帧,其对应的参数分别为(15.6,11.1)和(22.8,18.8),将“位置”设置为(309,174)。

(23)选择V1轨道上的“五彩滩固2”素材,在效果窗口中选择“视频效果”→“风格化”→“粗糙边缘”并双击。在效果控件窗口中设置“边缘类型”为粗糙色,“边缘颜色”为蓝色,“边框”为150,其余参数为默认。

(24)选择V1轨道上的“五彩滩固2”素材,在效果窗口中选择“视频效果”→“模糊与锐化”→“高斯模糊”并双击。在效果控件窗口中为“模糊度”选项在2:13和4s处添加两个关键帧,其对应参数分别为50和15。

(25)按Ctrl+N组合键打开“新建序列”对话框,在“可用预设”窗口中选择AVCHD→1080p→AVCHD 1080p25,“序列名称”为“片头1”,单击“确定”按钮。

(26)在项目窗口中双击“五彩滩固3”素材,在源监视器窗口中设置“入点”为1:20,“出点”为11:14,拖到“仅拖到视频”按钮。将其添加到V1轨道中,使起始位置与0对齐。

(27)在效果窗口中选择“视频效果”→“模糊与锐化”→“高斯模糊”,添加到当前的片段上。

(28)在效果控件窗口中展开“高斯模糊”属性,设置“模糊度”为16。

(29)将项目窗口中的“星光”添加到V2轨道中,使起始位置与0对齐,在效果控件窗口中展开“运动”属性,设置“缩放高度”为190,“缩放宽度”为245,在8:05位置设置淡出,持续时间为1s。

(30)将项目窗口中的“花瓣雨”添加到V2轨道中,使起始位置与“星光”的末端对齐,在效果控件窗口中展开“运动”属性,设置“缩放高度”为190,“缩放宽度”为245。持续时间为5:15,在9:05至10:05设置淡入、14:17至15:13设置淡出。

(31)在效果窗口中选择“视频效果”→“键”→“亮度键”,添加到“星光”和“花瓣雨”片段上。

（32）将当前时间指针定位到 0:14 的位置，将项目窗口中的“片头”添加到 V3 轨道中，使起始位置与当前时间指针对齐，如图 4-146 所示。

（33）启动 Photoshop，执行“文件”→“新建”命令，打开“新建”对话框，设置“宽度”为 1920 像素，“高度”为 1080 像素，“分辨率”为 72，“颜色模式”为“RGB 颜色”，“背景内容”为“透明”，如图 4-147 所示，单击“确定”按钮。

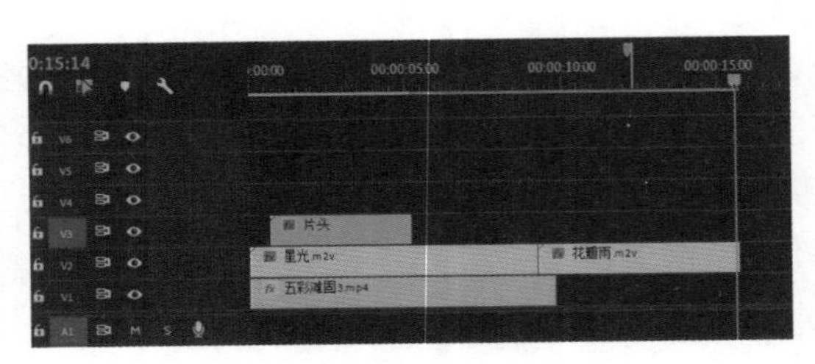

图 4-146　时间线窗口

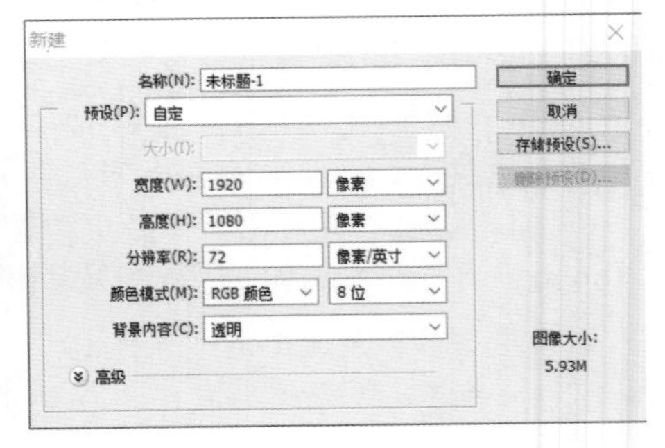

图 4-147　“新建”对话框

（34）执行“编辑”→“填充”命令，打开“填充”对话框，在“使用”下拉列表中选择“前景色（黑色）”，单击“确定”按钮。

（35）在工具栏中选择“椭圆框选工具”，在图像窗口画一个椭圆，椭圆的位置与要键出的人物或物体的位置相同。

（36）右击虚框边缘，从弹出的快捷菜单中选择“羽化”命令，打开“羽化选区”对话框，在“羽化半径”文本框中输入 20，使要键出图像的边缘柔和，单击“确定”按钮。

（37）执行“编辑”→“填充”命令，打开“填充”对话框，在“使用”下拉列表中选择“背景色（白色）”，单击“确定”按钮。最后的蒙版图像如图 4-148 所示，保存为“遮罩.jpg”文件，退出 Photoshop。

图 4-148　蒙版图像

（38）按 Ctrl+I 组合键打开“导入”对话框，在该对话框中选择需要导入的素材“遮罩”，单击“确定”按钮。

（39）在项目窗口双击“新疆舞蹈”素材，在源监视器窗口选择入点 3s 及出点 7:18，将其拖到时间线的 V3 轨道的 5:04 位置上。

（40）将项目窗口的“遮罩 1”添加到 V4 轨道中起始位置在 5:04，“持续时间”设置为 5s，如图 4-149 所示。

图 4-149 添加片段

（41）选择“新疆舞蹈”素材，在效果窗口中选择“视频效果”→“键”→“轨道遮罩键”效果并双击，在效果控件窗口中设置“遮罩”为视频 6，“合成方式”为亮度遮罩，如图 4-150 所示。

图 4-150 设置轨道遮罩键参数

（42）选择“遮罩”片段，为“位置”参数在 5:06、5:23、6:13、7:04、7:07、7:15、8s、8:07、9:02 和 9:23 处添加 10 个关键帧，其对应参数分别为 (374,532)、(444,610)、(456,566)、(608,675)、(666,620)、(853,605)、(873,534)、(872,480)、(808,431) 和 (815,486)，遮罩始终跟随头部运动，效果如图 4-151 所示。

图 4-151 选择样式

（43）执行“文件”→“新建”→“旧版标题”命令，打开“新建字幕”对话框，在“名称”文本框中输入“新疆亚克西”，单击“确定”按钮。

（44）打开字幕设计窗口，在工具面板中选择“文本工具”，单击字幕设计窗口并输入文字“新疆亚克西”（位置偏上），在旧版标题样式中选择 Arial Black yellow orange gradient，字体设置为方正舒体简，“字体大小”为 100，效果如图 4-152 所示。

（45）单击“基于当前字幕新建字幕”按钮，打开“新建字幕”对话框，在“名称”文本框中输入“新疆好地方”，单击“确定”按钮。

（46）删除“新疆亚克西”字幕，在其下方输入“新疆好地方”，“字体”为汉仪菱心体简，字号为 100，如图 4-153 所示。

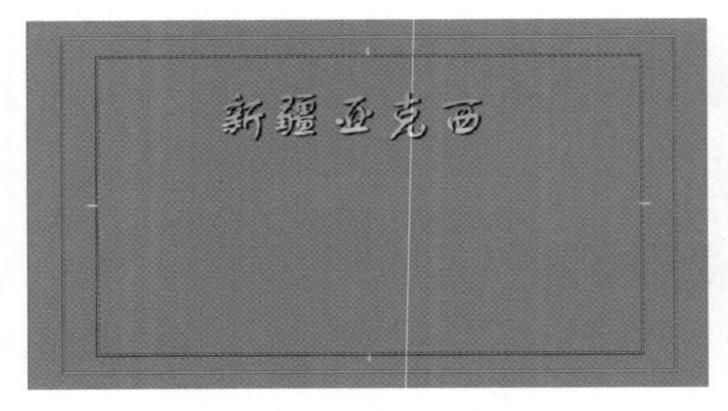

图 4-152 “新疆亚克西”效果　　图 4-153 “新疆好地方”效果

（47）单击“基于当前字幕新建字幕”按钮，打开“新建字幕”对话框，在“名称”文本框中输入“美丽的新疆”，单击“确定”按钮。

（48）删除“新疆好地方”字幕，在其中间输入“美丽的新疆”和 MeiLideXinJiang，“字体”为华文行楷和华文中宋，字号为 150 和 103，效果如图 4-154 所示。

（49）在项目窗口中将“新疆好地方”字幕添加到时间线窗口中的 V5 轨道中，起点调整为在 5:04 位置上，持续时间为 5s。

（50）在项目窗口中将“新疆亚克西”字幕添加到时间线窗口中的 V6 轨道中，起点调整为在 5:04 位置上，持续时间为 5s。

（51）在效果控件窗口中为“新疆好地方”和“新疆亚克西”字幕的“不透明度”选项在 9:18 和 10:02 处添加两个关键帧，其值为 100 和 0。

（52）在项目窗口中将“美丽的新疆”字幕添加到时间线窗口中的 V3 轨道中，起点调整为在 10:05 位置上，持续时间为 5:12，如图 4-155 所示。

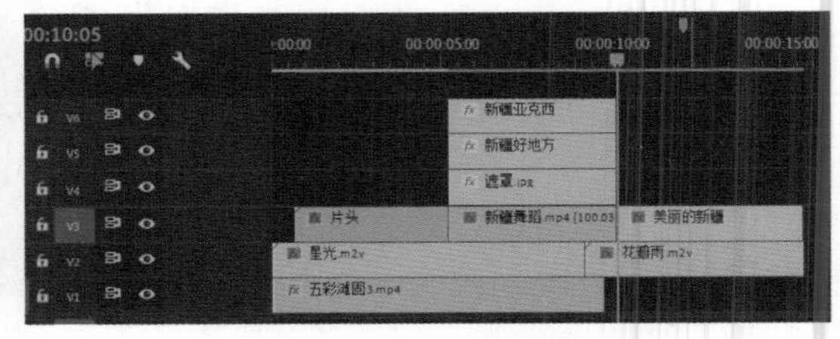

图 4-154 “美丽的新疆”效果　　图 4-155 将“美丽的新疆”字幕添加到时间线窗口

（53）选择 V6 轨道中的“新疆亚克西”字幕，在效果控件窗口中展开“运动”参数，为“位置”选项在 5:05 和 9:18 处添加两个关键帧，其对应参数分别为 (2289,540) 和 (457,540)。

（54）选择 V5 轨道中的“新疆好地方”字幕，在效果控件窗口中展开“运动”参数，为“位置”选项在 5:05 和 9:18 处添加两个关键帧，其对应参数为 (-266,540) 和 (1588,360)。

（55）选择 V3 轨道中的“美丽的新疆”字幕，在效果控件窗口中展开“运动”参数，为“缩放”属性在 10:05 和 11:04 处添加两个关键帧，其对应参数分别为 0 和 100。

（56）选择“美丽的新疆”字幕，在效果窗口中选择“视频效果”→ Trapcode → Shine 并双击，在效果控件窗口中为 Source Point 参数在 11:04 和 14:21 处添加两个关键帧，其值分别为 (430,540) 和 (1500,540)。为 Ray Length 参数在 10:23、11:04、14:21 和 15:01 处

添加 4 个关键帧，其对应参数分别为 0、4、4 和 0。

（57）将 Colorize → Base On... 设置为 Alpha，Colorize... 设置为 None，Transfer Mode 设置为 Hue，如图 4-156 所示。

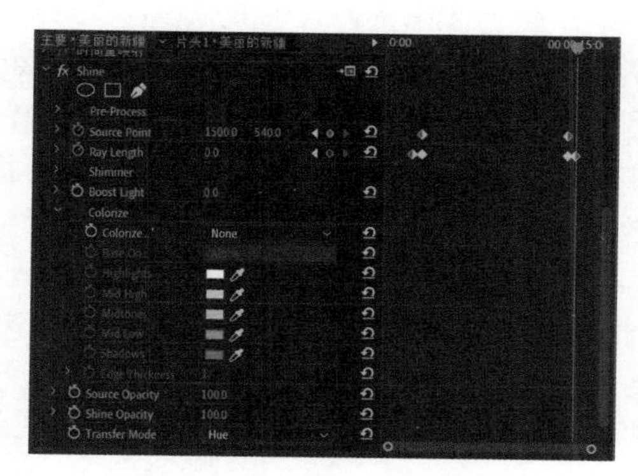

图 4-156　设置 Shine 参数

（58）为“美丽的新疆”字幕的“不透明度”选项在 14:21 和 15:13 处添加两个关键帧，其值分别为 100 和 0，使标题文字实现淡出效果。

（59）在项目窗口双击“禾木公园摇 1”素材，在素材源监视器窗口选择素材入点 2:02 及出点 7:24，将其拖到时间线的 V1 轨道的 9:20 位置上。

（60）在效果窗口中选择“视频切换效果”→“溶解”→“交叉溶解”，添加到“五彩滩固 3”与“禾木公园摇”的中间位置。

（61）选择“禾木公园摇 1”素材，在效果窗口中选择“视频效果”→“模糊与锐化”→“高斯模糊”效果并双击，在效果控件窗口中为“模糊度”参数在 11:03 和 14:22 处添加两个关键帧，其对应参数分别为 0 和 50，使背景由清晰到模糊。

（62）选择“禾木公园摇”素材，为“不透明度”选项在 14:17 和 15:14 处添加两个关键帧，其对应参数分别为 100 和 0，使背景实现淡出效果。

（63）按 Ctrl+I 组合键打开“导入”对话框，选择“背景音乐”音频，单击“打开”按钮。

（64）在项目窗口中双击“背景音乐”素材，在源监视器窗口中设置“入点”为 14:01，“出点”为 29:15，拖动“仅拖动音频”按钮到 A1 轨道，与起点位置对齐，如图 4-157 所示。

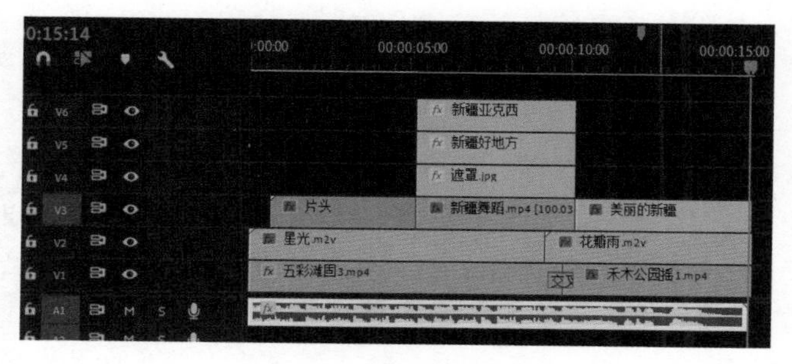

图 4-157　素材的排列

（65）执行“文件”→“保存”命令保存项目文件，旅游纪录片的片头部分制作完成。

3. 配解说词

电视纪录片解说词要注意解说与节目内容的贴切性，与其他电视表现手段的相融性，画面、音乐、效果声、字幕和解说词应组合为有机的整体。要处理好解说词与画面的关系，不必重复画面已展示的东西，说明画面没有或不可能说明的问题。考虑到电视观众需要时间来消化、吸收、回味画面提供的信息，解说词要有较多的停顿和间歇。为确保解说与画面相配，可把解说单独录下来，然后再与画面组合。本例解说词如下：

五彩滩位于布尔津县城以北约24公里处，是前往哈巴河县与喀纳斯的必经之路。它毗邻碧波荡漾的额尔齐斯河，与对岸葱郁青翠的河谷风光遥相辉映，可谓“一河隔两岸，自有两重天”。激猛的河流冲击以及狂风侵蚀，形成了北岸的悬崖式雅丹地貌，河岸岩层抗风化能力强弱不一，轮廓便会参差不齐，而岩石含有矿物质的不同，又幻化出种种异彩，因此得名“五彩滩”。而南岸却是绿树葳蕤，连绵成林，远处逶迤的山峦与戈壁风光尽收眼底。

五彩滩一河两岸，南北各异，是国家AAAA级景区。五彩滩又称五彩河岸，位于额尔齐斯河流域，由于长期受风蚀水蚀以及淋溶等自然作用的影响而形成的，属于典型的雅丹地貌，其南边是我国唯一向西流入哈萨克斯坦——俄罗斯——北冰洋的额尔齐斯河，仅次于伊犁河的新疆第二大河。

禾木乡位于新疆北部布尔津县境内，靠近蒙古、俄罗斯边境，是喀纳斯民族乡的乡政府所在地。这里距喀纳斯湖大约70公里，周围群山环抱，生长有丰茂的白桦树林，是一个美丽的北疆山村。

禾木村在新疆的最北部，是一个被白桦树、雪山和河流包围的美丽村庄。特别是在秋天，禾木村的美丽会让任何人都心醉在这满山黄黄的白桦树和一座座雪山中，处处是一幅幅美丽的画卷。禾木乡是中国西部最北端的乡。禾木村是由保持着最完整民族传统的图瓦人集中生活居住地、是著名的图瓦人村庄之一，也是仅存的3个图瓦人村落（禾木村、喀纳斯村和白哈巴村）中最远和最大的村庄，总面积3040平方公里，全乡现有1800余人，其中蒙古族图瓦人有1400多人，以蒙古族图瓦人和哈萨克族为主，他们的木屋散布在山地草原上。

那拉提草原又名巩乃斯草原，突厥语意为“白阳坡”，在新源那拉提镇东部，距伊犁新源县城约70公里，位于那拉提山北坡，是发育在第三纪古洪积层上的中山地草原。

那拉提草原是世界四大草原之一的亚高山草甸植物区，自古以来就是著名的牧场。优美的草原风光与当地哈萨克民俗风情结合在一起，成为新疆著名的旅游观光度假区。

那拉提景区是国家AAAAA级旅游风景区、国家级生态旅游示范区、国家旅游服务业标准化试点单位、国家“价格信得过”景区，是新疆十大风景区之一、自治区旅游风景名胜区，是新疆的重要景区和品牌，也是伊犁河谷在全国的著名品牌。

天山天池是中国新疆维吾尔自治区著名湖泊。在乌鲁木齐东北100公里，博格达峰北坡山腰。湖面海拔1910米，南北长3.5公里，东西宽0.8 ~ 1.5公里，最深处103米。湖滨云杉环绕，雪峰辉映，非常壮观，为著名避暑和旅游地。天池成因有古冰蚀—终碛堰塞湖和山崩、滑坡堰塞湖两说。由天池流出的三工河为山麓阜康县农牧业主要灌溉水源。天山天池风景区以高山湖泊为中心，雪峰倒映，云杉环拥，碧水似镜，风光如画。

配解说词的步骤如下：

（1）在桌面双击 Adobe Audition 2020 图标，打开 Adobe Audition 2020 窗口，单击“多轨”按钮，打开“新建多轨会话”对话框，在“会话名称”文本框中输入序列名称，在“文件夹位置”选择存储位置，设置“位深度”为 16，如图 4-158 所示，单击“确定”按钮。

（2）在轨道 1 上选择 R 按钮，如图 4-159 所示，进入录音状态。

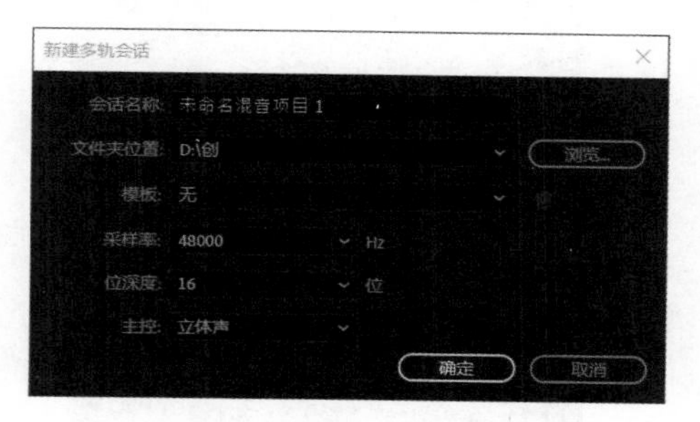

图 4-158 “新建多轨会话”对话框

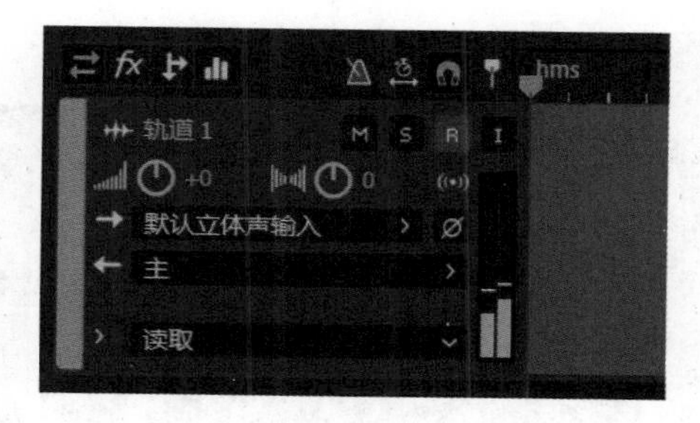

图 4-159 录音状态

（3）单击下方的“录制”按钮，对准送话器（麦克风）即可录音。

（4）录音如有错误，可在工具栏中选择“时间选择工具”，选择错误的音频，如图 4-160 所示，按 Delete 键进行删除。

（5）选择“移动工具”，拖动后面的音频到前段音频的结束点，如图 4-161 所示，有多个错误都可以此类推，删除多段错误音频。

图 4-160 删除错误音频

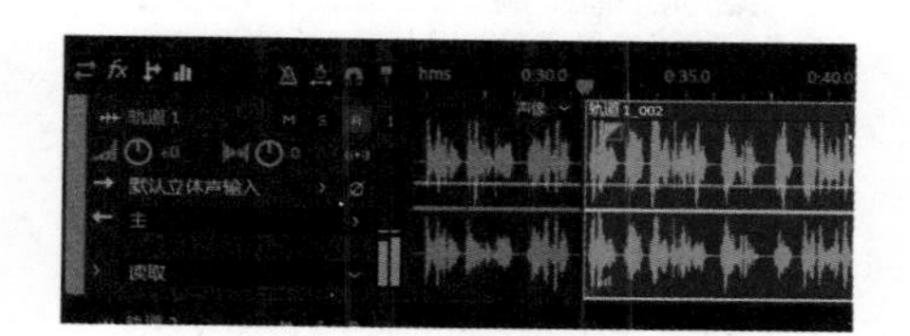
图 4-161 前移音频

（6）按 Ctrl+A 组合键全选，右击音频，从弹出的快捷菜单中选择“合并剪辑”命令，如图 4-162 所示，即可将零碎片段合并。

（7）右击音频，从弹出的快捷菜单中选择“编辑源文件”命令，即可进入波形编辑，器如图 4-163 所示。

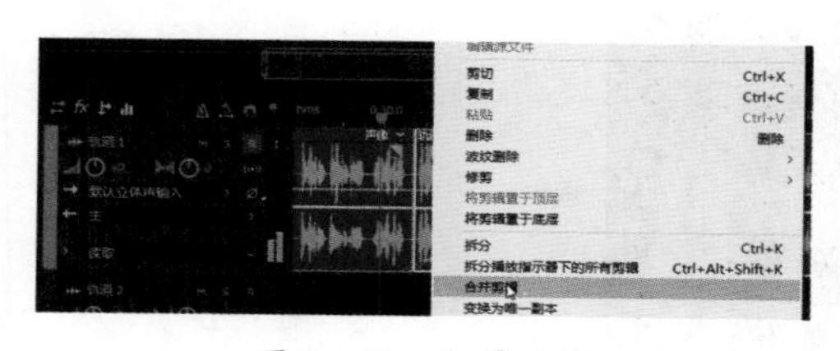
图 4-162 合并音频

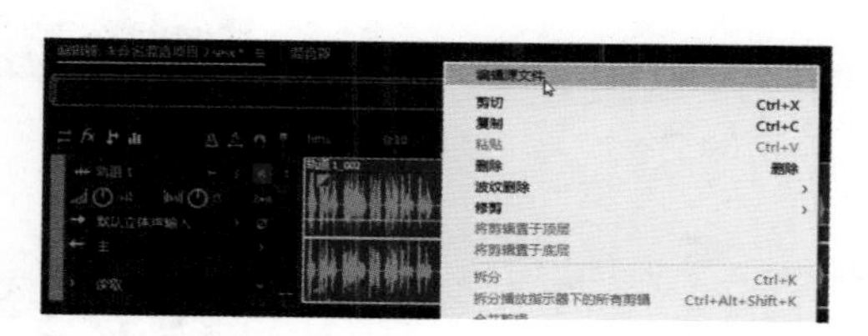
图 4-163 选择“编辑源文件”命令

（8）选择小段噪声，如图 4-164 所示，执行“效果”→“降噪 / 恢复”→“降噪（处理）”命令，打开“效果 - 降噪”对话框，单击“捕捉噪声样本”按钮，如图 4-165 所示，单击“确定”按钮。

（9）按 Ctrl+A 组合键全选，如图 4-166 所示，执行“效果”→“降噪 / 恢复”→“降噪（处理）”命令，打开“效果 - 降噪”对话框，将“噪声”调整为 80%，如图 4-167 所示，单击左下方的“预览播放 / 停止”按钮，进行试听，满意后，单击“应用”按钮，即可将夹杂其中的噪声基本删除。

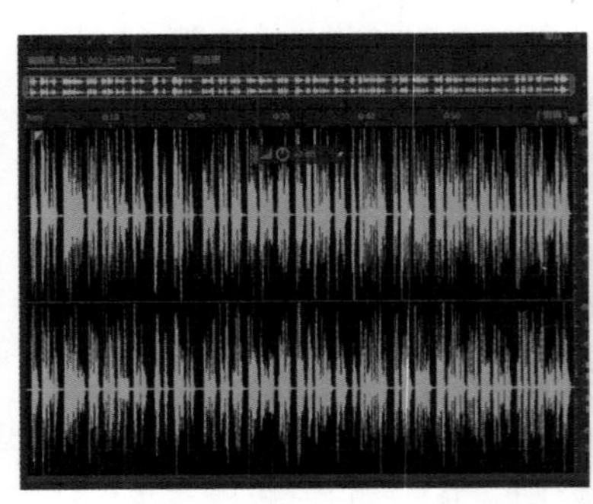

图 4-164　选择小段噪声

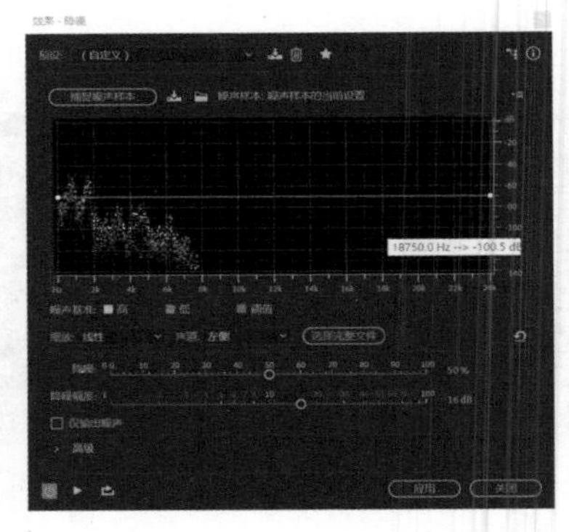

图 4-165　“效果 - 降噪”对话框

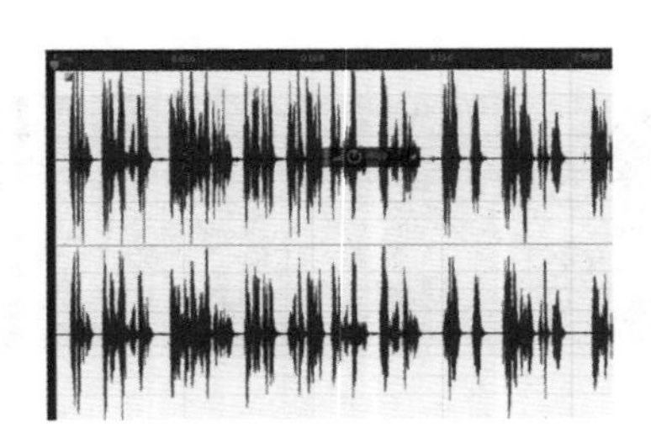

图 4-166　全选

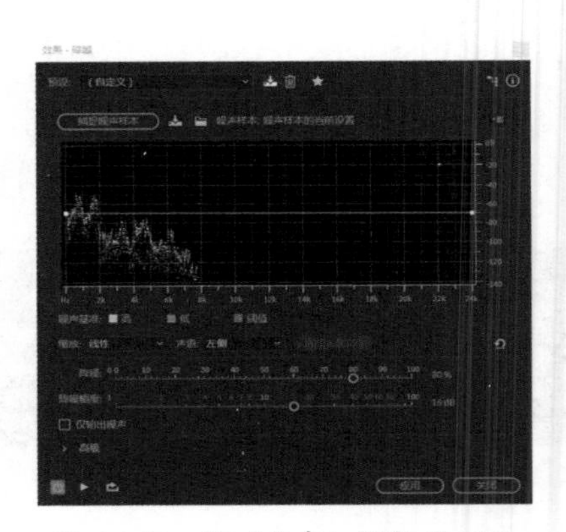

图 4-167　将“噪声”调整为 80%

（10）如果某一处有噪声，可选择此段噪声，将其值调整为 -40dB，如图 4-168 所示，也可降噪。

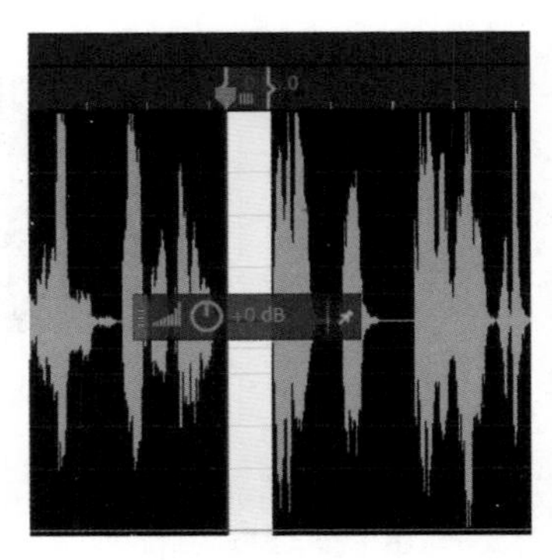

图 4-168　降噪

（11）试听满意后，单击“多轨”按钮，右击音频片段，从弹出的快捷菜单中选择“导出混缩”→“整个会话”命令，打开“导出多轨混音”对话框，单击“浏览”按钮，打开“导出多轨混音”对话框，设置“文件名”为五彩滩1，“保存类型”为MP3音频，如图4-169所示，单击“保存”按钮，单击第一个“更改”按钮，打开“变换采样类型”对话框，在“预设”中单击右边的小三角形，从弹出的快捷菜单中选择“变换为16位”命令，单击“确定”按钮，返回“导出多轨混音”对话框，如图4-170所示，单击“确定”按钮。

图4-169 保存位置

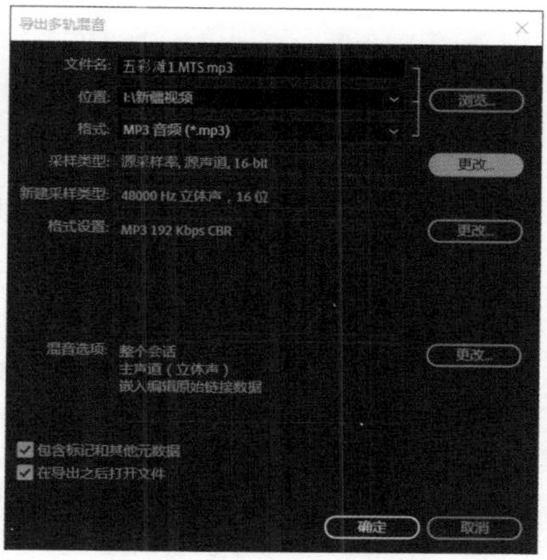

图4-170 导出设置

（12）重复上述步骤，将所需音频全部录制完成。

（13）返回Premiere Pro 2020中，建立一个音频文件夹，按Ctrl+I组合键，打开“导入”对话框，选择所录制的配音音频，单击“打开”按钮。

（14）按Ctrl+N组合键，新建一个“可用预设”为AVCHD→1080p→AVCHD 1080p25，“名称”为“编辑正片”的序列，在项目窗口选择“录音”，将其拖到时间线窗口的A1轨道中，依次设置音频素材的入出点，具体设置见表4-1。音频素材的排列如图4-171所示。

表4-1 设置音频片段

音频片段序号	入点	出点
五彩滩2	2:10	1:07:14
五彩滩1	1:07:14	1:49:01
禾木村1	1:57:19	2:23:22
禾木村2	2:23:22	3:37:03
那拉提1	3:41:03	4:05:12
那拉提2	4:05:12	4:28:12
那拉提3	4:28:12	4:59:24
天池	5:06:24	6:10:10

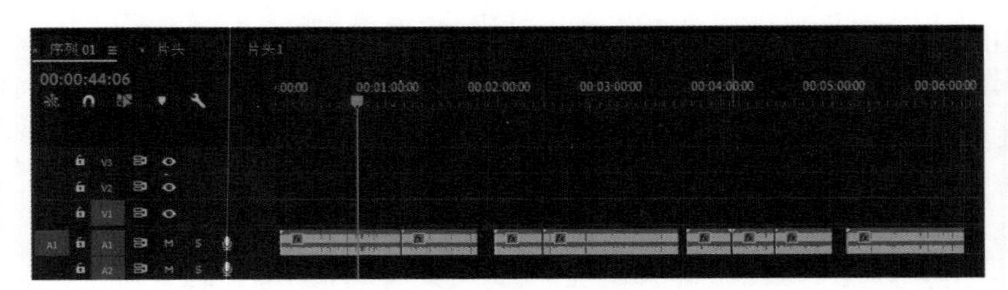

图 4-171　音频素材的排列

4. 视频剪辑

视频剪辑的步骤如下：

第 1 部分：五彩滩，通过剪辑若干片段与解说词音频贴切完成。

（1）在源监视器窗口中按照电视画面编辑技巧，依次设置素材的入出点，添加到时间线的 V1 轨道中，与前一片段对齐，具体设置见表 4-2。

表 4-2　设置视频片段

视频片段序号	入点	出点
五彩滩 1	0:07	9:09
五彩滩固 1	2:11	6:01
五彩滩摇	3:06	15:10
五彩滩河	1:08	8:09
五彩滩固 3	1:20	6:01
五彩滩固 5	1:17	9:04
五彩滩固 6	1:22	8:15
五彩滩河 2	1:00	7:11
五彩滩摇 1	2:08	13:02
五彩滩摇 4	4:17	17:00
五彩滩摇 5	4:06	14:07
五彩滩固 4	1:15	9:05
五彩滩河 3	1:05	7:14
五彩滩全	2:01	9:11

（2）选择“五彩滩 1”，在效果控件窗口中为“不透明度”选项在 0s 和 2:13 处添加两个关键帧，其值分别为 0 和 100，加入淡入效果。

（3）在效果窗口中选择“视频过渡”→“擦除”→“划出”，拖曳到“五彩滩摇”和“五彩滩河”片段之间，如图 4-172 所示。

（4）执行“文件”→“保存”命令，保存项目文件，正片的第 1 部分制作完成。

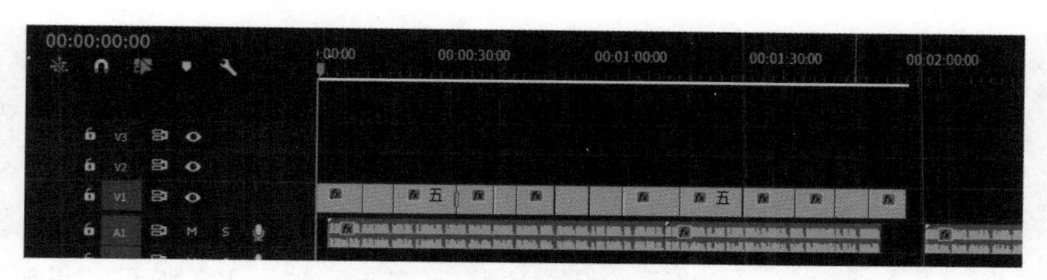

图 4-172 编辑五彩滩片段

第 2 部分：禾木村，通过剪辑若干片段与解说词音频贴切完成。

（1）在源监视器窗口中按照电视画面编辑技巧，依次设置素材的入出点，添加到时间线的 V1 轨道中，与“五彩滩全”片段的末端对齐，具体设置见表 4-3。

表 4-3 设置视频片段

视频片段序号	入点	出点
禾木公园门口	1:15	6:21
禾木村全景	0:20	10:04
禾木村	1:03	10:05
禾木村白桦树林	1:07	15:22
禾木村 2	1:24	9:01
禾木村小河摇	2:04	8:15
禾木村小河 2	1:17	7:00
禾木村 1	2:02	9:01
禾蓝天白云	2:01	7:18
禾木村全景 3	1:19	8:05
禾木村蓝天白云 1	1:14	9:19
禾木村蓝天白云	2:08	8:18
禾木村 3	5:23	19:03

（2）选择“五彩滩全”片段，在效果控件窗口中为“不透明度”选项在 1:52:02 和 1:54:02 处添加两个关键帧，其值分别为 100 和 0，加入淡出效果。

（3）选择“禾木公园门口”片段，在效果控件窗口中为“不透明度”选项在 1:54:03 和 1:56:18 添加两个关键帧，其值分别为 0 和 100，加入淡入效果。

（4）在效果窗口中选择“视频过渡”→“擦除”→“水波块”，拖曳到“禾木村白桦树林”片段与“禾木村 2”片段之间，如图 4-173 所示。

（5）执行“文件”→“保存”命令，保存项目文件，正片的第 2 部分制作完成。

图 4-173　编辑禾木村片段

第 3 部分：那拉提草原，通过剪辑若干片段与解说词音频贴切完成。

（1）在源监视器窗口中按照电视画面编辑技巧，依次设置素材的入出点，添加到时间线的 V1 轨道中，与“禾木村 3”片段的末端对齐，具体设置见表 4-4。

（2）选择“禾木村 3”片段，在效果控件窗口中为“不透明度”选项在 3:37:03 和 3:38:17 处添加两个关键帧，其值分别为 100 和 0，加入淡出效果。

表 4-4　设置视频片段

视频片段序号	入点	出点
那拉提	1:02	8:06
那拉提 2	1:14	7:15
那拉提 3	1:12	5:17
那拉提 5	2:03	8:19
那拉提摇	2:14	10:06
那拉提摇 1	5:12	12:18
那拉提摇	10:06	16:19
那拉提漂流	3:13	10:09
那拉提漂流 1	10:07	16:03
那拉提漂流	16:03	15:15
那拉提移	3:24	15:16

（3）选择“那拉提”片段，在效果控件窗口中为“不透明度”选项添加两个关键帧，时间分别为 3:38:18 和 3:41:00，对应参数分别为 0 和 100，加入淡入效果，如图 4-174 所示。

图 4-174　编辑那拉提片段

（4）执行“文件”→“保存”命令，保存项目文件，正片的第 3 部分制作完成。

第 4 部分：天山天池，通过剪辑若干片段与解说词音频贴切完成。

（1）在源监视器窗口中按照电视画面编辑技巧，依次设置素材的入出点，添加到时间线的 V1 轨道中，与“那拉提移”片段的末端对齐，具体设置见表 4-5。

表 4-5　设置视频片段

视频片段序号	入点	出点
天池	1:05	8:17
天池 1	1:13	9:09
天池 2	1:03	8:10
天池 3	3:03	24:08
天池 4	3:06	8:03
天池 5	2:12	8:08
天池 6	1:20	25:24

（2）选择“那拉提移”片段，在效果控件窗口中，为“不透明度”选项在 5:01:07 和 5:03:07 处添加两个关键帧，其值分别为 100 和 0，加入淡出效果。

（3）选择“天池”片段，在效果控件窗口中为“不透明度”选项在 5:03:08 和 5:05:16 处添加两个关键帧，其值分别为 0 和 100，加入淡入效果，如图 4-175 所示。

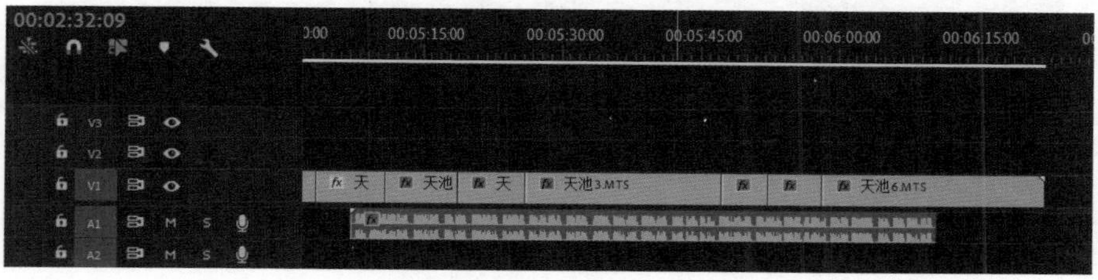

图 4-175　编辑天池片段

（4）执行“文件”→“保存”命令，保存项目文件，正片的第 4 部分制作完成。

5. 加入字幕

将解说词分段复制到记事本中，并对其进行编排，如图 4-176 所示，编排完毕，单击“退出”按钮，保存文件名为“解说词文字”，用于解说词字幕的歌词。

在 Premiere Pro 2020 中，将编辑好的节目的音频输出，输出格式为 MP3，输出文件名为“配音输出”用于解说词字幕的音乐。

加入字幕的步骤如下：

（1）在桌面上双击“Sayatoo 卡拉字幕精灵”图标，启动 KaratitleMaker 字幕设计窗口。

（2）右击项目窗口的空白处，从弹出的快捷菜单中选择“导入歌词”命令，打开“导入歌词”对话框，选择“解说词文字”文件，单击“打开”按钮，导入解说词。

（3）执行“文件”→“导入音乐”命令，打开“导入音乐”

美丽的新疆 - 记事本
文件(F)　编辑(E)　格式(O)　查看(V)　帮助(H)
五彩滩位于布尔津县城以北约24公里处
是前往哈巴河县与喀纳斯的必经之路
它毗邻碧波荡漾的额尔齐斯河
与对岸葱郁青翠的河谷风光遥相辉映
可谓“一河隔两岸，
自有两重天”
激猛的河流冲击以及狂风侵蚀
形成了北岸的悬崖式雅丹地貌
河岸岩层抗风化能力强弱不一
轮廓便会参差不齐
而岩石含有矿物质的不同
又幻化出种种异彩
因此得名“五彩滩”
而南岸却是绿树葳蕤
连绵成林
远处逶迤的山峦与戈壁风光尽收眼底
五彩滩一河两岸
南北各异
是国家 AAAA 级景区
五彩滩又称五彩河岸
位于额尔齐斯河流域
由于长期受风蚀水蚀以及
淋溶等自然作用的影响而形成的
属于典型的雅丹地貌
雅丹是地理学名词
维吾尔语险峻得土丘之意
其南边是我国唯一向西流入
哈萨克斯坦—俄罗斯—
北冰洋的额尔齐斯河
仅次于伊犁河的新疆第二大河

图 4-176　解说词文字

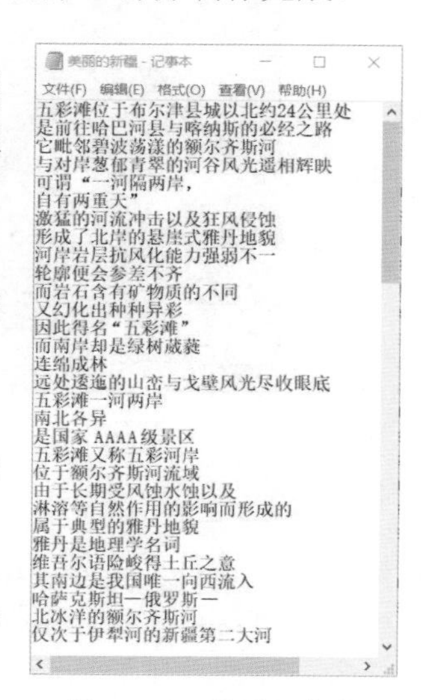

对话框，选择音频文件“配音输出”，单击“打开”按钮。

（4）单击第一句歌词，让其在窗口上显示。在基本属性中设置“宽度”为 1920，“高度”为 1080，“排列”为单行，“对齐”为居中，“偏移 Y”为 950，如图 4-177 所示。在字幕属性中设置“名称”为方正超粗黑简体，“大小”为 64，“颜色”为白色，描边“颜色”为黑色，描边“宽度”为 2，取消“阴影”的勾选，如图 4-178 所示。在特效属性中，取消“字幕特效”“过渡转场”和“指示灯”的勾选。

图 4-177　卡拉字幕制作

（5）单击控制台上的“录制歌词”按钮，打开“录制设置”对话框，选中“逐行录制”单选按钮，如图 4-179 所示。

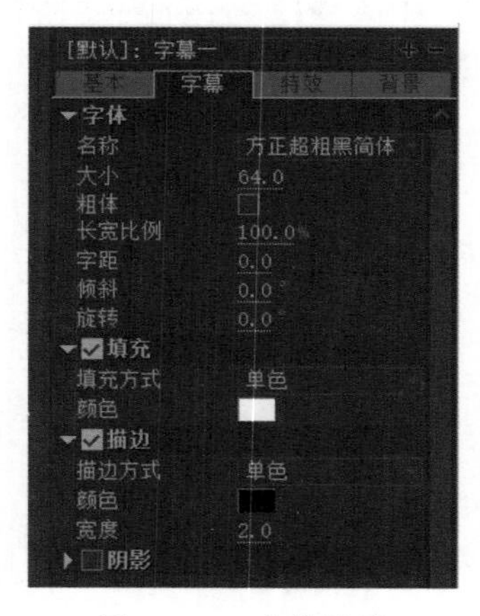

图 4-178　字幕设置

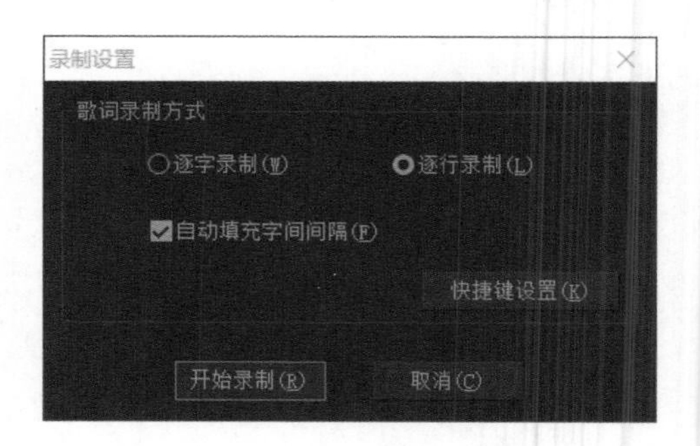

图 4-179　“录制设置”对话框

（6）单击“开始录制”按钮，开始录制歌词，使用键盘获取解说词的时间信息，解说词一行开始按下键盘的空格键，结束时松开键；下一行开始又按下空格键，结束时松开键，周而复始，直至完成。

（7）歌词录制完成后，在时间线窗口上会显示出所有录制歌词的时间位置。可以直接用鼠标修改歌词的开始时间和结束时间，或者移动歌词的位置。

（8）执行“文件”→“保存项目”命令，打开“保存项目”对话框，在“文件名称”文本框中输入名称“字幕”，单击“保存”按钮。

（9）在 SubtitleMaker 窗口，单击“关闭”按钮。

（10）在 Premiere Pro 2020 中，按 Ctrl+I 组合键，导入“字幕”文件。

（11）将“字幕”文件从项目窗口中拖动到 V2 轨道上，与起始位置对齐，起始位置缩短与配音的开始位置对齐，如图 4-180 所示。

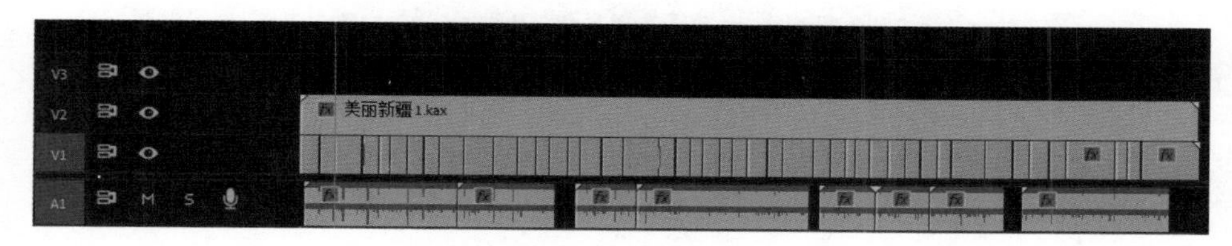

图 4-180　添加字幕

6. 片尾制作

根据滚动的方向不同，滚动字幕分为滚动字幕和游动字幕。本实例介绍横向游动字幕的制作。

片尾制作的步骤如下：

（1）执行“文件”→“新建”→“旧版标题”命令，在“新建字幕”对话框中输入字幕名称“片尾”，单击“确定”按钮，打开字幕窗口。

（2）单击字幕窗口上方的“滚动 / 游动选项”按钮，打开“滚动 / 游动选项”对话框。在对话框中勾选“开始于屏幕外”复选框，设置“缓入”为 50，“缓出”为 50，“过卷”为 75，使字幕从屏幕外滚动进入，设置完毕后，单击“确定”按钮即可，如图 4-181 所示。

（3）选择“垂直文字工具”按钮 IT，设置“字体”为方正综艺体，“字体大小”为 80，输入演职人员名单，从左到右逐列输入，输入一列后，单击合适的位置再输入，如图 4-182 所示。

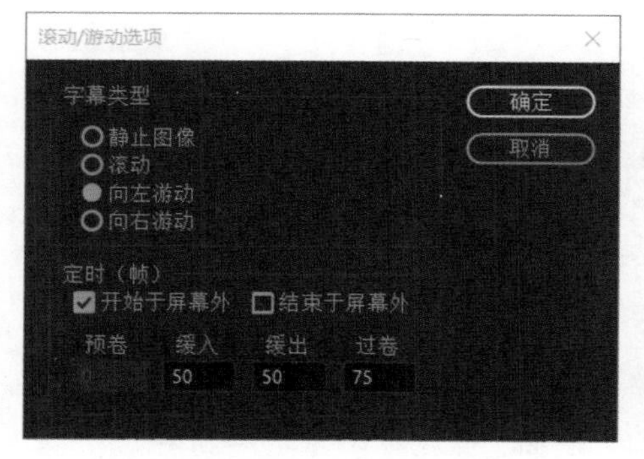

图 4-181　游动字幕设置

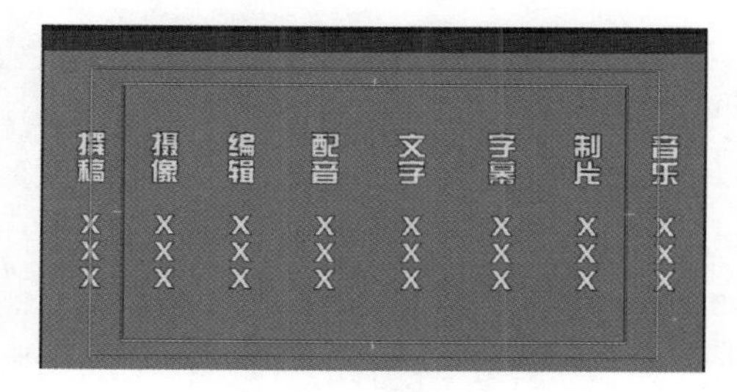

图 4-182　输入文字

（4）输入完垂直文字后，单击字幕设计窗口的右边，拖动滑动条，再单击，再拖动滑动条，将垂直文字向左移到屏幕外为止，选择“文字工具” T，字体设置为方正水柱体，字体大小为 120，单击字幕设计窗口，输入单位名称及日期，如图 4-183 所示。

使用对齐与分布的命令或手动将字幕中的各个元素放置到合适的位置。此时，应显示安全区域，以检测滚动字幕的位置是否合理。

图 4-183　输入单位名称及日期

（5）关闭字幕设置窗口，在时间线窗口中将当前时间指针定位到 5:04:08 的位置。

（6）将“片尾”字幕添加到 V2 轨道中，使其开始位置与当前时间指针对齐，持续时间 12:00，如图 4-184 所示。

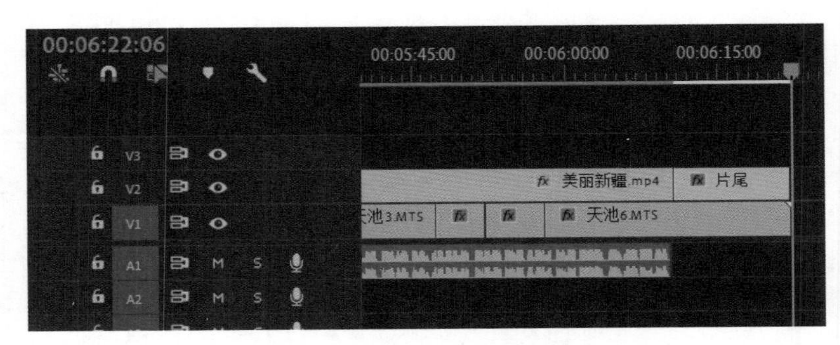

图 4-184　添加“片尾”字幕

7. 加入音乐

加入音乐的步骤如下：

（1）双击项目窗口，打开“导入”对话框，选择“蓝色多瑙河”，单击“打开”按钮。

（2）在项目窗口双击“蓝色多瑙河”音频素材，在源监视器窗口设置 3:20 为入点，4:03:20 为出点，按住“仅拖动音频”按钮不放，将其拖动到“编辑正片”序列的 A2 轨道上，并与起始位置对齐，加入音乐。

（3）选择音频，在效果控件窗口中，将“音量”→“级别”设置为 -10dB，适当减小音量。

（4）选择“蓝色多瑙河”音频，在效果控件窗口中为“不透明度”选项在 0s 和 2s 处加入两个关键帧，并将始点的关键帧的值设置为 -40dB，实现音频的淡入效果。

（5）在源监视器窗口设置“蓝色多瑙河”的 54:00 为入点，3:16:11 为出点，按住“仅拖动音频”按钮不放，将其拖动到“编辑正片”序列的 A2 轨道上，并与前面音频结束位置对齐，如图 4-185 所示。

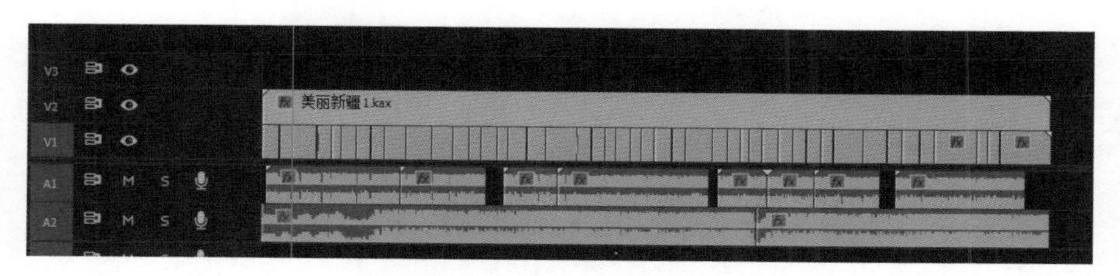

图 4-185 背景音乐的排列

（6）选择音频，在效果控件窗口中在 6:10:11、6:10:18、6:20:04 和 6:20:04 处加入 4 个关键帧，其值分别为 -10dB、0dB、0dB 和 -40dB，实现音频的淡入效果，如图 4-186 所示。

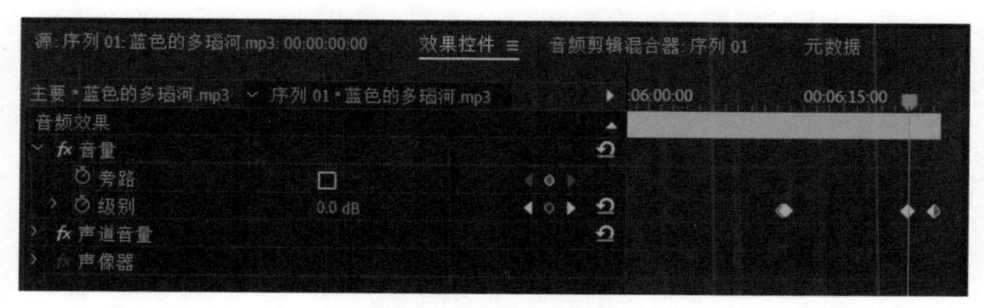

图 4-186 加入关键帧

（7）新建一个“名称”为“美丽的新疆”的序列，将“片头 1”和“编辑正片”序列拖曳到“美丽的新疆”序列中，如图 4-187 所示。

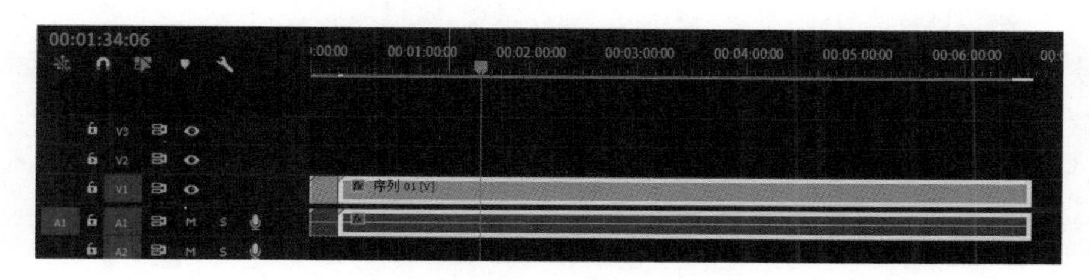

图 4-187 添加序列

8. 输出 MP4 文件

输出 MP4 文件的步骤如下：

（1）执行“文件”→“导出”→“媒体”命令，打开“导出设置”对话框。

（2）在右侧的“导出设置”中单击“格式”下拉列表框，选择 H.264 选项。

（3）单击“输出名称”后面的链接，打开“另存为”对话框，在对话框中设置保存的名称和位置，单击“保存”按钮。

（4）单击“预置”下拉列表框，选择“匹配源 - 中等比特率”选项，单击“导出”按钮开始输出，直到完成。

任务拓展

学生自己拍摄素材，制作一部包括片头、正片、片尾、配音及字幕的《校园风光》纪录片，将其输出成 MP4 格式。

一、填空题

1．当使用关键帧创建随时间变化而产生的变化时，至少需要两个 ________，一个处于变化的 ________ 位置的状态，而另一个处于变化结束位置的新状态。

2．纪录片是不包含一切戏剧化的 ________、将事实用 ________ 的手法表现出来的电影的形式。

3．纪录片是以事实为基础进行戏剧化 ________ 的节目。在由于时间或气象条件等原因致使拍摄无法进行的情况下，可以进行再现 ________。

4．使用关键帧可以创建动画并控制 ________、效果、音频属性，以及其他一些随 ________ 变化而变化的属性。

二、选择题

1．像时间线窗口一样，特效控制台窗口也可以（　）化显示关键帧。

A．水平　　B．垂直　　C．图像　　D．色彩

2．视频轨道上的对象都具有运动的属性，可以（　）、调整大小和旋转等操作。

A．对目标进行移动　　B．调节旋转参数

C．移动目标大小　　D．调整影像

3．添加关键帧的目的是（　）。

A．更方便地设置滤镜效果　　B．创建动画效果

C．调整影像　　D．锁定素材

三、简答题

1．简述创建运动动画的方法。

2．如何为素材添加关键帧？

参考文献

[1] 王瀛．Premiere Pro CC 影视编辑全实例 [M]．北京：海洋出版社，2013．
[2] 龚茜茹．Premiere Pro CS4 影视编辑标准教程 [M]．北京：中国电力出版社，2009．
[3] 刘强．Adobe Premiere Pro 2.0 标准培训教材 [M]．北京：人民邮电出版社，2007．
[4] 于鹏．Premiere Pro 2.0 范例导航 [M]．北京：清华大学出版社，2007．
[5] 柏松．中文版 Premiere Pro 2.0 视频编辑剪辑制作精粹 [M]．北京：兵器工业出版社，2007．
[6] 彭宗勤．Premiere Pro CS3 电脑美术基础与实用案例 [M]．北京：清华大学出版社，2008．
[7] 张凡．Premiere Pro CS6 中文版基础与实例教程 [M]．北京：机械工业出版社，2014．

随手笔记